实验心理学
——操作实务与案例

杨海波 编著

电子工业出版社
Publishing House of Electronics Industry
北京·BEIJING

内 容 简 介

"实验心理学"是高等院校心理学等专业的核心专业基础课程,是指引学生进入科学研究的通行证。本书用理论辅以实际操作和案例的方式逐层剖析"实验心理学"的核心知识,采用 E-prime2.0 软件重现经典实验的设计思路,手把手地教读者如何采用 SPSS 软件收集数据并进行数据的解读和报告……本书采用 APA 的叙述风格,有利于读者快速地适应心理学的论文写作规范。此外,读者还可以从封面的词云中直观地感受到本书的重点。本书可作为普通高等院校心理学、教育学、社会学等专业学生的教材,也可作为相关专业教师的教学参考书。

附带全书的 PPT 课件和经典实验(如心理旋转、短时记忆的信息编码、IAT、感觉记忆中的全部报告法和部分报告法)的 E-prime2.0 程序。

未经许可,不得以任何方式复制或抄袭本书之部分或全部内容。
版权所有,侵权必究。

图书在版编目(CIP)数据

实验心理学:操作实务与案例 / 杨海波编著. —北京:电子工业出版社,2022.7
ISBN 978-7-121-43719-9

Ⅰ. ①实… Ⅱ. ①杨… Ⅲ. ①实验心理学－高等学校－教材 Ⅳ. ①B841.4

中国版本图书馆 CIP 数据核字(2022)第 096174 号

责任编辑:石会敏　　　　特约编辑:侯学明
印　　刷:北京虎彩文化传播有限公司
装　　订:北京虎彩文化传播有限公司
出版发行:电子工业出版社
　　　　　北京市海淀区万寿路 173 信箱　邮编:100036
开　　本:787×1092　1/16　印张:20.5　字数:521.6 千字
版　　次:2022 年 7 月第 1 版
印　　次:2023 年 3 月第 2 次印刷
定　　价:73.00 元

凡所购买电子工业出版社图书有缺损问题,请向购买书店调换。若书店售缺,请与本社发行部联系,联系及邮购电话:(010)88254888,88258888。
质量投诉请发邮件至 zlts@phei.com.cn,盗版侵权举报请发邮件至 dbqq@phei.com.cn。
本书咨询联系方式:shhm@phei.com.cn。

前　言

　　编写教材是我一直以来的心愿。我常与学生念叨"有空一定要把课件写成教材"。令我颇感意外的是，本书于 2020 年初冬开始编写，居然在同年除夕之日便已完成初稿。之后便是三个多月的文字修改。付梓之前，看着书桌上一版又一版的打印稿，我想起了无数写书的日夜，感触颇深。

　　本书是在朱滢的《实验心理学》、王甦和汪安圣的《认知心理学》、孟庆茂和常建华的《实验心理学》、郭秀艳的《实验心理学》、黄一宁的《实验心理学——原理、设计与数据处理》、白学军的《实验心理学》、周谦的《心理科学方法学》、舒华的《心理与教育研究中的多因素实验设计》、丁国盛和李涛的《SPSS 统计教程——从研究设计到数据分析》，以及 Kantowiz, Roediger 和 Elmes 的《实验心理学》等前辈心血的基础上形成内容体系的。前辈们的高度是我无法企及的，我唯一能做的是尽我所能去展示"实验心理学"的魅力，兼而形成本书的特色。

　　首先，本书采用 APA 格式叙述内容，这样做的初衷是让读者能尽快地适应心理学论文的写作风格，为将来的科研之路打下基础。为了更好地追踪文献，我在书中混用了 APA 写作规范的第六版和第七版(最新版)。

　　其次，是内容的构建，本书分成四部分，每部分的内容不同，侧重点也各异，总体设计思路如下。

　　第一部分是心理实验研究的基础，侧重要求读者掌握实验研究的基本概念、基本原理，尤其是自变量和因变量的操作定义。该部分带领读者认识"什么是心理学的实验研究"，介绍了与实验设计相关联的观察法和相关法，并由此引出能探索因果关系的实验法。第 3 章详细介绍了实验法的核心要素和实验的效度、信度，这些内容是理解第二部分内容的基础。第 4 章介绍了实验报告(论文)的 APA 格式的写作规范，为接下来实验报告的写作奠定了基础。

　　第二部分是实验设计与数据处理，主要针对自变量的操纵，侧重要求读者学会实验的设计和后期的数据处理。实验设计的逻辑是，通过实验设计控制额外变量，操纵前因后果，利用统计检验方法分析自变量与因变量的关系，以检验是否满足因果关系判断的三个标准。本部分主要包括四章的内容：第 5 章的被试间设计、第 6 章的被试内设计和混合设计，这三类实验设计为大样本研究，接着第 7 章插入介绍了大样本研究的取样计算方法，第 8 章再介绍小样本研究和准实验设计。

　　第三部分开始介绍因变量的测量，侧重要求读者掌握测量的实验流程，尤其是要学会程序化的测量。第 9 章介绍了传统心理物理法，第 10 章介绍了信号检测论，后者又称现代心理物理法。心理物理法用于描述物理量的变化引起的心理反应，是揭示物理量与心理量之间关系的手段，是测量个体感觉、知觉、记忆、情感等心理过程的重要方法之一。第 11 章的反应时也是心理学研究中一个重要的因变量，是研究心理过程的核心指标之一。我通过 E-prime2.0 编写经典的反应时实验(短时记忆的编码、心理旋转、短时记忆的信息提取阶段模型)的程序来介绍反应时收集的技巧。

前三部分介绍了实验心理学课程中的核心内容，第四部分引入部分心理加工过程的实验范式。心理过程不同，其实验范式各异。本部分主要介绍知觉、注意和记忆。知觉和注意是信息进入更高级加工阶段的基础，有很多相对成熟的实验范式和理论。记忆可以说是绝大多数心理过程的核心成分或心理加工的结果，而且很多心理过程或心理活动需要通过记忆来展示。此外，我在本章最后一笔带过地介绍了错误记忆、前瞻记忆等范式，以期读者能据此而关注相关领域的研究，尽管这样看来收尾似乎有点仓促。在本部分的学习过程中，读者应更多关注以下三点：① 各实验之间的逻辑关系；② 个别心理学理论的逻辑推导和检验过程，如注意衰减模型的验证；③ 在经典实验中，学习实验结果的解释过程。

附录 B 融合了我多年来编写实验程序的经验和习惯，尽可能详细地介绍了编写 E-prime 2.0 时的全过程。尽管与前面的内容有部分重叠，但若能给读者些许启发，也算不枉费笔墨。

本书的另一大特色是注重实验研究的全过程呈现。我在此书中将心理学的四种重要科研工具——G*Power3.1（取样计算）、E-prime2.0（实验程序的编写）、SPSS（数据分析）和图表制作（实验结果的呈现）——融入其中，旨在让读者更进一步地把握实验研究过程。比如在第二部分中，每种实验设计基本上都是按照实验设计原理的介绍、案例、实验结果的 SPSS 操作和解读、数据报告这样的介绍思路。经过训练之后，读者基本可以仿照去开展实验研究。

最后，丰富的案例也是本书的一大亮点。基本上每个知识点都有一个详细的案例加以解说，使读者能在鲜活的案例中理解理论知识。

本书是对我十多年来"实验心理学"的教学总结，可作为普通高等院校心理学、教育学、社会学等专业学生的教材，也可作为相关专业教师的教学参考书。

限于个人的水平，本书在内容体系、知识观点和案例介绍等方面难免存在一些瑕疵，恳请广大读者、专家、同行批评指正。

本书得以出版，首先感谢电子工业出版社高等教育分社经管事业部石会敏主任的赏识。在撰写过程中，本书参考了国内外心理学家的大量的论文和著作，援引了不少优秀研究成果、有益的观点和可贵的图例，在此一并表示诚挚的谢意！

杨海波
2021 年 12 月

目 录

第一部分 心理实验研究的基础

第1章 初识心理学研究 ··········2
- 1.1 心理学的研究过程 ··········2
- 1.2 心理学实验研究的伦理道德问题 ··········2
  - 1.2.1 实验过程中需注意的伦理道德 ··········3
  - 1.2.2 实验后应遵循的伦理道德 ··········4

第2章 观察法和相关法 ··········6
- 2.1 观察法 ··········6
  - 2.1.1 观察法的原则 ··········6
  - 2.1.2 观察研究中的量化分析 ··········8
  - 2.1.3 观察法的缺点 ··········8
- 2.2 相关法 ··········9
  - 2.2.1 相关系数 ··········9
  - 2.2.2 相关系数的解释 ··········9

第3章 实验法 ··········12
- 3.1 什么是实验 ··········12
- 3.2 核心要素 ··········12
  - 3.2.1 自变量、因变量和额外变量 ··········12
  - 3.2.2 实验操纵 ··········15
  - 3.2.3 实验假设 ··········23
  - 3.2.4 实验控制 ··········23
- 3.3 实验范式 ··········28
- 3.4 实验的效度和信度 ··········28
  - 3.4.1 内部效度 ··········28
  - 3.4.2 外部效度 ··········31
  - 3.4.3 内部效度和外部效度的关系 ··········32
  - 3.4.4 实验信度 ··········32

第4章 实验报告的撰写 ··········34
- 4.1 实验报告的结构 ··········34
- 4.2 引言 ··········35
  - 4.2.1 整理前人研究结果 ··········35

4.2.2　引出我们的研究···36
4.3　方法···36
　　　4.3.1　被试···36
　　　4.3.2　实验设计···37
　　　4.3.3　实验仪器或材料···38
　　　4.3.4　实验步骤···40
4.4　结果···41
　　　4.4.1　结果呈现的原则···41
　　　4.4.2　示例···42
　　　4.4.3　几个固定格式···43
4.5　讨论···45
　　　4.5.1　讨论的写作结构···45
　　　4.5.2　避免常见错误的几个技巧···································45
　　　4.5.3　讨论叙述示例···46
4.6　题目、摘要和关键词···46
　　　4.6.1　题目···47
　　　4.6.2　摘要···47
　　　4.6.3　关键词···48
4.7　参考文献···48
　　　4.7.1　文后参考文献格式···49
　　　4.7.2　文中参考文献格式···50
4.8　附录···51

第二部分　实验设计与数据处理

第5章　被试间设计
5.1　单因素被试间设计···53
　　　5.1.1　随机实验组控制组后测设计·································53
　　　5.1.2　单因素被试间设计：三水平及以上·····························55
5.2　多因素被试间设计···60
　　　5.2.1　实验设计的基本原理·······································60
　　　5.2.2　实验设计类型···61
5.3　随机区组设计···76
　　　5.3.1　单因素随机区组设计·······································76
　　　5.3.2　多因素随机区组设计·······································81

第6章　被试内设计和混合设计
6.1　被试内设计···82
　　　6.1.1　单因素被试内设计···82
　　　6.1.2　两因素被试内设计···88
6.2　混合设计···99

		6.2.1 定义	99
		6.2.2 结构分析	99
		6.2.3 2×3 混合设计	99
		6.2.4 随机实验组控制组前测后测设计	107
	6.3	拉丁方设计	108
		6.3.1 拉丁方设计的内涵	108
		6.3.2 拉丁方设计的结构模式	108
		6.3.3 举例说明研究过程：三种广告创意谁最受欢迎	109
		6.3.4 平衡自变量各水平的另一方式	115

第7章　取样的相关问题 117

7.1	以近期发表的相关研究中的效应量倒推现有研究需要的样本大小	117
	7.1.1 独立样本 t 检验中样本量的计算	117
	7.1.2 单因素被试间设计中样本量的计算	119
	7.1.3 多因素被试间设计中样本量的计算	120
	7.1.4 单因素被试内设计中样本量的计算	121
	7.1.5 混合设计中样本量的计算	122
7.2	以 Cohen 的标准推算研究需要的样本大小	123
7.3	参照近期发表的相关研究中的样本大小	123

第8章　准实验设计 124

8.1	小样本设计	124
	8.1.1 小样本设计的原理	124
	8.1.2 ABA 设计	124
	8.1.3 实验组控制组 AB 设计	127
	8.1.4 AB 多基线设计	130
8.2	不对等两组前测后测设计	131
8.3	交叉—滞后组相关设计	131
	8.3.1 交叉—滞后组相关设计的原理	131
	8.3.2 举例说明研究过程：观看暴力电视节目会导致攻击性行为吗？	131

第三部分　因变量的测量与实验程序的编写

第9章　传统心理物理法 134

9.1	阈限	134
	9.1.1 刺激—感觉与物理量—心理量	134
	9.1.2 物理量与心理量的关系	134
	9.1.3 阈限的定义	136
	9.1.4 阈限理论	138
9.2	最小变化法	140
	9.2.1 绝对阈限的测量	140
	9.2.2 差别阈限的测量	143

9.2.3　阶梯法·················145
　　　9.2.4　阈下知觉···············146
　9.3　平均差误法····················147
　　　9.3.1　绝对感觉阈限的测量·······147
　　　9.3.2　差别感觉阈限的测量·······148
　9.4　恒定刺激法····················149
　　　9.4.1　绝对感觉阈限的测量·······150
　　　9.4.2　差别感觉阈限的测量·······152

第10章　信号检测论······················160
　10.1　色子游戏····················160
　　　10.1.1　色子游戏与任务要求······160
　　　10.1.2　色子游戏的四种反应······162
　　　10.1.3　判断标准与四种反应······162
　10.2　色子游戏中的信号检测论原理······164
　10.3　信号检测论中的关键指标·········166
　　　10.3.1　感受性················166
　　　10.3.2　反应偏向··············166
　　　10.3.3　判断标准··············167
　　　10.3.4　等感受性曲线···········168
　10.4　信号检测论的研究方法···········171
　　　10.4.1　有无法················171
　　　10.4.2　评价法················171

第11章　反应时························174
　11.1　反应时的概述·················174
　　　11.1.1　反应时的定义···········174
　　　11.1.2　反应时的功能···········174
　　　11.1.3　反应时研究的简史········174
　11.2　反应时研究的实验逻辑··········177
　　　11.2.1　相减法·················177
　　　11.2.2　相加因素法·············199
　　　11.2.3　开窗实验···············203
　　　11.2.4　速度与准确率权衡········204
　11.3　反应时的影响因素··············206
　　　11.3.1　反应时与刺激强度有关·····206
　　　11.3.2　反应时与刺激的时间特性和空间特性有关···207
　　　11.3.3　反应时与刺激的感觉器官有关···208
　　　11.3.4　反应时与被试的机体状态有关···209
　11.4　反应时测量的注意事项···········212

第四部分 心理过程的相关研究范式

第 12 章 知觉 ··· 214
- 12.1 知识经验在知觉中的作用 ··· 214
- 12.2 知觉的加工方式 ··· 216
  - 12.2.1 自下而上加工和自上而下加工 ··· 216
  - 12.2.2 整体加工和局部加工 ··· 217
- 12.3 结构优势效应 ··· 220
  - 12.3.1 字词优势效应 ··· 220
  - 12.3.2 客体优势效应 ··· 223

第 13 章 注意 ··· 225
- 13.1 过滤器模型 ··· 225
  - 13.1.1 单通道过滤器模型 ··· 226
  - 13.1.2 衰减模型 ··· 227
  - 13.1.3 反应选择模型 ··· 228
  - 13.1.4 知觉选择模型和反应选择模型的比较 ··· 229
  - 13.1.5 知觉选择模型和反应选择模型的内在机制 ··· 230
- 13.2 能量分配模型 ··· 234
  - 13.2.1 Kahneman 的注意能量分配模型 ··· 234
  - 13.2.2 能量分配模型的实验依据 ··· 236
  - 13.2.3 控制性加工和自动化加工 ··· 238
  - 13.2.4 Stroop 效应 ··· 239
- 13.3 注意的实验范式的发展 ··· 239
  - 13.3.1 过滤范式 ··· 239
  - 13.3.2 搜索范式 ··· 241
  - 13.3.3 双任务范式 ··· 241
  - 13.3.4 提示范式 ··· 244

第 14 章 记忆 ··· 246
- 14.1 Ebbinghaus 的研究 ··· 246
  - 14.1.1 两种研究工具 ··· 247
  - 14.1.2 记忆的遗忘曲线 ··· 247
  - 14.1.3 关于联想的实验 ··· 248
- 14.2 Bartlett 的研究 ··· 249
  - 14.2.1 Bartlett 的理论体系 ··· 249
  - 14.2.2 Bartlett 的实验 ··· 250
- 14.3 记忆的多重存储模型 ··· 252
  - 14.3.1 感觉记忆的研究 ··· 253
  - 14.3.2 短时记忆的研究 ··· 260
  - 14.3.3 短时存储与长时存储的区分 ··· 262

14.4 加工水平说 268
14.4.1 加工水平 269
14.4.2 关于复述 270
14.4.3 加工一致性 272
14.4.4 加工序列 272
14.5 内隐记忆 273
14.5.1 概念界定 273
14.5.2 任务分离范式 273
14.5.3 加工分离范式 277
14.6 错误记忆 281
14.6.1 DRM 范式 281
14.6.2 误导信息干扰范式 282
14.7 前瞻记忆 283
14.7.1 概念界定 283
14.7.2 实验范式 283

参考文献 285

附录 A 文后参考文献的 APA 格式举例 295
A.1 期刊 295
A.1.1 一个著者 295
A.1.2 两个著者 295
A.1.3 三至七个著者 295
A.1.4 八个以上著者 295
A.1.5 提前上线有 DOI 的预出版论文 296
A.1.6 只有论文编号而无页码的电子刊论文 296
A.1.7 二手文献 296
A.2 书籍类 296
A.2.1 著作类 296
A.2.2 编著类 296
A.2.3 翻译类 296
A.2.4 论文集中的论文或书的章节 296
A.2.5 不同版本，名字中含 "Jr."（用于区分父子同名的情况） 297
A.2.6 精神疾病诊断和统计手册(DSM) 297
A.2.7 学位论文 297
A.2.8 报纸(日报) 297
A.3 电子图书 297
A.4 网页新闻 297

附录 B 采用 E-prime 编写心理旋转实验的全过程 298
B.1 实验设计分析 298

  B.1.1 刺激材料和核心实验流程的构思 ·· 298
  B.1.2 依据实验设计类型来安排实验材料 ······································ 298
  B.1.3 E-prime 总体设计框架 ··· 299
 B.2 E-prime 程序的制作过程 ··· 299
  B.2.1 工程文件夹和工程文件的建立 ·· 299
  B.2.2 核心实验过程的建立 ··· 299
  B.2.3 数据收集的常用方法 ··· 311
 B.3 实验结果 ··· 312

第一部分　心理实验研究的基础

本部分将带你认识什么是心理学的实验研究，介绍了与实验设计相关联的观察法和相关法，并由此引出能探索因果关系的实验法。第 3 章详细介绍了实验法的核心要素和实验的信效度，这些内容是理解第二部分内容的基础。第 4 章介绍了 APA 格式的实验报告（论文）的写作规范。

第 1 章　初识心理学研究

1.1　心理学的研究过程

你是否很好奇心理学是如何开展研究的？我们借用经典名著《实验心理学》(Kantowiz, Roediger, & Elmes, 2001)中的社会惰化(social loafing)现象，让你了解心理学的研究过程。

社会心理学家 Latané 注意到一个现象：在多人群体的现实生活中，人们倾向于把工作推给少数几个人去完成。也就是我们中国文化中的"一个和尚挑水喝，两个和尚抬水喝，三个和尚没水喝"。Latané 对这个现象非常感兴趣，决定去研究它。首先，他检索相关文献(具体方法如按相关期刊名进行查找、按相近的关键词进行检索)进行总结分析之后，将这种现象命名为社会惰化。最早开始研究社会惰化的是一位法国农业工程师 Ringelmann (Ringelmann, 1913; Kravitz & Martin, 1986)，他在一项拉绳实验中发现了该现象。他把被试(subject 或 participant)分成一人组、二人组、三人组和八人组，用测力计测量被试拉绳时的最大力量。实验结果表明，两个人一起拉时平均付出的力量是一个人时的 95%，三个人一起拉时只达到一个人的 85%，而八个人一起拉时只有一个人的 49%。

Ringelmann 的拉绳实验为社会惰化的研究提供了典范，这非常符合科学研究的奥卡姆剃刀(Occam's razor)定律：化繁为简，将复杂的事物变简单(黄一宁, 1998)。Latané 及其同事(Latané, 1981; Latané, Williams, & Harkins, 1979)在其他的情境中也发现了此现象。该现象存在跨文化背景的一致性(Gabrenya, Latané, & Wang, 1983)。这说明社会惰化的一个显著特征是具有普遍性。既然这种现象妨碍了群体的工作效率且具有普遍性，Latané 试图去挖掘其存在的原因。于是，Latané(1981)提出责任扩散模型(diffusion of responsibility)进行解释。Williams, Harkins 和 Latané(1979)进一步指出，同时进行集体绩效监测和个体绩效监测是消除社会惰化的有效方法。

由 Latané 的社会惰化研究，我们可以总结出科学心理学的研究过程是：①通过偶然的观察和应用实践提出研究某问题的需要，如社会惰化；②通过实验研究，发现其特征，如普遍性，并对其性质进行检验；③依据数据(研究结果)，发掘其原因，如责任扩散，从而提出解决问题的办法，如集体绩效监测和个体绩效监测，最后引申相应的理论。当然在研究过程中，某一阶段可能会反复进行。

1.2　心理学实验研究的伦理道德问题[①]

心理学的研究要遵循一定的伦理道德准则。一般以 APA(American Psychological

[①] 本小节内容主要改编自：白学军. 实验心理学. 北京：中国人民大学出版社, 2012: 30-36.

Association)所制定的心理学研究的伦理道德为准则。该准则认为,每个研究者在承担研究任务时,都应当深入思考如何更好地为心理学和人类幸福做贡献;研究者应当科学地权衡所投入的人力和物力,以保证课题的顺利完成,并在研究过程中维护被试的尊严和关心被试的利益。

参照 APA 的伦理道德准则,我们将从实验过程和实验结束后这两个方面来简要介绍需要注意的伦理问题。

1.2.1 实验过程中需注意的伦理道德

1.2.1.1 知情同意与欺骗

所谓知情同意(principle of informed consent),是指在心理学实验中,被试有权利了解实验的目的和内容,且只有在其自愿同意的情况下才参加实验。实验之前,应向被试讲清楚研究的目的、程序及可能出现的问题。

① 凡是事先没有向被试讲清楚以上内容就开展实验研究的行为,都应被视为违反道德。

② 如果被试知道实验目的之后可能会影响实验结果,可适当地进行欺骗,即采用单双盲实验。

③ 若实验程序可能会给被试带来生理或心理上的伤害时,研究者仍然进行自己的实验,这也是违反道德的。当然,如果实验所获得的结论对人类的发展有着非常重大的意义,而且对被试的伤害可控制在较小程度内,此时仍可继续研究,但实验之后应消除对被试的不良影响(白学军,2012)。比如,你要研究消极情绪下的决策特征,那么需要先激活被试的消极情绪然后进行决策判断。但是所激活的情绪可能会影响被试实验后的心境,因此,可以在决策判断之后,让被试观看一个积极情绪的影片以平复心情。

常规的做法是,在进行实验之前应要求被试签署《知情同意协议书》。详细的内容描述,可参考图 1-1 中的知情同意协议书的示例。

1.2.1.2 自愿参加

所谓自愿参加,是指在整个实验过程中,被试有权在实验进行的任何时候中止参与实验。被试应清楚实验是自愿参加的,而不是被强迫的。

1.2.1.3 保密

在实验过程中,对于被试的一些个人信息,如智商、性格特征、经济收入、个人婚姻情况、情绪状态等信息,在没有获得被试允许的前提下,不能泄露给他人或其他机构。

1.2.1.4 以动物为被试的伦理问题

如果研究是以动物为被试,也需要认真考虑伦理道德问题。因为动物也有生命,必须尊重生命。在具体操作上,应做到以下几点。

① 动物被试的获取、使用与处理应遵循有关的法律法规。
② 尽量减少动物被试的疾病和痛苦。
③ 应当人道地对待动物。
④ 应接受监督,知道如何照顾、饲养和处理动物。
⑤ 需在麻醉下对动物进行手术,尽量减少感染。

⑥ 当需要结束动物生命时，应快速而使其没有痛苦。

编号：

知情同意协议书

请您阅读本协议书，如有任何问题，请直接向实验人员询问，他们/她们都会很乐意为您解答。

心理系（学院）学术道德委员会将保护您在参与实验过程中的权益。现提供以下信息，请您决定是否愿意参加本项研究。即便是同意参加实验，在实验中途也可以随时退出，您不会因此受到任何责备。以下是我们的实验过程，请您认真阅读并领会操作过程。

本实验是我们正式实验的一个预实验。我们旨在评估阅读这些文字所需时间的长短，所以请您认真阅读我们的游戏规则及其对应的题目。需要注意的是，阅读过程中您不需要试图去解决问题或者进行过多的思考。由于我们想要得到一个准确的阅读时长，请避免在阅读结束前做与实验无关的行为。

……

"我已阅读以上文字，充分了解本项研究的实施过程。我有机会向实验人员询问有关实验过程和可能存在的风险。我了解实验中存在的潜在威胁，并且自愿接受本次实验。我也知道自己可以随时退出实验，而不会受到任何责备。"

被试：
年　月　日

图 1-1　知情同意协议书的示例

资料来源：白学军. 实验心理学. 北京：中国人民大学出版社. 2012: 34, 有改动.
史密斯, 戴维斯. 实验心理学教程: 勘破心理世界的侦探（第三版）. 北京：中国轻工业出版社. 2006: 41, 有改动.

1.2.2　实验后应遵循的伦理道德

在实验结束后，研究者的道德责任并没有结束，在研究结果发表之前，还需遵守伦理道德。

1.2.2.1　不能剽窃他人的成果

所谓剽窃（plagiarism），是指在没有指明出处的情况下使用他人的成果。为了防止剽窃，需要注意以下行为。

① 论文中任何出现作者原话的地方都要用引号标出，并指明作者的名字、出版时间、出版单位和页码。

② 不应将改编的原始材料作为自己的观点。

③ 如果作者是用自己的语言进行描述，但观点或证据来自其他作者，那么不需要用引号，但要采用引用的方式进行标注。比如，"Bruner（1957）认为，人在知觉时，接受感觉输入、在已有经验的基础上，形成关于当前刺激是什么的假设"，或者"激活一定的知识单元而形成对某种客体的期望（Neisser，1967）"。

④ 对于二手资料也需要标注。如"Bartlett认为回忆的过程包括……（引自朱滢，2000）"。其中，Bartlett 的观点是在朱滢（2000）《实验心理学》中所引用的文献，但因为 Bartlett 的

研究比较久远，现在难以获取原始文献，因此可采用二手资料的方式在现有的论文中进行标注引用。

⑤ 除一般常识外，需要对引用的第一个观点和论据加注。

1.2.2.2 不能伪造数据

所谓伪造数据(forgery)，是指研究人员故意更改或凭空捏造数据。

剽窃他人的成果和伪造数据是典型的学术不端行为，它们违背科学精神和道德，抛弃科学实验数据的真实诚信原则，将阻碍学术进步，给科学和教育事业带来严重的负面影响，极大地损害学术形象。比如，因为伪造数据，导致后来的研究者无法复现你的结论，而浪费了很多的人力和物力，并可能误导领域的研究方向。

第 2 章 观察法和相关法

2.1 观 察 法

2.1.1 观察法的原则

假设你要研究学前阶段是男孩更勇敢还是女孩更勇敢。要开展这个研究需要考虑两个问题：其一，学前儿童识字量有限，无法完成自评量表的测量；其二，注意力的发展不足也难以支撑他们/她们完成较长时间的实验任务。因此观察法(observation)无疑是研究此类问题的一种很好的途径。于是你准备下周六去动物园观察学前阶段的小朋友是否敢去摸大象从而判断其勇敢的特质。那么请问这样算不算是一种科学观察呢？下面我们通过介绍观察法的原则(张燕，刑利娅，1999，pp.66-70)，来简要介绍观察法的实施过程。

① 需要一定的知识准备。知识准备是科学观察的基础。在进行观察之前你需要明确你的研究主题，如在我们这个例子中要研究的是"勇敢"。那么，我们需要从学术的角度对勇敢进行概念界定，明确所要观察的行为范围。根据概念，确定要以摸象活动来研究儿童的勇敢特质，然后查找相关文献总结分析学前阶段的儿童触摸大象或其他大型动物的行为表现，并尽可能地将"勇敢"行为进行量化区分，如靠近的距离、轻触大象即跑开、摸大象的大腿、摸大象的鼻子、逗大象玩……以此区分出不同的勇敢等级。界定了概念后，几个观察的核心过程也需根据文献进行设定，如观察的样本、观察时间段、观察时长、观察者选取等。

② 严密的组织计划。在上述基础上，组织观察计划采用现场观察的方式。可依此进行：制定观察记录表，选定观察地点(如市动物园大象馆)，规定时间段(如周六上午 9:00～10:00)，时长(如 10min)，样本(如 20 个，男孩女孩各半)，采用手机录像的方式协助记录观察结果。

③ 消除干扰。在观察的过程中，我们要注意避免两类干扰。其一，"观察反应性(reactivity)"现象。这种现象指的是当被观察者发觉自己的行为正被观察时，会改变自己的行为，做出不正常、不自在的反应。因此在观察时，应尽量消除被试观察现场的陌生感，或者采用无干扰的观察技术，如隐蔽式录像。其二，"观察者放任(observer indulgent)"现象。这种现象指的是观察者在观察记录了研究者预先设定的行为之后，觉得已经达到观察目的而产生不耐烦情绪，从而有意无意地凭着印象来判断被观察者的行为或用概括性语言简略记录，不再客观地观察记录。消除的办法是严格按照观察程序来完成观察任务，因为我们不清楚出现预设行为之后还会有何表现。

④ 观察记录力求系统、准确。主要记录 Who、where、when、what、how、why 这几项内容。以现在的技术，完全可以采用录像的方式进行记录，并事后征询被观察者在不侵犯隐私的前提下是否可以保留录像记录进行科学研究。

⑤ 实施预备性观察。任何一个研究，我们均需要进行预备性观察，以便修正研究设计过程中的不足。比如，在摸象活动中，我们可以先找一个男孩和一个女孩进行观察，了解整个观察计划的设计是否合理，需要进行怎样的修正。

⑥ 观察信度检验。观察信度检验是考核观察结果可靠性的依据。在现场记录或后续对观察录像进行编码时需要考虑这个问题，可以依据下面的示例判断观察者记录的可靠性。

表 2-1 是两个观察者记录一多动症儿童在半天内的行为表现。

表 2-1 一多动症儿童的行为表现观察记录表

行为系列	类别	观察者甲	观察者乙	相同次数
1	注意转移	12	15	12
2	小动作	23	17	17
3	容易兴奋	7	9	7
4	爱哭闹	5	5	5
total	四种行为的总次数	47 (f_1)	46 (f_2)	41 (f_3)

简单地计算观察信度有两种方法。

其一，使用以下公式进行计算：

$$r = \frac{f_3}{(f_1+f_2)/2} = \frac{41}{(47+46)/2} = 0.88$$

一般认为观察信度大于 0.85，即为观察可靠，观察记录的资料是有效的(张燕，刑利娅，1999)。

其二，采用肯德尔和谐系数计算观察信度。操作如下：首先，建立如图 2-1 所示的 SPSS 数据结构；其次，通过以下操作：【Analyze】→【Nonparametric Tests】→【K Related Samples】将要检测的问题行为变量，如"注意转移""小动作""容易兴奋"和"爱哭闹"选入【Test Variables】，在【Test Type】中选择"Kendall's W"计算观察信度。$w=1.00$，$\chi^2/df = 2.00$，$p=0.112$，说明甲乙两个观察者的记录结果没有显著差异，观察结果一致、可靠。

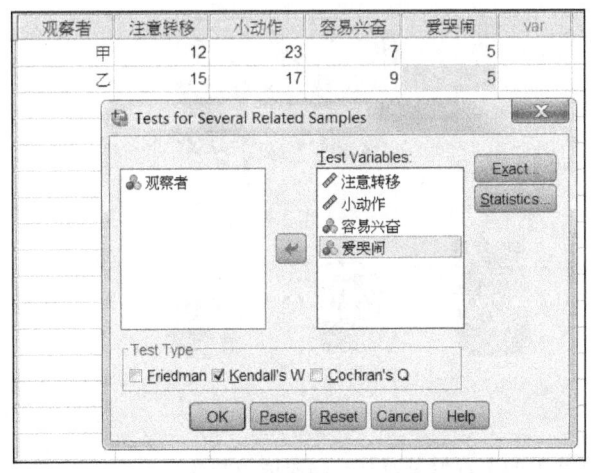

图 2-1 观察信度检验的数据结构、操作过程(左图)和结果(右图)

2.1.2 观察研究中的量化分析

观察后的记录、录音、录像等原始资料需要进一步进行编码,从而收集更高阶的心理特质,这方面可以采用质性分析软件 Nvivo 进行编码。Nvivo 软件采用交互式界面,研究者可以在时间轴上自由地创建节点(nodes)对观察获得的原始记录进行逐级编码,最终还可以将所创建的数据(节点)进行模型化,使得观察结果的联系更为形象。

2.1.3 观察法的缺点

尽管我们可以通过观察获取一定的数据,并可以对数据进行编码,但仍然无法掩盖其客观存在的局限性(Kantowiz, Roediger, & Elmes, 2001)。

① 无法评估观察数据(观察行为)之间的关系。在观察过程中所获得的行为 A 和行为 B 是同一时间点获取的,无法明确到底是行为 A 影响行为 B,还是行为 B 影响行为 A,抑或是由其他因素导致共同出现两个行为。我们需要通过实验法方可检验其间的关系。

② 所提供的资料偏于表面。观察所获得的资料大多数是"肉眼可视"的行为,但是这种行为背后隐藏的动机是无法直接获取的,而这些正是研究者想要探究的核心内容。

③ 观察结果的解释带有强烈的主观偏见。由于研究者个人的知识背景、动机和研究预期的不同,即便是对同一个事件,不同研究者的解释也各自不同。正如图 2-2 所示,在极度口渴的时候,你对于半杯水的态度,将取决于先前你所拥有的情况。如果之前你的杯子一点水都没有,那么此刻你将感到较大的满足;如果之前你的杯子有满杯的水,此刻你可能会有更多的失落感。正是这种主观解释极大地影响了观察法的效度和信度。

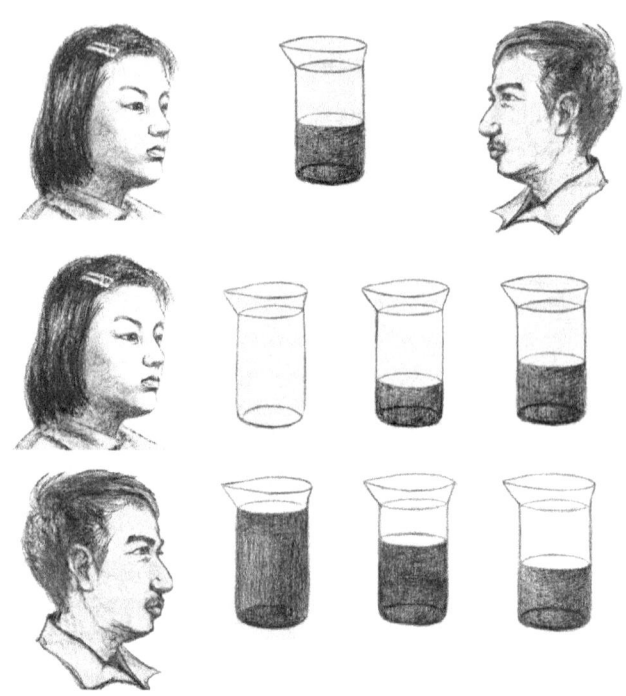

图 2-2 观察者的主观偏见对观察结果的影响

资料来源:格里格, 津巴多. 心理学与生活(16 版). 王磊, 王甦, 等译. 北京: 人民邮电出版社. 2003: 20. 有改动.

2.2 相 关 法

在研究中,我们希望用一个容易测量的变量就可以很好地预测另一个潜在变量,这是相关法的主要作用。通常我们用两者相关系数的大小来表示它们的关联程度。

2.2.1 相关系数

你的记忆力与你的脑袋大小是否有关呢?我们可以用卷尺测量你的头围作为脑袋大小的指标;要求你在20min内记忆40个英语单词,半小时后再听写,将测试的结果作为记忆力好坏的标准。按照这样的测量程序,我们可以随机选取18个被试进行研究。假设我们得出的结果如图2-3(a)所示,脑袋大小与记忆力显著相关,$r = 0.84$,说明脑袋越大记忆力越好;而真实的结果可能如图2-3(b)所示,两者根本不存在相关,$r = 0.08$。也就是说,我们可以根据两个变量间相关系数的大小来判断两者的关系。相关系数介于 -1 到 $+1$ 之间,越趋近于 0 说明两者越没有线性关系,绝对值越趋近于 1 说明两者的关系越密切。但是由于心理研究对象的特殊性,不同研究主题,其相关系数的大小判断标准不一,应以前人研究的结论为参考。比如,智力与学业成绩的相关可达到 0.5 以上(Walberg, 1984; Heaven & Ciarrochi, 2012; 沈德立等, 2000),而应对方式与焦虑的相关可能只要 0.3 就可以算高相关。

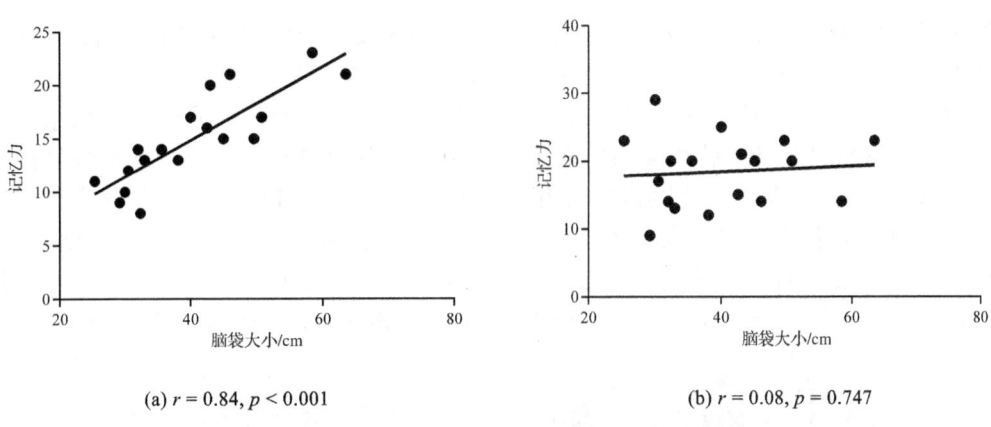

(a) $r = 0.84, p < 0.001$ (b) $r = 0.08, p = 0.747$

图 2-3 脑袋大小与记忆力关系(虚拟数据)

2.2.2 相关系数的解释

2.2.2.1 显著的高相关并不意味着两个变量间存在着因果关系

假设我告诉你图2-3(a)是在一次研究中真实收集的数据,尽管图2-3(b)才是真实的结论。那你该如何解释这次收集的数据呢?难道真的反驳了客观存在的结论吗?其实在脑袋大小和记忆力的关系研究中,我们默认的前提假设是在同一年龄段进行取样研究,但是如果我们是这样取样:在 1 岁年龄段随机选取 10 个,在 3 岁年龄段随机选取 10 个,在 6 岁年龄段随机选取 10 个,在 9 岁年龄段随机选取 10 个,在 12 岁年龄段随机选取 10 个,在 20 岁年龄段随机选取 10 个。那么我们就很可能得到图 2-3(a)中的结果,即脑袋越大记忆力越好。而其实在这里,影响记忆力好坏的核心因素,并非脑袋大小而是随着年龄增长而产生的经验、知识的积累,而人类头围在5岁之后的变化很小,5岁时约50cm,而成人时约54～58cm。图2-3(a)中两个变量不存在因果关系,而在数据上却出现高相关,其实只是伪相关(spurious relationship)。伪相关是一种虚假相关,比如"越成功的人,睡眠越少"。其实使人成功的因素是多样的,比如能力、努力、机遇等,睡眠少是因为成功的人需要更多的时间去处理事务。得出这种错误结论的原因是,它跳过了睡眠少背后的关键因素——个人努力。

更为重要的是,相关只能揭示变量间的共变关系,并不能说明变量间的因果关系(causal relationship)。哲学家休谟(Hume)提出了因果关系判断的三个重要标准:①原因(cause)和结果(effect)在空间和时间上是密切相关的;②原因在前结果在后;③原因和结果存在必然的联系(王重鸣,2001;朱滢,2006)。后来,科学家将休谟的三个判断标准表述为更具体、更适合科学实践的因果关系判断的三标准:第一,前因后果;第二,因果相关;第三,其他影响结果的因素已控(朱滢,2006)。很明显图2-3(a)的假想研究并不满足第三个标准,因而无法揭示脑袋大小与记忆力间的因果关系。实际上,大部分相关研究都不满足第一和第三个标准,或者三个标准无法全部满足,因此无法推断变量间的因果关系。

2.2.2.2 低相关却不能完全排除变量之间存在着因果关系的可能性

(1) 全距限制问题

请问你对上学期普通心理学的期末考试成绩是否满意?你觉得普通心理学的期末考试成绩能否反映你的真实能力或IQ?你估算一下你们班普通心理学期末考试成绩与IQ的相关有多大?你可能很沮丧,因为你只考了65分,而你的舍友却考了93分,但你并不觉得他/她的智商高于你啊,甚至在很多情况下你的智商碾压了他/她。而且你计算出来的普通心理学期末考试成绩与IQ的相关系数居然只有0.15。你可能会怀疑难道学业成绩反映不了个体的IQ吗?我们在前面刚刚讲过两者的相关系数高达0.5以上,这个规律在你们班级失灵吗?但是如果我们随机以某一普通初中的某一个班级为样本,计算下该班同学的IQ与他们上学期的数学期末考试成绩的相关,这个系数也可以达到0.5以上。这其中的奥秘在于取样的"全距限制(restriction of range)"问题(Kantowiz, Roediger, & Elmes, 2001)。

 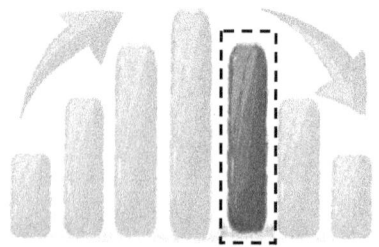

(a) 有代表性取样　　　　　　　　(b) 偏态取样

图 2-4　取样中有代表性的取样与偏态取样

一般来说,我们的智商分布如图2-4(a)所示,呈现出正态分布,这时我们计算IQ和学业成绩时就会出现高相关,因为IQ测量的这些能力是个体在学校学习中必须具备的素质。但是经过了高考录取之后,进入到每个高校的考生,他们的分数段是相对固定的,此时所组建的新班级的IQ分布就是非正态分布,如图2-4(b)虚框所示,那么再计算IQ与学

3.2.1.2 因变量的数据类型是决定统计方法的关键

实验研究最终需要根据所收集的数据进行统计分析来检验实验假设，而统计分析的方法会由因变量的数据类型的不同而不同。上述三个案例中的因变量代表了因变量的三种不同数据类型：例 3-1 中的因变量属于分类数据，例 3-2 中的因变量属于连续数据，例 3-3 中的因变量属于描述性数据。对于分类数据可采用 SPSS 中【Crosstabs】过程的【Chi-square】进行检验，如图 3-1 所示。将"精液"选入【Row(s)】，将"怀孕情况"选入【Column(s)】；单击【Statistics...】，在弹出的【Crosstabs：Statistics】中复选"Chi-square"和"Phi and Cramer's V"；单击【Cells...】，在弹出的【Crosstabs：Cell Display】中设置单元格中要显示的内容，如复选"Observed"和"Row"。

图 3-1 分类变量数据的 SPSS 处理过程

卡方检验的零假设是有精子的精液和无精子的精液导致狗受孕的概率应该相同。从图 3-2 可以看出实际的检验结果，无精子的 100%未孕，有精子的 64.7%已孕，差异显著，$\chi^2/df = 12.510$，$p<0.001$，$\Phi = 0.657$。Φ(Phi)和 Cramer's V 是衡量【Crosstabs】中两变量关系强度的常用指标（丁国盛，李涛，2006），Φ 大小是研究效应量的指标，0.657 属于大效应量，说明精子是让狗受孕的关键因素。

例 3-2 属于连续数据，可采用方差分析方法，相关内容可查看"第二部分 实验设计与数据处理"。例 3-3 中被试对实验的反应结果属于描述性数据，还需要对这些描述性数据进行归类，然后再采用例 3-1 的数据分析方法进行处理。

3.2.1.3 额外变量

额外变量（Extraneous Variables，EV）是指不用于研究，但会影响因变量的一种变量（朱滢，2000），有些书本也称之为无关变量（黄一宁，1998）、控制变量（Control Variables，CV）（郭卵子受孕。在一些早期研究的基础上，Spallanzani 假设这是精子的功劳，然后用正常的精液和过滤掉精子的精液使雌性狗人工受孕。那些接受了正常精液的狗怀孕了，而那些接受了过滤掉精子的精液的狗却没有怀孕。Spallanzani 由此证实是精子使卵子受孕。

例 3-2 是无间断地持续练习一项任务（集中练习）所得的成绩好，还是中间休息间隔地完成任务（分散练习）所得的成绩好？研究者要求被试对着镜子描绘一个图案（如六角星），这个图案和被试的手只有在镜子中才能看得到（心理学研究称之为镜画实验）。实验共分成三组，每组描绘图案 20 次。第一组，20 次的描绘中间均不能休息；第二组，每次描绘完休息 1min；第三组，每次描绘完休息 10min。以被试描绘图案所用的平均时间作为成绩，时间越短，成绩越好。实验结果表明，扣除第一次的描绘时间后（第一次为练习），剩下的 19 次所花的平均时间为，$t_1 > t_2 > t_3$。结论是在这种镜画实验中，分散练习的成绩优于集中练习。

例 3-3 Asch(1952)设计了一个实验来测定，在印象形成时，关于某人的最初信息（首因信息）是否比后来的信息（近因信息）更加重要。Asch 选了两组被试。他将描述一个人的一系列形容词分别读给两组被试。其中第一组首先接受肯定的信息，最后接受否定的信息，即聪明的、一丝不苟的、勤奋的、固执的、易冲动的、妒忌的；第二组先接受否定信息，最后接受肯定信息，即妒忌的、易冲动的、固执的、勤奋的、一丝不苟的、聪明的。然后 Asch 让被试写下他们对这个人大致的印象。结果发现，第一组的被试将该人描述成有某些缺点却不乏为一个有能力的人；第二组则描述成一个能力被严重困难所束缚的"问题"人物。

3.2.1.1 自变量与因变量的识别与命名

根据"前因后果"这一标准我们可以很容易地辨别出：例 3-1 中自变量为精液，包括正常精液和过滤掉精子的精液两个水平；因变量为怀孕情况，包含怀孕和没怀孕两个水平。例 3-2 中自变量为练习方式，包含集中练习（无休息组）和分散练习（包含间隔休息 1min 和间隔休息 10min 两种水平）；因变量为绘图时长。例 3-3 中自变量为形容词顺序，包括积极信息在前消极信息在后、消极信息在前积极信息在后两个水平；因变量为印象，包括有某些缺点却不乏为一个有能力的人（简称"有能力的人"）和一个能力被严重困难所束缚的"问题"人物（简称"有问题的人"）两个水平。

除了学会辨别自变量和因变量，我们还要学会给它们取名字。给变量命名具有很大的自由性，但应该既要切中要害又要简约，切忌又长又臭，这体现了个人的学术修养。比如，例 3-1 中我们还可以把自变量的两个水平表述成有精子和无精子。例 3-2 的自变量也可以表述成间隔时间，包括间隔无休息、间隔休息 1min、间隔休息 10min 三个水平。取练习方式为名主要是突出研究目的、直接明了；采用间隔时间是为了突出实验操作过程，两种方式都可以直接说明研究假设。但例 3-3 中的自变量和因变量对实验假设的支持就没那么直接；如果第一组的被试对该假想对象的印象是有能力的人，第二组的印象是有问题的人，说明首因信息更为重要，支持第一印象的重要性；如果第一组的被试对该假想对象的印象是有问题的人，第二组的印象是有能力的人，说明近因信息更为重要，支持印象形成时的近因效应。所以例 3-3 不太适合直接以实验假设来命名自变量和因变量。

第3章 实 验 法

3.1 什么是实验

假如你想研究消极情绪是否会使人更富有攻击性。于是你选取了一批被试，分别请他们到心理宣泄室，让他们观看一个 10min 的描述悲伤情节的视频；之后在智能击打宣泄仪上进行情绪宣泄，根据被试的行为(包括击打速度、力量、持续时间等)，判断出其情绪宣泄的程度，作为其攻击性的测量。请问这样的设计算不算是一个实验？

要回答这个问题，我们需要知道实验法的基本特征(Kantowiz, Roediger, & Elmes, 2001)：①实验至少应该具有两个独特的属性——自变量和因变量。②每个变量至少要有两个水平。在这里需要强调的是，自变量的水平指的是设置的实验条件/实验情境，一种实验条件就是一个水平，有些书本上也用处理(treatment)或处理水平来表达相同的含义。据此，你可以判断出上述的设计是不是一个实验。

观察法和相关法不能说明变量间的因果关系，为什么实验法可以呢？我们先来看实验的定义：实验是恒定额外变量，仅仅操纵自变量去影响因变量(朱滢，2000)。这个定义很清楚地表达了休谟的因果关系判断的三标准：第一，前因后果；第二，因果相关；第三，其他影响结果的因素已控。"恒定额外变量"就是满足第三个标准，对其他可能影响因变量的因素进行控制。"操纵自变量去影响因变量"，言下之意是自变量发生在前，因变量发生在后，满足第一个标准。是否满足第二个标准就是在实施实验后对数据进行分析，如果自变量的主效应显著或者交互作用显著，就说明满足因果相关这一标准。为了更清楚地阐述实验法的内涵，我们通过 3.2 节来详细介绍实验法中的核心要素。

3.2 核 心 要 素

3.2.1 自变量、因变量和额外变量

自变量(Independent Variable，IV)就是在实验中研究者操纵的、对被试的反应产生影响的变量。因变量(Dependent Variable，DV)是由操纵自变量而引起被试的某种特定反应，研究者希望通过因变量来推断相应的心理过程。自变量和因变量的定义清楚地告诉我们，实验研究满足因果关系的第一个标准：前因后果，即先操纵自变量，再观察因变量的变化。

我们改编 Solso 和 Maclin(2004)中的三个案例，来阐述自变量和因变量在实验研究中的内涵。请你先思考并辨别以下三个案例中的自变量和因变量。

例 3-1 二百多年以前，意大利科学家 Spallanzani 试图找出精液中的哪个成分使雌性

业成绩的相关就变得很小,这里起关键作用的应该是个人的努力问题了。这就是全距限制问题:选取的样本并没有代表你研究对象的全体。

(2) 对相关的前提假设的忽视

《普通心理学》的知识告诉我们,学习动机与学业成绩呈倒 U 形关系。如果我们采用皮尔逊相关来计算两者的关系,所得的结论必然是错误的,因为皮尔逊相关是建立在变量间呈线性关系的基础上的,而非曲线关系。所以统计方法的选择要考虑其相关前提假设(Kantowiz,Roediger,& Elmes,2001)和你所收集的数据的数据类型——数据类型不同采用的分析方法也不同。

秀艳，2004；Kantowiz, Roediger, & Elmes, 2001)。在一个研究中，如果额外变量没有得到很好的控制，可能会降低实验效度。例 3-1 中狗的犬龄也是影响其受孕的因素之一，过于幼小或过于衰老都不适合受孕，实验中的狗应具有相同的犬龄，这里的犬龄就是额外变量。例 3-2 中采用利手或非利手进行操作，其结果也是不同的，这个也是额外变量，应使它保持恒定，如实验中均采用利手进行操作。还有，比如你想研究在哪种背景音乐(古典乐、爵士乐和摇滚乐)下记忆英语单词的效果更好，那么需要控制的额外变量是：你是否喜欢/习惯边听歌边背单词。如果你没有此爱好，听何种音乐对你背英语单词均无任何助力，如果这类被试加入了你的研究将降低你的实验效度。

Case Processing Summary

	Cases					
	Valid		Missing		Total	
	N	Percent	N	Percent	N	Percent
精液 * 怀孕情况	29	100.0%	0	0.0%	29	100.0%

精液 * 怀孕情况 Crosstabulation

			怀孕情况		Total
			未孕	已孕	
精液	无精子	Count	12	0	12
		% within 精液	100.0%	0.0%	100.0%
	有精子	Count	6	11	17
		% within 精液	35.3%	64.7%	100.0%
Total		Count	18	11	29
		% within 精液	62.1%	37.9%	100.0%

Chi-Square Tests

	Value	df	Asymptotic Significance (2-sided)	Exact Sig. (2-sided)	Exact Sig. (1-sided)
Pearson Chi-Square	12.510[a]	1	.000		
Continuity Correction[b]	9.912	1	.002		
Likelihood Ratio	16.422	1	.000		
Fisher's Exact Test				.000	.000
Linear-by-Linear Association	12.078	1	.001		
N of Valid Cases	29				

a. 1 cells (25.0%) have expected count less than 5. The minimum expected count is 4.55.
b. Computed only for a 2x2 table

Symmetric Measures

		Value	Approximate Significance
Nominal by Nominal	Phi	.657	.000
	Cramer's V	.657	.000
N of Valid Cases		29	

图 3-2　精子使卵子受孕的数据结果(虚拟数据)

3.2.2　实验操纵

实验操纵(manipulation)是一个广义的概念，包括变量的操作定义、自变量水平的确定、实验控制等相关主题。

3.2.2.1 变量的操作定义

心理研究中的操作定义(operational definition),其实源自物理学。物理学家 Bridgman 认为科学上的名词或概念,如果要避免含糊不清的缺点,最好能以我们"所采用的测量它的操作方法"来界定(黄一宁,1998)。比如,在常见的物理量上,将"1m"操作定义为地球自赤道到北极距离的 1/10 000 000;将"1h"操作定义为地球自转一周所需时间的 1/24;将"1g"操作定义为 1cm³ 纯水在 4℃时的重量。用这种操作定义的方式来定义一个概念的最大优点在于明确客观。操作定义的方式有两种:其一,通过陈述"测量概念"的操作程序来界定一个概念;其二,通过陈述"产生概念"的操作程序来界定一个概念(黄一宁,1998)。在心理学上,有些概念适合用陈述测量操作程序来界定,有些概念适合用陈述产生操作程序来界定,有些概念两种方式都可以。

比如,例 3-2 中分散练习的概念,其操作定义就是采用产生概念的操作程序的方式来界定:间隔休息 1min 和间隔休息 10min。而对于内隐态度,则难以采用产生操作程序进行界定,只能采用 IAT 范式(Implicit Association Test,IAT)测量其操作程序来界定(Greenwald & Nosek,2001)。消极情绪的操作定义,既可以用产生概念的操作程序进行界定,如观看一个时长为 10min 的令人心生压抑的影片之后的情感体验(王冬琳,2021);也可以采用测量概念的操作程序进行界定,如通过多种形容词核对表(Multiple Affect Adjective Check List,MAACL)或自评量表来测量当下的情绪状态。读者可以根据这些原则,自行操作定义积极情绪、信任、疲劳、焦虑、阅读能力、网购经验等概念。

需要说明的是,既可以针对自变量进行操作定义,也可以针对因变量进行操作定义;研究所获得的结论仅适用于该操作定义的特定范围,不可随意扩大。

3.2.2.2 自变量水平的确定

在一个实验中,每个自变量至少要有两个水平,以便研究者能观察到自变量的改变对因变量的影响。自变量水平数越多,就越能观察到自变量中更细分水平下的实验情境中的因变量的变化,但也不是水平数越多越好。

自变量水平的种类有数量和类别两种(舒华,1994)。前者,如刺激的呈现时间有三个水平,包括 200ms、500ms 和 1000ms;后者,如情绪有三个水平,包括积极情绪、中性情绪和消极情绪,性别有两个水平,包括男和女。当自变量的水平是数量时,选取水平的最小值和最大值之间必须有足够的范围和间距,否则将可能会出现错误的结论。其一,如果范围不够宽,可能无法反映自变量与因变量间的真实关系。比如,学习动机与学习成绩的关系,如果自变量水平仅选取低动机和中等动机,那么将会得出学习动机与学习成绩呈正相关,学习动机越大成绩越好的结论;如果仅选取低动机和高动机两个水平,就会发现两者根本就无关,而真实的情形是学习动机与学习成绩呈倒 U 形曲线的关系。其二,如果间距不够大,可能无法获得自变量与因变量间的关系。比如,你对家庭月收入这个自变量感兴趣,将家庭月收入的水平分成低收入(如 3000 元左右),中等收入(如 5000 元左右)和高收入(如 7000 元左右)三个水平,你这样处理可靠吗?我们认为以当前的经济发展水平来看,即便是三四线城市,5000 元的月收入与 7000 元的月收入其家庭的生活状态可能并未存在差异,中等收入和高收入所产生的因变量的变化可能是不明显的,因此你可能会得出一个错误的结论,即家庭月收入根本不会影响你的研究结果。

那么自变量水平数的取样依据(舒华,1994)是什么呢?

① 依据研究的理论假设。比如，你想研究情绪是否会影响一个人的攻击性。根据已有文献，情绪的一种分类方式是将其分成积极情绪、消极情绪和中性情绪三大类，三类情绪对攻击性的影响可能是或减弱、或增强、或不变，因此在实际研究中我们通常会选择高兴作为积极情绪、抑郁作为消极情绪、平静作为中性情绪来研究情绪对攻击性的影响。

② 依据实验所关心的结论。比如，你只想研究抑郁是否会使人更富有攻击性，则只需选择抑郁情绪和中性情绪两个水平即可，没必要再增加一个积极情绪。

③ 依据自变量总体水平的情况。比如，上述中的家庭月收入，你得调查全国/当地的家庭月收入的分布情况，然后取均值附近的一小段区间作为中收入，如取 $M \pm SD$ 或 $M \pm 1.5SD$ 相应的一小段区间作为高收入和低收入，而不是简单粗暴地按照 3000 元、5000 元和 7000 元进行划分。对于刺激的呈现时间，其情况更为复杂。每种研究主题呈现时间的长短影响各异，需根据已有的文献有逻辑地划分呈现时间的间距。如知觉加工方面的研究，须控制在 100ms 以内；人工语法学习范式中刺激呈现的时间，有些研究设置在 1000～4000ms。原则上，间距不要太小，起码要达到 1 个差别阈限(一个标准差)。在探索性实验研究中，一个自变量至少要有三个水平，因为两点确定一条直线，三点才能看得出自变量与因变量的关系。如果预期自变量和因变量呈曲线关系，最好设置 5～7 个水平。

3.2.2.3 自变量的操纵检验

确定完自变量的水平后，还得核实这些实验情境的操纵是否有效，即是否能达到你的预期差异。此时要进行自变量的操纵检验(manipulation checks)：检验自变量所操纵的各个水平是否能达到预期差异。

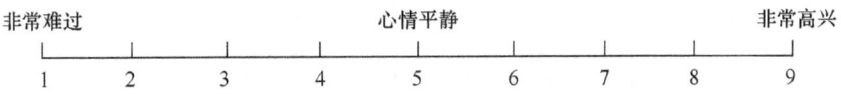

图 3-3 情绪在实验操纵检验中前后测的测题

比如在情绪与道德规则的阈下启动对道德判断的影响研究(王冬琳，2021)中，首先要确定研究中的情绪操纵是否有效。因此，可以采用先导实验(pilot experiment)的方式，先选取积极情绪组、消极情绪组和中性情绪组的被试各一定数量，比较观看影片前后的情绪自评是否有差异、三种情绪的后测是否有差异，确定差异之后再进行正式实验，实验结果如图 3-4 所示。采用 3(情绪：积极，中性，消极)×2(前后测：前测，后测)混合设计的重复测量方差分析，情绪与前后测交互作用显著，$F(2, 186) = 100.05$，$p < 0.001$，$\eta_p^2 = 0.518$。简单效应分析发现，前测时情绪主效应不显著，$F(2, 186) = 0.91$，$p = 0.405$，后测时情绪主效应显著，$F(2, 186) = 122.55$，$p < 0.001$，$\eta_p^2 = 0.569$，积极情绪组比中性组感到更开心，消极情绪组比中性组感到更难过；经过情绪的实验操纵后，积极情绪组感觉到更高兴，$F(1, 186) = 68.94$，$p < 0.001$，$\eta_p^2 = 0.270$，消极情绪组感觉到更难过，$F(1, 186) = 137.95$，$p < 0.001$，

η_p^2=0.426，中性组的前后测差异不显著，$F(1, 186)= 3.49$，$p > 0.05$，这说明情绪操纵成功。

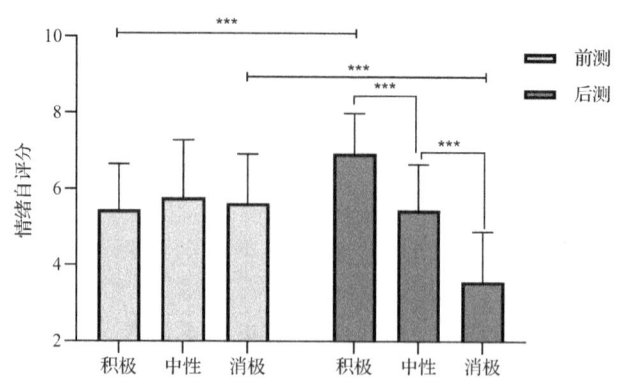

图 3-4 情绪的操纵检验的事后多重比较

资料来源：王冬琳. 不同启动方式下情绪和道德规则对道德判断的影响. 闽南师范大学, 2021.

3.2.2.4 实验指导语的编写

接下来，我们应该根据自变量水平的不同，开始编制实验指导语(direction)。实验指导语的编写，有三个原则：①凸显自变量水平的差异，可用彩色字体、下画线等加以突出；②表达简约清晰、通俗易懂；③排版简洁漂亮。

我们呈现两个研究中的指导语供读者参考。图 3-5 为实验流程指导语，旨在实验开始之前呈现给被试，让被试了解熟悉整个实验过程。图 3-6 和图 3-7 分别是在选择框架和删除框架下采用信息板技术(mouselab)研究被试对商品的选择(于梦奂，2021)，指导语中将“框架”这一自变量用图示和文字进行双重描绘，能让被试快速理解实验过程。

实验流程指导语

本实验是一个小额投资决策游戏。在这个游戏中，我们想知道你对一些问题最初的、直觉的反应是什么，以及你在思考这个问题一段时间后的反应。

实验首先会出现一个记忆矩阵，要求你记住图中*出现的位置，然后呈现投资问题，并要求你输入你脑海中的第一个答案（此时背景为黑色），你不需要去多想。接下来再出现四个矩阵，要求你选出你刚才所记忆的矩阵。

之后，该问题将再次呈现（此时背景为蓝色），你可以充分地思考为什么要做出这个选择，一旦你下定决心，请你做出最后的回答。此阶段，你将有足够的时间来做出你的第二个反应。

期间，我们还将用两个题目来记录你两次回答的心理感受。

总之，请记住，尽快给出你的第一个、最初的反应是非常重要的。然后，你可以花尽可能多的时间来思考这个问题并选择你的最终答案。

明白以上指导语后，请按空格键先了解游戏内容

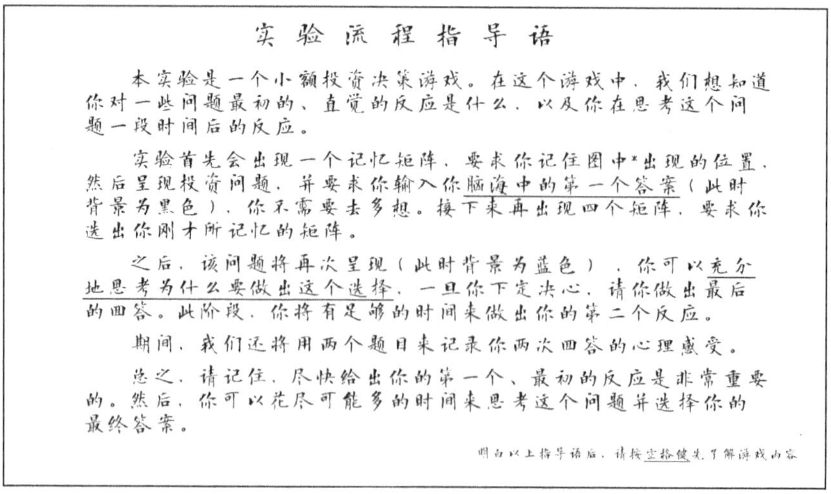

注：原图为黑底、彩字。

图 3-5 直觉加工和深思加工的实验流程指导语

资料来源：杨海波，陈小艺. 直觉和深思下积极互惠行为的信任水平差异：基于收益框架视角. 心理科学, 2020-43(6): 1470-1476.

网上购物模拟实验指导语

本实验是一个模拟网上购物的小实验，旨在了解你平时选购商品时是如何查看商品信息的习惯。请你务必以你确实需要购买实验中所呈现的商品的真实心态进行选购。

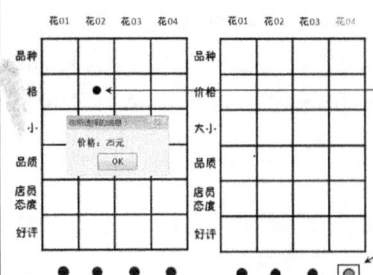

实验开始时，会呈现如图1的信息。呈现4种或16种商品，每种商品有六个属性。请你用鼠标<u>点选单元格中心查看对应商品的属性</u>，此时将会弹出对话框，如花02的价格为25元。了解完此信息后请<u>按空格键关掉该对话框</u>，然后继续后面信息的查看。如果你对选购的某个商品满意可以<u>点选该表格最后一行中该商品所对应的黄色圆点进行选择</u>，此时被选中的商品的黄色圆点和商品名称将会变成绿色。如图2所示。需要跟你强调的是：请务必多点开些商品的属性，了解商品的情况，以便做出更为合理的选择。

明白以上指导语后，请按P键进入实验练习

注：原图为黑底、彩字。

图 3-6　信息板范式中选择框架下的实验指导语

资料来源：于梦奂. 不同决策框架下心理模拟和选择集大小对消费决策中信息加工过程的影响. 闽南师范大学, 2021.

网上购物模拟实验指导语

本实验是一个模拟网上购物的小实验，旨在了解你平时选购商品时是如何查看商品信息的习惯。请你务必以你确实需要购买实验中所呈现的商品的真实心态进行选购。

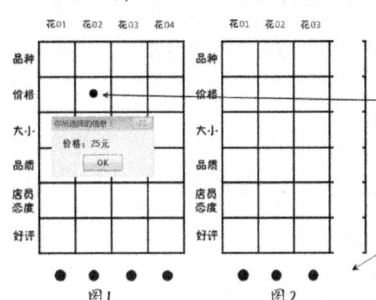

实验开始时，会呈现如图1的信息。呈现4种或16种商品，每种商品有六个属性。请你用鼠标<u>点选单元格中心查看对应商品的属性</u>，此时将会弹出对话框，如花02的价格为25元。了解完此信息后请<u>按空格键关掉该对话框</u>，然后继续后面信息的查看。如果你对某个商品不满意可以<u>点选该表格最后一行中该商品所对应的黄色圆点进行删除</u>（删除的状态如图2）。之后在剩下的商品中再行查看商品的属性，直至选择到满意商品为止。此时要求你<u>点选屏幕右下角的"最后要确定商品时，请点我！"</u>，将弹出一个对话框，要求你<u>输入对应商品的编号，并按回车键</u>。

明白以上指导语后，请按P键进入实验练习

注：原图为黑底、彩字。

图 3-7　信息板范式中删除框架下的实验指导语

资料来源：于梦奂. 不同决策框架下心理模拟和选择集大小对消费决策中信息加工过程的影响. 闽南师范大学, 2021.

3.2.2.5 自变量的种类

根据实验操纵的特点，可以把自变量分成两类。

(1) 作业变量

作业变量(task variable)，是指在实验过程中由研究者操纵不同实验情境而产生的变量。这里的实验情境不仅仅指实验环境，也包括实验刺激。属于实验环境操纵的，如在情绪影响道德决策研究中对情绪状态的操纵、对教学方法的操纵、在艾宾浩斯遗忘曲线研究中对学-测时间间隔的设置。属于实验刺激操纵的，如在短时记忆编码中 AA 对和 Aa 对的设置等。

(2) 被试变量

被试变量(subject variable)，是指个体所具有的各种特征，如年龄、性别、职业、气质、认知风格、内外向等。实验中，这类变量只能选择，而不能随意操纵。

3.2.2.6 因变量的敏感性

如何选择最佳的因变量及如何精确测量它的变化关系到研究效度的高低。一般来说，研究者都倾向于采用现有文献中的因变量，至少它已经得到同行的认可。比如，在研究短时记忆的信息编码等信息加工过程中，反应时是一个最常用的指标。再比如，在广告记忆效果的研究中，对广告的印象程度、商品的购买意愿、购买行为都是主流的因变量。当然随着研究的推进，如相关理论的发展，我们可能会发现一些新指标，那么在新指标使用之前还得去检验其效度。

好的因变量应该在自变量发生变化时也能跟着变化，这样的因变量敏感性高，如图 3-8 中的真实分布，自变量与因变量的关系应该呈正态分布，且量程范围宽。如果自变量的变化不能引发因变量的相应变化，就说明因变量的敏感性低。这是因为因变量指标的量程不够大，造成反应停留在指标量表的最顶端或最底端，从而使指标的有效性遭受损失。把因变量指标停留在最顶端的现象称为天花板效应(ceiling effect)，也称高限效应(朱滢，2000)。比如，在一次考试中由于试卷难度太低，导致无论优生差生成绩都很好，像图 3-8 中的测量分布 1。把因变量指标停留在最底端的现象称为地板效应(floor effect)，也称低限效应(朱滢，2000)。比如，试卷太难了，优生的成绩普遍都是 40 分、50 分，像图 3-8 中的测量分布 2。这两种现象说明试卷的敏感度很低，无法区别优生与差生。

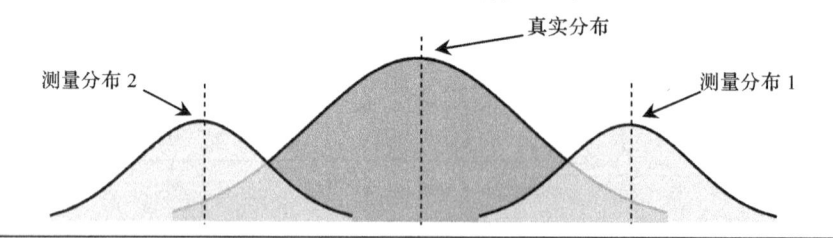

图 3-8 因变量设置不当导致测量分布与真实分布出现差异

因此，在正式实验之前需采用先导实验(pilot experiment)或预实验(preliminary experiment)[①]的方式对实验材料进行操纵检验以检验因变量的敏感性。比如，Mak 和 Twitchell

---

① 严格意义上来讲，先导实验更多指的是对研究中所采用的实验材料进行操纵检验的实验过程；预实验则指在进行大规模实验之前，先进行小规模的实验，以检查实验设计过程的合理性和发现未预料之事。有些研究者则不加区别地使用。

(2020)采用配对联想学习范式研究线索词的语义关联程度是否会影响反应词的记忆准确率。他们在先导实验中发现当反应词变成人造伪词时，被试的回忆准确率出现了地板效应，于是在正式实验中将回忆测验改成再认测验。

3.2.2.7 因变量的种类

每种心理过程都有其特有的因变量，每个实验范式其反应指标也不同。总结归纳一下，大约有以下几种因变量。

(1) 反应时

反应时是了解心理加工过程的重要指标之一，在很多实验范式中均有采用，如知觉搜索、短时记忆编码、心理旋转、短时记忆信息提取阶段模型、IAT 范式、序列反应时任务等。我们将在第 11 章对反应时进行详细介绍。

(2) 准确率

准确率反映了正确执行某一心理过程后的结果，是再认、再现测验的测量指标。比如，用考试成绩反映你对所学知识的掌握，用双耳分听实验中两只耳朵的再现准确率的差异体现注意力的分配，用类别学习中分类判断的准确率来检验你对两类概念词的掌握程度等。在有些研究中经常要把准确率与反应时一起考虑，此时就会出现速度-准确性权衡的问题。

(3) 分辨能力和判断标准

根据信号检测论计算出的分辨能力和判断标准，也渐渐被研究者所重视，我们将在第 10 章的"信号检测论中的关键指标"一节进行详细介绍。

(4) 反应的次数

反应的次数或频次在个别研究中也会用到，如对多动症儿童的行为频次的观察记录。

(5) 口语报告内容

口语报告内容，是指在实验时被试对自己心理活动内容所做的叙述性记录。尽管在心理学实验程序普遍软件化的今天，口语报告内容仍是不可或缺的重要因变量之一。比如，在言语研究中，为了研究口语句子产生中的语法编码计划单元(grammatical planning scope)，研究者需要被试口头说出图片上所描述的内容(Zhao, Alario, & Yang, 2014; Allum & Wheeldon, 2009)。

(6) 眼动指标

在采用眼动仪进行心理学研究时，我们常常以注视、眼跳和追随运动作为测量指标(朱滢，2014)。

注视(fixation)，是指眼睛的中央凹对准物体以获得最清晰的像。在注视过程中，眼睛还会做震颤、闪动和漂移三种微小运动。震颤(tremor)是不规则的、高频率(峰值 80Hz)的运动，运动幅度极小，仅约 20s 视角。研究表明，震颤的振幅为 20~40 秒度。闪动(flicks)又称微型扫视运动，其幅度为几分视角。闪动以不太规则的时间间隔，大约每隔 1s，出现于固视期内。漂移(drifts)，是指在闪动运动中间存在的较慢的、不规则的偏移运动，偏移范围可达 6 分视角。

眼跳(saccade)，是指从一个注视点移向另一个注视点。通常个体是感觉不到眼跳的，而且觉得是在平滑地运动。实际上，当个体用眼睛搜索和观察物体时，都会出现眼跳。眼跳有两个特征：其一，双眼的每次跳动几乎是完全一致的；其二，眼跳的速度很快，在眼跳过程中视觉是模糊不清的。

追随运动(tracking)有两种形式：其一，个体在注视运动物体时，如果保持固定，眼睛要追随该物体移动；其二，当个体的头部(或身体)运动时，为了注视运动的物体，眼睛要做与头部(或身体)相反的运动。实际上，在这种条件下，眼动是在补偿头部(或身体)的运动，因此，也被称为补偿眼动。这两种追随运动的目的是让注视物体的像落在中央凹上。

依据上述原理，我们在采用眼动仪进行实验之后，要进行兴趣区(Area of Interests，AOI)的划分以分析相关眼动特征。

时间维度的指标有：单一注视时间(single fixation duration)、首次注视时间(first fixation duration)、第二次注视时间(second fixation duration)、凝视时间(gaze duration)、离开目标后的首次注视时间(first fixation duration after leaving)、回视时间(regression duration)、总注视时间(total fixation duration)。

空间维度的指标有：眼跳距离(saccadic amplitude，saccadic length，saccadic size)、注视位置(landing position)、注视次数(number of fixations)、跳读率(skipping rate)、再注视比率(refixation rate)、回视次数(regression count)、回视出比率(regression-out proportion)。

此外，还有瞳孔直径值(pupil dilation)。一般在数据分析时多采用瞳孔直径的变化值。具体计算方法为，首先计算瞳孔直径大小的基线值(在眼动实验中，刺激呈现前会先出现校准注视点，将注视点直径大小进行记录，取得平均值，以此作为基线值)，然后将刺激呈现时的瞳孔直径均值减去基线值，即为瞳孔直径的变化值。

(7) 脑电与事件相关电位

人脑总是在不断放电，我们称其为脑电(ElectroEncephaloGram，EEG)。脑电的成分复杂而没有规则，是由皮质大量神经组织的突触后电位同步总和而成，而单个神经元电活动非常微小，不能在头皮记录到，只有神经元群的同步放电才能记录到。脑组织神经元排列方向一致时构成所谓的开放电场(open field)，反之则是方向不一致时相互抵消的封闭电场(closed field)。正常的自发脑电一般为几微伏到 75 微伏之间。心理活动所激发的脑电比自发脑电更弱，一般只有 2 至 10 微伏，通常被淹没在自发电位中。

事件相关电位(Event-Related Potential，ERP)是指，外加一种特定的刺激，作用于感觉系统或脑的某一部位，在呈现刺激或撤销刺激时，以及当某种心理因素出现/变化时在脑区所产生的电位变化。它反映了认知过程中大脑的神经电生理的变化，也被称为认知电位，也就是指当人们对某事件进行认知加工时，从头颅表面记录到的脑电位。

事件相关电位具有两个重要特性：潜伏期恒定和波形恒定。与此相对，自发脑电则是随机变化的。所以，可以将同一事实多次引起的多段脑电记录下来，但每段脑电都是各种成分的综合，包括自发脑电(噪音)。将由相同刺激引起的多段脑电进行多次叠加，由于自发脑电或噪音是随机变化、有高有低的，所以相互叠加时就会出现正负抵消的情况；而 ERP 信号则有两个恒定，所以不会被抵消，其波幅反而会不断增加，当叠加到一定次数时，ERP 信号就显现出来了。

叠加 n 次后的 ERP 波幅增大了 n 倍，因而需要再除以 n，使 ERP 恢复原形，即还原为一次刺激的 ERP 数值。所以 ERP 也被称为平均诱发电位，平均指的是叠加后的平均。这样就获得了所希望的事件相关电位波形图。因此，对于 ERP 研究来说，为了提取 ERP 的变化，传统上不得不进行多次重复刺激(次数记为 n)，而现在，可以通过计算机叠加技术轻松实现上述过程。

(8) 脑成像指标

随着现代物理、电子信息和计算机的迅速发展，心理学研究者开始采用正电子发射层析照相术(Positron Emission Tomography，PET)、功能磁共振成像技术(Functional Magnetic Resonance Imaging，fMRI)、功能近红外光谱技术(Functional Near-infrared Spectroscopy，fNIRS)进行脑区功能定位，采用脑电图(EEG)和脑磁图(MEG)测量认知过程中的时间进程，采用经颅磁刺激(Transcranial Magnetic Stimulation，TMS)和光遗传学技术(optogenetics)来探索脑功能区与认知过程间的因果关系。

总之，因变量的测量指标很多，关键是选取的因变量应该满足三个条件：有效、可靠和灵敏。

3.2.3 实验假设

3.2.3.1 实验假设的表述

确定自变量和因变量后，实验假设(experiment hypothesis)也就呼之欲出了。实验假设(统计学上称备择假设)是对自变量与因变量之间关系的一种陈述。它是建立在现有文献的基础上的，根据过去研究中的矛盾、存在的缺陷、不足而提出的实验预期，本质上就是研究目的。一般将实验假设放在问题提出部分，也可以放在方法部分，但是并不是每篇论文均有明确的实验假设。实验假设在表达上要求简明扼要，阐述研究者最想要获得的结果。

比如，"抑郁是否会使人更富有攻击性"，这个题目本身就可以当成一个实验假设，当然我们也可以表述成肯定句式"抑郁使人更富有攻击性"，如例 3-2，可以表述成"在镜画任务中，分散练习的成绩优于集中练习"。表述的关键是把期望在自变量某一水平/某一组合水平下能获得的更好的因变量的结果表达出来。

实验假设的表达主要有两种方式(Harris，2009)：一种是有方向性实验假设，在这种假设中除了说明因变量在自变量各水平存在差异，还要指出差异的方向，如上述两个例子；另一种是无方向性实验假设，只需说明自变量各水平之间会存在差异，无须指明因变量在自变量的哪个水平表现好，哪个水平表现差。

3.2.3.2 虚无假设

在实验研究中，研究者常常不直接对实验假设进行证实，而是直接检验它的虚无假设(统计学上称原假设)。虚无假设，是指因变量均值在不同实验条件下没有显著差异。如果所获得的实验数据拒绝(或否定)虚无假设，那么实验者就得到了一个可靠的结论，即因变量是明显受自变量影响的(Simon，1974)。

检验虚无假设的基本思想是：不同水平下因变量均值的差异可能是由随机误差产生的，因而不是真正的差别。如果不同水平下因变量的差别较大，并且这种差别的出现大于一定概率(如 0.95，即 $p < 0.05$)时，就可以推翻虚无假设，接受实验假设。

3.2.4 实验控制

3.2.4.1 控制的含义

实验法与观察法、相关法最大的区别就是采用严格的控制，以获取变量间精确可靠的关系。从广义上讲，实验控制指的是操纵或选择自变量的变化水平，选择因变量及测量它的方法，控制实验过程中的额外变量，使得实验误差降到最低水平，提高实验的效度。从狭义上讲，实验控制指的是在实验中处理那些对因变量产生作用的额外变量。在通常情况下，实验控制指的是狭义上的概念。

3.2.4.2 需要实验控制的原因

（1）保证各处理水平的条件相同或接近

在心理学实验设计中，要根据自变量的水平将被试分成多组，在不同的实验情境下实施实验，由实验结果的不同推断自变量对因变量的影响。在这样的设计逻辑当中，默认的前提条件是这几组的被试是同质的，也就是说这些被试来自同一个总体。但是在实际的取样过程中，难以保证各组能达到完全同质。比如，在情绪影响攻击性的研究中，恰巧消极情绪组的被试今天刚刚得知高分通过 CET-6 考试，那么此时对他们实施消极情绪刺激的效果就相对较差。因此，研究者需要采用随机化、匹配等手段进行实验控制。

（2）主试（experimenter）与被试的相互影响

心理学实验有别于物理、化学实验，其实验对象（被试）是有生命的个体，所以主试与被试之间的互动在一定程度上可能会降低实验效度。这种情形主要分两种情况。

第一种，来自主试的影响。由于主试的生理特点、个性、经验，以及主观偏好，在实验中他们/她们可能以某种方式（如表情、手势、语气等）有意无意地影响被试，使被试的反应附和主试的期望，这种现象我们称之为实验者效应（experimenter effect），如教育心理学中的罗森塔尔效应。1968年美国心理学家罗森塔尔和助手在一所小学进行一项教育实验研究。他们从一至六年级各选了3个班，进行"未来发展趋势测验"。在实验开始时，罗森塔尔提供给校长和相关老师一份根据他们研究结果检测出的"最有发展前途"的学生名单，并要求他们务必保密，以免影响实验结果。而实际上这份名单是随便挑选出来的。八个月后，罗森塔尔和助手对那18个班的学生进行重测，结果发现：凡是名单上的学生，成绩均有较大的进步，且性格活泼开朗，自信心强，求知欲旺盛，更乐于和别人打交道。罗森塔尔认为，老师因受到研究者的暗示，不仅对名单上的学生抱有更高期望，而且有意无意地通过态度、表情、体谅和给予更多提问、辅导、赞许等行为方式，将隐含的期望传递给这些学生，学生则给老师以积极的反馈；这种反馈又激起老师更大的教育热情，维持其原有期望，并对这些学生给予更多关照。如此循环往复，以致这些学生的智力、学业成绩，以及社会行为朝着老师期望的方向靠拢，使期望成为现实。在实验过程中，主试也可能会存在如上述校长和老师对学生所产生的那种期望，而影响被试的反应。

第二种，来自被试的影响。在实验中，研究者总是希望被试是完美的、不带有任何杂念的、完全不了解实验背景的"清白"的个体。一旦他们接受实验指令，将会尽可能地按照真实的方式做出积极反应。实际上，一旦进入实验，被试会自发地对主试的实验目的产生一个假设或猜想，然后再以一种自以为能满足这一假想的实验目的的方式进行反应，我们称之为要求特征（demand characteristics）或被试效应（周谦，1994）。霍桑效应是一个典型的被试效应例子（Kantowiz, Roediger, & Elmes, 2001）。20世纪初，美国西部电器公司做了几个实验（其中之一是提高车间照明亮度）来改善工人的工作环境，试图提高他们的生产效率。结果发现，不管在哪种实验条件下，工人的生产效率都得到提高。这是因为工人猜测，他们受到了特有的"关注"，从而提高了工作积极性，但实际上研究者是要探讨照明是否会影响生产效率。另一个典型例子是安慰剂效应（placebo effect）。安慰剂并不是有效的治疗方案，但是被试相信他们接受治疗后，病情会得到好转，事实也的确如此。我们的希望是，被试不要对实验目的产生过多的猜想，只需按照实验指导语完成相应任务即可。

3.2.4.3 控制方法

(1) 额外变量的控制

额外变量的控制就是为了保证各个处理水平的条件相同或相近，主要有以下五种方法。

第一种，消除法。

消除法(elimination method)，又称排除法，是指把额外变量从实验中排除(郭秀艳，2004)。在一些研究中，有些额外变量会极大地影响因变量的测量，因此需要将其排除，以得到更为纯粹的自变量对因变量的影响。Stroop 效应用于研究优势反应与非优势反应的相互干扰。在 Stroop 色词测验(Stroop color-word test)研究中，被试需要回答字的颜色而不是字的意义。研究发现，回答字的意义的反应快于回答字的颜色。这是因为我们习惯于看字的意义，对字的意义的反应属于优势反应，对字的颜色的反应属于非优势反应。在这个研究中，色盲与否是一个很重要的额外变量，在实验中应该采用排除法，将色盲被试排除。在 fMRI 研究中，优势脑区和非优势脑区的差异很大，利手的习惯导致脑区的训练程度和功能出现很大差异，因此在选取被试时，一定要排除非右利手的被试。这种处理方式在很多研究中均有采用。

第二种，恒定法。

在实际研究中，很多额外变量并不像色盲这类额外变量能被轻易排除，此时可以采用恒定法(constant method)。恒定法就是在实验过程中保持额外变量恒定不变。比如，在脑袋大小与记忆关系的研究中，年龄是不可消除的，所以应该选择同一年龄段的被试进行研究，以保持年龄这一额外变量恒定。另外，在研究中应该保持每种实验条件下的实验试次(trials)相同，这也是一种恒定处理方法，实验试次是一个常见的额外变量。

第三种，抵消平衡法。

在实验设计中，有时可能会分别呈现几个或几类实验材料，这时实验材料呈现的先后顺序可能会影响被试对实验材料的印象。最先呈现的材料由于首因效应记忆比较深刻，最后呈现的材料由于近因效应记忆也较深刻，中间呈现的实验材料记忆效果则最差。抵消平衡法(counterbalancing method)是控制该类由顺序不同导致的额外变量的一种方式。

如果每个或每类实验材料只呈现一次，可以采用 AB-BA 的方式呈现，即将材料分成两部分，一部分 A 材料先呈现，另一部分 B 材料先呈现，总体上 A 材料和 B 材料都有先呈现，也都有后呈现，达到顺序上的平衡。如果每个或每类实验材料需要呈现两次，则可以采用 ABBA 的方式呈现，即先呈现 A 材料，再呈现 B 材料，接着再呈现 B 材料，最后再呈现 A 材料。这样，有 A 在 B 前面，也有 B 在 A 前面，总体达到抵消顺序的效果。

第四种，随机化。

其实顺序导致的误差，除了采用抵消平衡法进行处理，还可以采用随机化(randomization)方式进行处理。随机化处理就是让每个实验材料随机出现，以消除顺序误差。在很多研究中，经常采用随机化方法来消除额外变量(主要是一些被试变量)带来的影响，否则将没办法实施实验。比如，在情绪影响攻击性的研究中，个体本身所具有的攻击性倾向、抑郁程度、气质类型、内外倾等额外变量都可能影响被试的攻击性行为的发泄。但是又没办法对这些额外变量进行一一控制,所以只能采用随机取样的方式将被试随机分配到积极情绪组、中性情绪组和消极情绪组,以达到控制目的。

随机化控制是建立在随机抽样的统计理论基础上的(黄一宁,1998)。它们假定:第一,每组样本都具有代表性,它们具有代表总体的种种特性;第二,每组样本的各种特性(包括额外变量在内)都是相等的。除了自变量,其他一切能够影响因变量的已知或未知的额外变量都可以假定为相等的。所以自变量导致因变量的变异,可以归因为对自变量处理的不同而产生的作用。

Solso 和 Maclin(2004)提供了两种实验现场处理随机分配被试的方法。如果自变量有两个水平,就把实验分成 2 组,采用抛硬币的方法随机分配首先去实验室报到的被试,如硬币是正面,则被试被分配到 A 组,如反面,则到 B 组;而下一个被试则到相应的另一组中。如果自变量有 N 个水平,就制作 N 张纸片放在一个容器中,每张上面写上字母代表该种处理水平,根据被试所抽取的纸片上的字母将其分配到相应的组,抽取后的纸片不许再放入,直至一轮结束,再把 N 张纸片放回容器进行新一轮分组。

第五种,统计控制。

以上四种额外变量的控制方法是在还未进行实验时所介入的干预,统计控制(statistical control)则属于实验结束后的控制(郭秀艳,2004)。统计控制主要针对的是难以在实验前进行控制的那类额外变量。

假设你要研究灌输式教学和小组合作式学习,哪种方法的教学效果更好。在研究过程中,学生投入自修时间往往是不同的,但是它是影响学习成绩的关键因素之一。因此,在分析实验结果时,可以将自修时间当作协变量,采用方差分析的方法,排除自修时间对学习成绩的影响,分离出真实实验处理的效应。

除了采用协变量进行统计控制,还可以采用剔除极端数据,或进行不同程度的加权等方式进行处理(郭秀艳,2004)。

(2)主试和被试的控制

第一种,对主试的控制。

主试的实验者效应会影响被试的反应,因此通常采用双盲(double blind)的方式进行控制。也就是在实验实施过程中,主试和被试均不知道自己处在哪种实验处理中,对实验可能产生的效应类型也不知情。

随着计算机的发展,我们可以采用 E-prime、Matlab 等心理学专业软件编写相应的实验程序,以统一指导语的形式,减少实验者效应等诸多额外变量的干扰。当然,对于有些无法采用计算机程序来实施实验的研究,可以采用多主试的方式,以减少单一主试所带来的实验误差。

第二种,对被试的控制。

一般来说,研究者都是不希望被试事先知道实验目的的,因此在实验中应采用单盲(single blind)的方式进行控制。也就是在实验中既不告诉被试他们在哪个实验处理中,也不告诉他们实验的性质,并且通常采用随机化的方式将被试随机分配到各个实验处理中。

尽管随机化是分配被试到自变量各水平中的常用方法,但是也难以保障各水平中被试的同质性。在明确额外变量的情况下,我们可能会采用匹配法(matching)进行被试的分配。研究者一般需事先采用一个或数个与因变量具有高度相关的额外变量来选择被试,以匹配成同质性的组。

还是以"研究灌输式教学和小组合作式学习,哪种方法的教学效果更好"为例。不仅学生的智商是个重要的额外变量,在进行匹配时还要考虑性别差异。理论上,以图 3-9 树状图的方式将被试分成男生组和女生组,分别在男生组和女生组选取中上智商 10 人,中等智商 20 人,中下智商 10 人,然后再随机分配到灌输式教学班(以下简称"灌输班")和小组合作式学习班(以下简称"合作班"),这样新组合的两个班各有 40 名被试,在性别和智商上均得到很好的匹配,使得在教学方式这一自变量下的两组被试达到同质。

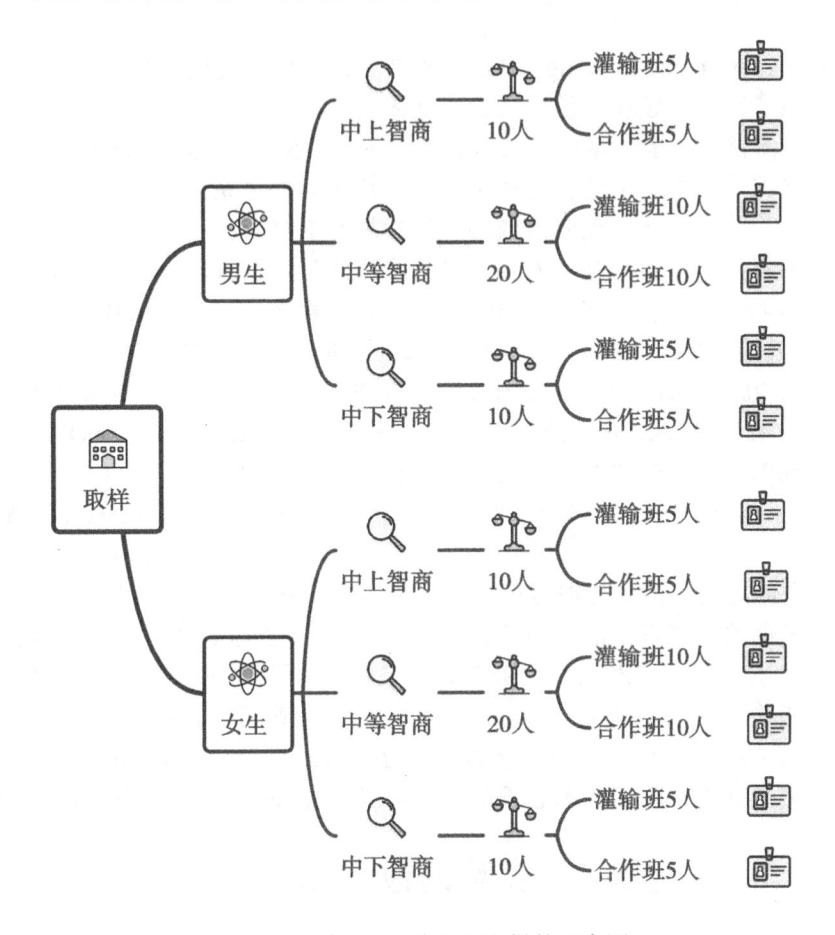

图 3-9 采用匹配法进行取样的示意图

(3) 实验设计

上述实验控制方法是针对有明确可控源的额外变量的操纵,但是仍有一部分未知的额外变量没受到控制,这部分将通过实验设计归结为实验误差或者误差变异(error variance)。我们可以采用方差分析的方法,分离出这些误差变异来源。实验设计的一个重要功能就是增大系统变异,控制无关变异(额外变量的变异),减少误差变异。其原因在于方差分析(Analysis of Variance,ANOVA)的 F 检验实质上是计算系统变异或由自变量引起的变异与误差变异的比率。因此,尽可能减少误差变异,就在相同条件下,增加了 F 值达到显著性的机会,增加了实验的敏感性(舒华,1994)。

可以说,减少误差变异是各种实验设计最直接的一个目的。控制无关变异的目的,也在于把无关变异从实验误差中区分出来，以减少误差变异（舒华，1994）。总而言之，实验设计的主要功能就是使系统变异的效应最大，通过控制无关变异，使误差变异最小。我们将在"第二部分 实验设计与数据处理"中详细介绍各类实验设计是如何控制这些额外变量的。

3.3 实验范式

实验范式（experimental paradigms）是一种被公认、广泛接受的相对固定的实验程序，它为研究者提供了研究纲领和可供模仿的成功先例。

心理学的实验范式主要包括两大类：其一，各种实验设计（Solso & Maclin，2004）。实验设计采用因果关系的逻辑来检验自变量与因变量之间的关系，早已是众多学科所接受的研究范式。其二，某些具体心理概念或心理过程的操纵（朱滢，2000）。在心理学研究中，有些概念比较抽象，更重要的是难以直接进行量化测量，如编码、注意、串行加工、并行加工、负荷、心理不应期等。研究者发明了各种实验程序对其进行操作定义，并逐渐被同行所认可，形成特有的实验范式。比如，Vogel（2000）基于提示范式的变化觉察任务（change-detection task）研究注意的发生阶段。研究者一般采用心理不应期（psychological refractory period）范式（Miller，Ulrich，& Rolke，2009）和注意瞬脱（attentional blink）范式（Raymond，Shapiro，& Arnell，1994）来研究被试同时或相继从事认知加工过程的能力。采用内隐联结测验（implicit association test）测量个体的内隐社会态度（Greenwald，McGhee，& Schwartz，1998）。

实验范式是约定俗成的、暂时性的概念，随着研究的深入会不断地发展。比如，在内隐记忆领域，早期的研究者一般采用任务分离范式（task dissociation）进行内隐记忆和外显记忆的质的区分（Sherry & Schacter，1987）；随着内隐记忆相关理论的发展，Jacoby（1991）发现任何一个测验均包含自动提取（automaticity）成分和意识性提取（recollection）成分；后来的研究者开始把焦点转向采用加工分离程序（process dissociation procedure）在同一个测验任务中分离记忆过程中意识和无意识的量的贡献（杨海波，董良，周婉茹，2022）。

3.4 实验的效度和信度

3.4.1 内部效度

3.4.1.1 概念

在设计好实验，选取被试并做完实验后，研究者就要检验研究所得的效应是否能归结为自变量的操纵（Campell & Stanley，1963），也就是说，要检验实验中自变量与因变量之间因果关系的明确程度，即内部效度（internal validity）。如果实验中所获得的效应归结为由研究者所操纵的实验条件引起的，而不是由于任何其他变量的影响，便可以认为该实验具有内部效度（周谦，1994）。用统计术语来表达就是，自变量的主效应或者交互作用显著，且它们对应的效应量达到一定的水平，说明自变量与因变量之间存在因果关系，该研究具有内部效度。

3.4.1.2 内部效度与实验误差有关

内部效度往往与实验误差有关。与内部效度有关的误差主要有两类，一类是随机误差，另一类是系统误差(金志成，何艳茹，2005)。

所谓随机误差，是指在实验中由于一些难以控制的偶然因素在因变量上所产生的误差。如果无法估计它的大小，就无法判断一个实验结果是否可靠、是否具有内部效度。

我们改编金志成和何艳茹(2005)中的例子，用于说明这两类误差与内部效度的关系。假设你要研究单手玩打地鼠游戏成绩好，还是双手一起操作成绩好。你先用单手打地鼠 2min，休息 5min 后，再用双手打地鼠 2min，游戏结果如表 3-1 所示。

表 3-1 采用单、双手玩打地鼠游戏的成绩

打法	击中次数
单手	400
双手	375

请问是单手打地鼠效果好还是双手呢？虽然单手的击中次数大于双手，其差为 25 次，但是这个差异是打法不同造成的还是被试的随机误差产生的呢？由于每个实验条件只执行一次，无法估计其随机误差的大小，因此无法确定这个差异一定是自变量(打法)造成的。

现在，改成每种打法都玩两次，每次之间也休息 5min，实验结果如表 3-2 所示。这里随机误差可用数据离散程度(绝对值)简单表示：

$$|400-385|+|370-385|=30$$
$$|375-385|+|395-385|=20$$

表 3-2 分别采用单、双手玩两次打地鼠游戏的成绩一

打法	第一次	第二次	平均数	随机误差估计
单手	400	370	385	30
双手	375	395	385	20

在这个结果中，虽然两种打法的平均数之差为 0，但是单手与双手的随机误差不同，并且随机误差的均值大于打法的平均数之差。所以，无法判断哪种打法的成绩更好。

又假如实验结果如表 3-3 所示，两种打法的平均数之差为 24，两次平均误差为 (5+3)/2=4，因为平均数之差大于随机误差，说明在此实验中随机误差的影响较小。因此，可以判断单手打地鼠的效果好于双手。

表 3-3 分别采用单、双手玩两次打地鼠游戏的成绩二

打法	第一次	第二次	平均数	随机误差估计
单手	400	395	398	5
双手	375	372	374	3

我们再增加实验次数，并按表 3-4 安排实验次序，假如最终的实验结果如表 3-4 所示呢？虽然这种打法的平均数之差也为 24，平均随机误差也为 4，但是这个实验的游戏次序与游戏结果存在一种关系，即随着游戏进行次数的增加，击中次数越来越少。这说明除自变量之

表 3-4 分别采用单、双手玩两次打地鼠游戏的成绩三

游戏次序	打法	击中次数
1	单手	400
2	单手	395
3	双手	375
4	双手	372

外,还有一种误差在起作用,这种误差我们称之为系统误差。所谓系统误差,是指在实验过程中由于某种因素的干扰,使因变量发生有系统的变化。系统误差往往是由实验方法不当、实验程序安排不当、实验者的态度等额外干扰因素造成的。因此,这样的实验结果仍不能判断单手打地鼠的效果好还是双手的效果好。

如果研究结果发现内部效度太低,研究者应该寻找原因,进行改善修正,重做实验。

3.4.1.3 影响内部效度的主要因素

(1) 历史或经历的影响

历史的影响通常是指由于在实验前的个体经验的不同造成分组时的被试出现异质,而影响实验的内部效度。经历的影响是指实验处理实施时间比较长,如至少需要几天、几星期,甚至几个月、几年,被试在实验处理的过程中经历了突然的变故,而影响因变量的变化,进而降低内部效度。碰到这两情况,常规的处理方法是将其当作极端数据进行剔除。

(2) 成熟或自然发展的影响

成熟或自然发展的影响,其实与个体经历的影响相似。通常也是实验处理实施时间比较长,导致实验实施期间个体的心理发生一定程度上的质的变化。比如,选取小学高年级为被试时,可能会出现一组的被试处于正常的发展水平,而另一组被试刚好出现心理的早熟(如价值观的变化),此时所产生的内部效度就不能简单归结为自变量水平的不同。

(3) 取样的异质

尽管在很多研究中,我们采用随机取样的方式选取被试,但是仍难以避免因被试的个体差异而导致实验组间出现异质性的问题。所以,如果研究结果残差太大,或组内变异太大,则需要重新取样。

(4) 被试的污染

通常在取样时,所选的被试在实验之前必须不能做过同类型的实验,否则他们/她们可能会猜到实验目的,出现要求特征或被试效应,这种现象我们称之为被试污染。因此,参加过类似实验或预实验的被试均不能再次参加正式实验。

(5) 被试流失

有时研究开展的时间较长,特别是一些纵向研究,研究中途可能会有一些被试退出实验。我们无法再收集这些退出被试的后续数据,无法知晓其对因变量影响的大小和方向,从而将影响实验的内部效度。而且被试的退出也是一种实验结果。

(6) 统计回归效应

统计回归效应(statistical regression effect)是指在测量因变量时被试所表现出的随机波动,具体是第一次测量时获得高、低极端分数的被试,在第二次测量时倾向于向平均值偏移,总体上将围绕在他/她的真实水平(均值)上下波动的现象(Kantowiz, Roediger, & Elmes, 2001;王重鸣,2001)。假设一个八年级学生的数学真实水平是81.3分(百分制),那么他在本学期的四次考试中的成绩(四次考试的试卷难度相同,他在四次考试中的努力程度等相关因素也接近),将会出现如图3-10那样的波动,即第一次考了85分,第二次将可能趋低为77分,第三次又可能趋高为83分,第四次可能考了80分,最终将在81.3分上下波动。

下面举例说明实验研究中的统计回归效应。比如你研究的灌输式教学和小组合作式学习哪种教法更好,尽管你在实验前进行了严格的匹配分组,但是在最后考试中,小组合作班刚好超过一半的人没发挥出正常的水平,而灌输班则刚好超过一半的人超常发挥。虽然结果是小组合作班的平均成绩好于灌输班,但没有达到显著性水平,于是你可能得出结论:这两种教学方法的教学效果根本没有差异。其实,如果再进行第二次考试的话,小组合作班的成绩将回升到平均水平,灌输班的成绩则回降到平均水平。可见统计回归效应在这次的研究中降低了实验的内部效度。这种波动的现象在样本量较少时影响特别明显,因此可增加研究的样本量使得统计回归现象能得到较好的相互抵消。

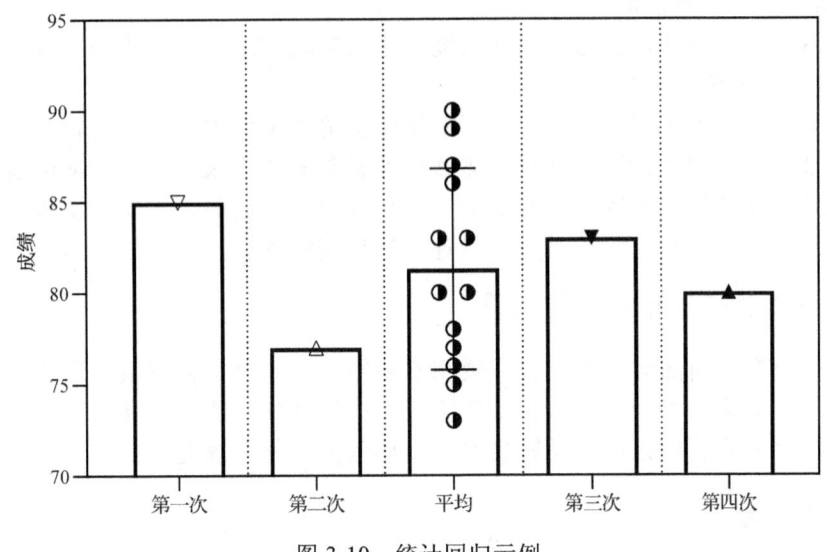

图 3-10 统计回归示例

(7) 测量工具的敏感性低

如果用于测量因变量的测量工具的效度低下,就会出现天花板效应或地板效应,降低测量工具的敏感性,导致实验内部效度低。读者可以查看本章中"变量的敏感性"这节内容加以理解。因此,对研究中选用的量表、仪器、实验范式等因变量的测量工具,必须要可靠、科学、认同度高。

3.4.2 外部效度

3.4.2.1 概念

外部效度(external validity),是指实验结果能被概括到实验情境条件以外的程度(朱滢,2000),即实验结果的普遍代表性和适用性(简称普适性),也称生态效度(郭秀艳,2004)。它是研究结果能否得到推广应用的重要依据。

3.4.2.2 制约外部效度的主要因素

(1) 实验环境的人为性

由于实验是在严格控制的环境中进行,与生活中真实的情境存在一定的差异,因此研究结果的推广应用会大打折扣。比如,你在实验情境中所激活的伤心情绪,与失恋所带来的伤心程度,无论在内容和强度上都是不一样的;你在实验中的购物行为也与真实的购买行为存在差距。这些会制约到实验的外部效度,因此所设计的实验情境应力求真实、还原现场、代入感强,以提高研究的外部效度。

(2) 样本缺乏代表性

在研究过程中，研究者往往采用方便取样的原则，以身边容易获取的样本为被试，这样所得的研究结果难以普遍推广到全体样本。比如，你进行有关高级逻辑推理的相关研究，但是所选取的样本为高职大专院校的学生，那么这样的结论就很难推广到这个年龄段的全体样本。

(3) 测量工具的敏感性低

测量工具的敏感性低，会影响内部效度，进而影响外部效度，此处不再赘述。

(4) 重复实验处理的干扰

在很多研究中，被试需要对同一类型的实验情境做出多次的判断选择，但是在真实环境中我们可能只需做出一次决策即可。多次的选择判断所带来的练习效应或者疲劳效应，均可能导致第一次选择判断的结果与后面几次出现差异。比如，在风险决策中，被试需要执行多个试次的风险判断，而购买股票时你无法反复操作。

3.4.3 内部效度和外部效度的关系

如果一个研究的内部效度不高，就说明实验结果不一定是自变量处理的效果，也就谈不上外部效度。如果一个研究的内部效度满足了，但其外部效度不高，说明此研究结果的局限性较大。好的研究应该同时具有良好的内部效度和外部效度。

3.4.4 实验信度

实验信度（reliability），是指实验结论的可靠性和前后一致性程度。在一篇论文中，方法部分的详细介绍，是为了让后来者能够重复检验、拓展你的研究发现。好的科学研究应该可以很容易地重现研究结果。

2015 年《科学》杂志发表了一篇论文，介绍了由 270 名科学家组成的"开放科学组织"（Open Science Collaboration）试图重现近一百篇于 2008 年发表在《心理科学》（Psychological Science）、《人格与社会心理学杂志》（Journal of Personality and Social Psychology）和《实验心理学杂志：学习、记忆和认知》（Journal of Experimental Psychology：Learning，Memory and Cognition）中的实验类或相关类研究的情况。研究发现接近三分之一（35/97）的结果无法重现（Open Science Collaboration，2015；朱滢，伍锡洪，2016）。

难道是心理学研究不靠谱吗？Gilbert，King，Pettigrew 和 Wilson（2016）提出了反对意见，指出开放科学组织的研究设计，不恰当地应用和引入了错误的统计数据，导致失败率被严重高估。我们认为关键的因素还在于心理学的研究对象主要是人类。一方面，心理随社会发展会发生明显的变化。人类具有主观能动性，受社会发展变化的影响特别大。尤其是与个体态度有关的研究，可能经过两三年变化就很大，就如我们中国的俗语所言"三年一代沟"。这些被检验的论文是发表在 2008 年而实际实验至少在 2008 年之前，而他们进行信度检验的时间是 2010 年 11 月至 2014 年 12 月，之间间隔有些至少有六年的时间，这也是社会心理的相关研究的再现率低于认知加工的一个重要原因。另一方面，验证研究中取样的代表性与原文中的代表性也不同，开放科学组织的取样并未完全按照原文的方式进行。这些都制约着研究结果的可重复性，它们有别于物理、化学等学科的研究对象。

当然，实验信度的问题不是心理学特有的现象，在医学、计算机科学等诸多领域也有相似的问题。Nuzzo(2015)发表在《自然》上的文章介绍，2012年一项研究表明，肿瘤学和血液学(oncology and haematology)的53项里程碑式的研究只能重现6项；2009年一项研究表明，基于微阵列的基因表达研究(microarray-based gene-expression studies)中，18项里只有2项能够重复(朱滢，伍锡洪，2016)。

尽管出现这些问题，提高研究信度仍然是科学研究的目的之一。在心理学研究领域，对于与态度、价值观等社会因素高关联的心理特质，应及时更新研究成果；对于一些比较稳定的心理特质，研究者也应该进一步增大样本量，提高取样的代表性。

第4章 实验报告的撰写

做完实验之后，我们必须以实验报告(或论文)的形式来讲述研究中的故事，包括做了什么工作，为什么这样做，在这个研究过程中发现了什么结果等。

实验报告也属于科学研究的一部分，它有其固有的文章结构和格式。参照心理学文献，其格式主要有两类：其一为 APA(American Psychological Association)格式，它是一种广泛接受的研究论文撰写格式，特别针对社会科学领域的研究，有固定的层级标题，有规范的学术文献的引用和参考文献的撰写方法，有表格、图表、注脚和附录的编排方式等规则；其二为国家标准 GB 7714-87《文后参考文献著录规则》。一般来说，学术界更偏向于采用 APA 格式，我们以 APA 格式介绍实验报告的写作要点。需要说明的是，已发表在期刊上的实验报告称为论文(paper)，在本书中实验报告和论文指代相同的内容。

4.1 实验报告的结构

实验报告包括以下几个部分，题目(title)、摘要(abstract)、关键词(keywords)、引言(introduction)、方法(method)、结果(results)、讨论(discussion)、参考文献(reference)和附录(appendices)。统一用阿拉伯数字表示层次标题，层次标题一律左顶格，编号后空一个空格，再接标题名称，如图 4-1 所示。

```
                         题    目
    摘要 ××××××××××××××××××××××××××××××××××××××
××××××××××××××××××××××××××××××××××××××××××
    关键词 ××；××；××；××
    1 引言
    2 方法
    2.1 被试
    2.2 实验设计
    2.3 材料与仪器
    2.4 实验程序
    3 结果
    3.1 ××××××××
    3.2 ××××××××
    4 讨论
    5 参考文献
    (附录)
```

图 4-1 实验报告的简要 APA 格式结构

引言是介绍我们做了什么和为什么要这样做的问题；方法是介绍怎么做这个实验；结果是我们发现了什么；讨论是实验报告的关键，我们要根据实验结果来提升研究的意义。

在实验报告的写作上,一般先写引言和方法,做完实验之后再写结果、讨论和参考文献等,最后再写摘要和关键词。下面我们按照这个顺序,介绍各部分的主要内容。

4.2 引　　言

在一份实验报告中,引言和讨论是最难写的内容。在引言里,我们需要向读者介绍与本实验相关的知识,如界定专业术语、介绍它们在该领域是怎么与当前的研究建立联系的,提供必要的背景知识,使他们明白我们做了什么工作、为什么要这样做,最后再逐渐展开并清楚地阐述我们的观点(Harris,2009)。

Harris 认为引言可包含两部分内容:第一部分"整理前人研究结果",第二部分"引出我们的研究"。在回顾前人研究结果时,所涉及的资料应该是与我们的实验直接相关的内容,同时应尽量避免报告过多的琐碎的研究细节,而把重点置于我们的研究与前人研究的关系上,也就是将自己的工作纳入研究背景中。

4.2.1 整理前人研究结果

由于评价者的期望各不相同,研究之间也千差万别,在引言的撰写上基本没有什么一般性的写作策略。对于新手而言,可参考 Harris 所提供的写作思路:

① 从一般性领域或现象入手(如记忆、注意、态度、谣言等);
② 阐述在这个主题中我们要探讨的关键点(如记忆术的影响、鸡尾酒效应、态度改变过程、谣言的传播等);
③ 明确提出问题后,着手向读者介绍我们的研究。

例 4-1 整理前人研究结果的写作范例

记忆是对先前所学知识的保持和使用(Glassman,1995)。如何改善记忆是人类记忆研究的一个重要方向,具有理论和实践的双重意义(Wanger,1994)。长期以来,人们已经开发了许多改善记忆的技术(Toshack,1965;Warboys,1970),统称为记忆术(mnemonics)。记忆术的英文源自希腊语"Μνήμης"(Glassman,1995)。

位置记忆术是记忆术的一个范例。这种方法要求人通过想象把记忆材料"安置"在熟识的路线或熟悉的建筑物上,以心理"旅行"提取被"安置"在不同地点的记忆材料。这种方法特别适用于回忆具有顺序性的记忆材料。

位置记忆术的研究是记忆心理学的内容之一(Keenor,1991;Wilson,1899)。Ferguson(1927)指出,通过使用记忆术,被试回忆日常物品的清单有显著提高。Clark(1971)发现,记忆术能促进对单词的回忆,在他的实验中,那些画面感强的单词(容易产生视觉图形的单词)被回忆出来的数量显著多于画面感弱的单词。

然而,Nugent,Ford 和 Young(2000)并未发现 Clark 研究的结论。在 Nugent 等人的研究中……(接下来简要介绍 Nugent 等人研究的主要观点和结论)。

资料来源:哈里斯. 心理学实验的设计与报告(第二版). 吴艳红,等译. 北京:人民邮电出版社,2009:19-20. 有改动.

引言的作用是导向我们的研究。我们不能一开始就直接介绍自己的研究,而应如例 4-1 那样,先总结该领域中已有的知识背景,然后根据研究现状重新审视这些文献,判断研究内容或方法是否已经发生变化,如先前的研究是否存在缺陷或是否存在一些未解决的问题,之后再构建我们的研究。

4.2.2 引出我们的研究

在这一阶段我们不需要详细描述研究的内容,只要用一两段文字简要概括研究问题,让读者大致了解我们是如何处理这些问题的,并清楚地陈述实验假设。

例 4-2　引出自己研究的范例

……尽管,Nugent,Ford 和 Young(2000)发现材料性质并没有影响被试使用位置记忆术来记忆单词表。但是我们发现,他们并没有腾出足够的时间让被试去练习使用记忆术。他们发现的仅仅证明了要使用记忆术提高记忆成绩之前需要一定的练习。

我们的研究程序与 Nugent,Ford 和 Young 的类似,不过,在实验之前位置记忆组的被试先进行记忆术练习,以达到熟练运用的程度。如果记忆术的效果受单词画面感的影响,那么与常规记忆组相比,位置记忆组的被试应该能回忆出更多画面感强的单词;相应地,画面感弱的单词,常规记忆组的被试与位置记忆组的成绩应该没有差异。

资料来源:哈里斯. 心理学实验的设计与报告(第二版). 吴艳红,等译. 北京:人民邮电出版社,2009: 23. 有改动.

在这里,我们要清楚地阐述自变量、因变量和实验预期。如"如果记忆术的效果受到单词画面感的影响,那么与常规记忆组相比,位置记忆组的被试应该能回忆出更多画面感强的单词;相应地,对于画面感弱的单词,常规记忆组的被试与位置记忆组的成绩应该没有差异"。这里的实验假设必须与第一部分中所强调的问题直接相关。不要随便提出与第一部分的观点相矛盾的实验假设。如果你对前人的研究结果存有异议,应在第一部分用文献来论证自己的观点。此外,通常不在这里直接阐述虚无假设,因为如果只是虚无假设的结果,那说明这个实验设计是没有内部效度的。

4.3　方　　法

这部分的总体要求是尽可能详尽而准确地描述各项的内容,目的是使别人能够重复我们的研究,这也是实验信度的问题。没有信度的实验是没有科学价值的。方法部分一般包括被试、实验仪器或材料、实验设计和实验步骤四项内容。

4.3.1 被试

被试(subject),也称参与者(participant),是完成本次实验的样本。取样的代表性关系着研究结果的普适性,即实验的外部效度。我们必须根据具体的研究内容,介绍不同实验条件下样本被试的关键信息。一般来说,被试的信息可包括以下五部分的内容。

① 基本的被试信息,包括样本量、性别和年龄。必须强调的是为了提高研究的效应量(effect size)和效力(power),被试的样本量应根据前人研究的结果进行确定(请参考第 7 章)。年龄应该报告年龄范围,包括均值和标准差,或者众数。一般来说,这些信息在各个实验条件下是没有差异的,如果有差异则需要分组介绍。

② 特定的被试信息,如色盲、利手等。比如,要进行 fMRI 研究,左利手还是右利手

是一个关键的被试信息，因为利手不同对应的优势脑区也不同；要进行颜色判断的相关研究，色盲也是需要控制的一个变量。如果这些被试信息(或者说被试变量)并不影响研究中的自变量或因变量，则不必呈现。

③ 取样和分组的方式，如随机取样并随机分组、分层随机取样、方便随机取样等取样方式。

④ 用于激励被试参与实验的激励物，如给予少量报酬，或赠送小礼物等。

⑤ 签订被试知情同意书的情况。这部分属于实验的伦理道德问题，请参考"1.2"中的相关内容。

例 4-3 被试信息描述一

随机选取 40 名被试(男 9 人)，年龄 18~27 岁，平均年龄 20.85 岁，均为右利手，裸眼视力或矫正视力正常。与被试签署《知情同意书》，且均不告知实验目的。实验结束后获适当报酬。将被试随机分为两组，每组 20 人，分别完成两种回视任务。阅读组(20.7 ± 1.72)与无阅读组(21.0 ± 1.81)的年龄差异不显著，$t(38) = 0.54$，$p = 0.59$。阅读组(男 5 人，女 15 人)与无阅读组(男 3 人，女 17 人)的性别差异不显著，$\chi^2(1) = 0.16$，$p = 0.69$。

资料来源：杨帆，隋雪，李雨桐. 中文阅读中长距离回视引导机制的眼动研究. 心理学报，2020-52(8)：921-932. 有改动.

例 4-4 被试信息描述二

采用 F-tests，根据 $\eta_p^2 = 0.06$，Power=0.8 以 G*Power3.1 来估算 2×2 被试间设计的总样本量为 128 个，并参考 Mealor 和 Dienes(2012)研究、Ivanchei 和 Moroshkina(2018)研究中的样本量。随机取样为 139 个大学生(男生 42，女生 97)，其中 2 名男生因击中率和虚报率均为 100%，1 名男生因击中率 100% 和虚报率 95%，数据被剔除，最终样本为 136 个，年龄分布为 19.59 ± 1.34。30 试次&SDT 组 35 个，30 试次&SK 组 33 个，60 试次&SDT 组 33 个，60 试次&SK 组 35 个。所有被试均未参加过类似实验，实验开始前与他们签署知情同意书，实验结束后支付少量报酬。

资料来源：杨海波，董良，周婉茹. 人工语法学习中习得知识的分离：基于信号检测论和结构知识的视角. 心理发展与教育，2022-38(1)：10-16. 有改动.

总之，本部分的目的是告诉读者实验样本的来源，以及样本是如何分配到各实验条件下的。读者可以通过我们的介绍来评估实验结果的普适性，并评估是否存在由分组而产生的其他额外变量。

4.3.2 实验设计

这部分需要简洁而规范地描述所采用的实验设计的主要特征(规范性可参考本书"第二部分 实验设计与数据处理"中的相关内容)，主要包括：

① 使用了哪种类型的实验设计，如单因素被试间设计、3×2 混合设计等；

② 自变量是什么，各水平是什么，因变量是什么，它们的操作定义是什么。

例 4-5 实验设计的范例

采用 2(加工方式：直觉加工，深思加工)×3(信任水平：低，中，高)被试内设计，因变量为在信任博弈中金额的返利比率(返还金额/获利金额)、冲突感、反应时。

其中，投资人初始拥有金额为 200 元、500 元、700 元、1000 元和 1300 元五种。投资人投资金额占初始拥有金额的 10%、20%、30% 为低信任水平，40%、50%、60% 为中信任水平，70%、80%、90% 为高信任水平，根据计算取整数，如投资人拥有 700 元，按 70% 信任，那么投资金额为 70×70%=490 元，取整为 500 元，以此类推；共有 45 种组合。

资料来源：杨海波，陈小艺. 直觉和深思下积极互惠行为的信任水平差异：基于收益框架视角. 心理科学，2020-43（6）：1470-1476.

4.3.3 实验仪器或材料

实验仪器（apparatus）或材料（materials）是获取因变量的关键载体，它的精度决定了实验内部效度和外部效度的高低。心理学仪器千差万别，因此在介绍时需详细介绍其型号、厂家、参数、反应结果等信息。如果是量表，需要介绍它是何时何人编制、修订，主要内容（因子）及作用，信度、效度如何。如果是自制实验材料，需详细描述实验材料的特征、数量、因变量的测量方式、实验材料的操纵检验等信息。在这里不需要罗列实验材料的所有清单，只需概括性的举例介绍即可。

例 4-6　实验仪器的范例
(1) fMRI 数据采集

采用西门子 3.0T 磁共振扫描仪进行数据采集。使用磁化准备快速采集梯度回波序列（Magnetization-Prepared Rapid Acquisition Gradient Echo, MPRAGE）采集 T1 加权结构像，具体扫描参数为：重复时间（Repetition Time, TR）= 2530ms，回波时间（Echo Time, TE）= 2.96ms，矩阵（matrix）= 256 × 256，体素大小（voxel size）= 1mm × 1mm × 1mm，层数（slices）= 256，覆盖全脑。

被试先进行闭眼静息态扫描。使用多层 T2 加权回波平面成像序列（Multiple Slice T2-Weighted Echo Planar Imaging Sequences, EPI）采集。具体扫描参数为：重复时间 = 2000ms，回波时间 = 30ms，反转角（flip angle）= 90°，层厚（slice thickness）= 3.5mm，矩阵 = 64 × 64，体素大小 = 3.5mm × 3.5mm × 4.2mm，层数 = 33。扫描时间为 6min，共获得 180 个时间点的图像。静息态扫描结束后，经过 2min 的休息，进行任务态扫描。参照 Liu 等人（2020）的测量指标，本论文使用了静息态数据和任务态扫描中收集的行为数据，二者的重叠部分仅在行为数据。

(2) 数据预处理

静息态数据使用 DPABI 软件（http://www.restfmri.net/forum/DPABI）进行预处理（Yan et al., 2016）。首先将原始 DICOM 数据转换为 NIFTI 格式，为去除磁共振信号起始状态不稳定和被试刚进入扫描仪时的不适应所带来的影响，删除前 10 个时间点的数据，余 170 个时间点。随后进行时间层校正（slice timing），采用隔层扫描，共 33 层，参考层为全脑扫描过程中位于中间时间点的第 33 层。之后进行头动校正（realign），采用 DARTEL 进行空间标准化（spatial normalization），空间标准化后体素为 3mm×3mm×3mm，将图像配准到标准 MNI（Montreal Neurological Institute）空间。经过高斯平滑（smoothing）（平滑核[FWHW] = 6mm）后，进行去信号线性漂移（detrend），最后进行带通滤波（band filter），滤波范围为 0.01～0.1Hz。

(3) 数据分析

① 行为数据

被试在伤害框架和帮助框架下，进行两难困境的助人倾向选择。我们预期不同框架会影响被试的选择偏好。框架效应操作定义为两种框架下被试选择牺牲个人利益而令他人免受疼痛的倾向性（助人倾向）的差异。具体来说，在伤害框架下，被试选择最靠近"不伤害他/她+扣除5元"一端选项时，赋权重值为9，选项向另一端移动时权重递减。也就是说，被试选择最靠近"伤害他/她"一端选项时，赋权重值为1。与之相应，在帮助框架下，被试选择最靠近"帮助他/她免除伤害+扣除5元"一端选项时，赋权重值为9。先计算每个被试在两种框架下的平均助人度，再对两种框架下的助人度进行配对样本 t 检验。框架效应根据以下公式计算。该分数被作为社会性框架的行为指标，并纳入随后的静息态核磁数据分析。

$$框架效应分数=助人度伤害框架权重值-助人度帮助框架权重值$$

② 静息态 fMRI 数据

(a) 体素水平分析。对预处理后的静息态图像，提取去除线性漂移后每个体素的时间序列，经过 0.01~0.1Hz 带通滤波器提取滤波结果，经过快速傅立叶变化后得到功率谱，将功率谱开方后平均得到 ALFF。最后将 ALFF 除以全脑所有体素的平均 ALFF，得到标准化的 ALFF(mALFF)。为探讨静息状态下的 mALFF 指标与社会性框架效应的关系，采用 RESTplus V1.22 工具包(Jia et al., 2019)计算个体 mALFF 与框架效应分数之间的 Pearson 相关系数，并将被试的平均头动参数(mean Framewise Displacement，meanFD_Jenkinson)作为协变量加以控制(Jenkinson et al., 2002)。设置体素水平 $p < 0.005$，团块水平 $p < 0.05$ 的 GRF 标准进行多重比较校正。

……

资料来源：崔芳, 杨佳苗, 古若雷, 刘洁. 右侧颞顶联合区及道德加工脑网络的功能连接预测社会性框架效应：来自静息态功能磁共振的证据. 心理学报, 2021-53(1): 55-66. 有改动.

例 4-7　实验材料的范例

张清芳和杨玉芳(2003)对 320 幅主要源自 Snodgrass 和 Vanderwart(1980)中的图片进行了图片命名反应时（命名潜伏期）的标准化测定。用 1 到 5 级的方式对图片命名难度的命名潜伏期进行划分，1 为最简单，5 为最难。本研究选用其中命名难度为 2、3、4 的图片共 36 幅为实验材料，并且其名称均为双字词，其中 30 幅作为目标图片（与 Yang 和 Yang(2008)的实验 1 相同），根据张清芳和杨玉芳(2003)的标准，从词频和命名潜伏期上匹配的两组，从而构成 15 对目标图片。每对目标图片之间没有语义或语音的关联。剩下的 6 幅作为填充图片。实验中共有两种填充刺激。其中一种填充刺激是由两个一样的填充图片上下排列构成，并以灰色线条呈现，要求被试说出"两个 N 都是灰色的"。其中 N 对应于该填充图片所显示物体的名称。另一种填充刺激是由与实验图片等大(200×200 像素)的两个灰色空白方框上下排列构成，要求被试说出"没有图片"。干扰词为 15 个语义相关词和 15 个语义无关词（同 Yang 和 Yang(2008)中的实验 1），两组在词频上匹配，并且都是双字词。多项研究表明，在词图干扰范式实验中，干扰词和目标项的语义关系不同可能导致截然相反的语义效应。例如，当干扰词和目标项属于同一个语义类别时（如"猫"和"狗"）可以诱发语义干扰效应，而当干扰词和目标项是整体与局部的关系时(如"发动机"和"汽车")可以诱发语义促进效应(Mahon et al., 2007)。Yang 和 Yang(2008)在同一个语义类别的干扰词和目标项中发现了较为稳定的语义干扰效应。本研究为了避免干扰词和目标项之间的关系产生混淆,选择了经 Yang 和 Yang(2008)检验过的实验材料。

资料来源:赵黎明,杨玉芳. 汉语口语句子产生的语法编码计划单元. 心理学报,2013-45(6): 5-19. 有改动.

需要说明的是,诸如例 4-6 中的"数据预处理"和"数据分析",严格意义上讲它们属于实验步骤,可以不用放在实验仪器部分。

4.3.4 实验步骤

实验步骤(procedure),也称实验程序,是按照实验实际执行的先后顺序,详细地介绍研究所要做的事情。这部分内容的详细介绍,可使别人能够准确地重复我们的研究,检验实验的信度。一般来说,除了采用文字描述,我们要求尽量将实验步骤制成流程图以增强实验报告的可读性,可参考例 4-8 和例 4-9。

例 4-8 实验步骤范例一

经典的 RSVP 范式是指快速呈现一系列视觉刺激流(如数字、字母),刺激之间的时间间隔通常是极短的,约 100ms。被试需要报告两个目标刺激 T_1,T_2,其余的刺激均为干扰刺激。T_1 与 T_2 之间可能间隔 0~7 个干扰刺激。

目标刺激 T_1 总是出现在 10 个刺激流中的第三个位置,如图 4-2 所示;目标刺激 T_2 则根据实验条件的要求,出现在第五个位置(lag2)、第六个位置(lag3)和第九个位置(lag5)。10 个刺激流呈现完毕,测试被试"第一个字母是什么?"和"第二个字母是什么?"

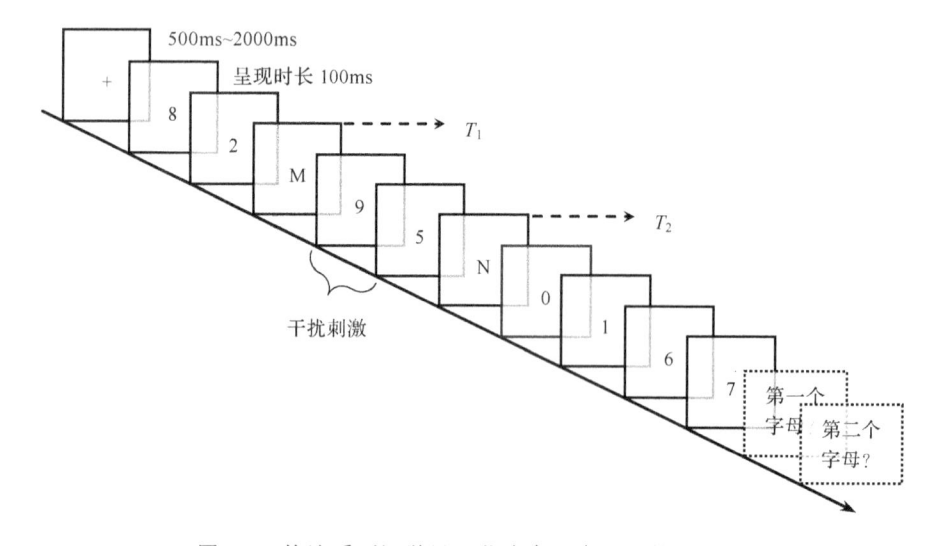

图 4-2 快速系列视觉呈现范式中一个试次的流程图

资料来源:RAYMOND J E, Shapiro K L, ARNELL K M. Temporary suppression of visual processing in an RSVP task: An attentional blink?. Journal of experimental psychology. Human perception and performance, 1992-18(3): 849-860. 有改动.

例 4-9 实验步骤范例二

一个试次的流程如图 4-3(b)所示。首先呈现 600~800ms 的"+"注视点，随后呈现 200ms 的视觉线索刺激，即随机指向左/右的中央箭头，经 700ms 的时间间隔后，靶刺激 (V/A/AV) 出现在左/右方框内 100ms，要求被试既快又准地完成定位任务。具体操作如下：要求被试对靶刺激的位置进行左/右判断，当靶刺激出现在左侧时按键盘上的 F 键，出现在右侧时按 J 键。实验前告知被试：线索有效性为 50%，线索所指方向能预测 50% 的目标位置。要求被试在实验过程中，将眼睛注视于屏幕中央的注视点，并尽可能准确、快速地对靶刺激做出反应。正式实验包括 480 个试次，共分为 4 组段，每组段之间各休息 10s。正式实验前，被试先进行 12 个练习试次，整个实验大约需 20min。

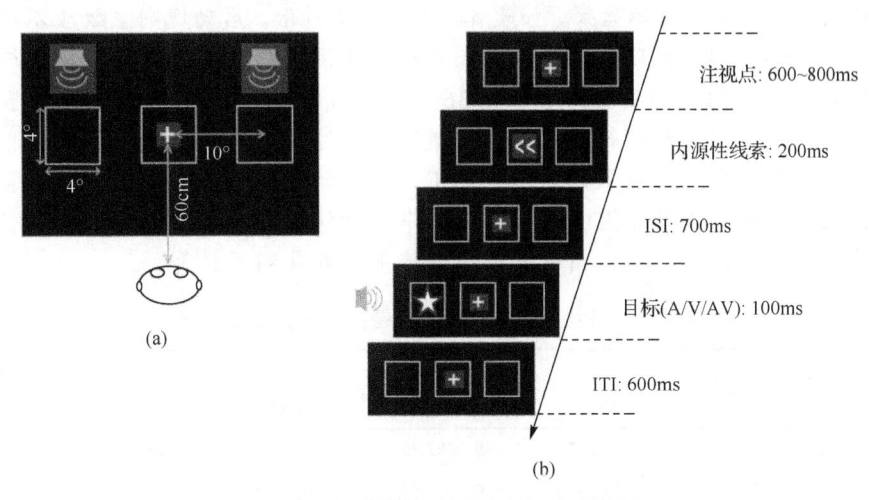

图 4-3 实验刺激示例图和实验流程图

资料来源：唐晓雨，吴英楠，彭姓，王爱君，李奇. 内源性空间线索有效性对视听觉整合的影响. 心理学报，2020-52(7)：835-846. 有改动.

此外，如果实施了先导实验，则可以在"方法"部分的后面简要地介绍先导实验的结果，也可以一级标题的形式另起一部分进行介绍。

4.4 结　　果

4.4.1 结果呈现的原则

在结果部分，如实、清晰地报告实验结果即可，不需要进行评论。结果的呈现可遵循以下几个原则。

① 把原始材料整理后用图（如图 4-4）或表（如表 4-1）呈现出来。表格要分类给出，切忌把所有的结果都填在一张大表中，各实验条件的平均数、标准差和统计检验水平都要列出来。

② 要交代清楚所使用的统计检验方法及结果，是否出现显著性差异，接受或拒绝实验假设。

③ 还要告诉读者根据图表发现了什么。

④ 结果只需陈述事实，不需解释研究结果，更不需夹叙夹议。实验的原始记录不要放在结果中，如有必要可放在文章的附录中。

⑤ 如果有多个实验结果，可根据因变量分别描述实验结果。

4.4.2 示例

例 4-10 实验结果呈现的范例一

以道德判断为因变量，采用 3(情绪：积极，中性，消极)×2(启动规则：拯救生命，禁止杀戮) 多因素方差分析发现，情绪主效应显著，$F(2, 105)=4.226$，$p=0.017$，$\eta_p^2=0.075$，说明情绪影响被试的道德判断。经两两配对比较发现，消极组的道德判断分数显著高于积极组和中性组，后两者差异不显著，如表 4-1 或图 4-4 所示。启动规则主效应不显著，$F(1, 105)=2.179$，$p=0.143$，说明启动规则并未影响两难困境中的道德判断。情绪与启动规则交互作用显著，$F(2, 105)=3.444$，$p=0.036$，$\eta_p^2=0.062$。进一步简单效应检验发现，在拯救生命的启动规则下，积极情绪所产生的道德判断边缘显著低于中性情绪和消极情绪，后两者差异不显著。在禁止杀戮的启动规则下，消极情绪所产生的道德判断显著高于中性情绪，而积极情绪和中性情绪差异不显著。在中性情绪下，拯救生命的启动规则产生的道德判断显著高于禁止杀戮，积极情绪和消极情绪下的差异则不显著。

表 4-1 情绪与启动规则下道德判断的描述性数据

启动规则	积极	中性	消极	$M \pm SD$
拯救生命	7.61±2.20	9.59±3.95	9.74±3.09	8.98±3.24
禁止杀戮	7.95±2.75	6.32±4.40	9.88±3.00	7.98±3.68
$M \pm SD$	7.79±2.48	7.86±4.45	9.81±3.00	

资料来源：王冬琳. 不同启动方式下情绪和道德规则对道德判断的影响. 闽南师范大学，2021.

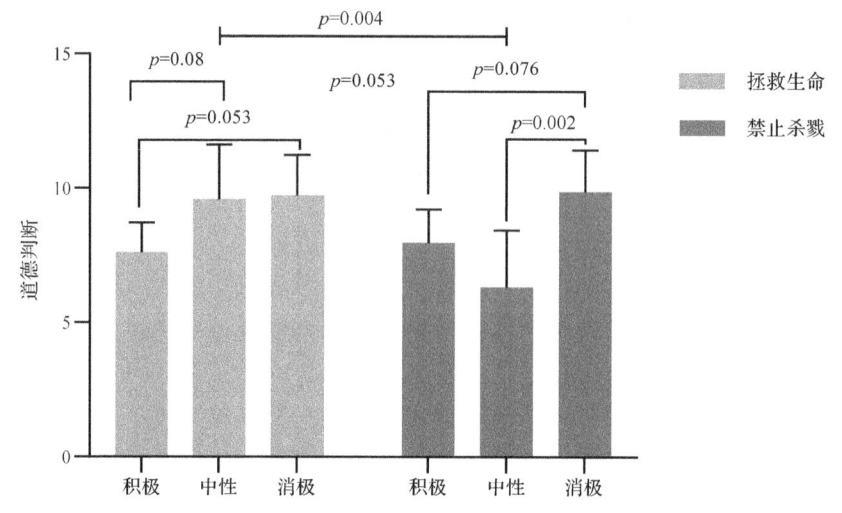

图 4-4 情绪与启动规则下道德判断的描述性数据和两两配对比较结果

资料来源：王冬琳. 不同启动方式下情绪和道德规则对道德判断的影响. 闽南师范大学，2021.

例 4-11 实验结果呈现的范例二

以记忆方法(位置记忆术和常规记忆术)为自变量,采用单因素方差分析对前测数据进行处理,发现记忆方法的主效应不显著,$F(1, 38) = 0.33$,$p = 0.57$;位置记忆组的单词回忆量($M=10.95$,$SD=1.05$)与常规记忆组的($M=11.15$,$SD=1.14$)相同。也就是说,在位置记忆组习得如何使用记忆术之前,两组被试的单词记忆能力相同。

以单词画面感(画面感强或画面感弱)为自变量,采用单因素方差分析对这些单词进行画面感强弱的评定。结果表明,被试对画面感强的单词的等级评定($M=5.21$,$SD=0.77$),显著高于画面感弱的单词的等级评定($M=3.39$,$SD=0.95$),$F(1, 38)=151.72$,$p<0.001$。

以单词画面感(画面感强与画面感弱)为被试内因素,以记忆方法(位置记忆组与常规记忆组)为被试间因素,采用 2×2 重复测量方差分析发现:记忆方法主效应显著,$F(1, 38)=7.20$,$p = 0.01$,整体上看,位置记忆组($M=15.65$,$SD=3.97$)比常规记忆组($M=12.40$,$SD=3.74$)回忆了更多的单词。单词画面感的主效应也显著,$F(1, 38)=145.22$,$p < 0.001$,画面感强的单词($M=15.98$,$SD=4.12$)比画面感弱的单词($M=12.08$,$SD=4.48$)更容易被回忆出来。单词画面感与记忆方法的交互作用显著,$F(1, 38)=11.55$,$p = 0.002$,如图 4-5 所示。经简单效应检验发现,画面感强的单词采用位置记忆术回忆出来的量与采用常规记忆术进行记忆的差值,显著多于画面感弱的单词在两组上的差异。

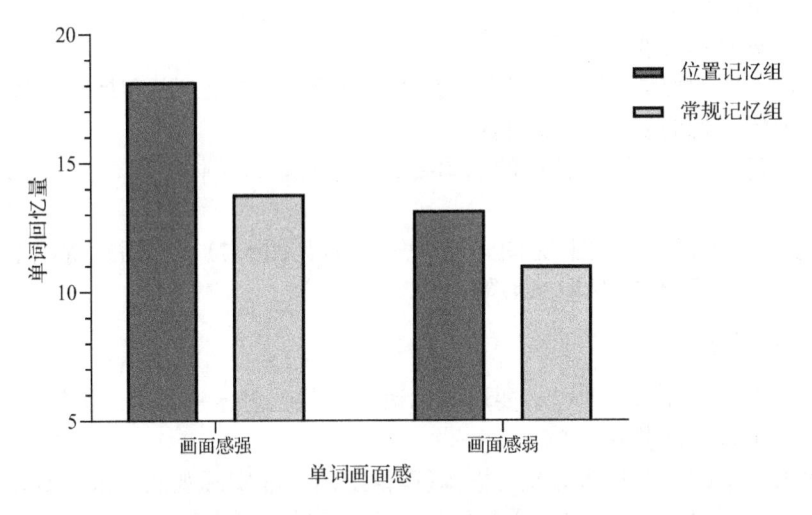

图 4-5 每种实验组合下的单词回忆量(均值)

资料来源:哈里斯. 心理学实验的设计与报告(第二版). 吴艳红, 等译. 北京: 人民邮电出版社, 2009: 58-60. 有改动.

4.4.3 几个固定格式

4.4.3.1 三线表

三线表是表格的一种,科技书刊普遍采用三线表。三线表通常只有 3 条线,即顶线、底线和栏目线(见表 4-1)。其中顶线和底线为粗线,排版时俗称"反线";栏目线为细线,排版时俗称"正线"。当然,三线表并不一定只有 3 条线,必要时可加辅助线,但无论加多少条辅助线,仍被称作三线表。

读者可参考 APA 的表格核查清单来检验自己表格制作的规范性：
- ☐ 论文中所有的表格都是必要的吗？
- ☐ 表格都是三线表吗？所有的竖线都删除了吗？
- ☐ 所有的表格都有表题吗？表题的表述简明扼要吗？
- ☐ 每列的栏目是否都有名称？
- ☐ 所有性质相同的表格在形式上是否一致？
- ☐ 小数点的保留位数是否一致？
- ☐ 所有缩写、特殊符号都在表注中说明了吗？
- ☐ 除了 $p < 0.001$，其他的 p 值是否都写出了具体的值？
- ☐ 注解是否按照一般注解、特殊注解、概率注解的顺序书写？

4.4.3.2 插图

插图不仅可以使某些内容的叙述更加直观、简明和清晰，而且具有活跃和美化版面的功能，使读者在阅读时赏心悦目，达到提高阅读兴趣的效果。尤其是在描述变量间的相互作用或非线性关系时，用插图来表达是非常有效的。

一幅好的插图应该具备如下特点：
① 补充而不是重复文字的描述；
② 描述最基本的事实；
③ 简明，省略不必要的细节；
④ 清楚，插图的要素（类型、线条、符号、文字等）要让人很容易看清楚；
⑤ 容易理解，目的明确，具有自明性；
⑥ 在同一篇文章中，同一性质的插图要有一致性，即字体字号、主辅线条粗细、单位符号等要相同。

插图有很多种类，有条形图（见图 4-5）、线性图（见图 5-7）、圆形图、散点图（见图 2-3）、结构图（见图 8-7）、示意图（见图 9-4）等。

4.4.3.3 统计符号

① 叙述中用到统计术语时，不要用该术语的符号代替术语本身。例如，要写成"平均数是……"，而不是"M 是……"。

② 总体与样本统计的符号有别。总体（理论上的而非实际观测得来的数据）统计量，确切地说是参数，通常用小写希腊字母呈现。也有一些样本（实际观测得来的数据）统计量用希腊字母呈现（如 χ^2），但大多数样本统计量用斜体拉丁字母呈现。

③ 被试数量的符号。使用大写斜体字母 N 标明样本总体的被试人数（如 $N = 135$）；使用小写斜体字母 n 标明部分样本的被试人数（如 $n = 30$）。

④ 百分比符号（%）的使用。仅在数字后使用百分比符号，在没有给出数字时，使用"百分比"一词。如"发现 18% 的被试……""与控制组相比，实验组的百分比……"。需要注意的是，为了节省空间，在表头和图例中应使用"%"符号。

⑤ 正斜体问题。统计符号通常用斜体字母呈现。如 n, N, M_X, df, p, SST, SSW, SSB, SD, se, MSE, t, F，但希腊字母、下标和上标等标识符（非变量），以及非变量的缩写（如 sin、log）要用正体呈现。向量符号要用黑体字呈现。

⑥ 在论文写作中，要注意区分容易混淆的字母和符号，如数字"1"和字母"I"，数字"0"和字母"O"，乘号"×"和字母"X"，希腊字母"B"（β 的大写）和英文字母"B"等。

4.5 讨　　论

4.5.1 讨论的写作结构

讨论部分是整篇实验报告的重中之重，是提升研究层次的关键所在。

研究者设计实验来验证实验假设，其目的是为了发展理论或解决实际问题。实验报告的结果并非不证自明，还需进行讨论解释。我们可参考 Harris（2009）提出的实验报告中讨论的"三层次论"进行阐述。

第一层次，实事求是地用准确的语言描述实验结果，以及它们对实验假设的支撑情况。

第二层次，形成一套合理的结论。

如果结果支持了实验假设，就需要去寻找造成差异的原因：是自变量各水平的差异造成的吗？还是可能存在的额外变量导致的混淆？此时，我们需要去检验实验设计，评估实验控制的质量，因为它们会影响实验的内部效度和外部效度。如果结果拒绝了实验假设，是否意味着自变量并不是导致差异的原因呢？还是说实验设计存在问题，使我们无法检测到自变量对因变量的影响呢？我们需要概括实验假设和结果，结合已有文献做出科学的推断。

第三层次，根据结论提出相应的理论意义或现实意义。

从实验中可以了解到自变量的哪些信息，它们是否能增进对因变量的认识，或者符合现有的理论观点？实验结果在多大程度上能与引言中所讨论的理论观点相一致？此层次的阐述需与引言部分的内容相呼应，一般来说，没必要在这部分再引入文献中的新证据。

在"三层次论"之后，进行研究展望。我们要从结论来考虑下一步的工作，提出积极的、有建设性的建议，切忌写"将来还需要进一步研究"的空话。

4.5.2 避免常见错误的几个技巧

① 不要重复在引言中已经提到的或是本来应该提到的资料。在讨论部分，可以假设读者已具备相关的文献知识，毕竟在引言里已做过介绍。如果出现了未预料的结果，而我们在引言部分并未提及相关的影响因素，那说明我们的文献综述是不足的。

② 最后一段应归纳一下主要结论。这个结论不仅限于结果，还应包括在讨论部分所提升出的研究意义等内容。

③ 不要仅仅是换其他形式来重述前面陈述过的内容。你所写的每个句子都应当对实验报告的整体有所贡献。

④ 讨论不是随心所欲的臆想，要谨慎地陈述。讨论既要逻辑合理，又要引经据典，还要简洁明了。

⑤ 在讨论结果意义时，要同时考虑自变量的效应量和效力。统计上非常显著的差异不一定说明效应量也大。效应大小是自变量对因变量的影响程度，效力是实验能够检测到自变量影响因变量的实际效应的能力。Cohen（1988）提出效应量的大、中、小三个指标。效力大小用 0～1 表示，效力为 0 时，表示即使自变量有效应量，实验也检测不到这种效应。

效力为 0.25，表示实验有 25%的概率能检测到自变量的效应(效应量)，这个概率不高，说明这个实验的效力也不高。效力为 0.8，表示实验有 80%的概率能检测到自变量的效应，一般只有当效力达到这个值时实验设计才有现实意义，当然效力越大越好(Harris，2009)。

4.5.3 讨论叙述示例

例 4-12 单词画面感是否影响位置记忆法的记忆效果

使用记忆术的被试回忆出更多画面感强的单词，但是两组被试对画面感弱的单词的回忆量并没有显著差异。与实验预期一致，记忆术显著提高了被试对画面感强的单词的回忆量。

前测的数据表明，在指导位置记忆组如何使用记忆术之前，位置记忆组和常规记忆组的被试在单词回忆上具有相似的能力。这有理由认为实验条件下的随机化分配是成功的，结果不可能是由两组被试在单词回忆能力上的个体差异导致的。

对实验材料的检验表明，在实验中被试将画面感强的单词评定为比较容易产生视觉图形的单词，而将画面感弱的单词评价为较难产生视觉图形的单词。这验证了 Clark(1971)的词语分类特点，和本实验中基于词语的想象程度而进行的词语分类操作。

本研究的结果与 Clark(1971)的研究结果一致。数据显示，位置记忆术导致了回忆上的差异，它是通过提高画面感强的单词的回忆量来实现的。在 Nugent 等人(2000)的实验中并未发现位置记忆术能促进回忆，出现这样的结果可能是由于被试没有足够的时间练习使用记忆术导致的。

该实验的理论意义比较有限。数据表明，相对于画面感弱的单词，被试更易于回忆画面感强的单词(对于常规记忆组的被试，画面感强和画面感弱的两类词的平均回忆量的 95%的置信区间部分重叠，但重叠程度很小)。当然，尽管匹配了单词的长度和词频，这两类词仍然可能存在想象程度以外的差异，而这些差异也可以用来解释回忆量的不同。不过 Clark(1971)的表 1 与 Nugent 等人(2000)的表 2 的数据表明在方向和大小上存在差异，而且 Nugent 等人使用的是不同的词语。综合来看，这些数据也提出了这样一种可能性：即使不使用记忆术，画面感强的单词与画面感弱的单词相比，本身就比较容易被回忆出来(或许是因为画面感强的单词代表的是人们熟悉的具体事物)。基于这种差异具有理论上的意义，将来的研究也许可以考察人们是否更易于回忆画面感的单词，如果确实存在差异，还要进一步考察其原因。

该实验结果的实际价值很清楚。研究者必须确保他们的被试在实验开始之前就已经充分练习记忆术的使用。

总之，实验结果表明，位置记忆术可以通过促进对画面感强的单词的回忆来引起差异。Nugent 等人(2000)的实验中没有发现使用记忆术能促进记忆，这可能是由于被试没有足够的时间来练习使用记忆术。

资料来源：哈里斯. 心理学实验的设计与报告(第二版). 吴艳红等译. 北京：人民邮电出版社，2009: 73-74. 有改动.

4.6 题目、摘要和关键词

尽管题目和摘要最先出现在实验报告上，但是我们还是建议读者将讨论部分写完再确定这两部分。那是因为这两部分是全文的概括总结，尤其是题目，在结果部分尽管我们可以获得实验所得的结论，但是，经过讨论之后我们还可能在理论上或实际应用上提升研究的意义，因此很有必要在讨论部分完成后再确定这两部分的内容。

4.6.1 题目

科研论文题目的描述，只需简明扼要地描述研究内容即可，一般可遵循以下几个原则。

① 把研究问题的重点用最简单的词句说清楚。比如，辛昕、兰天一和张清芳(2020)的"英汉双语者二语口语产生中音韵编码过程的同化机制"。

② 如果是因素性实验，最好说明自变量和因变量的关系。比如，宋仕婕、佐斌、温芳芳和谭潇(2020)的"群体认同对群际敏感效应及其行为表现的影响"。

③ 一般中文标题不得超过20个汉字。如果字数太少不能说明问题，可以在正标题外再加上一个副标题。比如，杨海波和陈小艺(2020)的"直觉和深思下积极互惠行为的信任水平差异：基于收益框架视角"。当然也可以结合自身的文化修养从研究意义中提炼出更富有文采的题目，这样更吸引读者注意。如苗晓燕、孙欣、匡仪和汪祚军(2021)的"共患难，更同盟：共同经历相同负性情绪事件促进合作行为"。如Tamir, Schwartz, Oishi和kim(2017)的"The Secret to happiness: Feeling good or feeling right?"。

④ 要避免出现缩写词和冗余词，后者如"……的研究"，因为实验本身就是研究。

4.6.2 摘要

读者很容易被一个有特色的题目吸引，进而可能会阅读我们的摘要，最后再决定要不要精读我们的论文。所以摘要提供的信息应能使读者了解本研究的主要方面，以便读者决定是否继续阅读，甚至精读。

摘要是关于研究的总结，应对研究目的、所用的方法、得到的结果和结论做一简短的叙述，且必须精炼而完整，一般控制在200字以内。

对于初学者，可以模仿如下的结构化摘要进行叙述：一句话交代研究背景。(选取……为被试，)采用……实验设计(或实验范式，以……为自变量)，探讨对……的影响。结果表明，(1)……；(2)……，……。

这里还有四个注意点，可供读者参考：①"一句话交代研究背景"可省略；②对于心理的发展性主题可以添加被试信息"选取……为被试"，其他的研究主题基本不需要交代被试信息；③如果是"采用……实验范式"，则需要增加"以……为自变量"，否则就不需要；④在"结果表明"中还可以再增加一句总结性的话。

例 4-13 摘要写作的范例一

在口语词汇产生过程中，非目标词是否会产生音韵激活是独立两阶段模型和交互激活模型的争论焦点之一。研究运用ERP技术，考察了被试在翻译命名任务中是否受背景图片音韵或语义干扰词的影响。在行为反应时中未发现显著的音韵效应，而语义效应显著，表明非目标词不会产生音韵激活。ERP显示在目标单词呈现后的400~600ms时间窗口内出现了显著的语义效应，在600~700ms时间窗口内出现了边缘显著的语义效应和音韵效应，且均表现为相关条件波幅比无关条件波幅更正。这表明在将英语翻译成汉语的过程中，尽管在脑电上呈现出可能存在微弱的多重音韵激活，但行为结果并不会显示出非目标项的音韵激活。研究结果支持了汉语口语词汇的产生遵循独立两阶段模式的观点。

资料来源：张清芳，钱宗愉，朱雪冰. 汉语口语词汇产生中的多重音韵激活：单词翻译任务的 ERP 研究. 心理学报，2021-52(1): 1-14.

例 4-14 摘要写作的范例二

采用 2(加工方式：直觉加工，深思加工)×3(信任水平：低，中，高)被试内设计，探讨双响应范式中直觉加工和深思加工下积极互惠行为存在差异的原因。结果发现，(1)在直觉加工中，处于低、中信任时被试更为利己，高信任时更为利他；在深思加工中，信任水平越高利他行为越明显。(2)在低信任时，被试深思后呈现利己行为；在中信任、高信任时，深思后呈现利他行为。这表明是信任水平的差异决定了被试在直觉和深思阶段的利己或利他倾向。

资料来源：杨海波，陈小艺. 直觉和深思下积极互惠行为的信任水平差异：基于收益框架视角. 心理科学，2020-43(6): 1470-1476.

4.6.3 关键词

关键词主要用于联机检索，突出文章要点，一般由 3～5 个专业词汇组成。比如，研究中的因变量、自变量和研究中用于解释研究结果的理论(或提炼出来的理论)等。

4.7 参 考 文 献

参考文献是指为撰写或编辑论著而引用的有关期刊或图书资料。按规定，在各类型出版物中，凡是引用前人或他人的观点、数据和材料等，都要对它们在文中出现的地方予以标明，并在文末或书末列出参考文献表，这项工作称为参考文献著录。心理学论文主要以作者-出版年制的 American Psychological Association(APA)格式为主，2019 年 10 月，美国心理协会出版了 APA Style (7th ed.)，此后的论文基本以此为参考文献的格式。

4.7.1 文后参考文献格式

4.7.1.1 期刊

期刊的格式为"作者姓，名.(出版年份). 题目. *刊名，卷号*(期)，起止页码. DOI 号"，如图 4-6 所示。

Lavie, N. (1997). Visual feature integration and focused attention: Response competition from multiple distractor features. *Perception and Psychophysics, 59*(4), 543–556. https://doi.org/ 10.3758/BF03211863

作者　　出版年份　　　　　　　题目　　　　　　　　来源

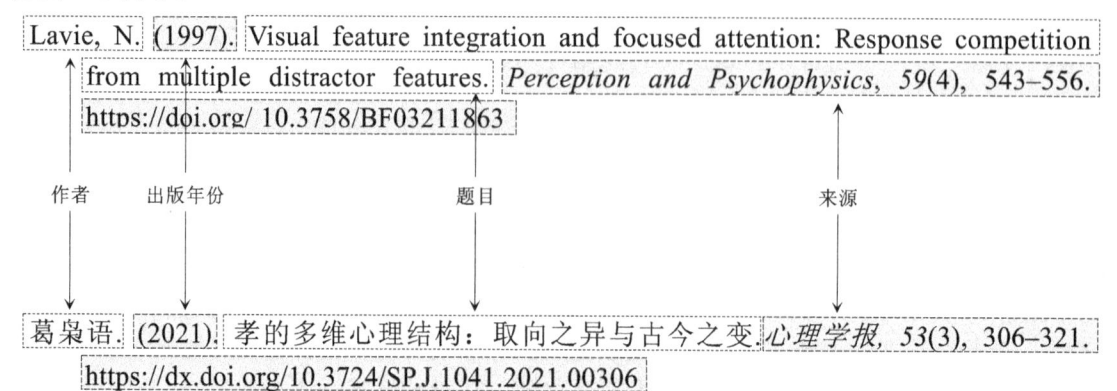

葛枭语. (2021). 孝的多维心理结构：取向之异与古今之变. *心理学报, 53*(3), 306–321. https://dx.doi.org/10.3724/SP.J.1041.2021.00306

图 4-6　期刊文献的主要成分示意图

作者采用姓前名后制，对于英文文献，只写姓的全称加半角"，"，人名可缩写为大写首字母加半角"."，如果有多个作者时除最后一个作者外，每个姓名结束均加"，"，在最后一个作者前加"&"。如果是中文文献，在每个作者之间加半角"，"，并以半角"."结束。此外，还有两个特殊的要求。

(1) 1~20个作者时罗列出所有作者的名字。英文文献如"McCabe，D. P.，Roediger，H. L.，& Karpicke，J. D.（2011）."；中文文献如"张慢慢，臧传丽，徐宇峰，白学军，闫国利.（2020）."。其余部分均相同。

(2) 21个以上作者，只列出前19个和最后一个作者，其余用省略号。如"Aad，G.，Abbott，B.，Abdallah，J.，Abdinov，O.，Aben，R.，Abolins，M.，AbouZeid，S.，Abramowicz，H.，Abreu，H.，Abreu，R.，Abulaiti，Y.，Acharya，B. S.，Adamczyk，L.，Adams，D. L.，Adelman，J.，Adomeit，S.，Adye，T.，Affolder，A. A.，Agatonovic-Jovin，T.，…，Woods，N.（2015）."。

出版年采用将该论文出版的年份，放置于半角的括号内，并以半角"."结束。

题目直接引用原题，并以半角"."结束。如果是英文文献，只有第一个单词的首字母用大写，后面都用小写。

来源相对比较复杂。这部分包括："刊名，卷号(期)，起止页码. 数字对象唯一标识（DOI号）"其中刊名和卷号用斜体字。如果论文没有DOI号，可省略。

4.7.1.2 著作

学术著作的格式为"作者姓，名.（出版年份）. *书名*.（页码）. 出版社."，如下所示。其中页码采用"p."和"pp."表示，"p."指引用文献中的某一页，"pp."指引用文献中某一范围页，如下所示。

杨治良，郭力平，王沛，陈宁.（1999）. *记忆心理学*.（pp.56-58）. 华东师范大学出版社.

4.7.1.3 教材

教材的格式为"作者姓，名.（主编）.（出版年份）. *书名*.（版次，页码）. 出版社."。

如果是中文教材，需在编者姓名后的括号中加"编"或"主编"。如果是英文教材，一个作者加"Ed."两个作者或以上加"Eds."，如下所示。

朱滢.（主编）.（2000）. *实验心理学*.（第一版，pp.56-58）.北京大学出版社.

Gibbs，J. T.，& Huang，L. N.（Eds）.（1991）. *Children of color：Psychological interventions with minority youth*. Jossey-Bass.

4.7.1.4 学位论文

学位论文的格式为"作者姓，名.（出版年份）. *学位论文题目*(学位论文类型). 学位论文单位，城市名."。若学位论文单位中已包括城市名，则不需要列出。

在"学位论文类型"中，硕士论文的中文为"硕士学位论文"，英文为"master's thesis"；博士论文的中文为"博士学位论文"，英文为"doctoral dissertation"，并且英文文献要加上"Unpublished"，如下所示。

Yu，L.（2000）. *Phonological representation and processing in Chinese spoken language production*（Unpublished doctorial dissertation）. Beijing Normal University.

余林.（2000）. *汉语语言产生中的语音表征与加工*(博士学位论文). 北京师范大学.

邱颖文. (2009). *遗传与语言学习*(博士学位论文). 华东师范大学, 上海.

4.7.1.5 电子图书

电子图书的格式为"作者姓, 名. (出版年份). *题目*. 网址"。如果电子图书有多位作者, 其格式与期刊的格式相同。

Lees, L., Bang Shin, H., & Lopez-Morales, E. (2016). *Planetary gentrification.* Polity Press. https:// books.google.ca/books

4.7.1.6 网页新闻

网页新闻的格式为"作者姓, 名. (刊登日期). *题目*. 网址"。如果网页新闻有多位作者, 其格式与期刊的格式相同。

Francis, J. (2020, June 7). *'We need to be here for each other,' say Indigenous supporters of Black Lives Matter.* CBC News. https: //www.cbc.ca/news /canada/saskatchewan/large-crowd-turnout-for-third-blm-rally-in-regina-1.5602575

Rendina, D. (2018, July 9). *How to build creativity (and more) through making.* Renovated Learning. http: //renovatedlearning.com/2018/07/09/build-creativity-making/

4.7.2 文中参考文献格式①

文中参考文献又分成附加引用(in-text citation parenthetical)和叙述引用(in-text citation narrative)两种, 附加引用是指引文标志放在引用处的括号中, 叙述引用是指引文标志作为句子成分。

根据不同的参考文献, 其引用格式又有所不同, 如表4-2所示。

表4-2　APA(第7版)的文中参考文献格式(部分)

类型	作者人数	附加引用 中文	附加引用 英文	叙述引用 中文	叙述引用 英文
期刊/电子图书/网页新闻	1	(葛枭语, 2021)	(Lavie, 1997)	葛枭语(2021)	Lavie(1997)
	2	(杨治良,钟毅平, 1996)	(Craik & Tulving, 1975)	杨治良和钟毅平(1996)	Craik 和 Tulving (1975)
	3个以上	(唐晓雨等, 2021)	(Smith et al.,2000)	唐晓雨等人(2021)	Smith 等人(2000)
学位论文	1	(王冬琳, 2021)	(Rubin, 2008)	王冬琳(2021)	Rubin(2008)
书籍	1	(周谦, 1994, pp.67-68)	(Rubin, 2008, p.59)	周谦(1994)...(pp.67-68)	Rubin(2008)...(p.59)
	2	(金志成,何艳茹,2005, p.114)	(Egoff & Saltman, 1990, p.123)	金志成和何艳茹(2005)...(p.114)	Egoff 和 Saltman (1990)...(p. 123)
	3个以上	(张三等, 2021, p.8)	(Connor et al., 2011, p.58)	张三等人(2021)...(p.8)	Connor 等人(2011)...(p.58)

参考《心理学报》的要求, 对于3个以上作者的, 会出现以下三种特殊情况。

① 如果有两篇文献的第一作者和出版年都相同, 那么只写第一作者将会混淆两篇文

---

① 本书为了更方便读者查找文献来源, 正文引用三个及三个以上的作者时, 仍采用APA(6版)的格式——罗列出所有作者, 且无论是第一次出现的或者后面出现的均如此处理。

献，则需加第二作者以示区别。如果写两个作者还不能区分，则要加上第三位作者，甚至可能要写第四、第五位作者。至于应该写几个作者，以能在正文中区分开两篇文献为原则。

示例：张三、李四等人(2019)发现了……，这个结果也得到 Qian，Zhao，Zhou，Sun 等人(2020)研究的证实。未来的研究还需关注环境的影响(张三，王五等，2019；Qian，Zhao，Zhou，Yang，et al.，2020)。

如果是英文作者，最后只剩一个作者，不能用"et al."，直接把最后这个作者的姓(名)也写上。

② 如果引用标志必须写全所有作者才能区分，则：叙述引用时，多个作者之间，中文用顿号，英文用逗号，最后两个作者之间用"和"；附加引用时，多个作者之间用逗号，最后两个作者之间英文用"&"，中文仍用逗号。请注意，英文的最后两个作者之间用"&"，倒数第二个作者后仍需逗号。

示例：张三、李四和王五(2019)发现了……，这个结果也得到 Qian，Zhao，Zhou 和 Sun(2020)研究的证实。未来的研究还需关注环境的影响(张三，李四，王五，2019；Qian，Zhao，Zhou，& Sun，2019)。

③ 有时如果实在找不到原始文献，则在文献列表中给出二手文献。正文引用中，提及原始文献，在括号中标注二手文献作为文献引用标志。比如，张三的研究被李四引用，而你并没有读张三的研究，但引用了张三的研究，则应在正文中提及两个研究，而在文献列表中只将李四的研究作为文献。

在正文中引用的格式为，"张三的研究(引自 李四，1998)"；在参考文献列表中的格式为，"李四. (1998). ……"。

4.8 附　　录

在附录中补充正文无法详细提供的非关键性材料，如实验指导语、问卷的复本、实验刺激示例、实验材料列表等信息。

第二部分　实验设计与数据处理

科学研究讲究实验设计的简洁性，需剔除心理现象的复杂表象，采用科学而简约的操作定义，操纵自变量和因变量。具体的操作过程是，通过实验设计控制额外变量，操纵前因后果，利用统计检验方法分析自变量与因变量的关系，以检验是否满足因果关系判断的三个标准。

统计检验方法主要以方差分析为基本思想。方差分析最重要的作用就是能将因变量的总变异分解为系统变异(systematic variation)和非系统变异(unsystematic variation)。

系统变异导致因变量在一个方向上的变化大于在另一个方向上的变化，产生一个定向变化(舒华，1994)，自变量产生的变异就属于系统变异。非系统变异是指由于操作中的偶然因素或实验中其他没有控制的变量引起的因变量的波动。这种变异没有固定方向，是以平均数为中心的上下波动。

实验设计最重要的功能是增大系统变异，控制无关变异，减少误差变异。方差分析的F检验实质上是计算系统变异或自变量引起的变异与误差变异的比率(舒华，1994)。因此尽可能减少误差变异，就使得在相同条件下，增加了F值达到显著性的机会，提升了实验的敏感性，而显著性水平的标准体现了科学研究的可证伪性原则。最后，在约定主义的框架下，将研究结果置于其概念边界内进行推广应用。

第5章 被试间设计

被试间设计(between-subject design)，也叫组间设计(between-group design)，又称完全随机设计(completely randomized design)，是指用随机化方法，根据自变量水平/组合水平，将被试随机分成若干组，以期实现各个处理水平的被试在统计上无差异，然后依据实验目的对各组被试实施不同的处理(舒华，1994；朱滢，2000；朱滢，2006；白学军，2012)。它假设由于被试是随机分配给各处理水平的，被试之间的变异在各个处理水平之间也应是随机分布、在统计上是无差异的，不会只影响某一个或某几个处理水平。

在这种实验设计中，自变量一般为分类数据，因变量通常为连续数据。根据自变量数量的不同，又将实验设计分成单因素被试间设计和多因素被试间设计两大类。

5.1 单因素被试间设计

单因素被试间设计，也称单因素完全随机设计，是指只有一个自变量的被试间设计。这里的因素是指自变量，下文类同。根据自变量水平数的不同将单因素被试间设计分成随机实验组控制组后测设计(单因素两水平的被试间设计)和单因素被试间设计(三水平及以上)两小类。尽管它们的设计思想相同，但是在进行数据处理和结果分析时，有一定的区别，读者应该掌握其中的异同。

5.1.1 随机实验组控制组后测设计

5.1.1.1 实验设计的基本原理

随机实验组控制组后测设计(randomized control-group posttest design)是一种单因素两水平的被试间设计。研究者在实验前采用随机分配被试的方法将被试分成两组，并随机选择一组为实验组，一组为控制组。对实验组进行实验处理，对控制组不予实验处理，并将后者作为一个基线值。通常以 t 检验作为数据分析方法。t 检验实质上是把"均值之间是否存在差异"的检验转化成"变异是否存在"的检验(舒华，1994)。随机实验组控制组后测设计的结构模式如下：

$$R \quad X \quad \bar{O}_1$$
$$R \quad \quad \bar{O}_2$$

在该结构模式中，R(random)表示采用随机化方法分配被试和实验处理[1]，X 表示由研究者操纵的实验处理[2]，O(observation)表示观测值，即因变量，$\bar{O}_1$ 和 $\bar{O}_2$ 表示两组被试的后

---

[1] 正因为采用随机化取样且随机分配被试，所以被试间设计也称完全随机设计。
[2] 习惯上，对于单因素(单自变量)的实验设计用 X 来表示自变量；对于多因素(多自变量)用 A、B、C 等英文大写字母来表示各个自变量。

测成绩的均值。

实验结束后，我们必须将收集到的数据按表 5-1 的模式建立其在 SPSS 中的数据结构，共有三列变量（"被试""自变量"和"因变量"），以便进一步分析实验数据。SPSS 数据结构与实验设计的结构模式是相似的。其中，实验组在自变量中用"1"来表示，控制组用"0"来表示，当然你也可以用"2"来表示。因变量是实际收集到的数据，在这里为了区分，实验组用"O_{1**}"表示有多个被试，控制组用"O_{2**}"表示。我们建议读者养成建立"被试"这列变量的习惯，并用溯源的方式，采用一定的规则对被试进行命名，如 s2020111601、s2020111602，分别表示 2020 年 11 月 16 日第一个被试、第二个被试。这样做的目的是后期发现数据有误时，可以进行溯源校正或剔除无效数据。

表 5-1　随机实验组控制组后测设计的 SPSS 数据结构

被试	自变量	因变量
s2020111601	1	O_{101}
s2020111604	1	O_{102}
s2020111702	1	O_{103}
⋮	⋮	⋮
s2020111602	0	O_{201}
s2020111603	0	O_{202}
s2020111701	0	O_{203}
⋮	⋮	⋮

之后依据因变量的数据类型，选择对应的统计方法进行数据分析。如果因变量是连续数据，可以采用独立样本 t 检验或方差分析的方法；如果是等级数据，可以采用曼-惠特尼（Mann-Whitney）U 检验或中位数检验的方法。下面以连续数据为例介绍随机实验组控制组后测设计的整个研究和数据整理过程，等级数据的处理与此类似，读者可以自行研究。

5.1.1.2　举例说明研究过程：抑郁是否使人更富有攻击性

例 5-1　抑郁是否使人更富有攻击性？在这个研究中，需要一个控制组（平静情绪）进行对照，才能突出抑郁状态与正常状态的差别。随机选取 40 名大学生被试，男女各半，按性别比例随机分成两组，一组 20 人，再将这两组被试随机分配到抑郁组和平静组。让抑郁组观看一个 10min 的描述抑郁情节的视频，让平静组观看一个 10min 的描述风土人情的视频。之后在智能击打宣泄仪上进行情绪宣泄，根据被试行为表现（包括击打速度、力量、持续时间等），进行加权转化成百分制，作为其攻击性的测量，分值越高表示攻击性倾向越明显。

（1）SPSS 操作

建立如图 5-1 所示的数据结构，主要包括自变量（情绪）和因变量（攻击性），在实际的研究中还应包括年龄和性别这两个被试变量，用于描述被试信息。

由于因变量为连续数据，自变量只有两个水平，采用的是随机分配被试的方法，因此可以采用独立样本 t 检验进行数据分析。SPSS 操作命令：【Analyze】→【Compare Means】→【Independent-Samples T Test】，把因变量"攻击性"选入【Test Variable(s)】，把自变量

"情绪"选入【Grouping Variable】，单击【Define Groups…】指定实验组（抑郁组）和控制组（平静组）在 SPSS 中的具体的值。最后分别单击【Continue】和【OK】完成 t 检验的操作过程，分析结果如图 5-2 所示。

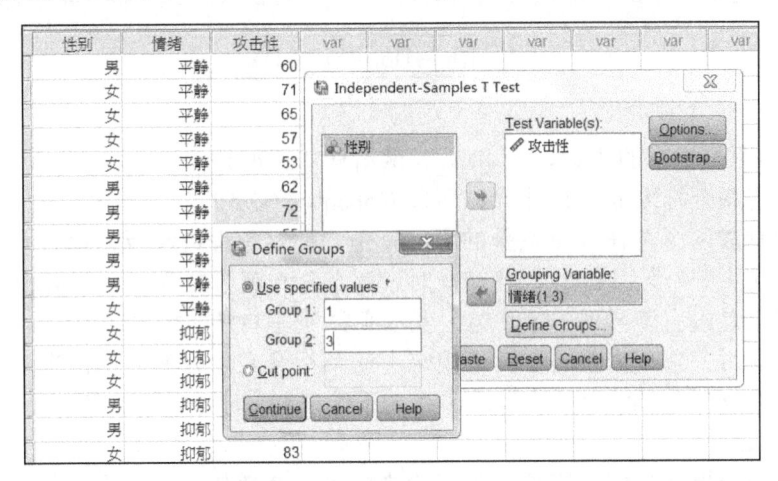

图 5-1　SPSS 的数据结构和独立样本 t 检验的操作过程（虚拟数据）

Group Statistics

	情绪	N	❶ Mean	Std. Deviation	Std. Error Mean
攻击性	平静	20	60.20	7.016	1.569
	抑郁	20	79.85	8.487	1.898

Independent Samples Test

		Levene's Test for Equality of Variances ❷		t-test for Equality of Means ❸					95% Confidence Interval of the Difference	
		F	Sig.	t	df	Sig. (2-tailed)	Mean Difference	Std. Error Difference	Lower	Upper
攻击性	Equal variances assumed	.654	.424	-7.981	38	.000	-19.650	2.462	-24.634	-14.666
	Equal variances not assumed			-7.981	36.701	.000	-19.650	2.462	-24.640	-14.660

图 5-2　t-test 分析的 Output 结果及其数据查看顺序

（2）结果解读

Output 中数据读取的顺序如图 5-2 所示，先查看描述性统计信息❶，平静组的攻击性 60.20±7.016，抑郁组的攻击性 79.85±8.487。两组存在差异但是否显著还需要根据 Independent Samples Test 来判断。此时须先看这两组被试的方差是否齐性❷，结果发现 $p=0.424$，说明方差齐性（$p > 0.05$ 方差齐性，说明随机选取的被试来自同一总体，也就是说，实验开始之前两组被试的情绪状态是相同的；$p < 0.05$ 方差不齐，说明随机选取的被试有可能来自不同总体，如抑郁组原先的情绪比平静组更积极，导致出现经抑郁的实验操纵后，并未展示出更高的攻击性）。接下来看 t 值❸，因为方差齐性，所以直接看第一行结果，否则看第二行。$t(38)=-7.981$，$p < 0.001$，说明两组差异显著，支持抑郁使人更富有攻击性的实验假设。

此外，我们还需采用以下公式计算统计检验的效应量（effect size）：Cohen's d。

$$\text{Cohen's } d = \frac{(\mu_1 - \mu_2)}{\sigma}$$

其中 μ_1 和 μ_2 为两组样本的均值，σ 为总体标准差。如果 σ 未知，需采用联合标准差 S_p 代替。

$$S_p = \sqrt{\frac{(n_1-1)S_1^2 + (n_2-1)S_2^2}{n_1 + n_2 - 2}}$$

其中 n_1 和 n_2 为两组样本的人数，S_1 和 S_2 为两组样本标准差。

本例需采用联合标准差进行计算，所以 Cohen's d =2.52。

可以将 d 看成两个总体分布重叠的程度，但它和重叠程度相反，即 d 值越小，两个分布重叠的程度越大（朱滢，2006）。当 d=0 时，两个分布就合二为一，100%重叠，说明两个实验处理的效果是没有差异的；d 值越大表示实验处理差异的效果越大。

Cohen 根据两个分布重叠的程度，规定了三个标准来划分效应量：当 d 在 0.2 附近时为小效应量，在 0.5 附近时为中效应量，在大于等于 0.8 时为大效应量。

（3）数据报告

根据上面的结果，我们在实验报告或论文中可以参考如下格式报告数据：抑郁组攻击性为 79.85 ± 8.487，平静组为 60.20 ± 7.016，前者显著高于后者，$t(38) = -7.981$，$p < 0.001$，Cohen's d = 2.52，由此推测抑郁使人更富有攻击性。

那为何在数据呈现时，既要报告 p 值又要报告 d 值呢？

假设一个研究者用两组被试每组各 10 个进行实验，发现两组均值差异不显著。这时他可以根据 d 值，适当增大样本量以达到显著性水平。如果 d 值为 0.7，那就说明为了达到 0.05 的显著性水平，将样本量增加到 38 个（每组 19 个）就可以了，如表 5-2 所示。如果计算出来的 d 值很小，即使增加许多被试，勉强达到 0.05 的显著性水平，也没有实际意义，这时研究者就可考虑放弃这个实验了（朱滢，2006）。

表 5-2　各种 d 值达到显著性水平所需的两组被试的样本量

d	样本量 N p=0.05	p=0.01	d	样本量 N p=0.05	p=0.01
0.4	100	200	1.6	11	17
0.5	77	132	1.8	10	15
0.6	56	97	2.0	8	12
0.7	38	72	2.2	8	11
0.8	29	52	2.4	7	10
0.9	24	38	2.6	7	9
1.0	20	30	2.8	7	8
1.2	15	24	3.0	7	8
1.4	13	20			

资料来源：朱滢. 心理实验研究基础. 北京：北京大学出版社，2006: 52.

5.1.2 单因素被试间设计：三水平及以上

5.1.2.1 实验设计的基本原理

此类实验设计的基本原理与两水平的单因素被试间设计基本相似，区别在于自变量水平数不同，导致数据分析的方法有所不同。单因素多水平被试间设计采用方差分析的思想来分解自变量的效应，将总变异分离出自变量引起的变异和不能由处理效应所能解释的误差变异（在 one-way ANOVA 中为组内变异），根据自变量引起的变异占总变异的比率来判断实验处理效应的大小。其结构模式如下：

$$R \quad x_1 \quad \bar{O}_1$$
$$R \quad x_2 \quad \bar{O}_2$$
$$R \quad x_3 \quad \bar{O}_3$$

5.1.2.2 举例说明研究过程：情绪是否会影响一个人的攻击性

例 5-2 在例 5-1 中我们发现抑郁增强了一个人的攻击性，那么高兴是否会减弱一个人的攻击性呢？将这两种实验条件合并起来，可以表述成：情绪是否会影响一个人的攻击性。实验程序与例 5-1 类似，随机选取 60 名大学生被试，男女各半，按性别比例随机分成三组，一组 20 人，再将这三组被试随机分配到抑郁组、平静组和高兴组。让抑郁组观看一个 10min 的描述抑郁情节的视频，让平静组观看一个 10min 的描述风土人情的视频，让高兴组观看一个 10min 的能令人心生愉悦的视频。之后在智能击打宣泄仪上进行情绪宣泄，根据被试行为表现（包括击打速度、力量、持续时间等），进行加权转化成百分制，作为其攻击性的测量，分值越高表示攻击性倾向越明显。

（1）SPSS 操作

由于因变量为连续数据，自变量只有三个水平，采用的是随机分配被试的方法，因此可以采用单因素方差分析进行数据分析，即采用 One-Way ANOVA 过程进行处理。

SPSS 操作如下：【Analyze】→【Compare Means】→【One-Way ANOVA】，把因变量"攻击性"选入【Dependent List】，把自变量"情绪"选入【Factor】，如图 5-3 所示。

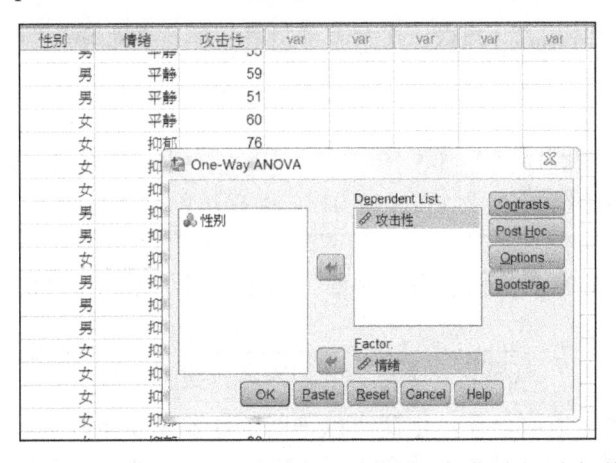

图 5-3 SPSS 的数据结构和单因素方差分析的操作过程（虚拟数据）

单击【Options】将弹出图 5-4 左边的【One-Way ANOVA：Options】对话框，在 SPSS 操作中此对话框决定了在结果输出时要输出的表格信息。本例中我们选择了【Descriptive】，就是要输出描述性统计数据；选择了【Homogeneity of variance test】，就是要输出方差齐性检验的表格。因为本实验设计属于被试间设计，需要检验抑郁组、平静组和高兴组的被试是否来自同一个总体，这样在事后多重比较时，就可以根据方差是否齐性，查看对应的事后多重比较的计算方法。

返回主对话框【One-Way ANOVA】后再选择【Post Hoc】，弹出图 5-4 右边的对话框，选择事后多重比较时采用的计算公式。在【Equal Variances Assumed】（方差齐性）里，选择【LSD】、【S-N-K】和【Tukey】三种计算方法。LSD 实际上是 t-test 的改进，在变异和自由度的计算上利用了整个样本信息，而不仅仅是比较两组的信息。它的敏感度最高，在比较时仍然存在放大 α 水准（一类错误）的问题。换言之，就是总的二类错误非常小，要是 LSD 法都没有检验出差别，那就恐怕真地没差别了。S-N-K 是应用最广泛的一种两两比较方法。它采用 Student-Range 分布进行所有组均值间的配对比较。该方法保证在 H_0 真正成立时总的 α 水准等于实际设定值，即控制了一类错误。Tukey 采用 Student-Range 统计量进行所有组间的两两比较。但与 S-N-K 法不同的是，它控制的所有比较组中最大的一类错误概率不超过 α。在【Equal Variances Not Assumed】（方差不齐）里，选择【Dunnett's C】。

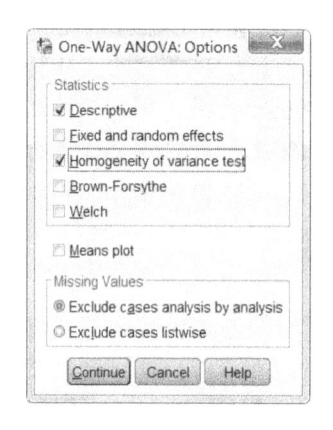

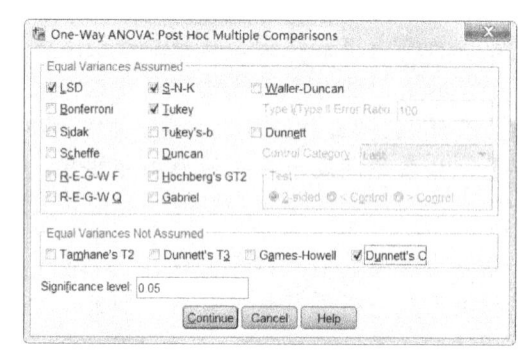

图 5-4 单因素方差分析中选项（options）和事后多重比较的对话框

最后分别单击【Continue】和【OK】完成单因素方差分析的操作过程，分析结果如图 5-5 所示。

(2) 结果解读

结果中数据读取的顺序如图 5-5 所示，先查看描述性统计信息❶，抑郁组的攻击性为 79.85±8.487，平静组的攻击性为 60.20±7.016，高兴组的攻击性为 52.00±11.036，存在差异但是否显著呢？

这需要根据 ANOVA 表格内容❷来判断，结果发现 $F(2, 57)=50.567$，$p < 0.001$，

$$\eta_p^2 = \frac{SS_{\text{effect}}}{(SS_{\text{effect}} + SS_{\text{error}})} = \frac{8193.23}{8193.23 + 4617.85} = 0.640$$

我们称之为情绪主效应显著，由此可以推断情绪影响了个体的攻击性。这些需要说明的是在 $F(df_1, df_2)$ 中，df_1 是自变量的自由度（3−1=2），df_2 是组内变异的自由度（57）。

η_p^2 (partial Eta Squared) 是效应量，是指对应的自变量能解释因变量变异的百分比。采用以下公式进行计算：

$$\eta_p^2 = \frac{SS_{effect}}{SS_{effect} + SS_{error}}$$

即每个自变量的平方和除以该自变量的平方和与误差平方和之和。

但此时，我们仍然不知道是抑郁增强了攻击性还是高兴减弱了攻击性，或者是否存在其他可能的结果，因此需进一步检验差异来源。查看事后多重比较的结果，先看❸，发现 $F(2, 57)=2.329$，$p = 0.107$，说明三组的被试方差齐性。再查看方差齐性时的事后多重比较结果❹，抑郁组的攻击性显著高于平静组，平静组显著高于高兴组。由此我们可以推断抑郁使人更富有攻击性，高兴能减弱一个人的攻击性。当然 Tukey HSD 和 LSD 的比较结果都可以采用，两者的区别在于后者的标准更宽松。

(3) 数据报告

根据上面的结果，我们在实验报告或论文中可以参考如下格式报告数据：情绪影响个体的攻击性，$F(2, 57)= 50.567$，$p < 0.001$，$\eta_p^2 = 0.640$；经事后多重比较发现，抑郁组的攻击性 (79.85 ± 8.487) 显著高于平静组 (60.20 ± 7.016)，平静组显著高于高兴组 (52.00 ± 11.036)。由此，我们可以推断抑郁情绪会使人更富有攻击性，高兴情绪能减弱一个人的攻击性。

Descriptives

攻击性

	N	Mean❶	Std. Deviation	Std. Error	95% Confidence Interval for Mean Lower Bound	95% Confidence Interval for Mean Upper Bound	Minimum	Maximum
平静	20	60.20	7.016	1.569	56.92	63.48	47	74
高兴	20	52.00	11.036	2.468	46.84	57.16	32	75
抑郁	20	79.85	8.487	1.898	75.88	83.82	56	90
Total	60	64.02	14.736	1.902	60.21	67.82	32	90

Test of Homogeneity of Variances

攻击性

Levene Statistic	df1	df2	Sig.
2.329	2	57	.107 ❸

ANOVA

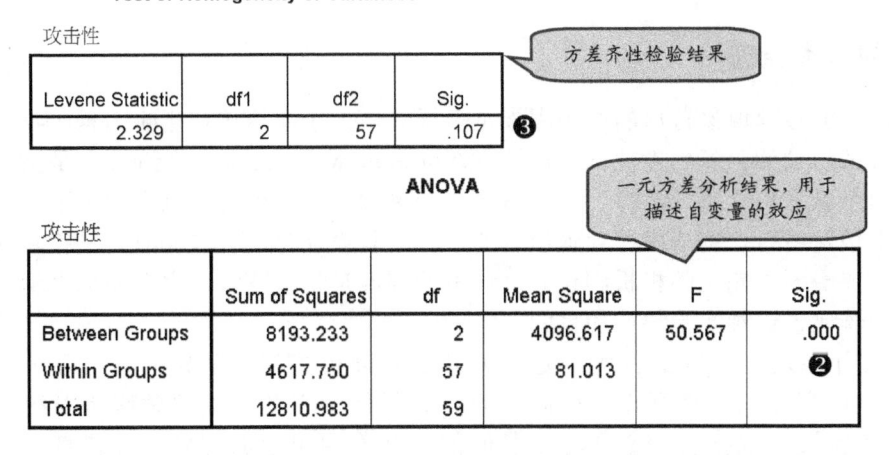

攻击性

	Sum of Squares	df	Mean Square	F	Sig.
Between Groups	8193.233	2	4096.617	50.567	.000 ❷
Within Groups	4617.750	57	81.013		
Total	12810.983	59			

图 5-5　单因素方差分析的 Output 结果及其数据查看顺序

Multiple Comparisons

Dependent Variable: 攻击性

> 主效应显著，用于事后多重比较，寻找差异源

	(I) 情绪	(J) 情绪	Mean Difference (I-J)	Std. Error	Sig.	95% Confidence Interval Lower Bound	95% Confidence Interval Upper Bound
Tukey HSD	平静	高兴	8.200*	2.846	.015	1.35	15.05
❹		抑郁	-19.650*	2.846	.000	-26.50	-12.80
	高兴	平静	-8.200*	2.846	.015	-15.05	-1.35
		抑郁	-27.850*	2.846	.000	-34.70	-21.00
	抑郁	平静	19.650*	2.846	.000	12.80	26.50
		高兴	27.850*	2.846	.000	21.00	34.70
LSD	平静	高兴	8.200*	2.846	.006	2.50	13.90
		抑郁	-19.650*	2.846	.000	-25.35	-13.95
	高兴	平静	-8.200*	2.846	.006	-13.90	-2.50
		抑郁	-27.850*	2.846	.000	-33.55	-22.15
	抑郁	平静	19.650*	2.846	.000	13.95	25.35
		高兴	27.850*	2.846	.000	22.15	33.55
Dunnett C	平静	高兴	8.200*	2.924		.77	15.63
		抑郁	-19.650*	2.462		-25.91	-13.39
	高兴	平静	-8.200*	2.924		-15.63	-.77
		抑郁	-27.850*	3.113		-35.76	-19.94
	抑郁	平静	19.650*	2.462		13.39	25.91
		高兴	27.850*	3.113		19.94	35.76

*. The mean difference is significant at the 0.05 level.

图 5-5 单因素方差分析的 Output 结果及其数据查看顺序(续)

5.2 多因素被试间设计

5.2.1 实验设计的基本原理

在现实生活中，一个心理现象背后的影响因素是多样的，为了厘清这些影响因素，我们需要引入多因素被试间设计。多因素被试间设计(factorial between-subject design)，是指实验中包括两个或两个以上自变量(因素)，并且每个自变量都有两个或两个以上的水平，各自变量的每个水平相互结合，构成多种处理组合的一种实验设计(朱滢，2000)，又称多因素完全随机设计，或多因素完全随机析因设计。这里的因素是指自变量，完全随机表示取样的方式，析因则体现了这种实验设计的目的。

多因素被试间设计能达到析因的目的，是因为其方差分析能将总变异分离出各个自变量引起的变异、自变量间的交互作用引起的变异和不能由自变量处理效应所能解释的误差变异。该实验设计根据自变量和自变量间的交互作用引起的变异占其自身变异与残差变异之和的比率，来判断实验处理效应的大小，从而找出真正影响因变量的实验条件。

5.2.1.1 特征

多因素被试间设计具有三个特征：其一，只有一个因变量，且因变量必须是连续数据；其二，自变量至少有两个，并且每个自变量至少有两个水平，一般为分类数据；其三，采用随机取样的方式选择被试，并把被试随机分配到各个组合水平中，以期实现各个组合水平的被试在统计上无差异。

5.2.1.2 结构分析

在多因素被试间设计的方差分析中，总变异被分解成自变量的主效应、交互作用和残差。主效应，是指每个自变量单独引起的因变量的变异。交互作用，是指当某一自变量对因变量的影响大小，因其他自变量的水平或安排的不同而有所不同时，所产生的作用影响因变量的变异；相反，如果某一自变量对因变量影响大小不受其他自变量的水平或安排的影响，那么这个自变量与其他自变量没有交互作用（朱滢，2000）。而无法被主效应和交互作用解释的变异统称为残差。

5.2.1.3 命名规则

在多因素被试间设计中，为了简化表述，常常采用英文字母、符号和数字，作为各个自变量和自变量各个水平及其相互关系的标识。

通常用大写英文字母来表示自变量，用与大写英文字母相对应的小写字母来表示自变量的水平，而用乘号（×）表示自变量之间的相互结合关系。比如，在包括两个自变量且其中一个自变量有3个水平，另一个有2个水平的被试间设计中，以 A 和 B 代表两个自变量，以 a_1、a_2、a_3 和 b_1、b_2 分别代表自变量 A 和自变量 B 的水平。我们称之为 3×2 被试间设计，或 $A×B$ 被试间设计；也可称为 3×2 完全随机设计，或 $A×B$ 完全随机设计。

在论文或实验报告中一般表述为：3(A: a_1, a_2, a_3)×2(B: b_1, b_2)被试间设计，或 3(A: a_1, a_2, a_3)×2(B: b_1, b_2)完全随机设计。下面我们以 2×2 被试间设计、3×2 被试间设计和 3×2×2 被试间设计为例来介绍多因素被试间设计。

5.2.2 实验设计类型

5.2.2.1 2×2 被试间设计

2×2 被试间设计，也称 2×2 完全随机设计，是指只有两个自变量，每个自变量只有两个水平，自变量各水平相互组合成四种实验条件，采用随机取样的方法进行被试分配的一种实验设计。

(1) 结构模式

2×2 被试间设计的结构模式如图 5-6 所示，有两种模式，图 5-6(a)为字母式结构模式，图 5-6(b)为表格式结构模式。两者形式不同作用各异，前者还可用于建立 SPSS 的数据结构，后者还可用于展示实验结果的描述性信息。

其中，R 表示采用随机化方法分配被试和实验处理。有两个自变量 A 和 B，每个自变量各有两个水平分别为 a_1、a_2 和 b_1、b_2。由两个自变量的两个水平组合成四种实验条件 a_1b_1、a_1b_2、a_2b_1、a_2b_2。随机选择 $4k$ 个被试，表示每种实验条件均有 k 个被试，并将他们随机分配到四个组合水平中，如(101, 102…1k)接受 a_1b_1 组合处理，(201, 202…2k)接受 a_1b_2 组合处理，依次类推。

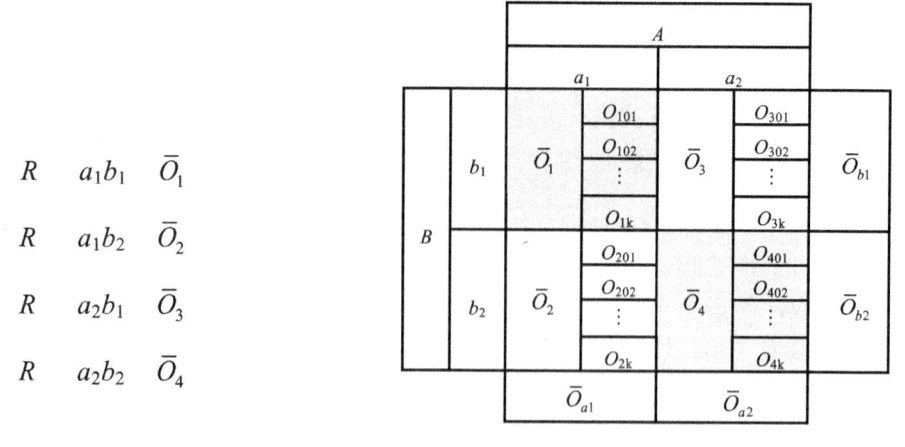

$R \quad a_1b_1 \quad \bar{O}_1$

$R \quad a_1b_2 \quad \bar{O}_2$

$R \quad a_2b_1 \quad \bar{O}_3$

$R \quad a_2b_2 \quad \bar{O}_4$

(a)字母式结构模式　　　　　　　(b)表格式结构模式

图 5-6　2×2 被试间设计的结构模式

$\bar{O}_1$、$\bar{O}_2$、$\bar{O}_3$、$\bar{O}_4$表示每种实验条件下完成实验处理后因变量的均值。在表格式结构模式中，O_{101}表示在a_1b_1实验条件下所分配的第一个被试测得的因变量，一直到O_{1k}。$\bar{O}_1$表示由第一组被试所测得的因变量($O_{101}, O_{102}\ldots O_{1k}$)的均值，依次类推。

在图 5-6(b)中，通过自变量 A 的两个水平的比较，即$\bar{O}_{a1}$与$\bar{O}_{a2}$的比较，确定自变量 A 的主效应；通过自变量 B 的两个水平的比较，即$\bar{O}_{b1}$与$\bar{O}_{b2}$的比较，确定自变量 B 的主效应。在a_1列中比较$\bar{O}_1$和$\bar{O}_2$的大小，在a_2列中比较$\bar{O}_3$和$\bar{O}_4$的大小，或在b_1行中比较$\bar{O}_1$和$\bar{O}_3$的大小，在b_2行中比较$\bar{O}_2$和$\bar{O}_4$的大小，来确定两个自变量是否发生交互作用。

(2)举例说明研究过程：小组合作式学习和灌输式教学是否会因教师经验的不同而有差异[①]

例 5-3　假设你要研究七年级的语文更适合采用小组合作式学习还是灌输式教学。你考虑到教师经验会影响教学方法的实施，于是在研究中加入了教师类型(新教师：同一科目教授不到两年的教师；老教师：同一科目教授过五年以上的教师)这个自变量。由此组合成四种实验情境：新教师采用小组合作式学习，新教师采用灌输式教学，老教师采用小组合作式学习，老教师采用灌输式教学，即 2×2 被试间设计。于是你在七年级开学初，随机选取 160 名学生(男女各半)，将其随机分成四组并随机分配到四种实验情境下进行教学。经过一学期的教学和学习后，实验结果如表 5-3 和表 5-4 所示。

我们先来分析自变量的主效应。在表 5-3 中，首先不考虑教师类型的影响，比较教学方法的两个水平的学习成绩，小组合作式学习的均值$\bar{O}_{a1}=13$，灌输式教学的均值$\bar{O}_{a2}=9$，$\bar{O}_{a1}>\bar{O}_{a2}$，说明小组合作式学习的教学效果优于灌输式教学。如果进行差异的显著性检验，发现两种教学方法确实存在显著性差异，那么可推断在影响七年级学生的语文学习上，教学方法主效应显著，小组合作式学习优于灌输式教学。同理，不考虑教学方法的差异，比

[①] 本例实验本质上属于准实验设计(现实生活中难以随机分班并随机分配不同类型的教师)，但基于读者比较熟悉教学方法、教师类型和学习成绩这三个变量，这样的陈述能更好地展示实验设计过程、自变量主效应、交互作用等内容，以免过于抽象的实验范式可能会影响读者对本小节中核心内容的理解。

较教师类型的两个水平的学习成绩，新教师的教学成绩的均值 $\bar{O}_{b1}=8$，老教师的均值 $\bar{O}_{b2}=14$，$\bar{O}_{b1}<\bar{O}_{b2}$，说明老教师的教学效果优于新教师。如果进行差异的显著性检验，发现新教师和老教师的教学成绩确实存在显著性差异，那么可推断在影响七年级学生的语文学习上，教师类型主效应显著，老教师的教学效果优于新教师。

表 5-3　2×2 被试间设计虚拟实验结果（主效应显著_表格式）

		教学方法 A		
		小组合作式 a_1	灌输式 a_2	
教师类型 B	新教师 b_1	$\bar{O}_1=10$	$\bar{O}_3=6$	$\bar{O}_{b1}=8$
	老教师 b_2	$\bar{O}_2=16$	$\bar{O}_4=12$	$\bar{O}_{b2}=14$
		$\bar{O}_{a1}=13$	$\bar{O}_{a2}=9$	

资料来源：朱滢. 实验心理学. 北京：北京大学出版社, 2000: 21. 有改动.

那教学方法×教师类型的交互作用怎样理解呢？新教师采用小组合作式学习的教学成绩好于灌输式教学，b_1：$\bar{O}_1>\bar{O}_3$；老教师采用小组合作式学习的教学成绩也好于灌输式教学，b_2：$\bar{O}_2>\bar{O}_4$。结果可参照图 5-7 左图两条直线呈平行状态。我们还可以从另一个角度进行分析。当采用小组合作式学习时，老教师的教学成绩好于新教师，a_1：$\bar{O}_2>\bar{O}_1$；当采用灌输式教学时，老教师的教学成绩也好于新教师，a_2：$\bar{O}_4>\bar{O}_3$。结果也可参照图 5-7 右图：两条直线呈平行状态。如果进行显著性检验，发现教学方法与教师类型的交互作用达不到显著性水平，那么由此可说明，教学方法和教师类型之间不存在交互作用。由这个结果，我们还可以进一步获得老教师采用小组合作学习的教学效果最好，新教师采用灌输式的效果最差。

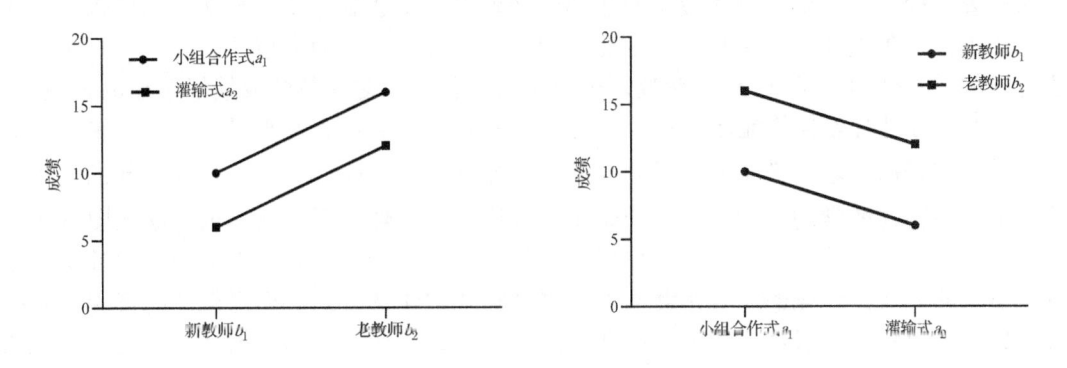

图 5-7　2×2 被试间设计虚拟实验结果（交互作用不显著_图表式）

资料来源：朱滢. 实验心理学. 北京：北京大学出版社, 2000: 21. 有改动.

在实验结果的描述性数据的报告上，我们可以采用如表 5-3 或如图 5-7 所示的方式呈现。以同样的方式，我们来分析表 5-4。

表 5-4　2×2 被试间设计虚拟实验结果（交互作用显著_表格式）

		教学方法 A		
		小组合作式 a_1	灌输式 a_2	
教师类型 B	新教师 b_1	$\bar{O}_1 = 18$	$\bar{O}_3 = 6$	$\bar{O}_{b1} = 12$
	老教师 b_2	$\bar{O}_2 = 12$	$\bar{O}_4 = 12$	$\bar{O}_{b2} = 12$
		$\bar{O}_{a1} = 15$	$\bar{O}_{a2} = 9$	

资料来源：朱滢. 实验心理学. 北京：北京大学出版社，2000：21. 有改动.

主效应：在表 5-4 中，首先不考虑教师类型的影响，比较教学方法的两个水平的学习成绩，小组合作式学习的均值 $\bar{O}_{a1}=15$，灌输式教学的均值 $\bar{O}_{a2}=9$，$\bar{O}_{a1}>\bar{O}_{a2}$，小组合作式学习的教学成绩优于灌输式教学。如果进行差异的显著性检验，发现两种教学方法确实存在显著性差异，那么可推断在影响七年级学生的语文学习上，教学方法主效应显著，小组合作式学习优于灌输式教学。同理，不考虑教学方法的差异，比较教师类型的两个水平的学习成绩，新教师的均值 $\bar{O}_{b1}=12$，老教师的均值 $\bar{O}_{b2}=12$，$\bar{O}_{b1}=\bar{O}_{b2}$，老教师的教学效果与新教师的一样。进行差异的显著性检验，如果发现新教师和老教师的教学成绩差异确实没有达到显著性水平，那么可推断在影响七年级学生的语文学习上，教师类型主效应不显著，新教师、老教师的教学效果相同。

交互作用：采用小组合作式学习时，新教师的教学成绩好于老教师，a_1：$\bar{O}_1>\bar{O}_2$，且进行差异的显著性检验，发现老教师和新教师采用小组合作式学习的教学成绩差异确实达到显著性水平；采用灌输式教学时，老教师的教学成绩好于新教师，a_2：$\bar{O}_4>\bar{O}_3$，且进行差异的显著性检验，采用灌输式教学的教学成绩差异确实达到显著性水平。结果也可参照图 5-8 左图：两条直线呈交叉状态。由此说明，教学方法与教师类型的交互作用显著。我们还可以从另一个角度进行分析：新教师采用小组合作式学习的教学成绩好于灌输式教学，b_1：$\bar{O}_1>\bar{O}_3$，且进行差异的显著性检验，这个差异确实达到显著性水平；老教师采用小组合作式学习与采用灌输式教学的教学效果差异不显著，b_2：$\bar{O}_2=\bar{O}_4$，且进行差异的显著性检验，采用灌输式教学的教学成绩差异确实没有达到显著性水平。结果也可参照图 5-8 右图：两条直线呈交叉状态。通过交互作用，我们可以发现最佳的教学组合是新教师采用小组合作学习的方式，最差的组合是新教师采用灌输式教学的方式，而老教师的授课方式并不影响到教学质量。与仅从主效应中所获得的结论相比，交互作用能揭示出了更深层次的影响因素。

同理，在实验结果的描述性数据的报告上，我们可以采用如表 5-4 或如图 5-8 所示的方式呈现。

总而言之，主效应主要是揭示自变量单独作用时，各个处理水平间的差异；交互作用主要是揭示在自变量的何种组合水平中我们可以获得最优的选择或者避免最差的实验组合条件。

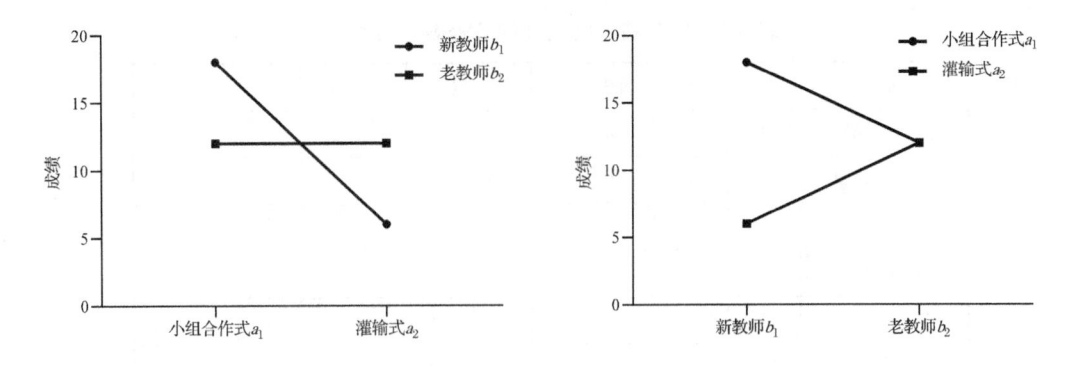

图 5-8　2×2 被试间设计虚拟实验结果（交互作用显著_图表式）

资料来源：朱滢. 实验心理学. 北京：北京大学出版社，2000: 21. 有改动。

5.2.2.2　3×2 被试间设计

本节的内容与上节相似，上节主要是为了让读者掌握两因素被试间设计中主效应和交互作用的内涵，本节则通过案例介绍 3×2 被试间设计的整个研究和数据处理过程。

（1）结构模式

3×2 被试间设计或 3×2 完全随机设计，自变量各水平相互组合成六个组合水平/六种实验条件，其原理和逻辑与 2×2 被试间设计相同，其结构模式如图 5-9 所示。

(a) 字母式结构模式　　　　　　(b) 表格式结构模式

图 5-9　3×2 被试间设计的结构模式

其中 A 和 B 为自变量，O 为因变量。根据自变量 A 和 B 的组合，共分成六个组合水平（a_1b_1，a_1b_2，a_2b_1，a_2b_2，a_3b_1，a_3b_2）。随机选取一批被试共 $6k$ 个，并随机分配到这六个组合水平中，这样将构成：a_1b_1 组被试为 (101, 102...1k)，a_1b_2 组被试为 (201, 202...2k)，a_2b_1 组被试为 (301, 302...3k)，a_2b_2 组被试为 (401, 402...4k)，a_3b_1 组被试为 (501, 502...5k)，a_3b_2 组被试为 (601, 602...6k)。O_{101} 表示在 a_1b_1 组中编号为 101 的被试所观察到的因变量，O_{102} 表示编号为 102 的被试所观察到的因变量。$\bar{O}_1$ 表示在 a_1b_1 组中所取样本 (101, 102...1k) 所观测到的因变量的均值，其他的依次类推。

3×2 被试间设计按表 5-5 所示的样式进行数据收集，并采用多因素方差分析进行数据分析。我们可以发现，其实 SPSS 数据结构是按照字母式的结构模式来建立自变量和因变量的。

表 5-5　3×2 被试间设计的 SPSS 数据结构

被试	A	B	因变量	被试	A	B	因变量
s2020111601	1	1	O_{101}	s2020111701	2	2	O_{401}
s2020111604	1	1	O_{102}	s2020111705	2	2	O_{402}
⋮	⋮	⋮	⋮	⋮	⋮	⋮	⋮
s2020111702	1	2	O_{201}	s2020111606	3	1	O_{501}
s2020111706	1	2	O_{202}	s2020111704	3	1	O_{502}
⋮	⋮	⋮	⋮	⋮	⋮	⋮	⋮
s2020111602	2	1	O_{301}	s2020111605	3	2	O_{601}
s2020111603	2	1	O_{302}	s2020111703	3	2	O_{602}
⋮	⋮	⋮	⋮	⋮	⋮	⋮	⋮

(2) 举例说明实验过程：情绪与道德规则的阈下启动对道德判断的影响

例 5-4　在认知过程中，道德的规则启动将促进个体从环境中获取信息并通达道德规则和道德认知(Broeders，van den Bos，Müller，& Ham，2011)。在道德困境中，当环境中"拯救生命"的规则启动并为个体所感知时(通达意识)，个体将更关注"拯救生命"的规则，会将困境视为救人的问题，将更有可能采取"拯救生命"行动，即功利主义决策。当环境中"禁止杀戮"的规则启动并通达意识时，个体将更有可能采取"禁止杀戮"的行动，即道义主义决策。道德规则启动使得个体产生不同的道德认知，从而影响之后的道德判断。情感信息模型(Affect As Information，AAI)认为，个体的情绪状态决定了当前高度可及的信息是否存在价值：积极情绪有利于信息的通达，当个体处于高兴状态下，会利用此信息进行反应从而简化认知活动，因此个体更加接受这种信息，并依赖它完成后续任务；而消极情绪代表当前高度可及的信息没有价值，个体会拒绝利用这种信息做出反应(Schwarz，1990)。

实验先进行情绪诱导操纵。被试先接受当下情绪前测，之后通过观看视频诱发情绪。将被试随机分为三组，其中一组被试观看治愈电影混剪，以诱发积极情绪(积极情绪组)；另外一组被试观看《我的兄弟姐妹》片段，以诱发消极情绪(消极情绪组)；控制组观看《海浪》视频以平复心情(中性组)。看完视频片段后再进行当下情绪后测。

然后把每组被试又随机分成两组，一组接受"拯救生命"的规则启动，一组接受"禁止杀戮"的规则启动。

采用阈下启动的方式进行道德规则启动。告知被试将参加一项词汇判断任务，在这个任务中，屏幕的中央依次呈现一系列的汉字组合。有的是具有实际意义的词，如"苹果"，有的并没有实际意义，是"非词"，如"取即"。被试的任务是对这些词汇做出判断，如果是词，则按 F 键，如果非词，则按 J 键，要求被试尽可能快而准确地对 30 个汉字组合做出判断，其中词与非词各半。阈下启动隐含在词汇判断任务中，即在呈现汉字组合之前，先呈现诸如"碟蕤鳎糖"的前隐蔽刺激 150ms，然后呈现启动词汇 50ms，接着呈现诸如"鹅鲽谪橐"的后隐蔽刺激 17ms。每个试次结束后，休息 1000~2500ms。拯救生命启动条件组，启动词为"拯救生命"之类的词。禁止杀戮启动条件组，启动词为"禁止杀戮"之类的词。

最后，在 2 个经典道德两难故事中分别完成道德判断。比如，一辆飞驰的失控电车即将撞向正在前方铁轨上工作的五个铁路工人。这时你在铁轨的人行桥上，恰巧身边有一个身材高大的人，要救这五个工人的唯一方法就是将这个身材高大的人推下桥，用他的身体挡住电车(你自己的个子太小，自己跳下去不足以让电车停下来)。如果你选择推他下去，那么另外五个人就会获救但这个人会死；如果不推他，那么他会活下来，但是另外五个人会死。假如你的所有行为都是合法的且合理。要求你在 Likert 11 点量表上，选择"你认为牺牲他而去救其他人在道德上是可以接受的吗？"，0 表示非常肯定不会接受，10 表示非常肯定会接受，分值越高越功利，分值越低越道义。

实验结束后，消极情绪组再次观看治愈电影混剪以消除实验处理带来的消极影响。
资料来源：王冬琳. 在不同启动方式下情绪和道德规则对道德判断的影响. 闽南师范大学, 2021.

由此我们设计出了一个 3(情绪：积极，中性，消极)×2(启动规则：拯救生命，禁止杀戮)被试间设计。

① SPSS 操作。

采用多因素方差分析进行数据处理，可用 Univariate 过程进行处理。需要说明的是，Univariate 过程、One-Way ANOVA 和 Multivariate 过程都是方差分析，区别在于 Univariate 过程可以同时检验多个自变量与一个(且只能一个)因变量的关系，One-Way ANOVA 可以检验一个(且只能一个)自变量分别与多个因变量的关系，Multivariate 过程可以检验多个自变量与多个因变量的总体关系。因此，One-Way ANOVA 过程通常称为单因素方差分析，Univariate 过程称为多因素方差分析，这里的"因素"是指自变量；Multivariate 过程称为多元方差分析，这里的"元"是指因变量。如果在 Univariate 过程中自变量只有一个，它等价于 One-Way ANOVA，所以例 5-2 也可以采用 Univariate 过程进行分析，读者可自行操作。此外，我们通常所说的 two-ways ANOVA 就是 Univariate 过程中的两个自变量的方差分析，three-ways ANOVA 就是三个自变量的方差分析。

SPSS 操作如下：【Analyze】→【General Linear Model】→【Univariate】，把因变量"道德判断"选入【Dependent Variable】，把自变量"情绪"和"启动规则"选入【Fixed Factor(s)】，如图 5-10 所示。在心理学研究中，自变量通常属于固定因素。

单击【Options】将弹出图 5-11 左边的【Univariate: Options】对话框，在 SPSS 操作中该对话框中的【Display】将决定了在结果输出时要输出的表格信息。本例中我们选择了"Descriptive statistics"，就是要输出描述性统计数据。选择了"Estimates of effect size"，就是要输出方差分析表中各变异来源的效应量大小(η_p^2)。选择"Homogeneity tests"，就是要输出方差齐性检验的表格，因为本实验设计属于被试间设计，需要检验六个组合水平的被试是否来自同一个总体，即方差是否齐性，以判断数据分析结果是否可靠。

返回主对话框【Univariate】后再选择【Post Hoc...】，如图 5-11 右边所示，将"情绪"和"启动规则"选入【Post Hoc Tests for】，选择事后多重比较时采用的计算公式。在【Equal Variances Assumed】(方差齐性)里，选择"LSD""S-N-K"和"Tukey"三种计算公式。由于是多因素方差分析，方差不齐时结果不可靠，因此【Equal Variances Not Assumed】不可用。需要说明的是如果是单因素方差分析，如例 5-2，即可在【Equal Variances Not Assumed】里选择"Dunnett's C"。

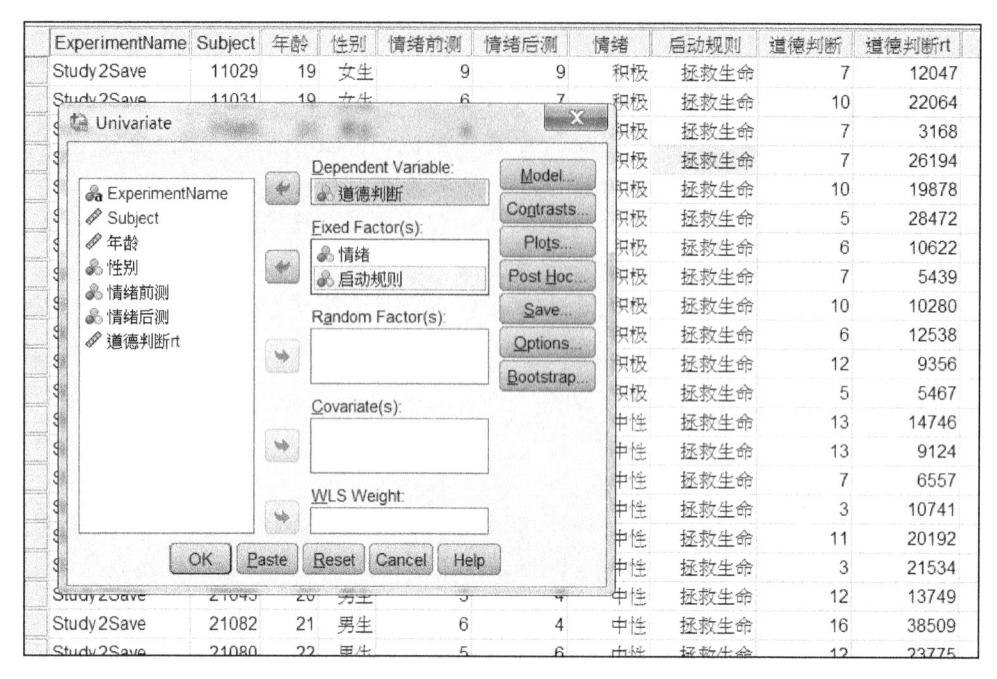

图 5-10　SPSS 的数据结构和多因素方差分析的操作过程

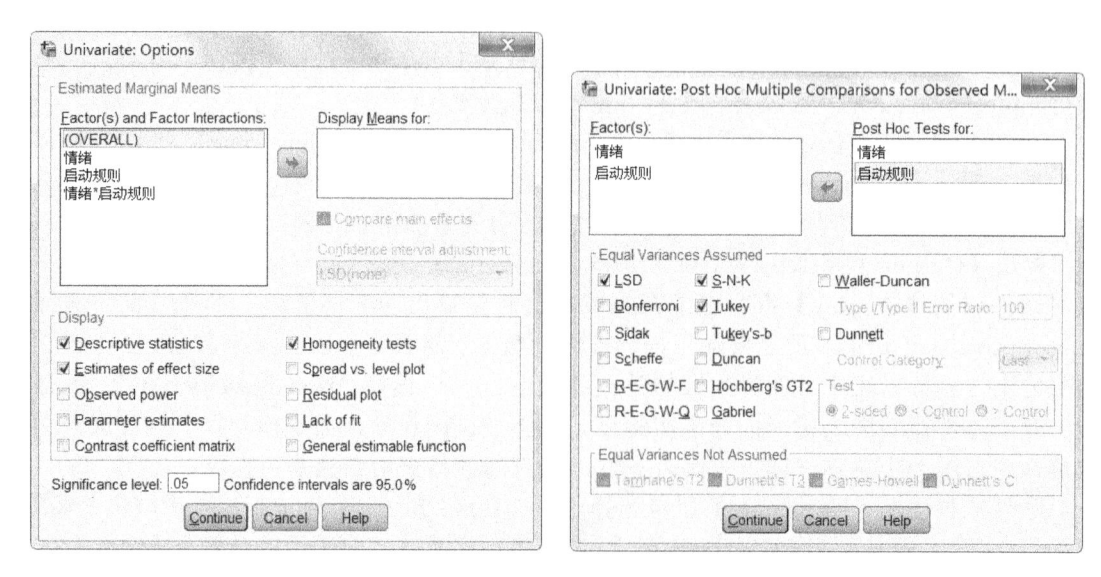

图 5-11　多因素方差分析中选项（options）和事后多重比较的对话框

最后分别单击【Continue】和【OK】完成多因素方差分析的操作过程，分析结果如图 5-12～图 5-15 所示。

第 5 章 被试间设计

Descriptive Statistics

Dependent Variable: 道德判断

情绪	启动规则	Mean	Std. Deviation	N
积极	拯救生命	❶ 7.61	2.200	18
	禁止杀戮	7.95	2.747	21
	Total	7.79	2.483	39
中性	拯救生命	9.59	3.954	17
	禁止杀戮	6.32	4.398	19
	Total	7.86	4.454	36
消极	拯救生命	9.74	3.088	19
	禁止杀戮	9.88	2.998	17
	Total	9.81	3.003	36
Total	拯救生命	8.98	3.236	54
	禁止杀戮	7.98	3.677	57
	Total	8.47	3.490	111

（描述性结果，用于制作描述性图表）

图 5-12　多因素方差分析的描述性结果

Levene's Test of Equality of Error Varianc...ᵃ

Dependent Variable: 道德判断

F	df1	df2	Sig.
2.963	5	105	.015	❷

Tests the null hypothesis that the error variance of the dependent variable is equal across groups.

a. Design: Intercept + 情绪 + 启动规则 + 情绪 * 启动规则

（方差齐性检验结果表）

Tests of Between-Subjects Effects

Dependent Variable: 道德判断

Source	Type III Sum of Squares	df	Mean Square	F	❸ Sig.	Partial Eta Squared
Corrected Model	192.738ᵃ	5	38.548	3.529	.005	.144
Intercept	8003.599	1	8003.599	732.737	.000	.875
情绪	92.326	2	46.163	4.226	.017	.075
启动规则	23.797	1	23.797	2.179	.143	.020
情绪 * 启动规则	75.240	2	37.620	3.444	.036	.062
Error	1146.902	105	10.923			
Total	9300.000	111				
Corrected Total	1339.640	110				

a. R Squared = .144 (Adjusted R Squared = .103)

（方差分析表，用于描述自变量的效应）

图 5-13　多因素方差分析的齐性检验与方差分析表

Tests of Normality

情绪	启动规则		Kolmogorov-Smirnov[a]			Shapiro-Wilk		
			Statistic	df	Sig.	Statistic	df	Sig.
积极	拯救生命	道德判断	.221	18	.021	.903	18	.065
	禁止杀戮	道德判断	.159	21	.174	.962	21	.567
中性	拯救生命	道德判断	.169	17	.200*	.937	17	.280
	禁止杀戮	道德判断	.193	19	.060	.924	19	.136
消极	拯救生命	道德判断	.143	19	.200*	.954	19	.461
	禁止杀戮	道德判断	.234	17	.014	.924	17	.172

*. This is a lower bound of the true significance.
a. Lilliefors Significance Correction

（正态分布检验结果）

图 5-14 各组合水平的因变量的正态分布检验

Multiple Comparisons

Dependent Variable: 道德判断

	(I) 情绪	(J) 情绪	Mean Difference (I-J)	Std. Error	Sig.	95% Confidence Interval	
						Lower Bound	Upper Bound
Tukey HSD	积极	中性	-.07	.764	.996	-1.88	1.75
		消极	-2.01*	.764	.026	-3.83	-.19
	中性	积极	.07	.764	.996	-1.75	1.88
		消极	-1.94*	.779	.037	-3.80	-.09
	消极	积极	2.01*	.764	.026	.19	3.83
		中性	1.94*	.779	.037	.09	3.80
LSD	积极	中性	-.07	.764	.931	-1.58	1.45
		消极	-2.01*	.764	.010	-3.53	-.50
	中性	积极	.07	.764	.931	-1.45	1.58
		消极	-1.94*	.779	.014	-3.49	-.40
	消极	积极	2.01*	.764	.010	.50	3.53
		中性	1.94*	.779	.014	.40	3.49

Based on observed means.
The error term is Mean Square(Error) = 10.923.

*. The mean difference is significant at the .05 level.

（主效应显著下的事后多重比较）

图 5-15 情绪各水平的事后多重比较

② 结果解读。

Output 中数据读取的顺序如图 5-12 和图 5-13 所示。先查看描述性统计信息❶，六个组合水平的道德判断的均值存在差异。接下来，查看方差齐性检验❷，$F(5, 105)=2.963$，$p = 0.015$。如果以 $p<0.01$ 为标准，说明方差齐性；如果以 $p<0.05$ 为标准，说明方差不齐（金志成，何艳茹，2005）。现在，我们以 $p<0.05$ 为标准，要继续查看后续的检验结果，就需要看六个组合水平的因变量是否正态分布。如果满足正态分布，且 $F<3$，即 $[F(5, 105)=$

2.963] < 3，即便是方差不齐，仍可继续采用方差分析模型[①]。正态分布检验结果如图 5-14 所示，因 Shapiro-Wilk 中 p 值均大于 0.05，所以可认为六组均满足正态分布。

其中正态分布检验的 SPSS 操作如下。

第一步：【Analyze】→【General Linear Model】→【Univariate】，在上述多因素方差分析基础上，单击【Univariate】主对话框的【Save】，复选【Residuals】中的【Unstandardized】，将生成"道德判断"的残差(RES_1)。

第二步：【Analyze】→【Descriptive Statistics】→【Explore...】，将"道德判断"的残差(RES_1)选入【Dependent list】，单击【Plots...】，复选【Normality plots with tests】，进行各组合水平的因变量的残差的正态分布检验。

第三步：【Data】→【Split File】，选择【Compare groups】，将"情绪"和"启动规则"选入【Groups based on：】，单击【OK】。

第四步：根据图 5-13 中的 Tests of Between-Subjects Effects 表格内容❸进行判断，结果发现情绪主效应显著，$F(2, 105)=4.226$，$p = 0.017$，$\eta_p^2 = 0.075$，说明情绪影响被试的道德判断。这里需要说明的是在 $F(df_1, df_2)$ 中，df_1 是自变量的水平数减去 1，df_2 是残差的自由度。

但是此时，我们仍然不知道到底是哪种情绪下的道德判断分值更高，或者更低，因此需要查看事后多重比较的结果，如图 5-15 所示，消极组的道德判断分数显著高于积极组和中性组，后两者差异不显著。

启动规则主效应不显著，$F(1, 105)=2.179$，$p = 0.143$，说明启动规则并未影响两难困境中的道德判断。

情绪×启动规则交互作用显著，$F(2, 105)=3.444$，$p = 0.036$，$\eta_p^2 = 0.062$。

情绪×启动规则交互作用显著，需进一步分析简单效应(simple main effect)。SPSS 操作如下：【Analyze】→【General Linear Model】→【Univariate】，在上述操作的基础上，在【Univariate】主对话框中，单击【Paste】，将会弹出如图 5-16 所示的对话框，在图示位置输入以下两行 SPSS 语法。

    /EMMEANS=TABLES(情绪*启动规则)COMPARE(情绪)
    /EMMEANS=TABLES(情绪*启动规则)COMPARE(启动规则)

需要注意的是，以 SPSS23.0 为例，所有符号均要在半角状态下输入，行与行之间不许有空行，结束时以"."为结尾。最后单击运行图 5-16 中的 ▶，即可计算出简单效应的结果，如图 5-17 和图 5-18 所示。

"/EMMEANS=TABLES(情绪*启动规则)COMPARE(情绪)"对应的是图 5-17 的结果，表示的意思是分别在拯救生命和禁止杀戮的水平下，比较积极情绪、中性情绪和消极情绪下所产生的道德判断的差异。

从图 5-17 可知，在拯救生命的启动规则下，积极情绪所产生的道德判断边缘显著低于消极情绪，$p=0.053$。说明在拯救生命的启动规则下，积极情绪的被试更倾向于采用道义主义决策。在禁止杀戮的启动规则下，消极情绪所产生的道德判断显著高于中性情绪，

[①] 需要说明的是，目前研究者普遍认为在进行方差分析时，对于总体分布的正态性假设和各实验分组的同质性的假设，如果不是太离谱，各种统计检验还是能够获得有效的结论的(黄一宁，1998)。此外，还有研究者认为，如果取样达到大样本水平，即便没有满足方差齐性假设，方差分析的结果依然可以接受(丁国盛，李涛，2006)。

$p=0.002$，边缘性地高于积极情绪，$p=0.076$，而积极情绪和中性情绪差异不显著，$p=0.121$。说明在禁止杀戮的启动规则下，消极情绪的被试更倾向于采用功利主义决策。

图 5-16　多因素方差分析中简单效应检验的语法

Pairwise Comparisons

Dependent Variable: 道德判断

启动规则	(I) 情绪	(J) 情绪	Mean Difference (I-J)	Std. Error	Sig.[b]	95% Confidence Interval for Difference[b] Lower Bound	Upper Bound
拯救生命	积极	中性	-1.977	1.118	.080	-4.193	.239
		消极	-2.126	1.087	.053	-4.281	.030
	中性	积极	1.977	1.118	.080	-.239	4.193
		消极	-.149	1.103	.893	-2.336	2.039
	消极	积极	2.126	1.087	.053	-.030	4.281
		中性	.149	1.103	.893	-2.039	2.336
禁止杀戮	积极	中性	1.637	1.046	.121	-.438	3.711
		消极	-1.930	1.078	.076	-4.068	.208
	中性	积极	-1.637	1.046	.121	-3.711	.438
		消极	-3.567*	1.103	.002	-5.754	-1.379
	消极	积极	1.930	1.078	.076	-.208	4.068
		中性	3.567*	1.103	.002	1.379	5.754

Based on estimated marginal means

*. The mean difference is significant at the .05 level.

b. Adjustment for multiple comparisons: Least Significant Difference (equivalent to no adjustments).

交互作用显著，简单效应下不同情绪间的两两比较

图 5-17　多因素方差分析中简单效应检验（情绪间比较）

Univariate Tests

Dependent Variable: 道德判断

> 交互作用显著，简单效应下情绪差异的效应

启动规则		Sum of Squares	df	Mean Square	F	Sig.	Partial Eta Squared
拯救生命	Contrast	50.902	2	25.451	2.330	.102	.042
	Error	1146.902	105	10.923			
禁止杀戮	Contrast	114.160	2	57.080	5.226	.007	.091
	Error	1146.902	105	10.923			

Each F tests the simple effects of 情绪 within each level combination of the other effects shown. These tests are based on the linearly independent pairwise comparisons among the estimated marginal means.

图 5-17　多因素方差分析中简单效应检验(情绪间比较)(续)

Pairwise Comparisons

Dependent Variable: 道德判断

> 交互作用显著，简单效应下启动规则差异的两两比较

情绪	(I) 启动规则	(J) 启动规则	Mean Difference (I-J)	Std. Error	Sig.[b]	95% Confidence Interval for Difference[b] Lower Bound	Upper Bound
积极	拯救生命	禁止杀戮	-.341	1.062	.748	-2.446	1.764
	禁止杀戮	拯救生命	.341	1.062	.748	-1.764	2.446
中性	拯救生命	禁止杀戮	3.272*	1.103	.004	1.085	5.460
	禁止杀戮	拯救生命	-3.272*	1.103	.004	-5.460	-1.085
消极	拯救生命	禁止杀戮	-.146	1.103	.895	-2.333	2.042
	禁止杀戮	拯救生命	.146	1.103	.895	-2.042	2.333

Based on estimated marginal means

*. The mean difference is significant at the .05 level.

b. Adjustment for multiple comparisons: Least Significant Difference (equivalent to no adjustments).

Univariate Tests

Dependent Variable: 道德判断

> 交互作用显著，简单效应下启动规则差异的效应

情绪		Sum of Squares	df	Mean Square	F	Sig.	Partial Eta Squared
积极	Contrast	1.129	1	1.129	.103	.748	.001
	Error	1146.902	105	10.923			
中性	Contrast	96.083	1	96.083	8.796	.004	.077
	Error	1146.902	105	10.923			
消极	Contrast	.190	1	.190	.017	.895	.000
	Error	1146.902	105	10.923			

Each F tests the simple effects of 启动规则 within each level combination of the other effects shown. These tests are based on the linearly independent pairwise comparisons among the estimated marginal means.

图 5-18　多因素方差分析中简单效应检验(启动规则间比较)

"/EMMEANS=TABLES(情绪*启动规则)COMPARE(启动规则)"对应的是图 5-18 的结果，表示的意思是分别在积极情绪、中性情绪和消极情绪下，比较启动规则中拯救生命和禁止杀戮所产生的道德判断的差异。

从图 5-18 可知，在中性情绪下，拯救生命的启动规则产生的道德判断显著高于禁止杀戮，$p=0.004$，积极情绪和消极情绪下的差异则不显著，说明在中性情绪下，拯救生命的启动规则使得被试更倾向于采用功利主义决策，禁止杀戮的启动规则会使被试更倾向于采用道义主义决策。

需要说明的是，如果自变量之间存在交互作用，则通常不需要解释自变量的主效应，而应对交互作用做进一步的简单效应分析，这样能获取比主效应更多的信息（舒华，1994；丁国盛，李涛，2006）。如果自变量之间不存在交互作用，但主效应显著，仍可以通过简单效应检验分析出更深层的影响因素。

③ 数据报告。

在描述性数据的呈现上，主要有表格和图表两种方式。表格的呈现可以依据图 5-10 中的表格式结构模式进行变换，如表 5-6 所示。图表的呈现如图 5-19 所示，其中误差线通常可采用标准差、标准误或 95%CI。图表更为形象且可以提供更多的信息，如各水平的两两比较结果[①]。根据上面的结果，我们在实验报告或论文中可以参考如下格式报告数据。

表 5-6　情绪与启动规则下道德判断的描述性数据

启动规则	积极	中性	消极	$M \pm SD$
拯救生命	7.61±2.20	9.59±3.95	9.74±3.09	8.98±3.24
禁止杀戮	7.95±2.75	6.32±4.40	9.88±3.00	7.98±3.68
$M \pm SD$	7.79±2.48	7.86±4.45	9.81±3.00	

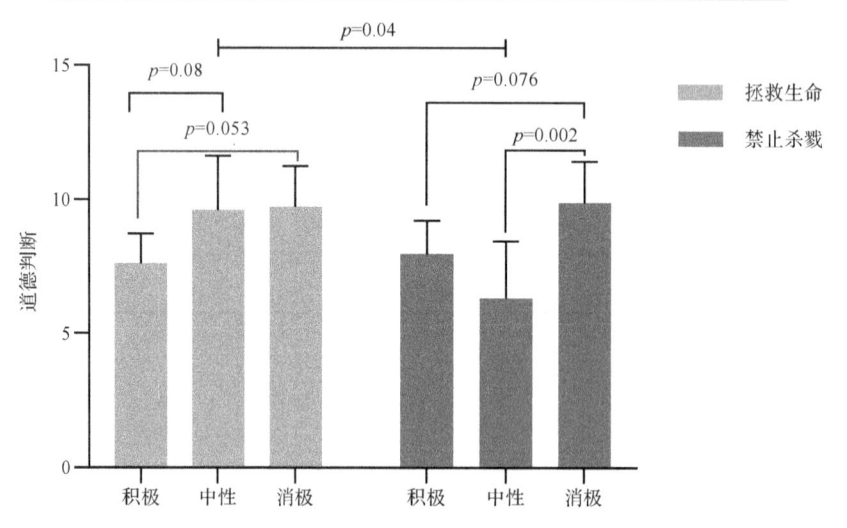

图 5-19　情绪与启动规则下道德判断的描述性数据

以道德判断为因变量，采用 3（情绪：积极，中性，消极）×2（启动规则：拯救生命，禁止杀戮）多因素方差分析发现，情绪主效应显著，$F(2, 105)=4.226$，$p = 0.017$，$\eta_p^2 = 0.075$，

[①] 一般来说，交互作用不显著时，常采用表格形式（如表 5-6 所示），以更好地揭示主效应的差异；交互作用显著时，采用图（如图 5-19 所示）来呈现，能更直观地看出简单效应的差异。

说明情绪影响被试的道德判断。经两两比较发现，消极组的道德判断分数显著高于积极组和中性组，后两者差异不显著，如表 5-6 或图 5-19 所示。启动规则主效应不显著，$F(1, 105)=2.179$，$p = 0.143$，说明启动规则并未影响两难困境中的道德判断。

情绪与启动规则交互作用显著，$F(2, 105)=3.444$，$p = 0.036$，$\eta_p^2 = 0.062$。为了进一步揭示情感和认知对道德判断的影响，我们加入了一个控制组（无情绪操纵和启动规则操纵的组）进行道德判断。结果发现，控制组的道德判断（$M=9.65$，$SD=3.85$）显著高于积极情绪下拯救生命的启动规则组和禁止杀戮的启动规则组，$F(2, 76)=3.240$，$p = 0.045$，$\eta_p^2 = 0.079$，后两者差异不显著；在中性情绪的影响下，拯救生命的启动规则组与控制组差异不显著，但是均显著高于禁止杀戮的启动规则组，$F(2, 73)=4.867$，$p = 0.010$，$\eta_p^2 = 0.118$；在消极情绪的影响下，三组的差异均不显著。由此，我们推测在进行道德判断时，积极情绪能产生更强烈的道义主义决策，这种影响大于认知上操纵（启动规则）的差异；在中性情绪下，禁止杀戮的启动规则产生了更强烈的道义主义决策；在消极情绪的影响下，认知上操纵似乎失去了作用。

这个结论基本证实了情感信息模型的理论。

5.2.2.3　3×2×2 被试间设计

3×2×2 被试间设计，或称 3×2×2 完全随机设计，是第一个自变量有三个水平，后两个自变量各有两个水平，由此组合成 12 个组合水平/种实验情境的实验设计。其字母式结构模式如图 5-20 所示，表格式结构模式如表 5-7 所示。

我们可以按照字母式结构模式建立其在 SPSS 中的数据结构，这种数据结构至少要建立三个自变量（A、B、C）和一个因变量（O），并采用多因素方差分析进行数据分析。这种实验设计可以分离出自变量 A、B、C 的主效应和 $A×B$，$B×C$，$A×C$，$A×B×C$ 四个交互作用。

在数据分析完之后，可以根据表 5-7 中的表格式结构模式整理三个自变量下的描述性数据。3×2×2 被试间设计总共有 12 个组合水平，即便是最简单的三因素被试间设计，即 2×2×2 被试间设计也需要有 8 个组合水平。在实际的研究中操作起来相对复杂，更不用说其中某两个自变量的水平数增加到 4 个或 5 个了。另外，随着自变量的增加，自变量间的交互作用数量也迅速增加，实验变得异常复杂。比如，二因素被试间设计只有 1 个交互作用，三因素被试间设计有 4 个交互作用，四因素被试间设计有 11 个交互作用，其中二阶交互作用 $A×B$、$A×C$、$A×D$、$B×C$、$B×D$、$C×D$ 有六个，三阶交互作用 $A×B×C$、$A×B×D$、$A×C×D$、$B×C×D$ 有四个，四阶交互作用 $A×B×C×D$ 有一个。因此，心理学研究比较少见三因素以上的被试间设计。

R	$a_1b_1c_1$	$\bar{O}_1$
R	$a_1b_1c_2$	$\bar{O}_2$
R	$a_1b_2c_1$	$\bar{O}_3$
R	$a_1b_2c_2$	$\bar{O}_4$
R	$a_2b_1c_1$	$\bar{O}_5$
R	$a_2b_1c_2$	$\bar{O}_6$
R	$a_2b_2c_1$	$\bar{O}_7$
R	$a_2b_2c_2$	$\bar{O}_8$
R	$a_3b_1c_1$	$\bar{O}_9$
R	$a_3b_1c_2$	$\bar{O}_{10}$
R	$a_3b_2c_1$	$\bar{O}_{11}$
R	$a_3b_2c_2$	$\bar{O}_{12}$

图 5-20　3×2×2 被试间设计的字母式结构模式

表 5-7　3×2×2 被试间设计的表格式结构模式

A		a_1				a_2				a_3			
B		a_1b_1		a_1b_2		a_2b_1		a_2b_2		a_3b_1		a_3b_2	
C	c_1	$\bar{O}_1$	O_{101} O_{102} ⋮ O_{1k}	$\bar{O}_3$	O_{301} O_{302} ⋮ O_{3k}	$\bar{O}_5$	O_{501} O_{502} ⋮ O_{5k}	$\bar{O}_7$	O_{701} O_{702} ⋮ O_{7k}	$\bar{O}_9$	O_{901} O_{902} ⋮ O_{9k}	$\bar{O}_{11}$	O_{1101} O_{1102} ⋮ O_{11k}
	c_2	$\bar{O}_2$	O_{201} O_{202} ⋮ O_{2k}	$\bar{O}_4$	O_{401} O_{402} ⋮ O_{4k}	$\bar{O}_6$	O_{601} O_{602} ⋮ O_{6k}	$\bar{O}_8$	O_{801} O_{802} ⋮ O_{8k}	$\bar{O}_{10}$	O_{1001} O_{1002} ⋮ O_{10k}	$\bar{O}_{12}$	O_{1201} O_{1202} ⋮ O_{12k}

5.3　随机区组设计

随机区组设计(randomized-block design)是多因素被试间设计的一种变式。在多因素被试间设计中，尽管我们采用随机化方法进行取样和分配实验情境，但仍难以避免出现分组的异质问题。随机区组设计将影响因变量的额外因素设置成区组变量，以尽可能地保持同一区组内的被试同质，并通过方差分析将区组变量引起的无关变异从总变异中分离出去，以降低误差变异，提高处理效应的 F 检验的精度(舒华，1994)。需要强调的是，作为区组变量的额外变量必须不能跟自变量发生交互作用，否则就不能作为区组变量。我们需要根据已有文献来排除额外变量与自变量所发生的交互作用。

5.3.1　单因素随机区组设计

单因素随机区组设计是指只有一个自变量和一个区组变量的被试间设计。它将被试根据区组变量划分成不同的区组，并且每个区组的被试随机接受自变量的一个水平的处理。

5.3.1.1　结构模式

我们以自变量(A)有三个水平，区组变量(B)有三个分组为例进行介绍，如图 5-21 所示。

其中 A 为自变量，B 为区组变量。首先根据区组变量将被试分成三个区组(b_1，b_2，b_3)，然后将每个区组内的被试随机分配到自变量 A 的三个水平(a_1，a_2，a_3)中。这样就能尽可能地保证每个区组内的被试同质，如 (101，102...1k)，(401，402...4k)，(701、702...7k)内的被试同质；也尽可能保证自变量下每个水平所组成的大组间的被试同质，即 (101，102...1k，201，202...2k，301，302...3k)组成的大组、(401，402...4k，501，502...5k，601，602...6k)组成的大组和(701，702...7k，801，802...8k，901，902...9k)组成的大组的被试同质。O_{101} 表示在 b_1 区组中 a_1 水平下所观测到的被试编号为 101 的因变量，O_{102} 表示被试编号为 102 的因变量。$\bar{O}_1$ 表示在 a_1 水平下 b_1 区组中所取样本 (101，102...1k)所观测到的因变量的均值，其他的依次类推。

这个实验设计模式与 3×3 被试间设计相同，唯一的区别是在数据分析时，要注意区组变量与自变量没有交互作用。

R	a_1b_1	$\bar{O}_1$
R	a_1b_2	$\bar{O}_2$
R	a_1b_3	$\bar{O}_3$
R	a_2b_1	$\bar{O}_4$
R	a_2b_2	$\bar{O}_5$
R	a_2b_3	$\bar{O}_6$
R	a_3b_1	$\bar{O}_7$
R	a_3b_2	$\bar{O}_8$
R	a_3b_3	$\bar{O}_9$

(a) 字母式结构模式

		A					
		a_1		a_2		a_3	
B	b_1	$\bar{O}_1$	O_{101}	$\bar{O}_4$	O_{401}	$\bar{O}_7$	O_{701}
			O_{102}		O_{402}		O_{702}
			$\vdots$		$\vdots$		$\vdots$
			O_{1k}		O_{4k}		O_{7k}
	b_2	$\bar{O}_2$	O_{201}	$\bar{O}_5$	O_{501}	$\bar{O}_8$	O_{801}
			O_{202}		O_{502}		O_{802}
			$\vdots$		$\vdots$		$\vdots$
			O_{2k}		O_{5k}		O_{8k}
	b_3	$\bar{O}_3$	O_{301}	$\bar{O}_6$	O_{601}	$\bar{O}_9$	O_{901}
			O_{302}		O_{602}		O_{902}
			$\vdots$		$\vdots$		$\vdots$
			O_{3k}		O_{6k}		O_{9k}

(b) 表格式结构模式

图 5-21　单因素随机区组设计的结构模式

5.3.1.2　举例说明研究过程：哪种阅读策略的训练能更好提高八年级学生的语文阅读能力

例 5-5　语文中的阅读理解一直以来都是中小学教育的重点和难点。某语文名师工作室想通过朗读训练、计时默读训练和内容预测训练来探究提高阅读能力的教学策略。考虑到语文的基础是影响阅读能力的关键因素之一，研究者根据上学期语文的期末考试成绩，以高于平均分一个标准差为语文基础好，低于平均分一个标准差为语文基础差，介于两者之间为语文基础中等水平为标准，从语文基础好和差的学生中各随机选取 15 名被试作为高低两个区组，从语文基础中等水平的学生中随机选取 30 名被试作为中水平区组。然后将每个区组中的被试随机平分到三种阅读训练组，由同一个教师分别采用朗读训练、计时默读训练和内容预测训练进行每天半小时的为期一个月的阅读理解训练，训练结束之后，采用四篇阅读理解题目进行测试，每篇阅读理解满分 10 分，共 40 分，实验结果如图 5-25 所示。

本例为单因素随机区组设计，自变量为阅读策略，分为朗读训练、计时默读训练和内容预测训练三个水平，区组变量为语文基础，分为高、中、低三个水平，因变量为阅读理解成绩。其中语文基础不会与阅读策略发生交互作用，因为假如证实某种阅读策略的效果好，那么无论学生的语文基础如何，采用这种方式的训练所取得的成绩也肯定是最好的。

(1) SPSS 操作

采用多因素方差分析进行数据分析。SPSS 操作如下：【Analyze】→【General Linear Model】→【Univariate】，把因变量“阅读理解”选入【Dependent Variable】，把自变量“阅读策略”和区组变量“语文基础”选入【Fixed Factor(s)】，如图 5-22 所示。

单击【Model...】，弹出如图 5-23 左边所示的【Univariate：Model】，因为本例是单因素随机区组设计，区组变量与自变量不能发生交互作用，所以需要自定义模型。在【Specify Model】中选中【Custom】，在【Build Term(s)】中选中【Main effects】，把【Factors &

Covariates】中的"阅读策略"和"语文基础"选入【Model】,即本方差分析模型只进行主效应分析,不分析交互作用。

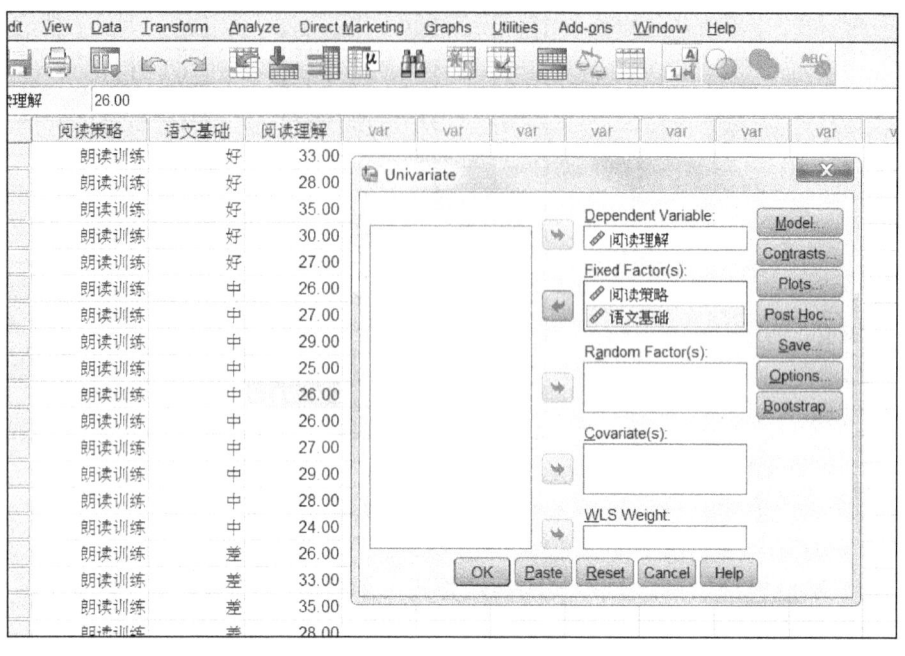

图 5-22 单因素随机区组设计的 SPSS 数据结构和数据分析操作过程

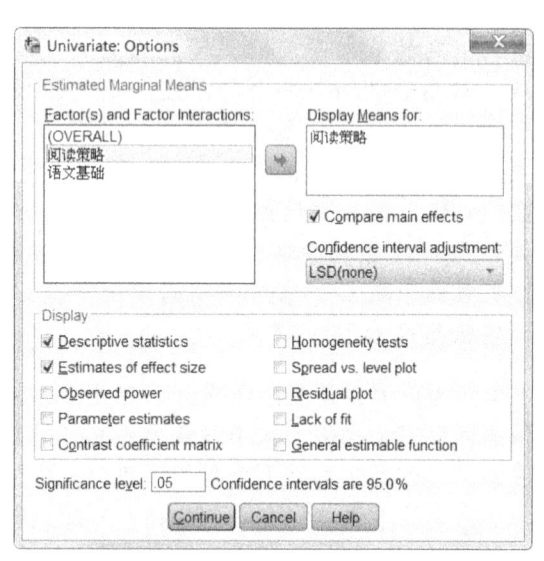

图 5-23 单因素随机区组设计方差分析中的自定义模型对话框和选项对话框

返回主对话框【Univariate】后再选择【Options】将弹出图 5-23 右边所示的【Univariate: Options】对话框,选择【Descriptive statistics】,输出描述性统计数据;选择【Estimates of effect size】,输出 Tests of Between-Subjects Effects 表格中各变异来源的效应量大小(η_p^2);因为随机区组设计,方差齐性,无须选择【Homogeneity tests】。将"阅读策略"

选入【Display Means for】，并复选【Compare main effects】；将【Confidence interval adjustment】设置为"LSD(none)"，表示针对"阅读策略"主效应进行两两比较，这个过程与【Post Hoc】相似。

最后分别单击【Continue】和【OK】完成多因素方差分析的操作过程，分析结果如图5-24所示。

(2) 结果解读

从图5-24中的Tests of Between-Subjects Effects表格，可知阅读策略的主效应显著，$F(2, 55) = 11.660$，$p < 0.001$，$\eta_p^2 = 0.298$，说明不同阅读策略训练能促进阅读理解能力的提高。这时可以不管语文基础的主效应是否显著，因为这个变异本身就是需要排除掉的，而且我们已经通过随机区组的方式控制了语文基础对阅读理解的影响。最后，查看Pairwise Comparisons表格，发现内容预测训练的效果显著好于朗读训练和计时默读训练，后两者差异不显著。

Descriptive Statistics

Dependent Variable: 阅读理解

阅读策略	语文基础	Mean	Std. Deviation	N
朗读训练	好	30.6000	3.36155	5
	中	26.7000	1.63639	10
	差	29.4000	4.39318	5
	Total	28.3500	3.28113	20
计时默读	好	30.4000	4.03733	5
	中	31.7000	2.94581	10
	差	30.4000	3.71484	5
	Total	31.0500	3.30032	20
内容预测	好	36.6000	2.30217	5
	中	32.3000	5.49848	10
	差	34.8000	3.11448	5
	Total	34.0000	4.57683	20
Total	好	32.5333	4.27395	15
	中	30.2333	4.40754	30
	差	31.5333	4.25721	15
	Total	31.1333	4.37430	60

(描述性结果，用于制作描述性图表)

Tests of Between-Subjects Effects

Dependent Variable: 阅读理解

Source	Type III Sum of Squares	df	Mean Square	F	Sig.	Partial Eta Squared
Corrected Model	375.533a	4	93.883	6.854	.000	.333
Intercept	53354.940	1	53354.940	3895.038	.000	.986
阅读策略	319.433	2	159.717	11.660	.000	.298
语文基础	56.100	2	28.050	2.048	.139	.069
Error	753.400	55	13.698			
Total	59286.000	60				
Corrected Total	1128.933	59				

a. R Squared = .333 (Adjusted R Squared = .284)

(方差分析表，用于描述自变量的效应)

图5-24 单因素随机区组设计中SPSS输出的主要结果

Pairwise Comparisons

Dependent Variable: 阅读理解

> 主效应显著下的两两比较

(I) 阅读策略	(J) 阅读策略	Mean Difference (I-J)	Std. Error	Sig.^{b}	95% Confidence Interval for Difference^b Lower Bound	Upper Bound
朗读训练	计时默读	-1.933	1.215	.118	-4.372	.505
	内容预测	-5.667*	1.215	.000	-8.105	-3.228
计时默读	朗读训练	1.933	1.215	.118	-.505	4.372
	内容预测	-3.733*	1.215	.003	-6.172	-1.295
内容预测	朗读训练	5.667*	1.215	.000	3.228	8.105
	计时默读	3.733*	1.215	.003	1.295	6.172

Based on estimated marginal means
*. The mean difference is significant at the .05 level.
b. Adjustment for multiple comparisons: Least Significant Difference (equivalent to no adjustments).

Estimates

Dependent Variable: 阅读理解

阅读策略	Mean	Std. Error	95% Confidence Interval Lower Bound	Upper Bound
朗读训练	28.900	.859	27.176	30.624
计时默读	30.833	.859	29.109	32.557
内容预测	34.567	.859	32.843	36.291

图 5-24　单因素随机区组设计中 SPSS 输出的主要结果(续)

(3) 数据报告

根据上面的结果，我们在实验报告或论文中可以参考如下格式报告数据。在描述性数据的呈现上，由于只有一个自变量，只需用文字进行描述即可，或者可以用相关软件制作一个更为直观的图表，如图 5-25 所示。

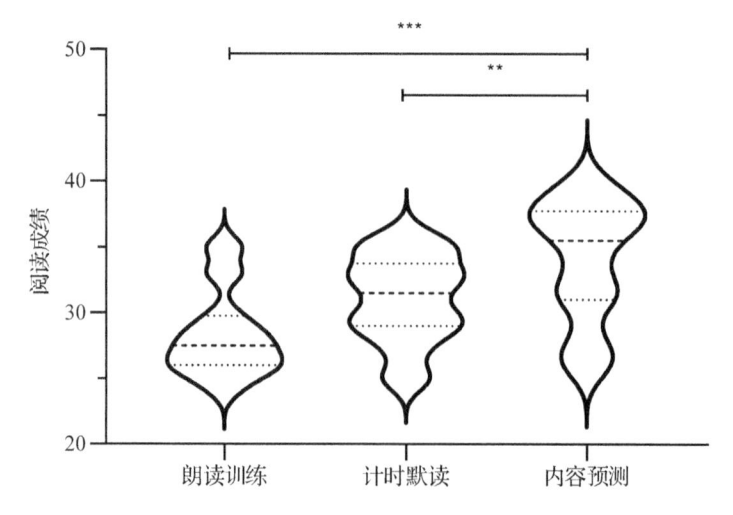

图 5-25　不同阅读策略训练下的阅读理解成绩(虚拟数据)

文字描述：阅读策略的主效应显著，$F(2, 55)=11.660$，$p < 0.001$，$\eta_p^2 =0.298$，说明不同阅读策略训练能促进阅读理解能力的提高。经两两配对比较发现，内容预测训练的效果（34.000 ± 4.577）显著好于朗读训练（28.350 ± 3.281）和计时默读训练（31.050 ± 3.300），后两者差异不显著。需要说明的是，如果在实验结果中呈现了图 5-25，那么在文字描述时不必再呈现描述性数据。

5.3.2 多因素随机区组设计

多因素随机区组设计是指有一个区组变量且至少有两个自变量的被试间设计。它将被试根据区组变量划分成不同的区组，并且每个区组的被试随机接受自变量的一个组合水平的处理，其因变量也必须为连续数据。

其结构模式以 2×2 随机区组设计，且区组变量（C）有三个水平为例，如图 5-26 和表 5-8 所示。

2×2 随机区组设计，与 2×2×3 被试间设计相似，唯一的区别是自变量 A 和自变量 B，与区组变量 C 没有交互作用。因此，在方差分析中最终只有一个 $A×B$ 的交互作用。

R	$a_1b_1c_1$	$\bar{O}_1$
R	$a_1b_1c_2$	$\bar{O}_2$
R	$a_1b_1c_3$	$\bar{O}_3$
R	$a_1b_2c_1$	$\bar{O}_4$
R	$a_1b_2c_2$	$\bar{O}_5$
R	$a_1b_2c_3$	$\bar{O}_6$
R	$a_2b_1c_1$	$\bar{O}_7$
R	$a_2b_1c_2$	$\bar{O}_8$
R	$a_2b_1c_3$	$\bar{O}_9$
R	$a_2b_2c_1$	$\bar{O}_{10}$
R	$a_2b_2c_2$	$\bar{O}_{11}$
R	$a_2b_2c_3$	$\bar{O}_{12}$

图 5-26　2×2 随机区组设计的字母式结构模式

表 5-8　2×2 随机区组设计的表格式结构模式

A		\multicolumn{4}{c}{a_1}	\multicolumn{4}{c}{a_2}
B		\multicolumn{2}{c}{a_1b_1}	\multicolumn{2}{c}{a_1b_2}	\multicolumn{2}{c}{a_2b_1}	\multicolumn{2}{c}{a_2b_2}
C	c_1	$O_{101}, O_{102}, \ldots, O_{1k}$	$\bar{O}_1$	$O_{401}, O_{402}, \ldots, O_{4k}$	$\bar{O}_4$	$O_{701}, O_{702}, \ldots, O_{7k}$	$\bar{O}_7$	$O_{1001}, O_{1002}, \ldots, O_{10k}$	$\bar{O}_{10}$
	c_2	$O_{201}, O_{202}, \ldots, O_{2k}$	$\bar{O}_2$	$O_{501}, O_{502}, \ldots, O_{5k}$	$\bar{O}_5$	$O_{801}, O_{802}, \ldots, O_{8k}$	$\bar{O}_8$	$O_{1101}, O_{1102}, \ldots, O_{11k}$	$\bar{O}_{11}$
	c_3	$O_{301}, O_{302}, \ldots, O_{3k}$	$\bar{O}_3$	$O_{601}, O_{602}, \ldots, O_{6k}$	$\bar{O}_6$	$O_{901}, O_{902}, \ldots, O_{9k}$	$\bar{O}_9$	$O_{1201}, O_{1202}, \ldots, O_{12k}$	$\bar{O}_{12}$

第6章 被试内设计和混合设计

从数据处理的角度讲，被试内设计和混合设计都应采用重复测量方差分析，因而本书将这两类设计归并在一起。而对于拉丁方设计，根据它的定义，则应归为三因素混合设计的一种特例。

6.1 被试内设计

尽管被试间设计采用随机化、匹配等方式来分配被试以尽可能地减少各实验处理组间被试的异质性问题，但被试的异质仍不可避免。被试的个体差异是被试间设计中误差变异的一个重要来源。由于接受不同处理水平的被试是不同的，因此处理效应容易与被试间的个体差异混淆在一起，难以区分处理效应中是否含有由被试个体差异引起的变异。被试内设计（within-subject design）则试图将被试的差异降到最小。被试内设计又称组内设计（within-group design），或重复测量设计（repeated measure design），是指每个被试需要接受所有水平的实验处理，即同一因变量先后被观测多次。因变量必须为连续数据。

在被试内设计中，每个被试都以自己为对照条件。由于同一个被试在几种实验情境中，或在相同实验情境中的重复测量结果倾向于高度相关，因此在方差分析中的标准误（standard error）减少，从而导致容易出现小效应的现象。也就是说，相对于被试间设计，被试内设计对统计检验更为敏感（朱滢，2006）。

被试内设计的缺点在于，一种实验情境下的操作可能会影响另一种实验情境下的操作，从而产生顺序误差，而且被试也容易出现练习效应或疲劳效应。这两个效应与自变量相互混淆，影响实验的内部效度。在很多研究中，为了减少顺序误差，常采用随机化或抵消平衡的方式呈现自变量的各个实验情境。

此外，很重要的一点是，如果自变量各水平的处理存在相互影响，且我们只想比较各个处理间的差异，而不是处理的叠加作用，那么这种自变量不可采用被试内设计。比如，与学习有关的研究，你采用了合作性学习之后，就不能再采用灌输式教学。再比如，与疗法有关的研究，你在治疗强迫症时，采用满灌疗法治疗后就不适合再采用认知疗法，以比较两种疗法的疗效。

6.1.1 单因素被试内设计

单因素被试内设计[①]是指只有一个自变量的被试内设计。它采用随机化方式选取一批被试，并使这些被试接受该自变量下所有水平的处理。

[①] 在被试内设计和混合设计中，研究者习惯把自变量称为因素。因为在重复测量方差分析中，是按照被试内因素和被试间因素建立分析模型的，因此在侧重介绍实验设计模型时称为因素，在侧重介绍变量的操作性定义时称为自变量。

6.1.1.1 结构模式

下面以单因素三水平的被试内设计为例进行介绍,字母式结构模式如下:

$$S \quad x_1\bar{O}_1 \quad x_2\bar{O}_2 \quad x_3\bar{O}_3$$

S 指被试编号,在这里表示这些被试在自变量的各个水平内不是随机分配,而是接受所有水平的处理;自变量为 X,共有三个水平 x_1,x_2,x_3,在每次实验处理之后均测量其因变量 O。一般来说,实验处理 x_1,x_2,x_3 是随机出现的。如果实验处理间存在顺序效应(order effects),则需进行平衡设计,如拉丁方设计。

依据单因素三水平的被试内设计的字母式结构模式,我们需要在 SPSS 中建立如表 6-1 所示的数据结构,包括被试编号(S)、在 x_1 观测到的因变量 O_{x1}、在 x_2 观测到的因变量 O_{x2} 和在 x_3 观测到的因变量 O_{x3}。比如,对于被试 S_{01},先进行 x_1 处理,得到因变量的观测值 O_{S011}[①];再进行 x_2 处理,得到因变量的观测值 O_{S012};最后进行 x_3 处理,得到因变量的观测值 O_{S013},依次类推。

表 6-1 单因素(三水平)被试内设计的 SPSS 数据结构

S	O_{x1}	O_{x2}	O_{x3}
S_{01}	O_{S011}	O_{S012}	O_{S013}
S_{02}	O_{S021}	O_{S022}	O_{S023}
S_{03}	O_{S031}	O_{S032}	O_{S033}
⋮	⋮	⋮	⋮

6.1.1.2 重复测量方差分析的检验过程

对于含有被试内因素的实验设计,我们一般采用重复测量方差分析(repeated measures analysis of variance)。重复测量方差分析检验过程建立在其前提假设的条件下,如图 6-1 所示。

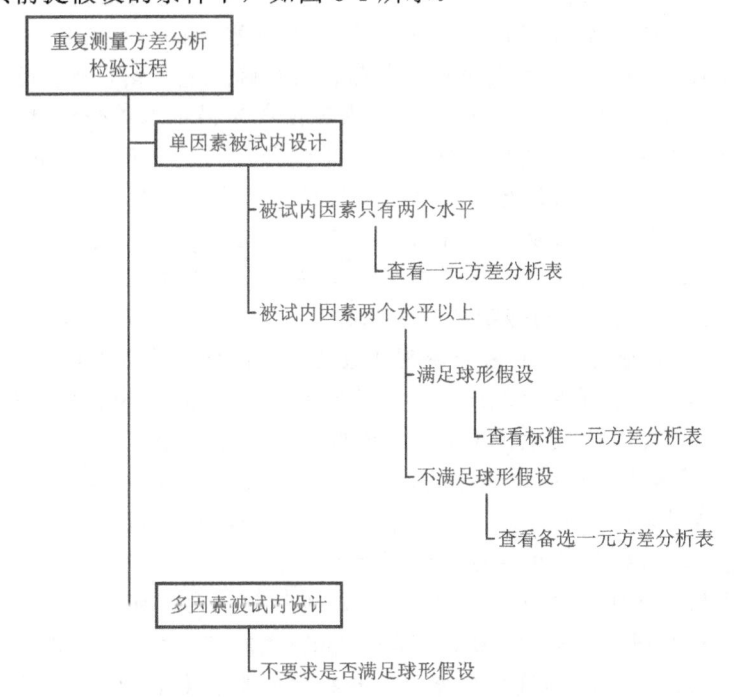

图 6-1 SPSS 中重复测量方差分析检验过程的思维导图

[①] 由于被试内设计的被试接受所有水平的处理,因此 S_{01} 表示第一个被试,O_{S011} 表示第一个被试在实验处理 x_1 后的观测值,O_{S012} 表示第一个被试在实验处理 x_2 后的观测值,依次类推,下文同此。

首先要看实验设计是属于单因素被试内设计还是多因素被试内设计。

如果是单因素被试内设计，需要查看自变量（被试内因素）的水平数。

如果自变量只有2个水平，重复测量方差分析只执行一次标准的一元方差分析，我们可以发现在其Output中，多元方差分析（multivariate tests）、标准一元方差分析和备选一元方差分析（test of within-subjects effects）的结果都相同。此时，我们只要查看一元方差分析表格的结果即可。

如果自变量是2个水平以上，需要查看是否满足球形假设（spherical assumption）。球形假设是指对同一个观测变量在多次测量之间是否存在相关的检验。读者可以将其理解成与被试间设计中的方差齐性检验相似的原理，因而也是要求 $p > 0.05$（或者 $p > 0.01$，或者 $p > 0.001$），对应内容请查看 Mauchly's Test of Sphericity 表格中的 p 值。满足球形假设时，我们采用标准一元方差分析结果来说明自变量的效应；不满足球形假设时，采用备选一元方差分析结果来说明自变量的效应。

如果是多因素被试内设计，重复测量方差分析不要求是否满足球形假设。多元方差分析表和标准一元方差分析表的结果均有效。

6.1.1.3 举例说明研究过程：积极互惠行为的信任水平差异研究

例6-1 合作、互惠是一个组织乃至世界成功的核心（Dasgupta, 2007; Hosking, 2014），在大规模群体中，人类可以与关联性很低、非亲属成员进行合作。Gintis（2000）的强互惠理论（strong reciprocity）认为人类之所以能维持比其他物种更高的合作关系，就在于人类在明确自己无法取得未来收益的情况下，即使牺牲个人成本，也愿意惩罚恶意行为（消极互惠，negative reciprocity）(Fehr & Gächter, 2000)，同时也愿意牺牲个人利益去奖励善意行为（积极互惠，positive reciprocity）。我们的文化也存在这种强互惠原则，如"路见不平，拔刀相助""受人滴水之恩必当涌泉相报"等。强互惠理论成为揭示人类合作行为的一把利器。

互惠和信任密切相关：互惠的可能性取决于信任行为的明确性（Weber, Malhotra, & Murnighan, 2004），最初的信任行为可以增强信任与互惠间的良性互动，而缺乏信任会严重损害它们的关系并削弱其互动前景（Pillutla, Malhotra, & Murnighan, 2003）。由此我们推断，被试感受到的来自投资者的信任水平的差异或许是影响积极互惠的重要原因。进一步讲，信任水平越高，利他行为越明显。在本研究中，我们将投资者的信任操作定义为投资金额占其初始金额的百分比，参照项目鉴别指数的界定指标前后27%（金瑜，2005），把信任分成高、中、低三个水平；采用返利比率（=返还金额/获利金额）作为积极互惠的指标（Kvaløy, Luzuriaga, & Olsen, 2017），返利比率越小，说明留给自己的钱相对越多，行为越具有利己倾向，反之，返利比率越大，说明被试给投资者的钱相对越多，行为越具有利他倾向。

本研究采用单因素被试内设计。自变量为信任水平，分为高信任、中信任和低信任三个水平。因变量为在信任博弈中金额的返利比率。

其中，投资人初始拥有金额为200元、500元、700元、1000元和1300元五种。投资人投资金额占初始拥有金额的10%、20%、30%为低信任水平，40%、50%、60%为中信任水平，70%、80%、90%为高信任水平，根据计算取整数。比如，投资人拥有700元，按70%信任，那么投资金额为700×70%=490元，取整数为500元。以此类推，共有45种组合。

实验材料改编自经典信任博弈（trust game）范式（Kvaløy et al., 2017），具体如下。

本实验是一个在线双人投资游戏，它由你和你的对手共同完成，你的对手都是陌生人，他/她扮演投资人，你扮演代理人，你们都是大学生。

游戏规则：假如投资人和代理人本月都拥有同样多的零花钱（扣除基本生活费后的余额，如 800 元），他/她可能不太信任你，只投资一定金额给你（x 元），那么你将这 x 元与你自己的 800 元用于某项理财，结果获利 $2x$ 元；之后由你决定要返还多少利润给他/她。

实验开始时，屏幕会出现一个注视点"+"，接着呈现投资人的投资方案（如投资人有 800 元，向你投资 500 元，你也投资了 800 元，获利后总利润 1000 元），之后呈现一个对话框要求输入你准备返还给投资人的利润。其中，投资方案随机出现。

本实验改编自杨海波和陈小艺（2020）的研究。

(1) SPSS 操作

在本例中，先建立低信任、中信任和高信任三个水平下的观测值，分别对应 SPSS 中 theRateReturn_DeepThink_L、theRateReturn_DeepThink_M 和 theRateReturn_DeepThink_H 的三个变量，分别用于储存被试在三种实验条件下的各投资方案中返利比率的均值。

被试内设计的研究一般采用重复测量方差分析进行数据处理，即 SPSS 中的 Repeated Measures 过程。

SPSS 操作如下：【Analyze】→【General Linear Model】→【Repeated Measures】，将弹出如图 6-2 所示的对话框。因为被试内设计的 SPSS 数据结构中，并没有如被试间设计那样直接显示自变量，因此在进行重复测量方差分析时，需要自定义被试内因素（或称重复测量因素）。在【Within-Subject Factor Name】中输入自变量"信任水平"，在【Number of Levers】中输入"3"，表示"信任水平"有三个水平，然后单击【Add】。在【Measure Name】中输入因变量的名称"积极互惠"，即返利比率，再单击【Add】，此时所建立的被试内因素和因变量是"空的"、无内容的，需要对其进行数据指定（进行 Define）。最后单击【Define】，进入 Repeated Measures 过程的主对话框，如图 6-3 所示。

将图 6-3 中左边框内的变量"theRateReturn_DeepThink_L"，选入【Within-Subjects Variables（信任水平）】对话框内，表示将 SPSS 中 theRate Return_DeepThink_L 的数据（返利比率）指定给被试内因素——"信任水平"的第一个水平，

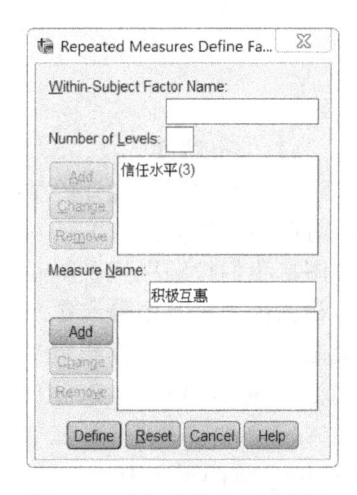

图 6-2　重复测量方差分析的变量设置对话框

因变量叫作"积极互惠"，同理指定 theRateReturn_DeepThink_M 和 theRateReturn_DeepThink_H 为"信任水平"的第二、第三个水平。

之后单击【Option】，弹出选项对话框，并进行如图 6-4 所示的设置。因为被试内因素有三个水平，如果主效应显著则需要进行两两比较，并在【Display】中勾选"Descriptive statistics"和"Estimates of effect size"。此时，不必选择"Homogeneity tests"，因为被试内因素的样本都相同，各处理水平的方差齐性。

最后，单击【Continue】，再单击【OK】，输出分析结果。

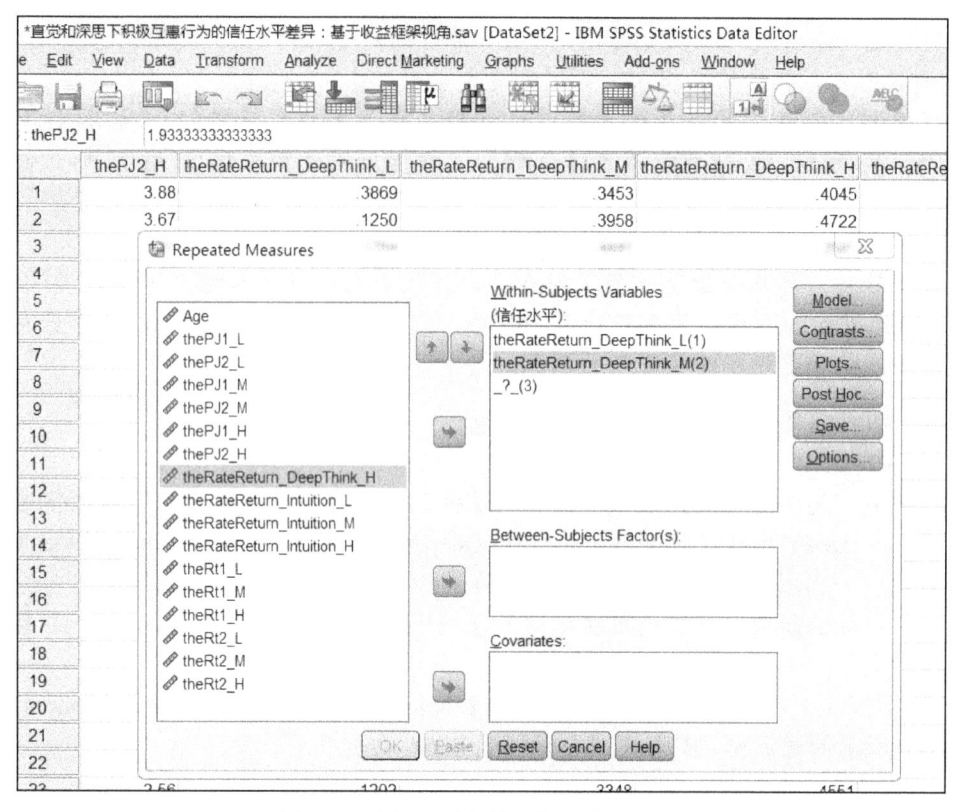

图 6-3　重复测量方差分析的主对话框

(2) 结果解读

单因素被试内设计的数据读取相对简单，根据图 6-1 所示的思维导图，我们按顺序查看图 6-5 中❶至❺的内容。其中❶和❺表示因变量是积极互惠，其操作定义为返利比率，theRateReturn_DeepThink_L、theRateReturn_DeepThink_M 和 theRateReturn_DeepThink_H 与信任水平的低(1)、中(2)、高(3)一一对应。❶中提供均值和标准差，❺中提供均值、标准误和 95%CI。结果发现不同信任水平下的积极互惠程度存在差异。

接下来进行被试内因素的差异显著性检验，❷是多元方差分析的结果，❹是一元方差分析的结果，

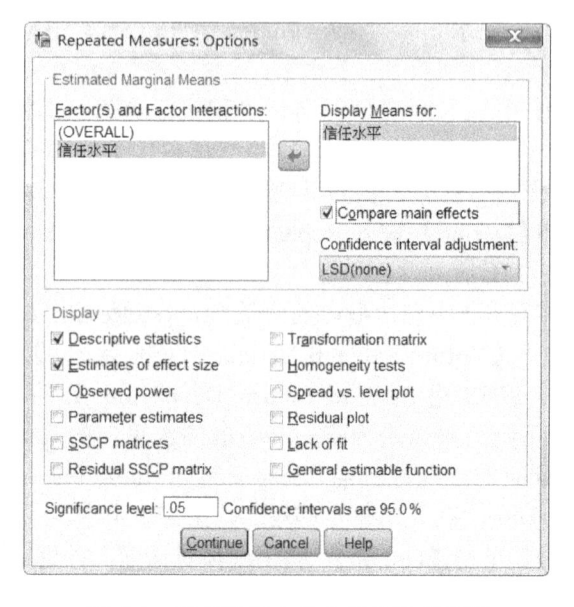

图 6-4　重复测量方差分析的选项设置

查看❹之前需要查看❸的球形假设是否满足。如果❷和❹的结果是一样的，则以❹的结果进行分析，以❷的结果为参考。

直接查看❸中球形假设结果,结果发现满足球形假设。之后查看❹中的 Sphericity Assumed 一行的内容(标准一元方差分析)。信任水平主效应显著,$F(2, 178)=10.242$,$p < 0.001$,$\eta_p^2 = 0.103$。最后查看❺,进行自变量各水平的两两配对比较发现,信任水平越高,被试的返利比率越高,积极互惠程度越明显。

Descriptive Statistics

	Mean	Std. Deviation	N
theRateReturn_DeepThink_L	.369959	.3018578	90
theRateReturn_DeepThink_M	.444283	.2694094	90
theRateReturn_DeepThink_H	.523075	.2042782	90

❶ 不同信任水平下积极互惠的描述性结果

Multivariate Tests[a]

Effect		Value	F	Hypothesis df	Error df	Sig.	Partial Eta Squared
信任水平	Pillai's Trace	.198	10.887[b]	2.000	88.000	.000	.198
	Wilks' Lambda	.802	10.887[b]	2.000	88.000	.000	.198
	Hotelling's Trace	.247	10.887[b]	2.000	88.000	.000	.198
	Roy's Largest Root	.247	10.887[b]	2.000	88.000	.000	.198

❷ 多元方差分析的结果

a. Design: Intercept
   Within Subjects Design: 信任水平
b. Exact statistic

Mauchly's Test of Sphericity[a]

Measure: 积极互惠

Within Subjects Effect	Mauchly's W	Approx. Chi-Square	df	Sig.	Greenhouse-Geisser	Epsilon[b] Huynh-Feldt	Lower-bound
信任水平	.946	4.870	2	.088	.949	.969	.500

❸ 球形假设结果

Tests the null hypothesis that the error covariance matrix of the orthonormalized transformed dependent variables is proportional to an identity matrix.
a. Design: Intercept
   Within Subjects Design: 信任水平
b. May be used to adjust the degrees of freedom for the averaged tests of significance. Corrected tests are displayed in the Tests of Within-Subjects Effects table.

Tests of Within-Subjects Effects

Measure: 积极互惠

Source		Type III Sum of Squares	df	Mean Square	F	Sig.	Partial Eta Squared
信任水平	Sphericity Assumed	1.055	2	.528	10.242	.000	.103
	Greenhouse-Geisser	1.055	1.898	.556	10.242	.000	.103
	Huynh-Feldt	1.055	1.938	.545	10.242	.000	.103
	Lower-bound	1.055	1.000	1.055	10.242	.002	.103
Error(信任水平)	Sphericity Assumed	9.171	178	.052			
	Greenhouse-Geisser	9.171	168.907	.054			
	Huynh-Feldt	9.171	172.492	.053			
	Lower-bound	9.171	89.000	.103			

标准一元方差分析的结果 ｜ 一元方差分析的结果 ❹ ｜ 备选一元方差分析的结果

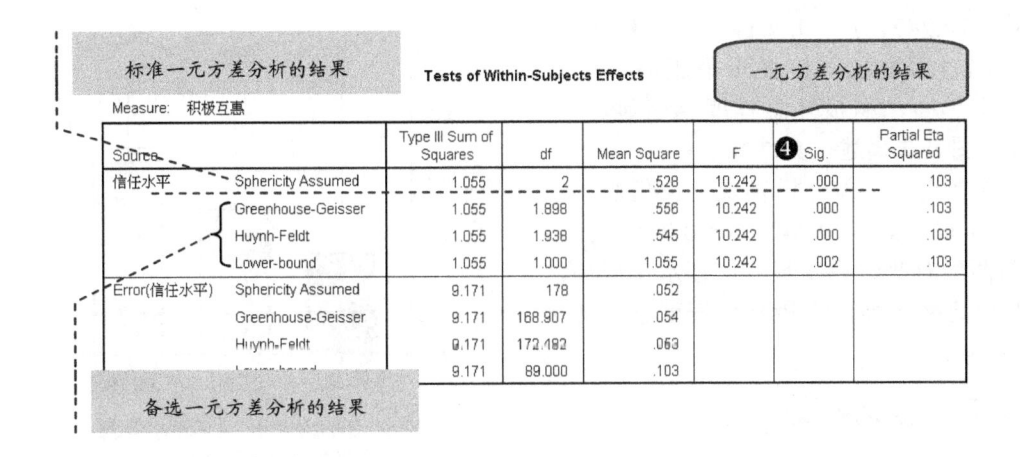

图 6-5 单因素重复测量方差分析中 Output 的主要结果及数据查看顺序

Estimates

Measure: 积极互惠

信任水平	❻ Mean	Std. Error	95% Confidence Interval	
			Lower Bound	Upper Bound
1	.370	.032	.307	.433
2	.444	.028	.388	.501
3	.523	.022	.480	.566

不同信任水平下积极互惠的描述性结果

Pairwise Comparisons

Measure: 积极互惠

信任水平主效应显著下的两两比较

(I) 信任水平	(J) 信任水平	Mean Difference (I-J)	Std. Error	❺ Sig.ᵇ	95% Confidence Interval for Differenceᵇ	
					Lower Bound	Upper Bound
1	2	-.074*	.037	.048	-.148	-.001
	3	-.153*	.034	.000	-.220	-.086
2	1	.074*	.037	.048	.001	.148
	3	-.079*	.030	.011	-.139	-.019
3	1	.153*	.034	.000	.086	.220
	2	.079*	.030	.011	.019	.139

Based on estimated marginal means

*. The mean difference is significant at the .05 level.

b. Adjustment for multiple comparisons: Least Significant Difference (equivalent to no adjustments).

图 6-5 单因素重复测量方差分析中 Output 的主要结果及数据查看顺序(续)

（3）数据报告

单因素被试内设计的描述性数据相对比较简单，其报告的格式与单因素被试间设计相似。

文字式描述：采用重复测量方差分析发现，高信任的积极互惠为 0.523 ± 0.022，中信任的积极互惠为 0.444 ± 0.028，低信任的积极互惠为 0.370 ± 0.032，信任水平主效应显著，$F(2, 178) = 10.242$，$p < 0.001$，$\eta_p^2 = 0.103$。两两配对比较后发现，信任水平越高，被试的返利比率越高，积极互惠程度越明显。

或采用图表式描述，具体如下：

采用重复测量方差分析发现，信任水平主效应显著，$F(2, 178) = 10.242$，$p < 0.001$，$\eta_p^2 = 0.103$。两两配对比较后发现，信任水平越高，被试的返利比率越高，积极互惠程度越明显，如图 6-6 所示。

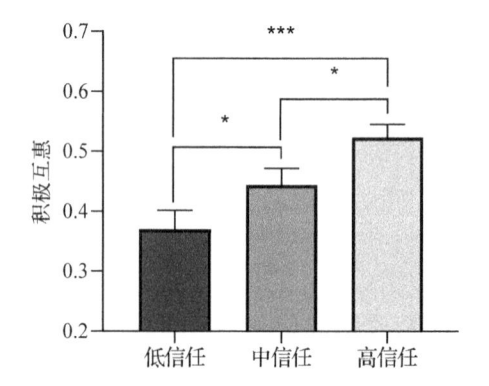

图 6-6 不同信任水平下积极互惠行为的两两比较

6.1.2 两因素被试内设计

两因素被试内设计是指有两个自变量的被试内设计。它采用随机化方式选取被试，并使这些被试接受该自变量下所有组合水平的处理。

6.1.2.1 结构模式

下面以 3×2 被试内设计为例进行介绍，其字母式结构模式如下：

$$S \quad a_1b_1\overline{O}_1 \quad a_1b_2\overline{O}_2 \quad a_2b_1\overline{O}_3 \quad a_2b_2\overline{O}_4 \quad a_3b_1\overline{O}_5 \quad a_3b_2\overline{O}_6$$

S 为被试，被试内因素为 $A(a_1, a_2, a_3)$ 和 $B(b_1, b_2)$，在接受每个组合水平的处理后均测量其因变量。一般来说，组合水平的处理 a_1b_1、a_1b_2、a_2b_1、a_2b_2、a_3b_1、a_3b_2 是随机出现的。比如，对于被试 S_{01}，随机依次进行 a_1b_1、a_1b_2、a_2b_1、a_2b_2、a_3b_1、a_3b_2 处理，并在每次处理后测量其因变量的观测值 O_{S011}、O_{S012}、O_{S013}、O_{S014}、O_{S015}、O_{S016}，以此类推，形成表 6-2 所示的 SPSS 数据结构。

表 6-2　3×2 被试内设计的 SPSS 数据结构

S	O_{a1b1}	O_{a1b2}	O_{a2b1}	O_{a2b2}	O_{a3b1}	O_{a3b2}
S_{01}	O_{S011}	O_{S012}	O_{S013}	O_{S014}	O_{S015}	O_{S016}
S_{02}	O_{S021}	O_{S022}	O_{S023}	O_{S024}	O_{S025}	O_{S026}
S_{03}	O_{S031}	O_{S032}	O_{S033}	O_{S034}	O_{S035}	O_{S036}
⋮	⋮	⋮	⋮	⋮	⋮	⋮

6.1.2.2　举例说明研究过程：直觉和深思下积极互惠行为的信任水平差异

例 6-2　"直觉和深思下积极互惠行为的信任水平差异：基于收益框架视角"（杨海波、陈小艺，2020），是在例 6-1 的基础上加入一个新的自变量"加工方式（直觉加工和深思加工）"，从而成为一个两因素被试内设计的。

Evans 和 Krueger（2016）指出信任决策既不能完全理性也不可以盲目感性。信任可以理解为有限理性的信任（Simon，1955）。人们缺乏时间和认知能力，无法以完全计算的心态来寻求信任，而是依靠启发式策略（heuristic strategy）做出决策（Gigerenzer, Todd, & the ABC Research Group, 1999），启发式策略可以快速且轻松地执行（Masicampo & Baumeister, 2008; Rand, Greene, & Nowak, 2012）。也就是说，个人的信任及其决策与其加工过程的认知资源有关。

双加工理论（dual-process theory）认为人在决策过程中受系统 1 和系统 2 的加工影响。系统 1 是一种自动、直觉、快速、不费力、无意识的直觉加工，系统 2 则是缓慢的、依赖于工作记忆、深思熟虑、有意识的深思加工（Kahneman, 2011; Zaki & Mitchell, 2013）。研究者们通过操纵时间压力或认知负荷任务来探索不同加工过程中个体的行为差异，据此他们在经济博弈领域得出了两种不同的研究结论：有些研究者认为人们会快速产生合作的想法，做出利他（altruistic）行为，惩罚不合作行为，但深思后更加利己（egoistic）（Rand et al., 2012; Zaki & Mitchell, 2013）；而有些研究者则认为人们会自动产生利己冲动，需要深思熟虑来控制（Achtziger & Bayer, 2013; Martinsson, Myrseth, & Wollbrant, 2014）。

Pillutla 等（2003）指出初始信任信号会影响信任和互惠的动态关系。由此我们推断，被试感受到的来自投资者的信任水平的差异或许是造成以上研究结论出现矛盾的重要原因。进一步讲，信任水平越高，利他行为越明显；而深思之后其互惠行为也会因信任水平的差异而不同，这是本研究着力要检验的问题。在本研究中，我们将投资者的信任操作定义为投资金额占其初始金额的百分比，参照项目鉴别指数的界定指标前后 27%（金瑜，2005），把信任分成高、中、低三个水平；采用返利比率(=返还金额/获利金额)作为积极互惠的指标(Kvaløy，Luzuriaga，& Olsen，2017)，返利比率越少，说明留给自己的钱相对越多，行为越具有利己倾向，反之，返利比率越多，说明被试给投资者的钱相对越多，行为越具有利他倾向。

实验流程如下。

告知被试，"本实验是一个小额投资决策游戏。在这个游戏中，我们想知道你对一些问题最初的、直觉的反应是什么，以及你在思考这个问题一段时间后的反应"。

实验首先呈现注视点"*"1000ms，接下来会出现一个记忆矩阵3000ms，要求被试记住九宫格图中五个红色*出现的位置，然后呈现注视点"+"500～2500ms，接着呈现投资问题(此时背景为黑色)，并要求他输入脑海中的第一个答案，此阶段如果被试输入金额的时间超过6000ms，将提示他反应太慢，此为直觉加工阶段。接下来要求被试在四个矩阵中选出前面记忆的矩阵。之后询问他做出利润分配时的冲突感："在利润分配时，是分给自己多一点还是给投资人多一点？"采用李克特7点量表进行测量，1表示一点也没有冲突，7表示非常难以抉择。要求被试按键盘上的数字键进行反应。

接着，上述投资问题将再次呈现(此时背景为蓝色)，并在屏幕的右下角提示被试可以有充分的时间去思考分配金额的大小(并强制至少呈现2000ms才能进行反应，以保证被试进入深思加工)，此为深思加工阶段。最后再测量利润分配时的冲突感。

每个被试先练习4个试次(练习时除了投资者拥有的金钱数额与正式实验不同，其他条件设置都一样)，再进行45个试次的正式实验，在第15个试次和第30个试次后各休息20s。

实验统计在记忆矩阵反应正确、直觉阶段反应时小于6000ms、直觉和深思的返回金额大于等于0并小于等于总利润时的因变量，即直觉和深思的返利比率。

该研究采用2(加工方式：直觉加工，深思加工)×3(信任水平：低，中，高)被试内设计，因变量为积极互惠，操作定义为在信任博弈中金额的返利比率。我们根据上述实验流程的介绍，将其转化成流程图，如图6-7所示，这更为直观、可读性更强。

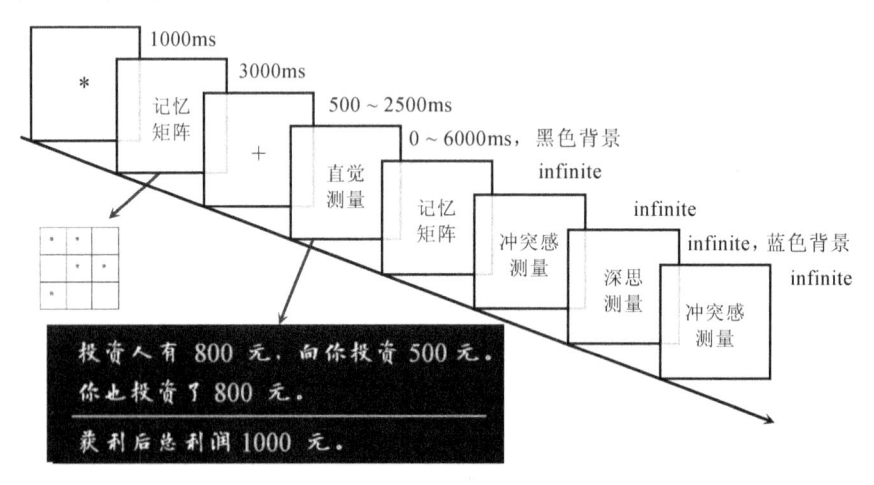

图6-7 一个试次的实验流程图

(1)SPSS操作

2×3被试内设计的研究一般采用重复测量方差分析进行数据处理，即 SPSS 中的

Repeated Measures 过程。

SPSS 操作如下：【Analyze】→【General Linear Model】→【Repeated Measures】，将弹出如图 6-8 所示对话框。在【Within-Subject Factor Name】中输入自变量 1 "信任水平"，在【Number of Levers】中输入 "3"，表示 "信任水平" 有三个水平，然后单击【Add】。以同样的操作，添加自变量 2 "加工方式"（有两个水平）。这样由 3×2=6，可以组合成 6 次的重复测量，也就是对积极互惠进行 6 次的重复测量。在【MeasureName】中输入因变量的名称 "积极互惠"，即返利比率，再单击【Add】，最后单击【Define】，进入【Repeated Measures】过程的主对话框，如图 6-9 所示。

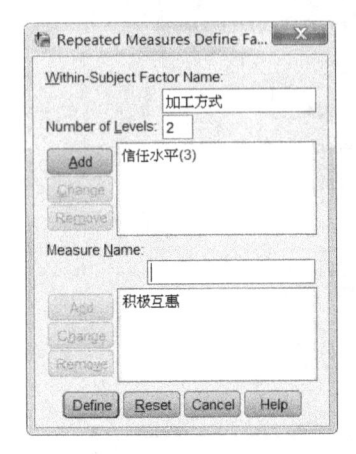

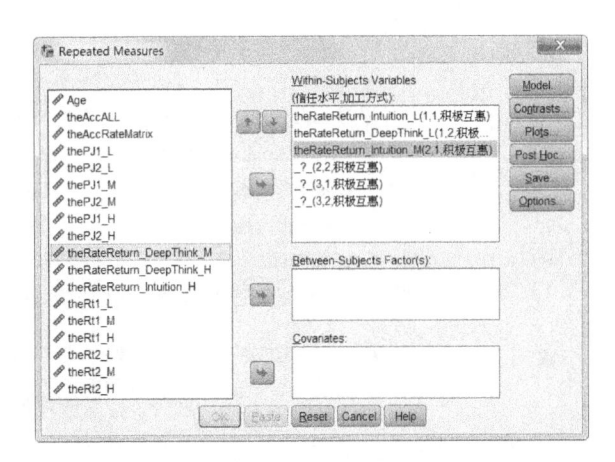

图 6-8　两因素重复测量方差分析的变量设置对话框　　图 6-9　两因素重复测量方差分析的主对话框

将图 6-9 中左边框内的变量 theRateReturn_Intuition_L，选入【With-Subjects Variables（信任水平，加工方式）】对话框内的 "_?_(1，1，积极互惠)"，依次把 "theRateReturn_DeepThink_L" 指定给 "_?_(1，2，积极互惠)"，把 "theRateReturn_Intuition_M" 指定给 "_?_(2，1，积极互惠)"，把 "theRateReturn_DeepThink_M" 指定给 "_?_(2，2，积极互惠)"，把 "theRateReturn_Intuition_H" 指定给 "_?_(3，1，积极互惠)"，把 "theRateReturn_DeepThink_H" 指定给 "_?_(3，2，积极互惠)"。之后单击【Options】，弹出选项对话框，并进行如图 6-10 所示的设置。将 "信任水平" 和 "加工方式"[①] 选入【Display Means for】，进行自变量主效应显著时的两两比较，并在【Display】中复选 "Descriptive statistics" 和 "Estimates of effect size"，返回 Repeated Measures 主对话框。因为有两个自变量，需要进行交互作用的简单效应检验，单击【Paste】，弹出如图 6-11 所示的对话框，在数据分析语法里面，添加以下两行代码。

```
/EMMEANS=TABLES(信任水平*加工方式)COMPARE(加工方式)ADJ(LSD)
/EMMEANS=TABLES(信任水平*加工方式)COMPARE(信任水平)ADJ(LSD)
```

最后，单击图 6-11 中的 ▶，输出分析结果。

[①] 在数据报告时，如果采用表格式的报告方式，需要呈现每个自变量的各水平的均值和每个组合水平的均值；但由于重复测量方差分析，不会呈现多因素被试内设计中每个自变量的各水平的均值，因此在此需要将每个自变量选入【Display Means for】，在数据报告时就只呈现 $M ± se$。读者可自行查看图 6-12。

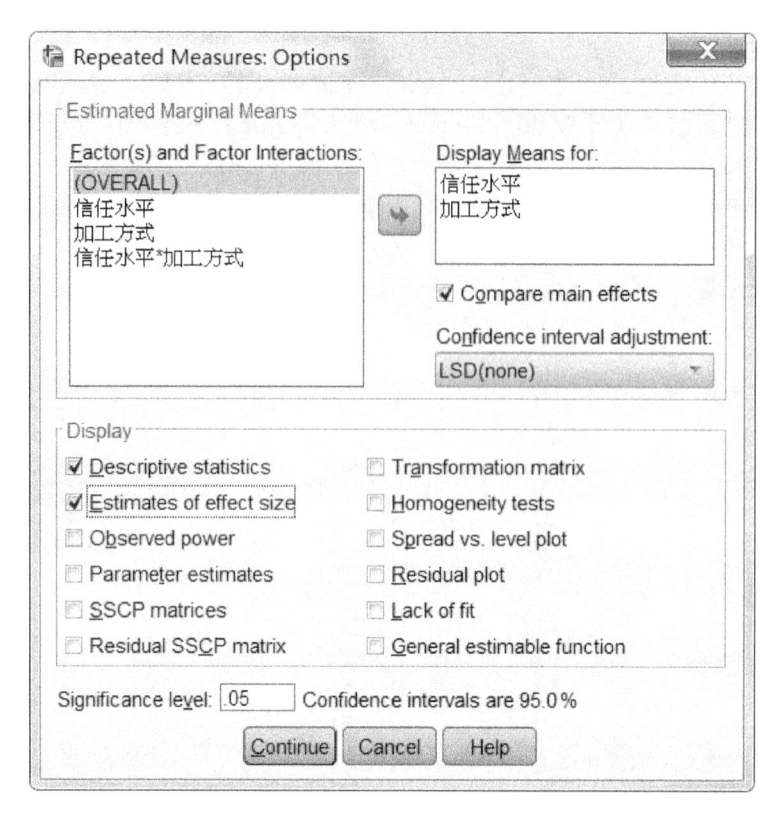

图 6-10　两因素重复测量方差分析的主对话框的选项设置

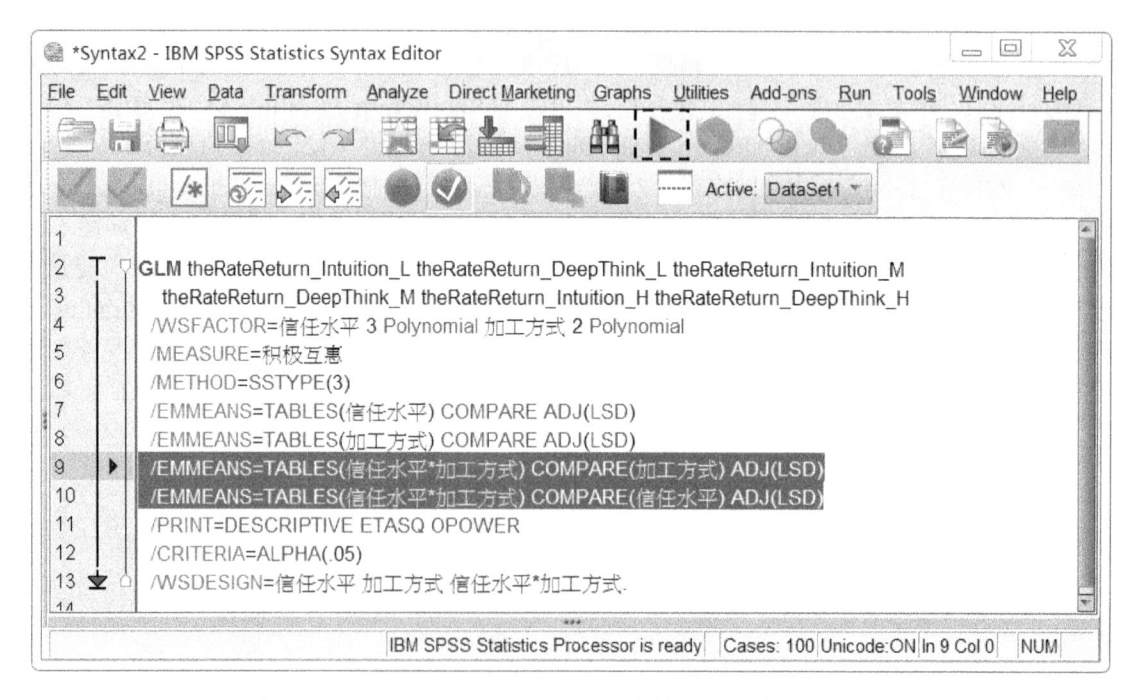

图 6-11　两因素重复测量方差分析中简单效应检验的语法

(2) 结果解读

Within-Subjects Factors

Measure: 积极互惠

信任水平	加工方式	Dependent Variable
1	1	theRateReturn_Intuition_L
	2	theRateReturn_DeepThink_L
2	1	theRateReturn_Intuition_M
	2	theRateReturn_DeepThink_M
3	1	theRateReturn_Intuition_H
	2	theRateReturn_DeepThink_H

> 罗列出两个自变量与 SPSS 中数据的一一对应关系

Descriptive Statistics

	Mean	Std. Deviation	N
theRateReturn_Intuition_L	.404879	.2983742	90
theRateReturn_DeepThink_L	.369959	.3018578	90
theRateReturn_Intuition_M	.402824	.2427028	90
theRateReturn_DeepThink_M	.444283	.2694094	90
theRateReturn_Intuition_H	.494980	.2149732	90
theRateReturn_DeepThink_H	.523075	.2042782	90

Multivariate Tests[a]

> 多元方差分析结果

Effect		Value	F	Hypothesis df	Error df	Sig.	Partial Eta Squared
信任水平	Pillai's Trace	.175	9.342[b]	2.000	88.000	.000	.175
	Wilks' Lambda	.825	9.342[b]	2.000	88.000	.000	.175
	Hotelling's Trace	.212	9.342[b]	2.000	88.000	.000	.175
	Roy's Largest Root	.212	9.342[b]	2.000	88.000	.000	.175
加工方式	Pillai's Trace	.025	2.293[b]	1.000	89.000	.134	.025
	Wilks' Lambda	.975	2.293[b]	1.000	89.000	.134	.025
	Hotelling's Trace	.026	2.293[b]	1.000	89.000	.134	.025
	Roy's Largest Root	.026	2.293[b]	1.000	89.000	.134	.025
信任水平 * 加工方式	Pillai's Trace	.163	8.557[b]	2.000	88.000	.000	.163
	Wilks' Lambda	.837	8.557[b]	2.000	88.000	.000	.163
	Hotelling's Trace	.194	8.557[b]	2.000	88.000	.000	.163
	Roy's Largest Root	.194	8.557[b]	2.000	88.000	.000	.163

a. Design: Intercept
   Within Subjects Design: 信任水平 + 加工方式 + 信任水平 * 加工方式
b. Exact statistic

图 6-12 两因素重复测量方差分析中 Output 的主要结果一览

Tests of Within-Subjects Effects

Measure: 积极互惠 　　　　　　　　　　　　　　　　　　　　　　　　　一元方差分析结果

Source		Type III Sum of Squares	df	Mean Square	F	Sig.	Partial Eta Squared
信任水平	Sphericity Assumed	1.404	2	.702	7.530	.001	.078
	Greenhouse-Geisser	1.404	1.873	.750	7.530	.001	.078
	Huynh-Feldt	1.404	1.912	.734	7.530	.001	.078
	Lower-bound	1.404	1.000	1.404	7.530	.007	.078
Error(信任水平)	Sphericity Assumed	16.593	178	.093			
	Greenhouse-Geisser	16.593	166.679	.100			
	Huynh-Feldt	16.593	170.132	.098			
	Lower-bound	16.593	89.000	.186			
加工方式	Sphericity Assumed	.018	1	.018	2.293	.134	.025
	Greenhouse-Geisser	.018	1.000	.018	2.293	.134	.025
	Huynh-Feldt	.018	1.000	.018	2.293	.134	.025
	Lower-bound	.018	1.000	.018	2.293	.134	.025
Error(加工方式)	Sphericity Assumed	.699	89	.008			
	Greenhouse-Geisser	.699	89.000	.008			
	Huynh-Feldt	.699	89.000	.008			
	Lower-bound	.699	89.000	.008			
信任水平 * 加工方式	Sphericity Assumed	.150	2	.075	10.299	.000	.104
	Greenhouse-Geisser	.150	1.923	.078	10.299	.000	.104
	Huynh-Feldt	.150	1.964	.076	10.299	.000	.104
	Lower-bound	.150	1.000	.150	10.299	.002	.104
Error(信任水平*加工方式)	Sphericity Assumed	1.294	178	.007			
	Greenhouse-Geisser	1.294	171.138	.008			
	Huynh-Feldt	1.294	174.839	.007			
	Lower-bound	1.294	89.000	.015			

Estimates

Measure: 积极互惠

信任水平	Mean	Std. Error	95% Confidence Interval Lower Bound	Upper Bound
1	.387	.031	.326	.449
2	.424	.026	.371	.476
3	.509	.021	.467	.552

Pairwise Comparisons　　　信任水平主效应的两两配对比较

Measure: 积极互惠

(I) 信任水平	(J) 信任水平	Mean Difference (I-J)	Std. Error	Sig.^b	95% Confidence Interval for Difference^b Lower Bound	Upper Bound
1	2	-.036	.036	.318	-.108	.035
	3	-.122*	.031	.000	-.183	-.060
2	1	.036	.036	.318	-.035	.108
	3	-.085*	.029	.004	-.143	-.028
3	1	.122*	.031	.000	.060	.183
	2	.085*	.029	.004	.028	.143

Based on estimated marginal means

*. The mean difference is significant at the .05 level.

b. Adjustment for multiple comparisons: Least Significant Difference (equivalent to no adjustments).

图 6-12　两因素重复测量方差分析中 Output 的主要结果一览(续)

Multivariate Tests

	Value	F	Hypothesis df	Error df	Sig.	Partial Eta Squared	Noncent. Parameter	Observed Power[b]
Pillai's trace	.175	9.342[a]	2.000	88.000	.000	.175	18.684	.975
Wilks' lambda	.825	9.342[a]	2.000	88.000	.000	.175	18.684	.975
Hotelling's trace	.212	9.342[a]	2.000	88.000	.000	.175	18.684	.975
Roy's largest root	.212	9.342[a]	2.000	88.000	.000	.175	18.684	.975

Each F tests the multivariate effect of 信任水平. These tests are based on the linearly independent pairwise comparisons among the estimated marginal means.

a. Exact statistic

b. Computed using alpha = .05

2. 加工方式

Estimates

Measure: 积极互惠

加工方式	Mean	Std. Error	95% Confidence Interval Lower Bound	95% Confidence Interval Upper Bound
1	.434	.019	.397	.472
2	.446	.019	.407	.484

Pairwise Comparisons

Measure: 积极互惠

(I) 加工方式	(J) 加工方式	Mean Difference (I-J)	Std. Error	Sig.[a]	95% Confidence Interval for Difference[a] Lower Bound	95% Confidence Interval for Difference[a] Upper Bound
1	2	-.012	.008	.134	-.027	.004
2	1	.012	.008	.134	-.004	.027

Based on estimated marginal means

a. Adjustment for multiple comparisons: Least Significant Difference (equivalent to no adjustments).

Multivariate Tests

	Value	F	Hypothesis df	Error df	Sig.	Partial Eta Squared	Noncent. Parameter	Observed Power[b]
Pillai's trace	.025	2.293[a]	1.000	89.000	.134	.025	2.293	.322
Wilks' lambda	.975	2.293[a]	1.000	89.000	.134	.025	2.293	.322
Hotelling's trace	.026	2.293[a]	1.000	89.000	.134	.025	2.293	.322
Roy's largest root	.026	2.293[a]	1.000	89.000	.134	.025	2.293	.322

Each F tests the multivariate effect of 加工方式. These tests are based on the linearly independent pairwise comparisons among the estimated marginal means.

a. Exact statistic

b. Computed using alpha = .05

图 6-12 两因素重复测量方差分析中 Output 的主要结果一览（续）

3. 信任水平 * 加工方式

Estimates

Measure: 积极互惠

信任水平	加工方式	Mean	Std. Error	95% Confidence Interval Lower Bound	95% Confidence Interval Upper Bound
1	1	.405	.031	.342	.467
	2	.370	.032	.307	.433
2	1	.403	.026	.352	.454
	2	.444	.028	.388	.501
3	1	.495	.023	.450	.540
	2	.523	.022	.480	.566

Pairwise Comparisons

Measure: 积极互惠

> 交互作用显著，简单效应下加工方式间的两两比较

信任水平	(I) 加工方式	(J) 加工方式	Mean Difference (I-J)	Std. Error	Sig.[b]	95% Confidence Interval for Difference[b] Lower Bound	95% Confidence Interval for Difference[b] Upper Bound
1	1	2	.035*	.014	.016	.007	.063
	2	1	-.035*	.014	.016	-.063	-.007
2	1	2	-.041*	.013	.002	-.067	-.016
	2	1	.041*	.013	.002	.016	.067
3	1	2	-.028*	.011	.014	-.050	-.006
	2	1	.028*	.011	.014	.006	.050

Based on estimated marginal means
*. The mean difference is significant at the .05 level.
b. Adjustment for multiple comparisons: Least Significant Difference (equivalent to no adjustments).

Multivariate Tests

> 交互作用显著，简单效应下加工方式间的效应

信任水平		Value	F	Hypothesis df	Error df	Sig.	Partial Eta Squared	Noncent. Parameter	Observed Power
1	Pillai's trace	.063	5.977[a]	1.000	89.000	.016	.063	5.977	.677
	Wilks' lambda	.937	5.977[a]	1.000	89.000	.016	.063	5.977	.677
	Hotelling's trace	.067	5.977[a]	1.000	89.000	.016	.063	5.977	.677
	Roy's largest root	.067	5.977[a]	1.000	89.000	.016	.063	5.977	.677
2	Pillai's trace	.102	10.159[a]	1.000	89.000	.002	.102	10.159	.884
	Wilks' lambda	.898	10.159[a]	1.000	89.000	.002	.102	10.159	.884
	Hotelling's trace	.114	10.159[a]	1.000	89.000	.002	.102	10.159	.884
	Roy's largest root	.114	10.159[a]	1.000	89.000	.002	.102	10.159	.884
3	Pillai's trace	.067	6.350[a]	1.000	89.000	.014	.067	6.350	.703
	Wilks' lambda	.933	6.350[a]	1.000	89.000	.014	.067	6.350	.703
	Hotelling's trace	.071	6.350[a]	1.000	89.000	.014	.067	6.350	.703
	Roy's largest root	.071	6.350[a]	1.000	89.000	.014	.067	6.350	.703

Each F tests the multivariate simple effects of 加工方式 within each level combination of the other effects shown.
These tests are based on the linearly independent pairwise comparisons among the estimated marginal means.

a. Exact statistic
b. Computed using alpha = .05

图 6-12　两因素重复测量方差分析中 Output 的主要结果一览(续)

4. 信任水平 * 加工方式

Estimates

Measure: 积极互惠

信任水平	加工方式	Mean	Std. Error	95% Confidence Interval Lower Bound	Upper Bound
1	1	.405	.031	.342	.467
	2	.370	.032	.307	.433
2	1	.403	.026	.352	.454
	2	.444	.028	.388	.501
3	1	.495	.023	.450	.540
	2	.523	.022	.480	.566

Pairwise Comparisons

Measure: 积极互惠

加工方式	(I) 信任水平	(J) 信任水平	Mean Difference (I-J)	Std. Error	Sig.[b]	95% Confidence Interval for Difference[b] Lower Bound	Upper Bound
1	1	2	.002	.037	.956	-.072	.076
		3	-.090*	.031	.005	-.152	-.028
	2	1	-.002	.037	.956	-.076	.072
		3	-.092*	.030	.003	-.152	-.033
	3	1	.090*	.031	.005	.028	.152
		2	.092*	.030	.003	.033	.152
2	1	2	-.074*	.037	.048	-.148	-.001
		3	-.153*	.034	.000	-.220	-.086
	2	1	.074*	.037	.048	.001	.148
		3	-.079*	.030	.011	-.139	-.019
	3	1	.153*	.034	.000	.086	.220
		2	.079*	.030	.011	.019	.139

Based on estimated marginal means
*. The mean difference is significant at the .05 level.
b. Adjustment for multiple comparisons: Least Significant Difference (equivalent to no

> 交互作用显著，简单效应下信任水平差异的两两比较

Multivariate Tests

加工方式		Value	F	Hypothesis df	Error df	Sig.	Partial Eta Squared	Noncent. Parameter	Observed Power
1	Pillai's trace	.137	6.992[a]	2.000	88.000	.002	.137	13.984	.919
	Wilks' lambda	.863	6.992[a]	2.000	88.000	.002	.137	13.984	.919
	Hotelling's trace	.159	6.992[a]	2.000	88.000	.002	.137	13.984	.919
	Roy's largest root	.159	6.992[a]	2.000	88.000	.002	.137	13.984	.919
2	Pillai's trace	.198	10.887[a]	2.000	88.000	.000	.198	21.774	.989
	Wilks' lambda	.802	10.887[a]	2.000	88.000	.000	.198	21.774	.989
	Hotelling's trace	.247	10.887[a]	2.000	88.000	.000	.198	21.774	.989
	Roy's largest root	.247	10.887[a]	2.000	88.000	.000	.198	21.774	.989

Each F tests the multivariate simple effects of 信任水平 within each level combination of the other effects shown. These tests are based on the linearly independent pairwise comparisons among the estimated marginal means.

a. Exact statistic
b. Computed using alpha = .05

> 交互作用显著，简单效应下信任水平间的效应

图 6-12　两因素重复测量方差分析中 Output 的主要结果一览（续）

读者可以根据之前的解读思路，自行解读以上 SPSS 的结果。

(3) 数据报告

根据图 6-1 所示的思维导图，查看图 6-12。我们在实验报告或论文中可以参考如下格

式报告数据：表格式如表 6-3 所示，图格式如图 6-13 所示。

表 6-3 不同加工方式和信任水平下积极互惠差异的描述性数据

加工方式	信任水平			$M \pm se$
	低	中	高	
直觉	0.41±0.03	0.40±0.03	0.50±0.02	0.43±0.02
深思	0.37±0.03	0.44±0.03	0.52±0.02	0.45±0.02
$M \pm se$	0.39±0.03	0.42±0.03	0.51±0.02	

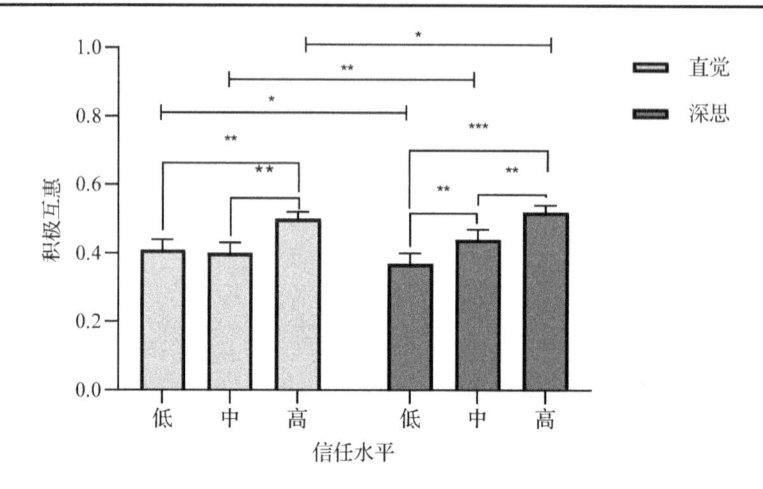

图 6-13 不同加工方式和信任水平下积极互惠差异的描述性数据[①]

采用 2(加工方式：直觉加工，深思加工)×3(信任水平：低，中，高)被试内设计的重复测量方差分析发现，加工方式主效应不显著，$F(1, 89)=2.293$，$p=0.134$。信任水平主效应显著，$F(1, 178)=7.530$，$p=0.001$，$\eta_p^2 = 0.078$，事后多重比较表明，高信任的返利比率(0.51±0.02)显著高于中信任的(0.42±0.03)和低信任的(0.39±0.03)，后两者的差异不显著。

信任水平和加工方式的交互作用显著，$F(2, 178)=10.299$，$p<0.001$，$\eta_p^2=0.104$。通过简单效应分析发现：(1)直觉加工时，高信任的返利比率显著高于中信任的(95% CI=[0.033, 0.152])和低信任的(95% CI=[0.028, 0.152])，$F(2, 88)=6.992$，$p=0.002$，$\eta_p^2 = 0.137$，后两者的差异不显著；深思加工时，信任水平越高返利比率越大，高信任的返利比率大于中信任的(95% CI=[0.019, 0.139])，中信任的大于低信任的(95% CI=[0.001, 0.148])，$F(2, 88)=10.887$，$p<0.001$，$\eta_p^2 = 0.198$，如图 6-13 所示。(2)低信任时，直觉加工的返利比率显著高于深思加工的，$F(1, 89)=5.977$，$p=0.016$，$\eta_p^2=0.063$，95% CI=[0.007, 0.063]。中信任和高信任时，深思加工的返利比率均显著高于直觉加工的，前者，$F(1, 89)=10.159$，$p=0.002$，$\eta_p^2=0.102$，95% CI=[0.016, 0.067]，后者，$F(1, 89)=6.350$，$p=0.014$，$\eta_p^2=0.067$，95% CI=[0.006, 0.050]，如图 6-13 所示。

---

① 在本例中，由于两个简单效应检验的结果均显著且有意义，建议采用不同的图例来表示组间的两两配对比较，如图 6-13 所示，使结果更为一目了然。

6.2 混合设计

被试内设计让被试接受自变量所有水平的处理，以大大减少取样的数量，但是它不适用于有些自变量。比如，你想研究被试持续接受某个自变量的各处理后的差异，但是另一自变量的各处理之间存在叠加效应只能采用被试间设计，此时混合设计是你最好的选择。

6.2.1 定义

混合设计（mix design）是指自变量既有被试间设计，又有被试内设计的实验设计。也就是说，有些自变量按照随机分组的方式安排被试，有些自变量按照重复测量的方式让被试接受其所有水平的处理。混合设计综合了被试间设计和被试内设计的优点，它的因变量必须是连续数据。

6.2.2 结构分析

混合设计包含被试内因素（within-subject factor）和被试间因素（between-subject factor）。前者也称重复测量因素，是指所有被试接受该因素的所有水平的处理；后者又称组间因素，即对于每个被试个体，在混合设计时只接受该因素下的一种实验水平的处理。在进行重复测量方差分析时，可以分离出被试内因素和被试间因素的主效应，及它们之间的交互作用，以确定变异的来源。

6.2.3 2×3 混合设计

6.2.3.1 2×3 混合设计的原理

下面以 2×3 混合设计为例，来介绍混合设计的原理，如图 6-14 所示。

$$R \quad a_1 \quad b_1 \bar{O}_{11} \quad b_2 \bar{O}_{12} \quad b_3 \bar{O}_{13}$$
$$R \quad a_2 \quad b_1 \bar{O}_{21} \quad b_2 \bar{O}_{22} \quad b_3 \bar{O}_{23}$$

			B					
			b_1		b_2		b_3	
A	a_1	$\bar{O}_{11}$	O_{S1011}	$\bar{O}_{12}$	O_{S1012}	$\bar{O}_{13}$	O_{S1013}	
			O_{S1021}		O_{S1022}		O_{S1023}	
			⋮		⋮		⋮	
			O_{S1k1}		O_{S1k2}		O_{S1k3}	
	a_2	$\bar{O}_{21}$	O_{S2011}	$\bar{O}_{22}$	O_{S2012}	$\bar{O}_{23}$	O_{S2013}	
			O_{S2021}		O_{S2022}		O_{S2023}	
			⋮		⋮		⋮	
			O_{S2k1}		O_{S2k2}		O_{S2k3}	

注：上图为字母式结构模式，下图为表格式结构模式。

图 6-14 2×3 混合设计的结构模式

其中，A 为被试间因素，包括 a_1 和 a_2 两个水平。B 为被试内因素，包括 b_1、b_2 和 b_3 三个水平。随机选取 $2k$ 个被试，并随机分配到 a_1 组（S_{101}，S_{102}…S_{1k}）和 a_2 组（S_{201}，S_{202}…S_{2k}）。在分别接受处理组合 a_1b_1，a_1b_2，a_1b_3，a_2b_1，a_2b_2，a_2b_3 后，分别获得 $\overline{O}_{11}$，$\overline{O}_{12}$，$\overline{O}_{13}$，$\overline{O}_{21}$，$\overline{O}_{22}$，$\overline{O}_{23}$ 的观测值。b_1，b_2，b_3 组内的被试均相同，具有同质性。

在 2×3 混合设计中，采用重复测量方差分析，可以分析 A 主效应、B 主效应和 $A\times B$ 的交互作用。

6.2.3.2 举例说明研究过程：经验在空间定位学习中的作用

例 6-3 迷津学习是将个体置于一种错综复杂的迷路情境中，经由尝试错误的方式，逐渐学会避免断路而选择通路，然后再逐渐分辨出迂径和捷径，最后使个体学到自起点到终点完全无误的程度。它是一种动作学习和空间定位学习。由于其便于严格控制实验条件，因此可用来研究动物及人类动作和空间定位学习过程的一般规律、特点和个体差异。

本研究旨在探索相关迷津的经验对空间定位学习过程的影响。在迷津实验过程中，两个参与者一个当主试一个当被试，当主试者可以看到迷津地图和被试走迷津的过程。通过随机分配把被试分配为先当主试或先当被试，来操纵经验在空间定位学习中的作用。先当主试者为有经验，先当被试者为没经验。每个被试都连续完成三次走迷津任务，并记录下被试完成每次迷津的用时。

本研究属于 2（经验：有经验，无经验）×3（实验试次：第一次，第二次，第三次）混合设计[①]，其中经验是被试间因素，实验试次为被试内因素，因变量为用时。建立的 SPSS 数据结构如图 6-15 所示。

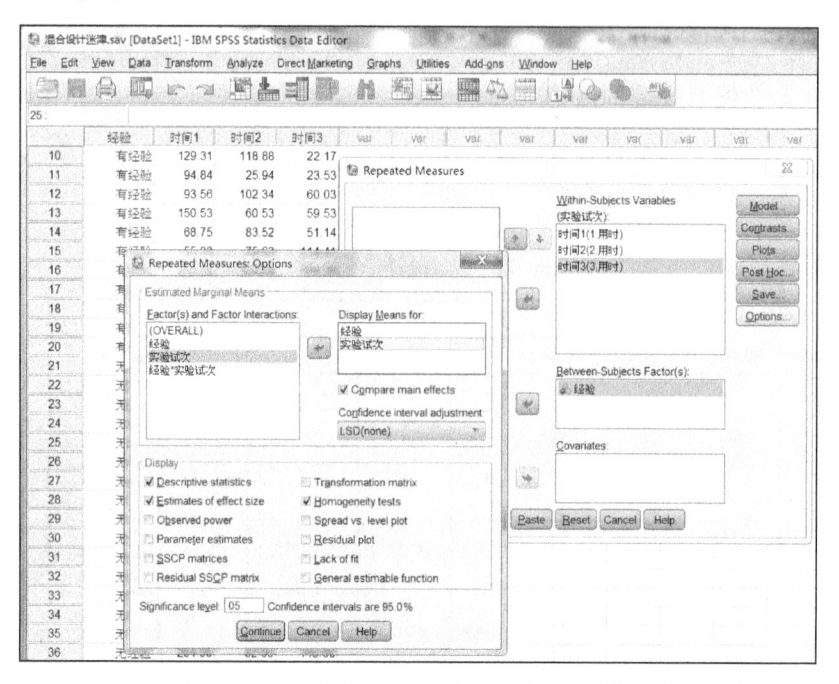

图 6-15 SPSS 的数据结构和 2×3 重复测量方差分析的操作过程

---

① 本实验也适合教师将其作为实验项目运用到被试间设计、被试内设计和混合设计的教学中。

第 6 章 被试内设计和混合设计

(1) SPSS 操作

采用 2(经验：有经验，无经验)×3(实验试次：第一次，第二次，第三次)混合设计的重复测量方差分析。基本操作如图 6-15 所示，与例 6-2 相似。区别在于：将被试间因素"经验"选入【Between-Subjects Factor(s)】，在【Display Means for】中比较被试间因素"经验"的主效应和被试内因素"实验试次"的主效应，勾选【Display】中的 Homogeneity tests，在【*Syntax1_IBM SPSS Statistics Syntax Editor】中添加以下两行代码，来检验"经验*实验试次"的交互作用的简单效应，如图 6-16 所示。

```
/EMMEANS=TABLES(经验*实验试次) COMPARE(经验) ADJ(LSD)
/EMMEANS=TABLES(经验*实验试次) COMPARE(实验试次) ADJ(LSD)
```

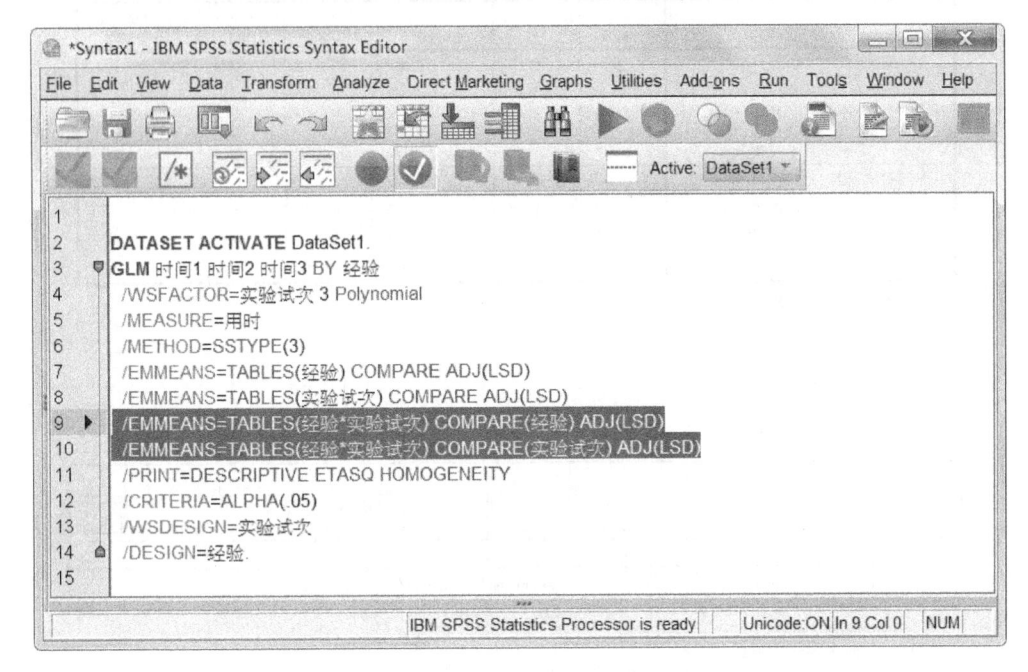

图 6-16 2×3 重复测量方差分析中简单效应检验的语法

(2) 结果解读

图 6-17 2×3 混合设计中 SPSS 输出的主要结果

Descriptive Statistics

	经验	Mean	Std. Deviation	N
时间1	有经验	139.3610	81.36792	20
	无经验	234.1905	124.65195	19
	Total	185.5600	113.91370	39
时间2	有经验	99.2130	73.42014	20
	无经验	121.1884	81.98459	19
	Total	109.9190	77.47864	39
时间3	有经验	80.6425	58.56013	20
	无经验	110.2968	52.51560	19
	Total	95.0895	56.97802	39

Multivariate Tests[a]

Effect		Value	F	Hypothesis df	Error df	Sig.	Partial Eta Squared
实验试次	Pillai's Trace	.604	27.457[b]	2.000	36.000	.000	.604
	Wilks' Lambda	.396	27.457[b]	2.000	36.000	.000	.604
	Hotelling's Trace	1.525	27.457[b]	2.000	36.000	.000	.604
	Roy's Largest Root	1.525	27.457[b]	2.000	36.000	.000	.604
实验试次 * 经验	Pillai's Trace	.170	3.694[b]	2.000	36.000	.035	.170
	Wilks' Lambda	.830	3.694[b]	2.000	36.000	.035	.170
	Hotelling's Trace	.205	3.694[b]	2.000	36.000	.035	.170
	Roy's Largest Root	.205	3.694[b]	2.000	36.000	.035	.170

a. Design: Intercept + 经验
   Within Subjects Design: 实验试次

b. Exact statistic

Mauchly's Test of Sphericity[a]

Measure: 用时

Within Subjects Effect	Mauchly's W	Approx. Chi-Square	df	Sig.	Greenhouse-Geisser	Huynh-Feldt	Lower-bound
实验试次	.705	12.570	2	.002	.772	.821	.500

Tests the null hypothesis that the error covariance matrix of the orthonormalized transformed dependent variables is proportional to an identity matrix.

a. Design: Intercept + 经验
   Within Subjects Design: 实验试次

b. May be used to adjust the degrees of freedom for the averaged tests of significance. Corrected tests are displayed in the Tests of Within-Subjects Effects table.

Tests of Within-Subjects Effects

Measure: 用时

Source		Type III Sum of Squares	df	Mean Square	F	Sig.	Partial Eta Squared
实验试次	Sphericity Assumed	187304.854	2	93652.427	34.426	.000	.482
	Greenhouse-Geisser	187304.854	1.545	121253.782	34.426	.000	.482
	Huynh-Feldt	187304.854	1.643	114018.122	34.426	.000	.482
	Lower-bound	187304.854	1.000	187304.854	34.426	.000	.482
实验试次 * 经验	Sphericity Assumed	31226.552	2	15613.276	5.739	.005	.134
	Greenhouse-Geisser	31226.552	1.545	20214.840	5.739	.010	.134
	Huynh-Feldt	31226.552	1.643	19008.546	5.739	.008	.134
	Lower-bound	31226.552	1.000	31226.552	5.739	.022	.134
Error(实验试次)	Sphericity Assumed	201306.961	74	2720.364			
	Greenhouse-Geisser	201306.961	57.155	3522.113			
	Huynh-Feldt	201306.961	60.782	3311.936			
	Lower-bound	201306.961	37.000	5440.729			

图 6-17 2×3 混合设计中 SPSS 输出的主要结果(续)

Tests of Within-Subjects Contrasts

Measure: 用时

Source	实验试次	Type III Sum of Squares	df	Mean Square	F	Sig.	Partial Eta Squared
实验试次	Linear	162460.766	1	162460.766	55.390	.000	.600
	Quadratic	24844.088	1	24844.088	9.907	.003	.211
实验试次 * 经验	Linear	20694.433	1	20694.433	7.056	.012	.160
	Quadratic	10532.120	1	10532.120	4.200	.048	.102
Error(实验试次)	Linear	108521.606	37	2933.016			
	Quadratic	92785.356	37	2507.712			

Tests of Between-Subjects Effects

Measure: 用时
Transformed Variable: Average

Source	Type III Sum of Squares	df	Mean Square	F	Sig.	Partial Eta Squared
Intercept	2000865.336	1	2000865.336	136.495	.000	.787
经验	69667.717	1	69667.717	4.753	.036	.114
Error	542377.849	37	14658.861			

1. 经验

Estimates

Measure: 用时

经验	Mean	Std. Error	95% Confidence Interval Lower Bound	95% Confidence Interval Upper Bound
有经验	106.405	15.631	74.735	138.076
无经验	155.225	16.037	122.732	187.719

Pairwise Comparisons

Measure: 用时

(I) 经验	(J) 经验	Mean Difference (I-J)	Std. Error	Sig.[b]	95% Confidence Interval for Difference[b] Lower Bound	Upper Bound
有经验	无经验	-48.820*	22.394	.036	-94.194	-3.445
无经验	有经验	48.820*	22.394	.036	3.445	94.194

Based on estimated marginal means

*. The mean difference is significant at the .05 level.

b. Adjustment for multiple comparisons: Least Significant Difference (equivalent to no adjustments).

Univariate Tests

Measure: 用时

	Sum of Squares	df	Mean Square	F	Sig.	Partial Eta Squared
Contrast	23222.672	1	23222.572	4.753	.036	.114
Error	180792.616	37	4886.287			

The F tests the effect of 经验. This test is based on the linearly independent pairwise comparisons among the estimated marginal means.

图 6-17　2×3 混合设计中 SPSS 输出的主要结果（续）

2. 实验试次

Estimates

Measure: 用时

实验试次	Mean	Std. Error	95% Confidence Interval Lower Bound	95% Confidence Interval Upper Bound
1	186.776	16.769	152.800	220.752
2	110.201	12.447	84.981	135.420
3	95.470	8.922	77.391	113.548

Pairwise Comparisons

Measure: 用时

(I) 实验试次	(J) 实验试次	Mean Difference (I-J)	Std. Error	Sig.[b]	95% Confidence Interval for Difference[b] Lower Bound	95% Confidence Interval for Difference[b] Upper Bound
1	2	76.575*	14.110	.000	47.986	105.164
	3	91.306*	12.268	.000	66.448	116.164
2	1	-76.575*	14.110	.000	-105.164	-47.986
	3	14.731	8.318	.085	-2.123	31.585
3	1	-91.306*	12.268	.000	-116.164	-66.448
	2	-14.731	8.318	.085	-31.585	2.123

Based on estimated marginal means

*. The mean difference is significant at the .05 level.

b. Adjustment for multiple comparisons: Least Significant Difference (equivalent to no adjustments).

Multivariate Tests

	Value	F	Hypothesis df	Error df	Sig.	Partial Eta Squared
Pillai's trace	.604	27.457[a]	2.000	36.000	.000	.604
Wilks' lambda	.396	27.457[a]	2.000	36.000	.000	.604
Hotelling's trace	1.525	27.457[a]	2.000	36.000	.000	.604
Roy's largest root	1.525	27.457[a]	2.000	36.000	.000	.604

Each F tests the multivariate effect of 实验试次. These tests are based on the linearly independent pairwise comparisons among the estimated marginal means.

a. Exact statistic

3. 经验 * 实验试次

Estimates

Measure: 用时

经验	实验试次	Mean	Std. Error	95% Confidence Interval Lower Bound	95% Confidence Interval Upper Bound
有经验	1	139.361	23.408	91.931	186.791
	2	99.213	17.375	64.007	134.419
	3	80.643	12.455	55.406	105.879
无经验	1	234.191	24.016	185.529	282.852
	2	121.188	17.827	85.068	157.309
	3	110.297	12.779	84.405	136.189

图 6-17 2×3 混合设计中 SPSS 输出的主要结果(续)

Pairwise Comparisons

Measure: 用时

实验试次	(I) 经验	(J) 经验	Mean Difference (I-J)	Std. Error	Sig.^b	95% Confidence Interval for Difference^b Lower Bound	Upper Bound
1	有经验	无经验	-94.830*	33.537	.008	-162.782	-26.877
	无经验	有经验	94.830*	33.537	.008	26.877	162.782
2	有经验	无经验	-21.975	24.894	.383	-72.415	28.464
	无经验	有经验	21.975	24.894	.383	-28.464	72.415
3	有经验	无经验	-29.654	17.845	.105	-65.811	6.502
	无经验	有经验	29.654	17.845	.105	-6.502	65.811

Based on estimated marginal means

*. The mean difference is significant at the .05 level.

b. Adjustment for multiple comparisons: Least Significant Difference (equivalent to no adjustments).

Univariate Tests

Measure: 用时

实验试次		Sum of Squares	df	Mean Square	F	Sig.	Partial Eta Squared
1	Contrast	87620.586	1	87620.586	7.995	.008	.178
	Error	405479.995	37	10958.919			
2	Contrast	4705.366	1	4705.366	.779	.383	.021
	Error	223406.338	37	6038.009			
3	Contrast	8568.318	1	8568.318	2.762	.105	.069
	Error	114798.477	37	3102.662			

Each F tests the simple effects of 经验 within each level combination of the other effects shown. These tests are based on the linearly independent pairwise comparisons among the estimated marginal means.

4. 经验 * 实验试次

Estimates

Measure: 用时

经验	实验试次	Mean	Std. Error	95% Confidence Interval Lower Bound	Upper Bound
有经验	1	139.361	23.408	91.931	186.791
	2	99.213	17.375	64.007	134.419
	3	80.643	12.455	55.406	105.879
无经验	1	234.191	24.016	185.529	282.852
	2	121.188	17.827	85.068	157.309
	3	110.297	12.779	84.405	136.189

图 6-17　2×3 混合设计中 SPSS 输出的主要结果（续）

Pairwise Comparisons

Measure: 用时

经验	(I) 实验试次	(J) 实验试次	Mean Difference (I-J)	Std. Error	Sig.b	95% Confidence Interval for Differenceb Lower Bound	Upper Bound
有经验	1	2	40.148*	19.697	.049	.238	80.058
		3	58.719*	17.126	.002	24.018	93.419
	2	1	-40.148*	19.697	.049	-80.058	-.238
		3	18.570	11.612	.118	-4.958	42.099
	3	1	-58.719*	17.126	.002	-93.419	-24.018
		2	-18.570	11.612	.118	-42.099	4.958
无经验	1	2	113.002*	20.209	.000	72.056	153.949
		3	123.894*	17.571	.000	88.292	159.496
	2	1	-113.002*	20.209	.000	-153.949	-72.056
		3	10.892	11.914	.367	-13.248	35.031
	3	1	-123.894*	17.571	.000	-159.496	-88.292
		2	-10.892	11.914	.367	-35.031	13.248

Based on estimated marginal means
*. The mean difference is significant at the .05 level.
b. Adjustment for multiple comparisons: Least Significant Difference (equivalent to no adjustments).

Multivariate Tests

经验		Value	F	Hypothesis df	Error df	Sig.	Partial Eta Squared
有经验	Pillai's trace	.265	6.490a	2.000	36.000	.004	.265
	Wilks' lambda	.735	6.490a	2.000	36.000	.004	.265
	Hotelling's trace	.361	6.490a	2.000	36.000	.004	.265
	Roy's largest root	.361	6.490a	2.000	36.000	.004	.265
无经验	Pillai's trace	.574	24.207a	2.000	36.000	.000	.574
	Wilks' lambda	.426	24.207a	2.000	36.000	.000	.574
	Hotelling's trace	1.345	24.207a	2.000	36.000	.000	.574
	Roy's largest root	1.345	24.207a	2.000	36.000	.000	.574

Each F tests the multivariate simple effects of 实验试次 within each level combination of the other effects shown. These tests are based on the linearly independent pairwise comparisons among the estimated marginal means.
a. Exact statistic

图 6-17　2×3 混合设计中 SPSS 输出的主要结果（续）

读者可以根据之前的解读思路，自行解读以上 SPSS 的结果。

(3) 数据报告

根据图 6-1 的思维导图，查看图 6-17。我们在实验报告或论文中可以参考如下格式报告数据：表格式如表 6-4 所示，图格式如图 6-18 所示。

表 6-4　不同经验和实验试次下所用时间的描述性数据

经验	实验试次 第一次	第二次	第三次	M±se
有经验	139.36±23.41	99.21±17.38	80.64±12.46	106.41±15.63
无经验	234.19±24.02	121.19±17.83	110.30±12.79	155.23±16.04
M±se	186.78±16.77	110.21±12.45	95.47±8.92	

采用 2（经验：有经验，无经验）×3（实验试次：第一次，第二次，第三次）混合设计的重复测量方差分析。经验主效应显著，$F(1, 37)=4.753$，$p = 0.036$，$\eta_p^2 =0.114$，无经验的用时显著多于有经验的。经 Greenhouse-Geisser 校正后，实验试次主效应显著，$F(1.545, 57.155)=34.426$，$p<0.001$，$\eta_p^2 =0.482$。事后多重比较表明，第一次的用时均显著多于第二

次和第三次的，第二次和第三次的差异不显著。

经 Greenhouse-Geisser 校正后，经验和实验试次的交互作用显著，$F(1.545, 57.155)=5.739$，$p=0.05$，$\eta_p^2 =0.134$。通过简单效应分析发现，无论被试是否有经验，第一次的用时均显著多于第二次和第三次的，第二次和第三次的差异不显著。只有第一次时，无经验的用时显著多于有经验的，后两次的差异不显著，如表 6-4 或图 6-18 所示。

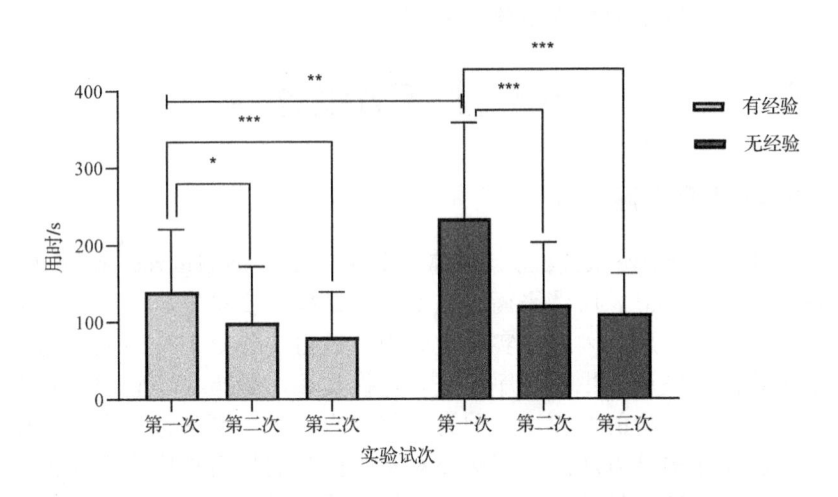

图 6-18　不同经验和实验试次下所用时间的描述性结果

6.2.4　随机实验组控制组前测后测设计

随机实验组控制组前测后测设计（randomized control-group pretest-posttest design）与随机实验组控制组后测设计相似，只是它在实验处理前增加了一个前测，因变量的前测和后测属于重复测量，因此该实验设计可以看成是一种最简单的混合设计。其字母式结构模式如下：

$$R \quad \bar{O}_1 \quad X \quad \bar{O}_3$$
$$R \quad \bar{O}_2 \quad \quad \bar{O}_4$$

在该实验设计模式中，被试内因素是测验顺序，包括前测和后测两个水平，被试间因素为组别，包括实验组和控制组两个水平。R 表示采用随机化的方法选取被试，并将其随机分配到实验组和控制组；X 表示由研究者操纵的实验处理；$\bar{O}_1$ 和 $\bar{O}_2$ 表示在实验前对两组被试进行前测所得到的观测值；$\bar{O}_3$ 和 $\bar{O}_4$ 表示两组被试后测的观测值。

随机实验组控制组前测后测设计控制了绝大多数影响内部效度的因素（朱滢，2000）。其一，采用随机化方法进行被试和组别的分配，能比较有效地控制选择、被试的中途退出，以及选择与成熟的交互作用等因素对实验结果的干扰。其二，由于有了控制组的比较，在实验处理过程中，发生在前测到后测这段时间内的事件对实验组和控制组的影响基本相同，因而可以控制历史、成熟、测验、仪器使用等影响内部效度的因素。当然，由于被试的前测而获得的经验，可能会影响后测的敏感性，出现测验的反作用效果，影响实验的外部效度。

在数据处理方面，将前测的数据作为后测的基线来处理。如果因变量是连续数据，则有三种数据处理方法。其一，采用被试间设计的方式建立 SPSS 的数据结构，将每个被试的后测成绩减去前测成绩作为因变量，采用 t 检验过程进行数据分析。其二，采用混合设计的方式建立 SPSS 的数据结构，将前测的成绩作为协变量，组别作为自变量，采用多因素方差分析进行数据分析。其三，采用混合设计的方式建立 SPSS 的数据结构，以测验顺序为被试内因素，以组别为被试间因素，采用重复测量方差分析进行数据分析。如果因变量是非连续数据，则应采用非参数检验。

6.3 拉丁方设计

6.3.1 拉丁方设计的内涵

拉丁方设计(Latin-square designs)，也称平衡对抗设计(counterbalanced designs)，或轮换设计(switch-over designs)。所谓平衡对抗设计，是指在实验中，由于前一个实验处理会影响后一个实验处理的效果，因而在实验设计中通过对实验处理顺序的控制，使实验条件均衡，以抵消实验处理先后产生的顺序误差。轮换设计，是指在实验中，由于学习的首因效应，被试容易记住先实验的内容，又因为近因效应，对于刚学过的内容，被试回忆的效果一般也较好，因而在实验方法上，有必要对实验内容的先后次序进行轮换，使实验情境条件和先后顺序对各个实验处理的机会均等，打破顺序界限。

拉丁方设计兼具被试内设计和随机区组设计的特点。前者指被试接受自变量的所有水平的实验处理，因实验处理顺序的相互干扰，因而需要采用轮换方式进行平衡。后者指额外变量与自变量必须不存在交互作用，方可采用轮换方式进行平衡。

6.3.2 拉丁方设计的结构模式

拉丁方设计扩展了随机区组设计的原则，可以分离出两个额外变量的效应。一个额外变量的水平在横行分配，另一个额外变量的水平在纵列分配，自变量的水平则在每个单元格里进行轮换分配，如表 6-5 所示。A 和 B 都是额外变量，X 是自变量，O 为后测成绩。

表 6-5 拉丁方设计的表格式结构模式

X		B			
		b_1	b_2	b_3	b_4
A	a_1	x_1O_1	x_2O_2	x_3O_3	x_4O_4
	a_2	x_2O_2	x_3O_3	x_4O_4	x_1O_1
	a_3	x_3O_3	x_4O_4	x_1O_1	x_2O_2
	a_4	x_4O_4	x_1O_1	x_2O_2	x_3O_3

拉丁方设计主要有三个特征：其一，自变量水平数与额外变量的水平数一样多；其二，自变量的每个水平在每行、每列中仅出现一次；其三，自变量与两个额外变量不存在交互作用，这与随机区组设计是一样的。如表 6-5 所示，自变量 X 有四个水平，x_1、x_2、x_3 和 x_4；额外变量 A 和 B 也都有四个水平 a_1、a_2、a_3、a_4，b_1、b_2、b_3、b_4；x_1、x_2、x_3 和 x_4 在每行每列中都轮换了一次。

在拉丁方设计中，研究者感兴趣的依然是自变量的作用，只是把自变量各水平的作用置于两个额外变量中进行平衡。

由于拉丁方设计兼具被试内设计和随机区组设计的特点，其 SPSS 数据结构的建立也有两种不同方法。

方法一：如果仅从平衡两个额外变量的角度，需要按照单因素被试内设计的模式建立 SPSS 数据结构，并采用重复测量方差分析进行数据处理。

方法二：如果还需通过方差分析分离两个额外变量的效应，则需按照三因素被试间设计的模式建立 SPSS 数据结构并采用多因素方差分析的方法进行数据处理。

以表 6-5 为例，所建立的 SPSS 数据结构分别如表 6-6 和表 6-7 所示。

表 6-6 拉丁方设计的 SPSS 数据结构（方法一）

S	O_{x1}	O_{x2}	O_{x3}	O_{x4}
S_{01}	O_{S011}	O_{S012}	O_{S013}	O_{S014}
S_{02}	O_{S021}	O_{S022}	O_{S023}	O_{S024}
S_{03}	O_{S031}	O_{S032}	O_{S033}	O_{S034}
⋮	⋮	⋮	⋮	⋮

表 6-7 拉丁方设计的 SPSS 数据结构（方法二）

A	B	X	因变量	A	B	X	因变量
1	1	1	O_{101}	2	2	2	O_{201}
1	1	1	O_{102}	2	2	2	O_{202}
⋮	⋮	⋮	⋮	⋮	⋮	⋮	⋮
1	2	2	O_{201}				
1	2	2	O_{202}				
⋮	⋮	⋮	⋮	4	3	2	O_{201}
1	3	3	O_{301}	4	3	2	O_{202}
1	3	3	O_{302}	⋮	⋮	⋮	⋮
⋮	⋮	⋮	⋮	4	4	3	O_{301}
1	4	4	O_{401}	4	4	3	O_{302}
1	4	4	O_{402}				
⋮	⋮	⋮	⋮				

6.3.3 举例说明研究过程：三种广告创意谁最受欢迎

例 6-4 一家专门制作儿童用品广告的广告公司想研究儿童对某一产品的三种广告创意（分别为：A，B，C）的接受程度，衡量指标为儿童注视该广告的时间。研究者考虑到儿童年龄（分别为：5~6 岁，7~8 岁和 9~10 岁）和广告中主角的形象（分别为：真人形象，普通卡通形象，知名动画片的主角代言）是影响实验结果的重要因素，因此决定以这两个因素作为额外变量，通过实验设计进行控制。研究者选择了三个年龄段的儿童各 15 个，三组儿童观看广告创意的次序安排如表 6-8 所示。

表 6-8 广告研究中平衡额外变量的方案

年龄段	主角形象		
	真人形象	普通卡通形象	知名动画片的主角代言
5～6岁	AO_1	BO_2	CO_3
7～8岁	BO_2	CO_3	AO_1
9～10岁	CO_3	AO_1	BO_2

资料来源：丁国盛，李涛. SPSS 统计教程——从研究设计到数据分析. 北京：机械工业出版社，2006: 166-169. 有改动。

年龄是一个额外变量，由于被试年龄低，注意力发展有限，因此可以分成三个水平。主角不同，其代言效果和成本也不同，也可分成三个水平，可以预期的是年龄段与广告创意不会发生交互作用，也就是说创意好的广告，无论是低年龄组还是高年龄组，其广告吸引力肯定都优于创意差的广告，因此将其安排在纵列三个单元格内。同理，广告的主角形象也不会与广告创意发生交互作用，因此将它的三个水平安排在横行三个单元格内。

由于被试需要观看三则广告以比较其差别，广告先后顺序对儿童观看广告的注视时间有很大影响，因此在单元格内对三种广告创意进行轮换平衡，5～6岁组，观看广告的顺序为 ABC，7～8岁组为 BCA，9～10岁组为 CAB，这样就保证了每种创意广告在主角形象(真人形象，普通卡通形象，知名动画片的主角代言)中均出现一次。

(1) SPSS 操作

方法一：采用重复测量方差分析，其操作与单因素被试内设计相似，如图 6-19 所示，在此不再赘述。

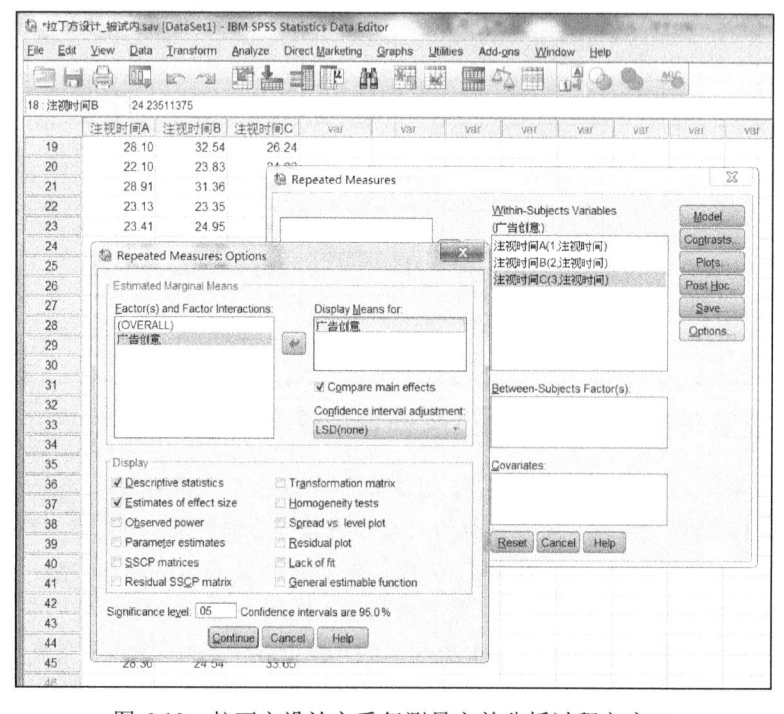

图 6-19 拉丁方设计之重复测量方差分析过程主窗口

方法二：采用多因素方差分析，其操作与随机区组设计相似。

在建立模型时，自变量与两个额外变量均没有交互作用，且方差齐性在 SPSS 的选项中无须设置方差齐性检验，如图 6-20 所示，在此不再赘述。

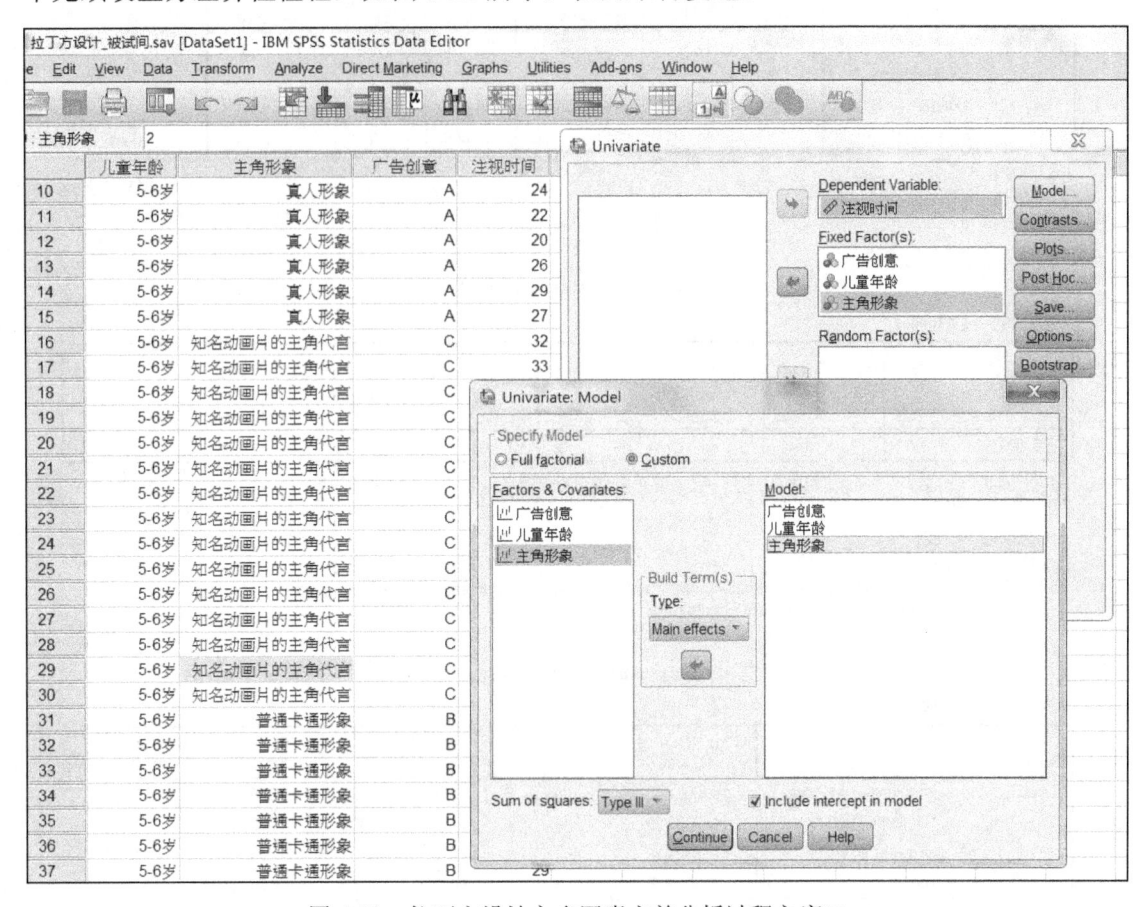

图 6-20　拉丁方设计之多因素方差分析过程主窗口

(2) 结果解读

方法一的主要结果如图 6-21 所示。

Within-Subjects Factors

Measure: 注视时间

广告创意	Dependent Variable
1	注视时间A
2	注视时间B
3	注视时间C

Descriptive Statistics

	Mean	Std. Deviation	N
注视时间A	25.1189	3.08578	45
注视时间B	26.9092	3.09435	45
注视时间C	28.7848	3.01418	45

图 6-21　拉丁方设计的重复测量方差分析的主要结果

Multivariate Tests[a]

Effect		Value	F	Hypothesis df	Error df	Sig.	Partial Eta Squared
广告创意	Pillai's Trace	.409	14.907[b]	2.000	43.000	.000	.409
	Wilks' Lambda	.591	14.907[b]	2.000	43.000	.000	.409
	Hotelling's Trace	.693	14.907[b]	2.000	43.000	.000	.409
	Roy's Largest Root	.693	14.907[b]	2.000	43.000	.000	.409

a. Design: Intercept
  Within Subjects Design: 广告创意

b. Exact statistic

Mauchly's Test of Sphericity[a]

Measure: 注视时间

Within Subjects Effect	Mauchly's W	Approx. Chi-Square	df	Sig.	Greenhouse-Geisser	Huynh-Feldt	Lower-bound
广告创意	.994	.254	2	.881	.994	1.000	.500

Epsilon[b]

Tests the null hypothesis that the error covariance matrix of the orthonormalized transformed dependent variables is proportional to an identity matrix.

a. Design: Intercept
  Within Subjects Design: 广告创意

b. May be used to adjust the degrees of freedom for the averaged tests of significance. Corrected tests are displayed in the Tests of Within-Subjects Effects table.

Tests of Within-Subjects Effects

Measure: 注视时间

Source		Type III Sum of Squares	df	Mean Square	F	Sig.	Partial Eta Squared
广告创意	Sphericity Assumed	302.438	2	151.219	16.322	.000	.271
	Greenhouse-Geisser	302.438	1.988	152.110	16.322	.000	.271
	Huynh-Feldt	302.438	2.000	151.219	16.322	.000	.271
	Lower-bound	302.438	1.000	302.438	16.322	.000	.271
Error(广告创意)	Sphericity Assumed	815.301	88	9.265			
	Greenhouse-Geisser	815.301	87.485	9.319			
	Huynh-Feldt	815.301	88.000	9.265			
	Lower-bound	815.301	44.000	18.530			

Estimated Marginal Means

广告创意

Estimates

Measure: 注视时间

广告创意	Mean	Std. Error	95% Confidence Interval Lower Bound	Upper Bound
1	25.119	.460	24.192	26.046
2	26.909	.461	25.980	27.839
3	28.785	.449	27.879	29.690

图 6-21 拉丁方设计的重复测量方差分析的主要结果(续)

Pairwise Comparisons

Measure: 注视时间

(I) 广告创意	(J) 广告创意	Mean Difference (I-J)	Std. Error	Sig.[b]	95% Confidence Interval for Difference[b] Lower Bound	Upper Bound
1	2	-1.790*	.638	.007	-3.076	-.505
	3	-3.666*	.664	.000	-5.005	-2.327
2	1	1.790*	.638	.007	.505	3.076
	3	-1.876*	.622	.004	-3.130	-.621
3	1	3.666*	.664	.000	2.327	5.005
	2	1.876*	.622	.004	.621	3.130

Based on estimated marginal means
*. The mean difference is significant at the .05 level.
b. Adjustment for multiple comparisons: Least Significant Difference (equivalent to no adjustments).

Multivariate Tests

	Value	F	Hypothesis df	Error df	Sig.	Partial Eta Squared
Pillai's trace	.409	14.907[a]	2.000	43.000	.000	.409
Wilks' lambda	.591	14.907[a]	2.000	43.000	.000	.409
Hotelling's trace	.693	14.907[a]	2.000	43.000	.000	.409
Roy's largest root	.693	14.907[a]	2.000	43.000	.000	.409

Each F tests the multivariate effect of 广告创意. These tests are based on the linearly independent pairwise comparisons among the estimated marginal means.
a. Exact statistic

图 6-21　拉丁方设计的重复测量方差分析的主要结果（续）

在图 6-21 中的 Tests of Within-Subjects Effects 表格里，我们只需查看广告创意的主效应是否显著，$F(2, 88)=16.322$，$p < 0.001$，$\eta_p^2=0.271$，说明三种广告对儿童的吸引力存在显著差异。查看 Pairwise Comparisons 表格，发现 C 广告吸引力最高，B 广告次之，A 广告最低。

方法二的主要结果如图 6-22 所示。

Between-Subjects Factors

		Value Label	N
广告创意	1	A	45
	2	B	45
	3	C	45
儿童年龄	1	5-6岁	45
	2	7-8岁	45
	3	9-10岁	45
主角形象	1	真人形象	45
	2	知名动画片的主角代言	45
	3	普通卡通形象	45

图 6-22　拉丁方设计的多因素方差分析的主要结果

Tests of Between-Subjects Effects

Dependent Variable: 注视时间

Source	Type III Sum of Squares	df	Mean Square	F	Sig.	Partial Eta Squared
Corrected Model	327.646ª	6	54.608	5.754	.000	.212
Intercept	97960.898	1	97960.898	10321.732	.000	.988
广告创意	302.438	2	151.219	15.933	.000	.199
儿童年龄	2.927	2	1.464	.154	.857	.002
主角形象	22.281	2	11.140	1.174	.312	.018
Error	1214.815	128	9.491			
Total	99503.358	135				
Corrected Total	1542.461	134				

a. R Squared = .212 (Adjusted R Squared = .175)

Estimated Marginal Means

广告创意

Estimates

Dependent Variable: 注视时间

广告创意	Mean	Std. Error	95% Confidence Interval Lower Bound	95% Confidence Interval Upper Bound
A	25.119	.459	24.210	26.028
B	26.909	.459	26.001	27.818
C	28.785	.459	27.876	29.694

Pairwise Comparisons

Dependent Variable: 注视时间

(I) 广告创意	(J) 广告创意	Mean Difference (I-J)	Std. Error	Sig.ᵇ	95% Confidence Interval for Differenceᵇ Lower Bound	95% Confidence Interval for Differenceᵇ Upper Bound
A	B	-1.790*	.649	.007	-3.075	-.505
	C	-3.666*	.649	.000	-4.951	-2.381
B	A	1.790*	.649	.007	.505	3.075
	C	-1.876*	.649	.005	-3.161	-.590
C	A	3.666*	.649	.000	2.381	4.951
	B	1.876*	.649	.005	.590	3.161

Based on estimated marginal means

*. The mean difference is significant at the .05 level.

b. Adjustment for multiple comparisons: Least Significant Difference (equivalent to no adjustments).

图 6-22 拉丁方设计的多因素方差分析的主要结果(续)

在图 6-22 中的 Tests of Between-Subjects Effects 表格里，我们只需查看广告创意的主效应是否显著，$F(2, 128)=15.933$，$p < 0.001$，$\eta_p^2 =0.199$，说明三种广告对儿童的吸引力存在显著差异。此时不用考虑两个额外变量的主效应是否显著，因为无论是否显著，在实验设计时已进行轮换平衡，并且在多因素方差分析中已把儿童年龄和主角形象的效应分离。根据广告创意的主效应是否显著，查看 Pairwise Comparisons 表格，发现 C 广告吸引力最高，B 广告次之，A 广告最低。

(3) 数据报告

根据上面的结果，我们在实验报告或论文中可以参考如下格式报告数据。在描述性数据的呈现上，由于只有一个自变量，所以只需用文字进行描述即可，或者制作一个更为直观的图表，如图 6-23 所示。

文字描述：

方法一　采用重复测量方差分析表明，广告创意的主效应显著，$F(2, 88)=16.322$，$p < 0.001$，$\eta_p^2 =0.271$，说明三种广告对儿童的吸引力存在显著差异。经两两比较发现，C 广告的注视时间(28.785±0.449)显著多于 B 广告(26.909±0.461)，后者显著多于 A 广告(25.119±0.460)。

方法二　采用多因素方差分析表明，广告创意的主效应显著，$F(2, 128)=15.933$，$p < 0.001$，$\eta_p^2 =0.199$，说明三种广告对儿童的吸引力存在显著差异。经两两比较发现，C 广告的注视时间(28.785±0.449)显著多于 B 广告(26.909±0.461)，后者显著多于 A 广告(25.12±0.46)。

图表描述：

方法一　采用重复测量方差分析表明，广告创意的主效应显著，$F(2, 88)=16.322$，$p < 0.001$，$\eta_p^2 =0.271$，说明三种广告对儿童的吸引力存在显著差异。经两两比较发现，C 广告的注视时间显著多于 B 广告，后者显著多于 A 广告，如图 6-23 或如图 6-24 所示。

方法二　采用多因素方差分析表明，广告创意的主效应显著，$F(2, 128)=15.933$，$p < 0.001$，$\eta_p^2 =0.199$，说明三种广告对儿童的吸引力存在显著差异。经两两比较发现，C 广告的注视时间显著多于 B 广告，后者显著多于 A 广告，如图 6-23 或如图 6-24 所示。

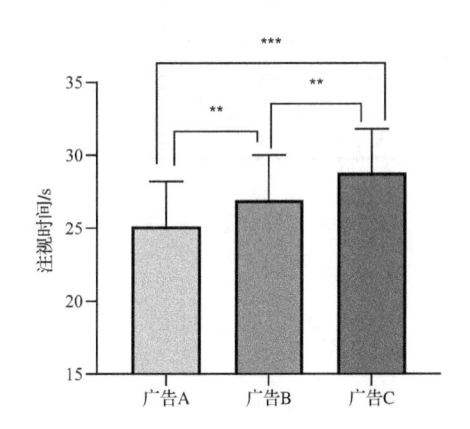

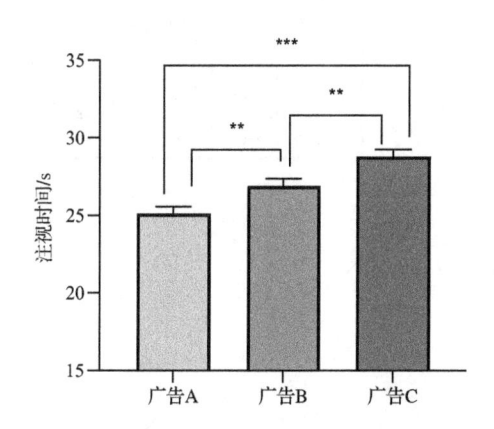

图 6-23　不同广告创意下的注视时间(误差线为 SD)　　图 6-24　不同广告创意下的注视时间(误差线为 se)

重复测量方差分析的效应量($\eta_p^2 =0.271$)大于多因素方差分析的效应量($\eta_p^2 =0.199$)，是因为在拉丁方设计中采用方法二进行数据处理会放大组内变异的误差，影响实验的效应。因此，若重复测量方差分析检测不到自变量的主效应，那么多因素方差分析更是无法检测得到。

6.3.4　平衡自变量各水平的另一方式

尽管我们采用拉丁方设计的方法，对额外变量 A 和 B 进行平衡，但是对于有些对顺序误差反应灵敏的自变量，表 6-5 中自变量的平衡方式仍存有缺陷。以表中 x_1 和 x_2 为例，在 a_1、a_2、a_3 行，x_1 都在 x_2 之前；只有在 a_4 行，x_1 在 x_2 之后，仍然出现顺序上的不平衡。

研究者建议，根据数列通项公式 1、2、n、3、$n-1$、4、$n-2$……建立拉丁方设计中单元格里第一行的顺序(郭秀艳，2004)。在这里 n 代表自变量的水平数，当第一行明确以后，对于每一列，只要按顺序从小到大进行安排即可，当遇到 x_n 时，再按顺序从 x_1 开始。对于 a_1 行，自变量各水平按 x_1、x_2、x_4 和 x_3 这个顺序进行安排，如表 6-9 所示。

当 n 为偶数时，可以按照表 6-9 的方式完全平衡掉上述的顺序误差。当 n 为奇数时，则需按照表 6-10 的方式将额外变量 B 再镜像轮换一次。

表 6-9　拉丁方设计的表格式结构模式（n 为偶数）

X		B			
		b_1	b_2	b_3	b_4
A	a_1	x_1O_1	x_2O_2	x_4O_4	x_3O_3
	a_2	x_2O_2	x_3O_3	x_1O_1	x_4O_4
	a_3	x_3O_3	x_4O_4	x_2O_2	x_1O_1
	a_4	x_4O_4	x_1O_1	x_3O_3	x_2O_2

表 6-10　拉丁方设计的表格式结构模式（n 为奇数）

X		B					B				
		b_1	b_2	b_3	b_4	b_5	b_1	b_2	b_3	b_4	b_5
A	a_1	x_1O_1	x_2O_2	x_5O_5	x_3O_3	x_4O_4	x_4O_4	x_3O_3	x_5O_5	x_2O_2	x_1O_1
	a_2	x_2O_2	x_3O_3	x_1O_1	x_4O_4	x_5O_5	x_5O_5	x_4O_4	x_1O_1	x_3O_3	x_2O_2
	a_3	x_3O_3	x_4O_4	x_2O_2	x_5O_5	x_1O_1	x_1O_1	x_5O_5	x_2O_2	x_4O_4	x_3O_3
	a_4	x_4O_4	x_5O_5	x_3O_3	x_1O_1	x_2O_2	x_2O_2	x_1O_1	x_3O_3	x_5O_5	x_4O_4
	a_5	x_5O_5	x_1O_1	x_4O_4	x_2O_2	x_3O_3	x_3O_3	x_2O_2	x_4O_4	x_1O_1	x_5O_5

第7章 取样的相关问题

介绍完实验设计之后，你是否想知道一个研究需要多大样本呢？是否有一定的依据呢？一般来说，样本大小的依据主要有三个途径。

7.1 以近期发表的相关研究中的效应量倒推现有研究需要的样本大小

效应量（effect size）是实验处理效应大小的度量。效应量越大表示两个总体重叠的程度越小，效应量越明显。文献中常见的效应量指标有 Cohen's d、η_p^2、Φ、Cramer's V、r、f^2、R^2、I 等（郑昊敏，温忠麟，吴艳，2011）。以 Cohen's d 为例，如果 d 值大致为 0.5，为了达到 0.05 的显著性水平，两组被试各需 39 个；当 d 值为 0.8 时，要达到相同的显著性水平，两组各用 15 个被试即可，见表 5-2。这是因为 d 值越大，两个总体分布重叠的程度越小，它们的平均数之间的差异就越大。因此为了达到某一显著性水平，d 值越大，所需的样本量就越少（朱滢，2006），其他指标的含义与此类同。

我们可以用近期发表的相关研究中的效应量，采用 G*Power 计算需要的样本大小。需要说明的是这种方法要根据你的实验设计及其数据采用的统计分析方法来计算。在本书中，我们将以 Cohen's d、η_p^2 为例计算研究需采用的样本量。

7.1.1 独立样本 t 检验中样本量的计算

如果现有文献中已报告 Cohen's d，可根据图 7-1，在【Test family】中选择"t tests"；在【Statistical test】中选择"Means: Difference between two independent means (two groups)"，即两个独立样本均值的比较。在【Type of power analysis】中选择"A priori: Compute required sample size-given α, power, and effect size"，根据效应量计算样本大小时均选择这一选项。在【Tails】中选择"Two"，因为我们不知道两组样本的差异方向，但是如果已确定两组样本的差异方向就可以选择"One"；将现有文献中的 Cohen's d 值输入【Effect size d】中，如"0.98"。按照 Cohen 约定的标准，0.20 为小效应，0.5 为中效应，0.8 为大效应，我们可据此来判断。需要说明的是这个标准与 G*Power 中默认设置的标准不同，学术上一般参照 Cohen 标准。将【α err prob】设置成"0.05"，即 p 值为 0.05；将【Power(1−β err prob)】设置成"0.95"，一般来说这个值设置成"0.8"以上即可。1−β 指的是能检验出两组样本存在差异的概率有多高，即能够正确地拒绝一个错误的虚无假设的概率，可参考图 7-1 中的正态分布图；将【Allocation ratio N2/N1】设置成"1"，这个值一般默认即可；最后单击【Calculate】计算出第一组的样本为 29 人，第二组也为 29 人，总样本大小为 58 人。

在论文中，将上述样本计划过程用文字描述为：采用 t 检验，根据 Cohen's d = 0.98，Power=0.95，以 G*Power 3.1.9.2 来估算单因素被试间设计的总样本量为 58 个，每组为 29 个。

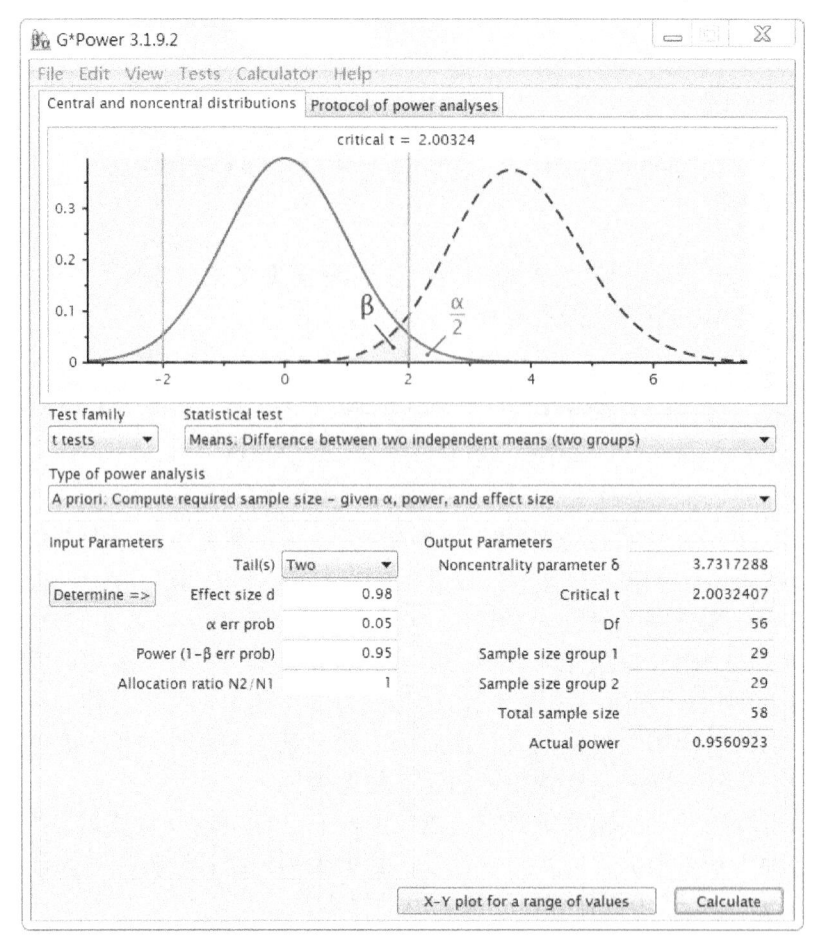

注：论文中有报告 Cohen's d 的情形。

图 7-1　独立样本 t 检验中样本量的计算(1)

如果现有文献中只报告了两组的均值和标准差，可以单击【Determine=>】，出现如图 7-2 所示的对话框。如果两组标准差不一致，将两组均值和标准差分别输入【Mean Group 1】中如"0.58"，【Mean Group 2】如"0.62"，【SD σ Group 1】如"0.11"，【SD σ Group 2】如"0.1"，再单击右边的【Calculate】便可计算出【Effect size d】为"0.951303"，再将"0.951303"复制到左边主对话框的【Effect size d】中，其他的设置与图 7-1 相似。最后单击【Calculate】可计算每组的样本量为 30 个，总样本量为 60 个，后续内容中没有报告效应量的【Determine=>】计算过程相似，不再赘述。

在论文中，将上述样本计划过程用文字描述为：采用 t 检验，根据×××(2021)的研究结果，实验组(0.68±0.10)和控制组(0.58±0.11)，计算 Cohen's d=0.95，Power=0.95，以 G* Power 3.1.9.2 来估算单因素被试间设计的总样本量为 60 个，每组为 30 个。

配对样本 t 检验和单样本 t 检验中样本量的计算与独立样本 t 检验的计算方法相似，前者在【Statistical test】中选择"Means: Difference between two independent means (matched pairs)"，后者在【Statistical test】选择"Means: Difference from constant (one sample case)"，不再赘述。

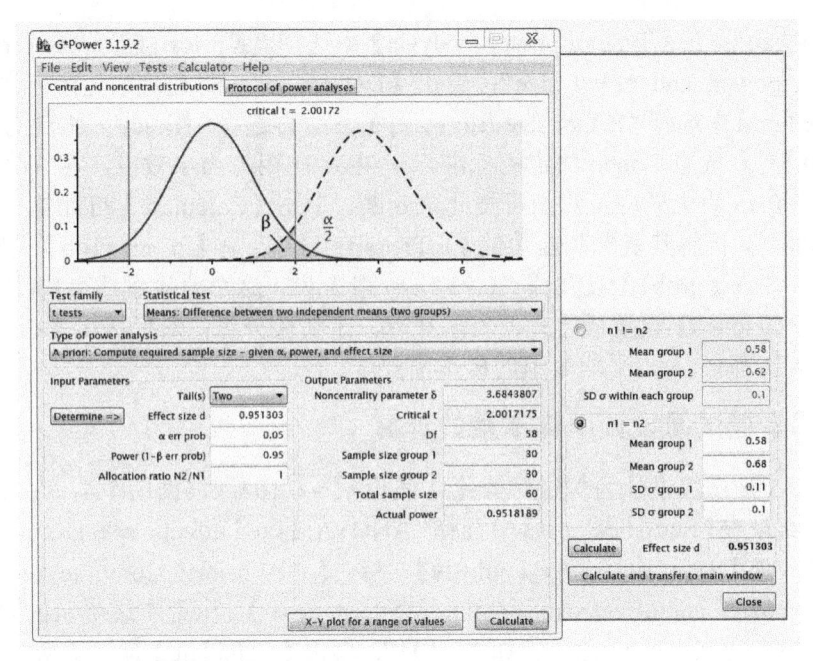

注：论文中只报告两个组的均值和标准差的情形。

图 7-2　独立样本 t 检验中样本量的计算(2)

7.1.2　单因素被试间设计中样本量的计算

我们以单因素被试间设计（三个水平）为例，假设现有文献中已报告 η_p^2。根据图 7-3，在【Test family】中选择"F tests"；在【Statistical test】中选择"ANOVA: Fixed effects,

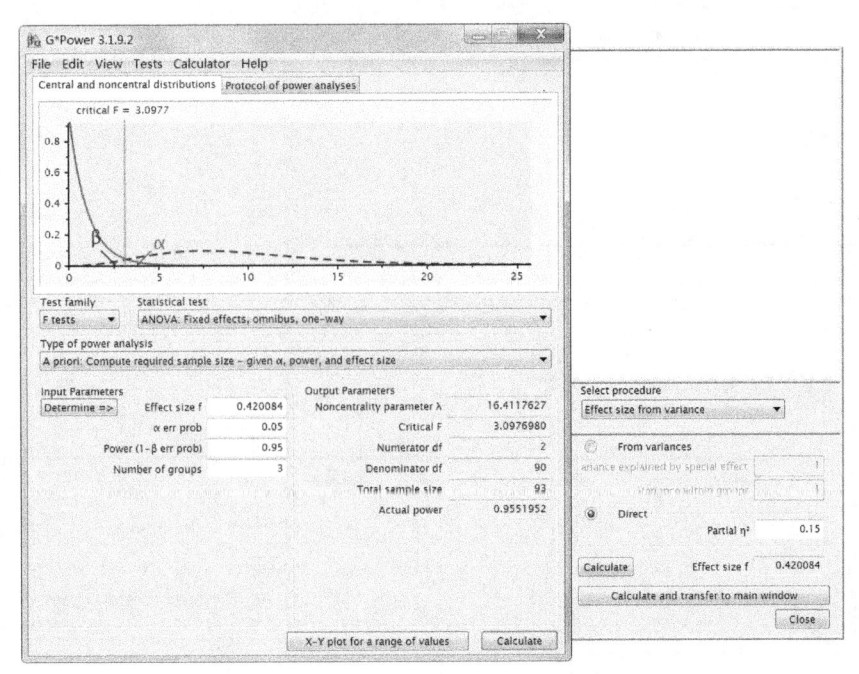

图 7-3　单因素方差分析中样本量的计算

omnibus, one-way"；在【Type of power analysis】中选择"A priori: Compute required sample size-given α, power, and effect size"；单击【Determine=>】，出现右边所示的对话框，在【Select procedure】中选择"Effect size from variance"，再选择"Direct"，将现有文献中的 η_p^2 输入，如"0.15"。按照 Cohen 约定的标准，η_p^2 在 0.01 附近为小效应，在 0.06 附近为中效应，大于等于 0.15 为大效应，我们可据此来判断。单击【Calculate】可计算出【Effect size f】为"0.420084"，再将其复制到左边的【Effect size f】中；将【α err prob】设置成"0.05"；将【Power（1-β err prob）】设置成"0.95"，一般来说，这个值设置成 0.8 以上的值即可；将【Number of groups】设置成"3"，表示共有三个实验分组；最后单击【Calculate】便可计算出总样本量为 93 人，平均每组的样本需要 31 个。

7.1.3 多因素被试间设计中样本量的计算

我们以 4×3 被试间设计为例进行介绍，假设 $\eta_p^2 = 0.104$。根据图 7-4，在【Test family】中选择"F tests"；在【Statistical test】中选择"ANOVA: Fixed effects, special, main effects and interactions"；在【Type of power analysis】中选择"A priori: Compute required sample size-given α, power, and effect size"；单击【Determine=>】，出现右边所示的对话框，选择"Direct"，将现有文献中的 η_p^2 输入，如"0.104"，单击【Calculate】便可计算出【Effect size f】为"0.3406926"，再将其复制到左边的【Effect size f】中；将【α err prob】中设置成"0.05"；将【Power（1-β err prob）】设置成"0.95"，一般来说，这个值设置成 0.8 以上的值即可；将【Numerator df】设置成"6"，即自变量一有 4 个水平，自变量二有 3 个水平，(4-1)×(3-1)=6；将【Number of groups】设置成"12"，即 4×3=12；最后单击【Calculate】便可计算出总样本量为 187 人，平均每组的样本需要 16 个。

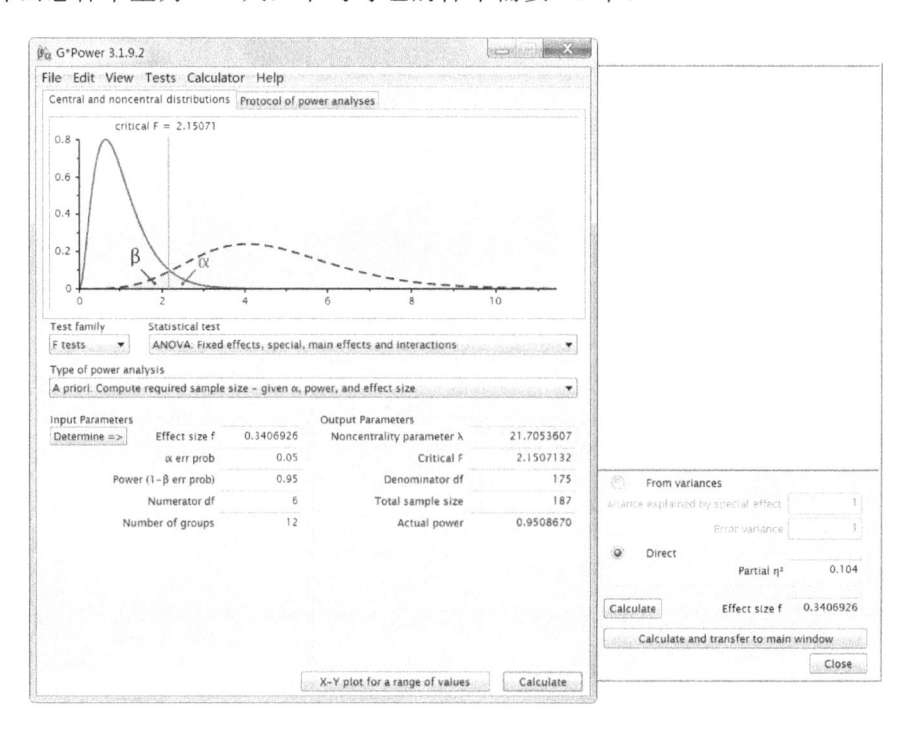

图 7-4　4×3 被试间设计中样本量的计算

在论文中，将上述样本计划过程用文字描述为：采用 F 检验，根据 η_p^2 =0.104，Power=0.95，以 G*Power 3.1.9.2 来估算 4×3 被试间设计的总样本量为 187 个，每组样本量为 16 个。

此外，对于三因素甚至更多因素的被试间设计，其样本估算方法均与此类同。

7.1.4 单因素被试内设计中样本量的计算

我们以单因素（三水平）被试内设计为例进行介绍，假设 $\eta_p^2 = 0.10$。根据图 7-5，在【Test family】中选择 "F tests"；在【Statistical test】中选择 "ANOVA: Repeated measures, within factors"；在【Type of power analysis】中选择 "A priori: Compute required sample size-given α, power, and effect size"；单击【Determine=>】，出现右边所示对话框，选择 "Direct"，将现有文献中的 η_p^2 输入，如 "0.1"，单击【Calculate】便可计算出【Effect size f】为 "0.3333333"，再将其复制到左边的【Effect size f】中；将【α err prob】设置成 "0.05"；将【Power（1−β err prob）】设置成 "0.95"，一般来说这个值设置成 0.8 以上的值即可；将【Number of groups】设置成 "1"，只有一个分组，这里相当于被试间因素的分组数；将【Number of measurements】设置成 "3"，即被试内因素有三个水平；将【Corr among rep measures】设置成 "0"，这是被试内因素各水平间的相关系数，不知道时设置成 0，也可通过预实验获取其数值；将【Nonsphericity correction ϵ】设置成 "1"，这是指球形假设，1 表示没有进行修正，它的下限是 $\dfrac{1}{n-1}$，n 是指被试内因素的水平数；最后单击【Calculate】便可计算出总样本量为 48 人。

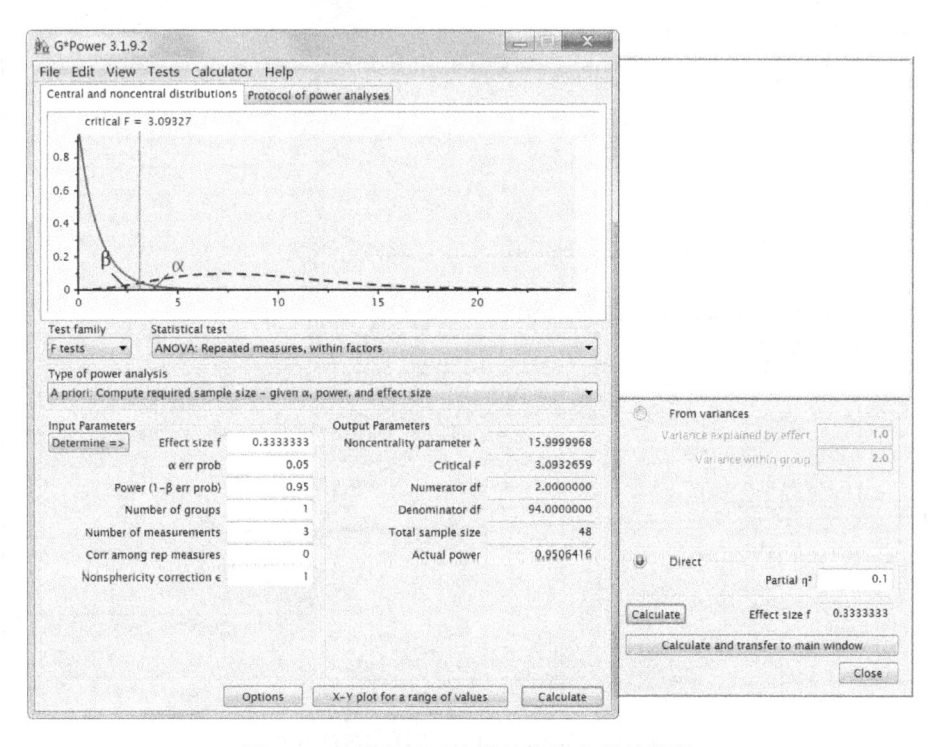

图 7-5 单因素被试内设计中样本量的计算

在论文中,将上述样本计划过程用文字描述为:采用 F 检验,根据 η_p^2=0.10(×××,2021),Power=0.95,以 G*Power 3.1.9.2 来估算单因素被试内设计的总样本量为 48 个。

7.1.5 混合设计中样本量的计算

我们以 3×3 混合设计为例进行介绍,假设 η_p^2 = 0.10。根据图 7-6,在【Test family】中选择"F tests";在【Statistical test】中选择"ANOVA: Repeated measures, within-between interaction";在【Type of power analysis】中选择"A priori: Compute required sample size-given α, power, and effect size";单击【Determine=>】,出现右边所示的对话框,选择"Direct",将现有文献中的 η_p^2 输入,如"0.1",单击【Calculate】便可计算出【Effect size f】为"0.3333333",再将其复制到左边的【Effect size f】中;将【α err prob】设置成"0.05";将【Power(1−β err prob)】设置成"0.95",一般来说,这个值设置成 0.8 以上的值即可;将【Number of groups】设置成"3",有三个分组,这里是指被试间因素的水平数;将【Number of measurements】设置成"3",这是指被试内因素有三个水平;将【Corr among rep measures】设置成"0",这是设计被试内因素各水平间的相关系数,不知道时设置成 0,也可通过预实验获取其数值;将【Nonsphericity correction ∈】设置成"0.5",它是指非球形假设修正,1 表示没有进行修正,它的下限是 $\frac{1}{n-1}$,n 是指被试内因素的水平数,本例为 $\frac{1}{3-1}$=0.5;最后单击【Calculate】便可计算出总样本量为 96 人,被试间因素的每个水平的平均人数为 32 人。

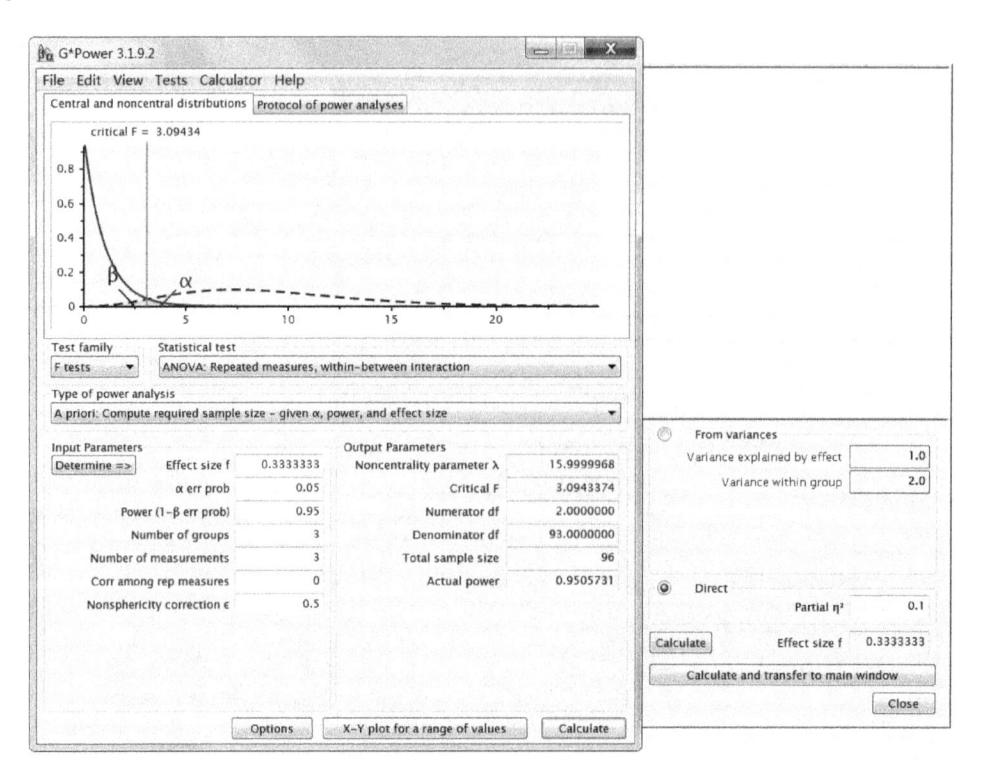

图 7-6 3×3 混合设计中样本量的计算

在论文中,将上述样本计划过程用文字描述为:采用 F 检验,根据 η_p^2=0.10(×××,2021),Power=0.95,以 G*Power 3.1.9.2 来估算 3×3 混合设计的总样本量为 96 个,每组样本量为 32 个。

7.2 以 Cohen 的标准推算研究需要的样本大小

按照 Cohen(1969)约定的标准,Cohen's d 在 0.1 附近为小效应,在 0.3 附近为中效应,在 0.5 附近为大效应(朱滢,2006)。η_p^2 在 0.01 附近为小效应,在 0.06 附近为中效应,大于等于 0.15 为大效应。研究者可以以此为参照来估算样本量。不过,为了提高研究的效度和信度,目前国际上更倾向于以小效应量为标准来估算样本量。之后,参照"7.1"中介绍的方法,以实验设计类型来估算样本量。

7.3 参照近期发表的相关研究中的样本大小

这种方法相对比较简单。比如,你要进行语义干扰的相关研究,准备采用图—声干扰范式(picture-sound interference task),如果也以大学生为被试,你的单组被试的样本可以采用 Mädebach,Kieseler 和 Jescheniak(2018)研究中的样本量 24 个。

第8章 准实验设计

被试间设计、被试内设计和混合设计被称为真实验设计(朱滢，2000)，在实验操纵上具有较高的灵活性。准实验设计(quasi-experimental design)类似于真实验设计，但又具有其自身的局限性：①无法如真实验设计那样随机选取被试，并将被试随机分配到各实验条件中；②不能完全主动地控制自变量和其他额外变量。因为通常不易对被试进行随机抽样，常采用实验组和控制组进行弥补。

8.1 小样本设计

被试间设计、被试内设计和混合设计属于大样本研究，每种实验条件下的样本量均需达到一定的标准，通过差异分析的方法检验实验条件的异同，是主流的研究范式。

但是，有些研究采用一两个被试，也可以达到所要的研究目的，如巴普洛夫(Ivan P. Pavlov)的经典条件反射的研究，弗洛伊德(Sigmund Freud)相关理论的发现等。

8.1.1 小样本设计的原理

小样本设计(small-sample design)，是指只有一个或两个被试的实验设计，也称小 n 设计。研究者不以均值和方差的形式报告数据，而是以反应曲线的形式报告数据。这条曲线是被试行为的一部分，是在特定的实验条件下被试的典型行为，能反映行为的规律。小样本设计适合于对单独个体进行深入细致的长期研究，大样本研究则是对一组个体进行短期的观察研究(黄一宁，1998)。

小样本设计将实验处理的实施分成几个不同的阶段。根据实验设计的复杂程度，主要有以下三种设计模式：ABA 设计、AB 设计、AB 多基线设计(Craig & Metze, 1986；周谦，1994)。

8.1.2 ABA 设计

8.1.2.1 ABA 设计的原理

ABA 设计(ABA design)包含三个阶段(黄一宁，1998，pp.260-263)：建立基线(A)，实施实验处理(B)和撤销实验处理(A)。

(1) 建立研究对象的行为基线(A)

建立基线是 ABA 设计的第一个阶段。这阶段用于确定目标行为(因变量)的发生次数、出现频率等指标，作为对行为的原始观察，因此称为基线(base-line)，它是评估自变量是否产生作用的依据。研究者确定因变量后，就按计划进行重复测量，同时控制额外变量。在接受实验处理之前(进入第二阶段)，因变量的变化必须达到"稳定"的标准，如图 8-1 所示在建立基线阶段，第 2 次测量出现了较大的波动，经过第 3 次、第 4 次和第 5 次的测量后，发现因变量基本维持在一个比较稳定的水平，此说明基线建立成功。第 2 次测量出现波动，可能是受实验环境等额外变量影响，但我们必须找出代表平时水平的基线。至于要观测几次才能获得稳定的基线，要视具体的课题内容而定，图 8-1 是观测 5 次之后获的得稳定的基线水平，在实际研究中可能需要更多次，也可能在 5 次之内就可以获得，若在计划之内因变量还没达到稳定，可以延长这一阶段的实验时间。而重复测量的时间间隔取决于研究对象的特征和已有的研究结论。

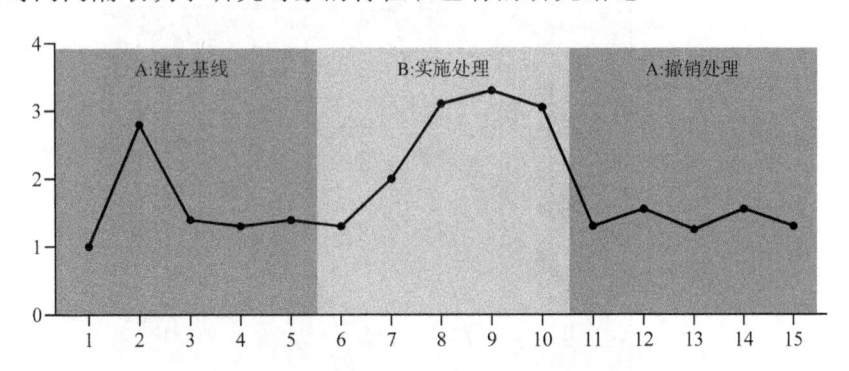

图 8-1 ABA 设计的实验过程与假想实验结果

资料来源：黄一宁. 实验心理学——原理、设计与数据处理. 西安：陕西人民教育出版社, 1998: 260. 有改动.

(2) 实施实验处理(B)，观察和记录因变量的变化

基线一旦建立，研究者便可以进行第二阶段的实验：实施实验处理，并按计划测量因变量，观察它的变化。在这个阶段除实验处理的作用外，一切实验条件和情景，都必须和第一阶段保持一致。实验处理持续的时间由因变量变化的稳定程度来决定，其标准与第一阶段相同。

(3) 撤销实验处理(A)，继续监测因变量的情况

在第二阶段的因变量达到稳定之后，可以进行第三阶段的实验：撤销实验处理，并一直观测到因变量出现稳定之后。这一阶段是评估实验处理是否对因变量产生作用的关键步骤。如果在第二阶段因变量的变化趋势有别于第一阶段，而第三阶段又与第一阶段相似，则说明实验处理起了作用。当然也可能第三阶段无法回归到第一阶段的稳定水平，这是由因变量的特征(比如说自变量对因变量所产生的作用是不可逆的)所决定的。如采用某一疗法治疗强迫症，经过治疗(B)之后，强迫症行为得以消除，那么在第三阶段里就不可能测得如第一阶段的结果，这也证明了治疗的效果。

8.1.2.2 举例说明研究过程：满灌疗法在毛巾收藏癖的治疗上的应用

例 8-1 在一个精神病院里，值班护士发现有些病人反映毛巾总是丢失，而她发现某一病房总是多出很多毛巾。原来是一位 47 岁的病人喜欢收藏毛巾，而值班护士每天总是需要把多出的毛巾强制拿走。对此，Ayllon(1963)决定采用满灌疗法进行行为矫正。Ayllon 先用七周的时间进行观察，结果发现平均每天该病房的毛巾数量约 20 条。从第八周开始，Ayllon 实施满灌疗法。既然病人喜欢毛巾，他要求护士每天不定时地拿一些毛巾进该病房。第一天拿 7 条，之后每天拿进的数量逐渐增多，直至第 12 周时每天达到 60 条。再经过一周的观察之后，Ayllon 发现尽管每天还是不定时地放入 50~60 条毛巾，但房间内

毛巾数量并未增多反而减少了。从第 14 周开始，Ayllon 撤销实验处理，即要求护士不再拿毛巾进病房，一直到 21 周时病房的毛巾下降到 2 条的正常水平。Ayllon 又持续观察了五周，发现病房的毛巾数量一直维持在 2 条。由此可见，通过满灌疗法，Ayllon 治愈了该病人的毛巾收藏癖。

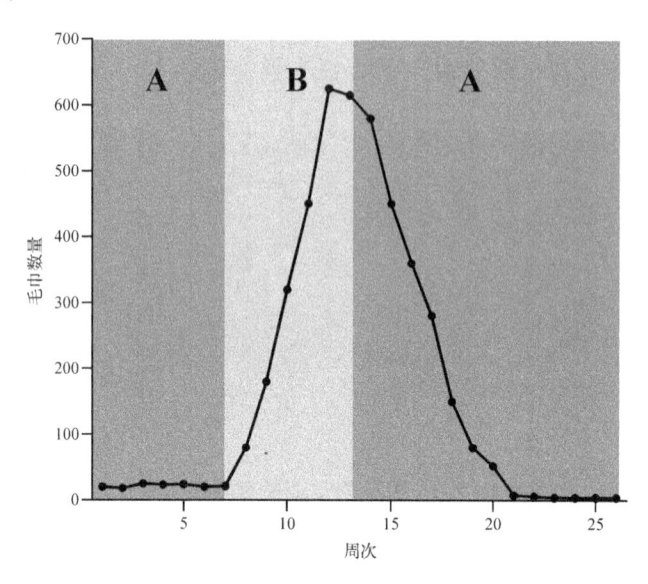

图 8-2　每周病房内毛巾的数量

资料来源：SOLSO R L, MACLIN M K. 实验心理学——通过实例入门（第七版）. 张奇，等译. 北京：中国轻工业出版社，2004：101-103.

本例采用典型的 ABA 设计：在 A 阶段进行基线测量，B 阶段实施实验处理进行满灌疗法，A 阶段撤销实验处理。由于已经治疗成功，撤销实验处理之后，患者的行为回归正常。因此对于这类研究，采用 ABA 设计是检验实验处理效果和进行治疗的有效手段。而有些研究在撤销实验处理时，能回归到 A 基线状态，采用 ABA 设计是检验实验处理效果的有效手段，如例 8-2。

8.1.2.3　爱哭儿童的矫正

例 8-2　Hart 等人(1964)发现幼儿园里一个 4 岁儿童比尔看上去虽然很健康、很正常，但却过分爱哭。研究者提出是成人的关注强化了比尔的爱哭行为，于是他们设计实验来检验这种假设。

研究者采用了 ABAB 设计。在第一阶段 A，比尔一旦哭，幼儿园老师就表现出关注。在该阶段中，比尔每天大约哭 8 次，持续 9 天。在第二阶段 B，老师按照研究者的建议有意忽视比尔哭的行为，但特别关注他的言语和自助行为，持续进行 9 天，比尔的爱哭反应几乎消退。接着撤销实验处理，实施第三阶段 A，老师又重新关注哭的行为，再次强化了哭，比尔爱哭的行为又回到基线水平。最后实施第四阶段 B，比尔的爱哭行为最终得以矫正，如图 8-3 所示。

本例在开始的三个阶段，采用 ABA 设计，用于检测成人的关注是否强化了比尔的爱哭行为。在确认爱哭行为的原因后，在第四阶段继续执行实验处理，忽视比尔的爱哭行为，强化他的适宜行为,最终矫正其爱哭行为。

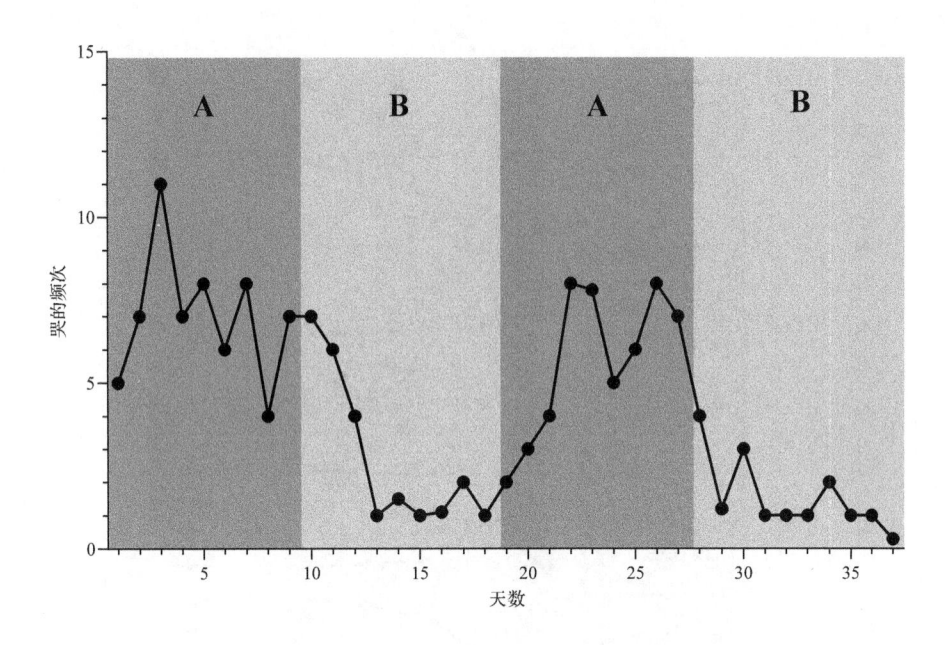

图 8-3　在四个观察阶段中比尔哭的行为频次

资料来源:WOLF 和 RISLEY(1971)(引自 郭秀艳. 实验心理学. 北京:人民教育出版社. 2004: 83- 84.),有改动。

一般来说,ABA 设计适合于撤销实验处理后,能回到基线状态的研究,即自变量对因变量所产生的作用是暂时的、可逆的(如例 8-2)。它能更好地检验实验处理的效应,具有较高的内部效度。但是,如果实施实验处理 B 后无法回到基线状态 A(如例 8-1),就需要采用实验组控制组 AB 设计或 AB 多基线设计。

8.1.3　实验组控制组 AB 设计

8.1.3.1　实验组控制组 AB 设计的原理

实验组控制组 AB 设计是以 AB 设计的原理采用实验组控制组的方式,来检验实验处理的效应的。A 阶段和 B 阶段,一般都需要进行多次观测,这种设计通常也被称为实验组控制组时间系列设计(time series design)。其结构模式可表述为:

$$O_1 \quad O_2 \quad O_3 \quad O_4 \quad X \quad O_5 \quad O_6 \quad O_7 \quad O_8$$
$$O'_1 \quad O'_2 \quad O'_3 \quad O'_4 \quad \quad O'_5 \quad O'_6 \quad O'_7 \quad O'_8$$

O_1、O_2、O_3、O_4 属于实验组 A 阶段所测量的四个时间点的观测值,作为实验组基线测量。O_5、O_6、O_7、O_8 属于实验组 B 阶段,是引入实验处理(X)后所获得的观测值。O'_1、O'_2、O'_3、O'_4 属于控制组 A 阶段所测量的四个时间点的观测值,作为控制组基线测量。O'_5、O'_6、O'_7、O'_8 属于控制组在 B 阶段所获得的观测值。

引入实验处理前后的数据可能有两种变化。其一,连续性的,表现为基线斜率的变化。其二,非连续性的,表现为在实验处理之前与之后的截距、斜率的变化,或同时变化。

图 8-4 展示了时间系列设计研究的几种可能结果。A 阶段是基线观测，B 阶段表示实施实验处理过程。

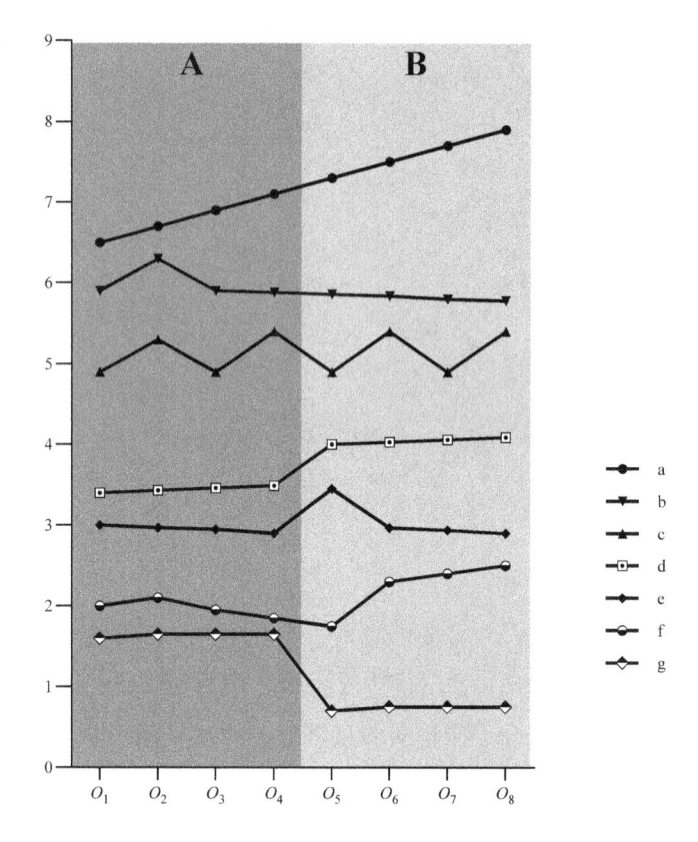

图 8-4 时间系列设计研究的可能结果

资料来源：周谦. 心理科学方法学. 北京：中国科学技术出版社，1994: 145-147. 有改动.

CAMPBELL D T, STANLEY J. Experimental and quasi-experimental designs for research. Chicago: Rand McNally, 1963: 37-42. 有改动.

a 线表明实施处理后成绩的变化是处理前成绩增长的延续，没有出现不连续性。b 线虽然在 O_2 点出现波动，但处理前后的成绩水平和变化趋势基本上是相同的。c 线在处理后的变化与处理前的变化趋势也基本一致，可以说处理后成绩的变化是处理前成绩的变化的继续。e 线在实施处理后在 O_5 点出现波动，但之后又回归处理前的变化趋势，可以认定为 O_5 的变化属于随机波动，因此也说明处理前后的变化趋势是一样的。

d 线和 g 线在引入实验处理后，因变量开始的成绩水平与处理前的成绩水平呈不连续性，即处理后的成绩水平不是处理前成绩水平的继续，而是比处理前的水平发生了或高（d 线）或低（g 线）的变化。基本上可以推断是处理引起成绩水平的变化。尽管 f 线在 O_5 点延续了处理前的变化趋势，但是之后出现了截距和斜率的不连续变化，也可以推断是处理引起成绩水平的变化。f 线的这种特征，研究者称之为实验处理的潜伏性（周谦，1994）。

所谓潜伏性，是指引入实验处理后的变化是即时发生还是潜伏一段时间后才发生。如果处理效果是即时的，则引入实验处理后，成绩截距或斜率就会很快发生变化，即在引入实验处理后，首次后测的成绩水平就会发生非连续性的变化，如 d 和 g 线的 O_5 所示。如果处理效果具有潜伏性，那么，在引入实验处理后，测验成绩水平的变化要过一段时间才会发生，如 f 线的 O_6 所示。在这种情况下，由于在处理效果的潜伏期内，可能会有其他无关因素影响基线（前测）成绩水平或斜率的变化，因而难以判断处理后所发生的非连续性的水平变化只是由于实验处理引起的。通常认为，那些在实验处理后的即时性的和延续性的成绩水平变化，可以比较明确地表示出实验处理的效果，相对地也就比较容易做出处理影响成绩的判断，除非你又加入一组控制比较组（周谦，1994）。

不过需要说明的是，在时间系列设计中，有些研究的研究对象也不仅仅是一两个被试，而是一组具有相同特征的被试，如例 8-3 所示。

8.1.3.2 举例说明研究过程：交通事故与严厉的交通事故惩罚制度的相关性研究

例 8-3 Campbell 于 1963 年采用一个准实验设计，研究交通事故与严厉的交通事故惩罚制度之间的关系。他们以康涅狄格州的交通死亡人数为研究对象。该州在 1956 年后实施了严厉的交通事故惩罚制度。研究者追溯了 1951 年至 1955 年间该州的交通死亡人数，和实施严惩制度后（1956 年）该州的交通死亡人数。从图 8-5 可以发现，实施严惩制度前，1951 年至 1955 年的交通死亡人数呈上升的趋势，而实施严惩制度后，1956 年至 1959 年则呈下降趋势。由此研究者提出，实施严厉的交通事故惩罚制度可以减少交通事故。这就是一个时间系列设计的案例。

不过有人提出，死亡人数下降可能是其他原因引起的（如交通条件改善了，1956 年的天气好于 1955 年，或者驾驶员的教育水平提高了），这些原因听起来也是合理的。为了排除这些因素，Campbell 采用了不对等实验组控制组时间系列设计，他找了四个条件相近的州的交通死亡人数进行比较。从图 8-5 可以发现，其他四州的死亡人数虽有下降，但康涅狄格州的下降趋势最为显著。由此更进一步说明了严厉的交通事故惩罚制度对于减少交通事故是有效的。

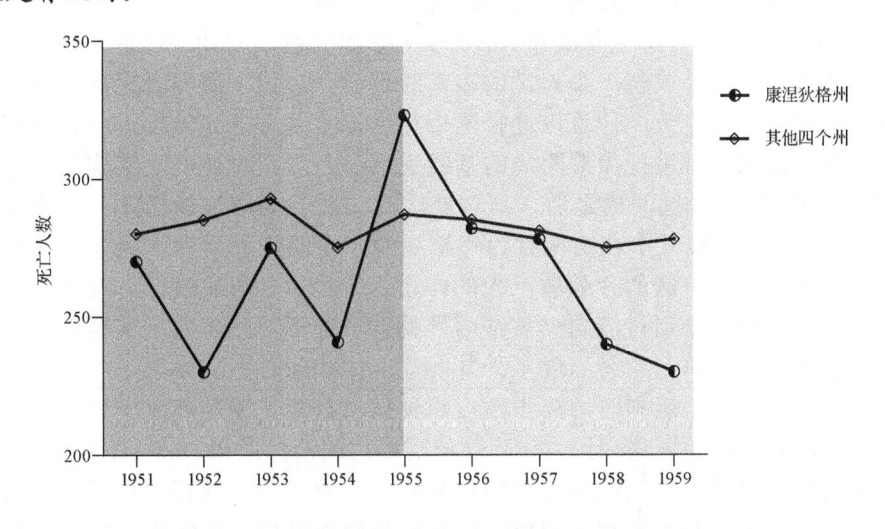

图 8-5　康涅狄格州与其他四州的交通事故死亡人数

资料来源：SOLSO R L, MACLIN M K. 实验心理学——通过实例入门（第七版）. 张奇, 等译. 北京: 中国轻工业出版社, 2004: 95-96. 有改动.

本例属于典型的回溯式相关研究，采用实验组控制组时间系列设计，是一种准实验设计，实验组根本无法随机选取。从 1955 年后实施严厉的交通事故惩罚制度后，从死亡人数的变化趋势，以及与控制组(其他四个州)的对比，可以发现严厉的交通事故惩罚制度能有效阻止交通事故的发生。

8.1.4 AB 多基线设计

AB 多基线设计(AB multiple-baseline design)是指：同时开始于两个(或若干个)基线单元；然后，对第一个基线单元启动实验处理，与此同时，另一个基线观测继续进行；一段时间后，再对第二个基线单元启动实验处理，如图 8-6 所示。

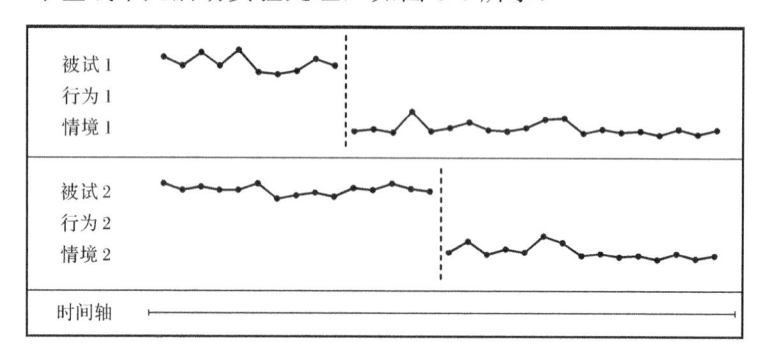

图 8-6 AB 多基线设计的轮廓图

资料来源：郭秀艳. 实验心理学. 北京：人民教育出版社. 2004: 85. 有改动.

AB 多基线设计的实验逻辑是：当一种行为或一个被试在接受处理时，另一种行为或另一个被试仍处于基线条件下。如果这种未接受处理的行为在实施实验处理之前保持稳定，然后随着自变量的变化而变化，我们就可以认定是实验处理导致该行为的变化，而不是在观察期内偶然因素所导致的结果(郭秀艳，2004)。

AB 多基线设计主要有三种类型。①AB 多基线跨被试设计。它是指最初两个或若干个基线单元分别对应两个或若干个被试的多基线设计。比如，研究者想探究某一行为疗法在矫正儿童多动症上的疗效。他可以选择两个症状程度接近、年龄接近、性别相同的多动症被试，对两个被试同时进行为期两周的基线观察；之后，对被试 1 实施行为疗法，而被试 2 仍持续进行观察；经过两周之后，再对被试 2 进行行为疗法的干预。如果实验结果如图 8-6 所示，那么说明被试 1 在实施行为疗法初期，多动症行为的下降并非是由于时间上病情的自然缓解，而是疗法的疗效所产生的作用。②AB 多基线跨行为设计。它是指最初两个或若干个基线单元分别对应同一被试两种或若干种不同行为的多基线设计。由于身体机能下降，老年人身上总是容易出现多种并发症，比如同时出现高血压和肾病。考虑到老年人的身体素质，医生不能同时用药去治疗两种病，只能先控制高血压(行为 1)，等高血压稳定后再逐渐用药治疗肾病(行为 2)，以观察用药的治疗效果。③AB 多基线跨情境设计。它是指最初两个或若干个基线单元分别对应同一行为在两种或若干种环境中的表现的多基线设计。例如，某一心理咨询师想要治疗一个社交恐惧症的大学生。他可以先进行一段时间的基线观察(包括不同环境下的行为)；接着采用系统脱敏的方式，首先在宿舍环境下(情境 1)进行脱敏治疗；取得疗效之后，再于班级环境下(情境 2)进行系统脱敏；逐渐更换大环境，最终治愈社交恐惧症。

8.2 不对等两组前测后测设计

不对等两组前测后测设计(none-quivalent-two groups pretest-posttest design)，是指包含一个实验组和一个控制组，并且进行前测和后测的实验设计，类似于随机实验组控制组前测后测设计，不同的是两组不是按随机化原则和等组法选择对等组，有时甚至实验组和控制组的安排也不是随机的(周谦，1994)。其设计模式如下：

$$\frac{\overline{O}_1 \quad X \quad \overline{O}_2}{\overline{O}_3 \quad\quad\quad \overline{O}_4}$$

注：用虚线隔开表示不是随机等组。

在此设计中实施前测的目的是弥补不能控制对被试随机选取和分配的缺陷，对选择偏差进行控制。通过前测的均值($\overline{O}_1$ 和 $\overline{O}_3$)，获取非随机等组差异程度的依据，或从控制机体变量方面提供某种最基本的等值数据，以便将其作为比较两组后测均值($\overline{O}_2$ 和 $\overline{O}_4$)的基础。而在随机实验组控制组前测后测设计中，前测并非必需，只是作为进一步控制选择偏差或验证实验组和控制组确为等组的一种辅助措施，或作为实验处理后发生变化的基线，用来与后测做比较，以评价实验处理的效果。如果分组过分异质，可以通过事后匹配(after-the-fact matching)程序对被试进行必要的匹配和分组，即在不能随机选择和部署两个等组时，试图寻找与实验组相近似的控制组，用以尽量缩小或补偿两组之间的差异(周谦，1994)。

如在例 5-3 中，考虑到在实际操作中教学班级是固定的，因此往往选择两个平行班进行实验研究，而不是选取一定人数的被试，然后将其随机分成两个班进行实验，这样的处理就是不对等两组后测设计。

在数据处理上，不对等两组前测后测设计的统计分析方法与随机实验组控制组前测后测设计的统计分析方法类似。

8.3 交叉—滞后组相关设计

8.3.1 交叉—滞后组相关设计的原理

交叉—滞后组相关设计(cross-lagged panel correlational design)，是指通过对两个变量进行重复测量，比较交叉滞后的相关系数，找出交叉滞后相关差异的方向，以确定变量之间的关系的实验设计(王重鸣，2001)。交叉—滞后组相关设计兼具横断研究(cross-sectional design)和纵向研究(longitudinal design)的特点。

根据休谟的因果关系判断的三标准，可以很容易辨别出交叉—滞后组相关设计中变量间的因果关系。

8.3.2 举例说明研究过程：观看暴力电视节目会导致攻击性行为吗？

例 8-4 交叉—滞后组相关设计被应用于心理学许多领域。比较著名的是 Huesmann，Eron，Lefkowitz 和 Walder(1973)所进行的长达十年之久的纵向追踪研究：是观看暴力电视节目会导致攻击性行为，还是本身具有攻击性行为导致喜欢观看暴力电视？研究的背景是建立在美国社会持续增长的暴力犯罪事实基础上的。

Huesmann，Eron，Lefkowitz 和 Walder 采用同伴提名的攻击性问卷(peer nominated aggression)测量了 211 名三年级男孩(9 岁)的攻击性行为。问卷包括：谁不听老师的话？谁经常推撞别的同学？谁经常编造故事或谎言？谁没事找碴？……将被提名的频次作为攻击性行为的测量，并测量他们对暴力电视节目的喜好程度。十年之后，再次要求这些被试回答同伴提名的攻击性问卷和测量对暴力电视节目的喜好程度。

在整个研究过程中，研究者对一些额外变量进行了适当控制：被试在 9 岁时父亲的职业、父母的攻击性、父母对小孩的处罚、父母的性取向、儿童的 IQ、看电视的时长和被试在 19 岁时父亲的职业、被试的志向、看电视的时长等。

研究结果如图 8-7 所示。

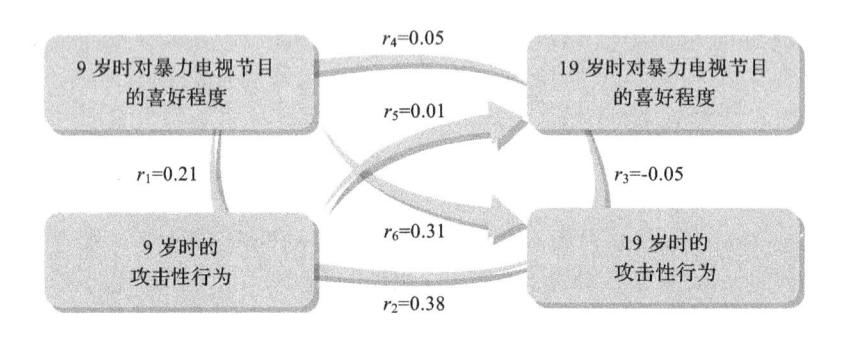

图 8-7　观看暴力电视节目与犯罪行为的交叉—滞后组相关研究
资料来源：HUESMANN L R, ERON L D, LEFKOWITZ M M, WALDER L O. Television violence and aggression: The causal effect remains. American Psychologist, 1973-28(7): 617-620. 有改动。

根据休谟的因果关系判断的三标准：第一，前因后果；第二，因果相关；第三，其他影响结果的因素已控。Huesmann，Eron，Lefkowitz 和 Walder 对额外变量进行了应有的控制，满足第三个标准。根据第一个标准前因后果的推断，如果"9 岁时对暴力电视节目的喜好程度"是因，对应的果就是"19 岁时的攻击性行为"；如果"9 岁时的攻击性行为"是因，对应的果就是"19 岁时对暴力电视节目的喜好程度"。根据第二个标准因果相关，$r_5 = 0.01$，$r_6 = 0.31$，也就是支持观看暴力电视节目会导致攻击性行为这一结论。至于 r_1、r_2、r_3、r_4 这四个相关系数都是针对同一个心理特质在不同时间点所测量出的相关计算，不存在所谓的因与果的关系。当然从 $r_2 = 0.38$ 可以看出个体的攻击性行为这种心理特质还是具有一定的稳定性的，但是对于个人的兴趣爱好，随着年龄的增长变化很大，$r_4 = 0.05$。

第三部分　因变量的测量与实验程序的编写

第二部分主要是针对自变量的操纵，第三部分开始介绍因变量的测量。

首先，介绍传统心理物理法和信号检测论，后者又称现代心理物理法。心理物理法最初由德国著名的生理学家费希纳(Fechner)提出，分别是最小变化法、平均差误法和恒定刺激法。心理物理法是用于描述由于物理量的变化而引起的心理反应的，是揭示物理量与心理量之间关系的手段，是测量个体感觉、知觉、记忆、情感等心理过程的重要方法之一。

其次，反应时也是心理学研究中重要的因变量，是研究心理过程的核心指标之一。我们通过E-prime2.0来介绍反应时收集的技巧。

第9章 传统心理物理法

阿司匹林是一种镇痛剂。早期，Hardy，Wolff 和 Goodell(1952，引自格里格，津巴多，2003)为了检验阿司匹林能否减轻疼痛，设计了一个单组前测后测实验。在实验处理(吃阿司匹林药物)之前，测量被试对疼痛的忍耐力；在实验处理后，再次测量被试对疼痛的忍耐力。通过实验处理前后忍耐力的变化来揭示阿司匹林的镇痛效果。

在这里我们感兴趣的是，研究者是如何测量被试的疼痛感觉的。每个人对疼痛的忍耐力是不同的，身体的每个部位对疼痛的敏感性也不一样。我们需要明确的是，要采用什么刺激来使被试产生疼痛感觉，疼痛的感觉又是如何测量的。这就是传统心理物理法要解决的问题。

Hardy，Wolff 和 Goodell 采用一种类似电吹风的装置——热辐射仪，使其辐射在被试前臂的某个固定区域，使被试产生疼痛感觉。以热辐射仪上的读数(n cal/cm^2)来表示热量的强度。在辐射的过程中，随着卡路里数的增加，被试刚开始没有感觉，慢慢地感觉到温暖，接着感觉到热，最后感觉到烫(疼痛感)，主试记录热辐射仪的读数。

Hardy，Wolff 和 Goodell 的这个研究，揭示了本章将要介绍的几个重要概念：刺激—感觉、物理量—心理量和阈限(threshold)。

9.1 阈 限

9.1.1 刺激—感觉与物理量—心理量

在讨论感觉阈限的测量之前，我们必须区分上述提及的四个概念。在 Hardy，Wolff 和 Goodell(1952)的研究中，热辐射仪所辐射的热量就是刺激，被试感受到的"温暖""热""烫"就是感觉。感觉是物理刺激作用于感觉器官而产生的生理和心理反应，是人和动物与客观环境交互作用和适应环境的结果。

物理刺激可以用仪器测量，如光线的亮度(luminance)用光度计(photometer)、声音的强度或声压水平(sound pressure level)用声级计(sound level meters)、物理的重量用秤、物理的温度用温度计……由上述物理刺激而引起的主观感觉分别是，明度(brightness)、响度(loudness)、重量感觉(heaviness)、温度感觉(warmth)……

刺激是有大小的，感觉是有程度的。刺激的大小对应的是物理量，主观的感觉对应的是心理量。早期心理学家就开始采用数学拟合的方法，试图用数学公式来解释物理量和心理量之间的关系。

9.1.2 物理量与心理量的关系

9.1.2.1 韦伯定律

1834 年德国生理学家韦伯(Weber)在研究触觉差别阈限时就提出了著名的韦伯定律(Weber's law)：

$$K = \frac{\Delta I}{I}$$

其中，I 为标准刺激的强度或原始刺激量；ΔI 为引起差别感觉的刺激增量，即最小可觉差（Just Noticeable Difference，JND）；K 为韦伯常数。韦伯常数适用于中等刺激强度，不同的感觉通道韦伯常数不同，如表 9-1 所示。

表 9-1 不同感觉的韦伯常数

感觉类别	韦伯常数
重压 (400g)	1/77=0.013
视觉明度 (1000mol/s[①])	1/67=0.016
重量 (300g)	1/53=0.019
响度 (1000Hz 和 100dB)	1/11=0.088
橡皮气味 (2000 嗅单位[②])	1/10=0.100
皮肤压觉 (5g/m^2)	1/7=0.136
咸味 (3mol/kg)	1/5=0.200

资料来源：BORING E G, LANGFELD H S, WELD H P. Foundation of psychology. New York: Wiley, 1948: 632.

9.1.2.2 对数定律

1860 年，德国生理学家费希纳（Fechner）在韦伯的研究基础上，赞成最小可觉差在主观上具有等距的性质。他提出感觉量的大小是物理刺激强度的对数函数，即对数定律（logarithmic law）。这一定律也被称为费希纳定律。

$$P = K \log I$$

其中，I 代表物理量；P 代表心理量；K 为常数。对数定律揭示了心理感觉的一个特征，即当物理刺激强度按照几何级数增加时，感觉强度则按算术级数增加，心理感觉滞后于物理刺激强度的变化。比如，当你在夜晚走入一间黑暗的房屋，打开一盏日光灯时，你非常明显地感受到房间明度的变化；但是当你又打开第二盏日光灯时，你并未感觉到明度增加一倍，实际明度只是些许的增加。

对数定律提供了度量心理量和物理量之间关系的一个转换关系量度，具有重要的理论与实践意义。

9.1.2.3 幂定律

20 世纪 50 年代，美国心理学家斯蒂文斯（Stevens）采用数量估计法（magnitude estimation methods）研究了心理量和物理量的关系。他发现，对于不同强度的刺激物，心理量和物理量的关系有着明显的差别。如果刺激为电击或痛觉，物理量略增加，心理量则有显著变化。如上述中对于光的知觉，其心理量明显滞后于物理量。而对于一般的知觉，如面积或线段长度的估计，敏感性则随着面积或长度的变化而变化，心理量和物理量呈现出近似线性关系。以下是斯蒂文斯的幂定律（power law）：

[①] 光合光子通量（Photosynthetic Photon Flux，PPF），表示每秒光子的摩尔数，其单位为 mol/s。
[②] 嗅单位又译为"嗅觉单位"，是一种嗅觉刺激强度指标。用标准的茨瓦丹美克嗅觉计（由粗细两根玻璃管相套而成），将内壁带有气味的粗管推出一定长度，使被试可以刚刚嗅到气味，这个长度就是一个嗅单位。

$$P=KI^n$$

其中，P 为心理量；I 为物理量；K 和 n 是不同物理量和心理量的经验常数和指数。表 9-2 是不同感觉通道物理刺激的心理感觉量指数（Stevens，1965）。

对能量分布较高的感觉通道（如视觉、听觉），幂函数指数较小，因而心理量随着物理量的增强而缓慢提高；对能量分布较小的感觉通道（如温度觉、压觉），幂函数的指数较大，因而物理量变化引起的心理量的变化比较明显（张学民，2011）。

综上所述，物理量与心理量之间的关系是符合韦伯定律、对数定律还是幂定律？从数量估计和分段法实验得到的证据支持幂定律的，制作等距量表的实验结果又支持对数定律，而其他的一些研究也有支持韦伯定律。传统的心理物理法为探讨心理量和物理量之间的关系提供了一个有效的度量方法，对心理学的理论研究及其在现实生活中的应用具有重要的理论与实践意义。

表 9-2 主要感觉通道的幂函数的指数

感觉通道的物理刺激	指数（n）	感觉通道的物理刺激	指数（n）
音高（双耳）	0.6	震动（60Hz，手指）	0.95
音高（单耳）	0.55	震动（250Hz，手指）	0.6
明度（5°目标，眼暗适应）	0.33	持续时间（白噪音）	1.1
明度（点光源，眼暗适应）	0.5	重复率（光、音、触、震动）	1.0
亮度（对灰色纸的反射）	1.2	指距（积木厚度）	1.3
气味（咖啡）	0.55	对手掌的压力（对皮肤的静力）	1.1
气味（庚烷）	0.6	重量（举重）	1.45
味觉（味精）	1.3	握力（测力计）	1.7
味觉（盐）	1.3	发音的力量（发音的声压）	1.1
温度（冷，手臂）	1.0	电击（60 Hz）	3.5
温度（温，手臂）	1.6		

资料来源：STEVENS（1965）（引自 彭聃龄. 普通心理学（第三版）. 北京：北京师范大学出版社，2004：87.）.

9.1.3 阈限的定义

9.1.3.1 陈述性定义

根据上述介绍可知，我们的感知觉具有在主观上把引起一种反应的刺激与引起另一种反应的刺激区分开来的能力。这种能力，我们称之为感受性（sensitivity），而对应刺激的强度，我们称之为阈限（threshold）。感受性和阈限在数值上呈反比例关系，阈限越小，感受性越高。

根据传统心理物理法的基本假设，只有当物理刺激达到一定强度时，才能引起人们的感觉。我们把这种刚刚能引起某种感觉的最小刺激强度，称为绝对阈限（Absolute Threshold，AL）；相应地，把对这个最小刺激强度的感受能力，称为绝对感受性（absolute sensitivity）。同理，我们把那种刚刚产生差异感觉所需刺激的最小变异量，称为差别阈限（Differential Threshold，DL）；把对应的能区别出同种刺激最小差异量的能力，称为差别感受性（differential sensitivity），或最小可觉差。按照此逻辑，低于绝对阈限的刺激强度我们是感觉不到的，而高于绝对阈限的刺激强度我们总是能感觉得到的，如图 9-1 所示。

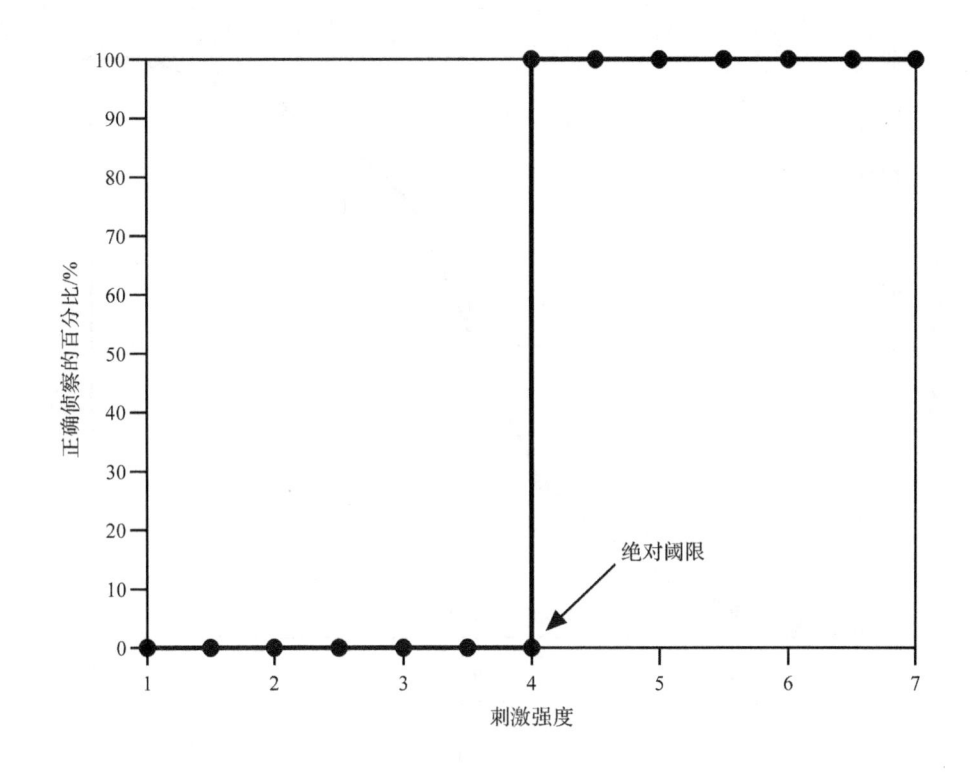

图 9-1　理论绝对阈限示意图

按照图 9-1 的逻辑，我们能 100%地觉察到强度为 4 或 4 以上的刺激，而低于 4 的刺激则永远也觉察不到。我们的感觉似乎是遵循全或无定律(all-or-none law)，但是真实的情形是怎样呢？

9.1.3.2　操作性定义

在安静的条件下，30.5cm 处机械手表的"哒哒"声，你总能听得到吗？研究发现，由于测试环境和被试注意状态、情绪动机等的微小变化的影响，30.5cm 外的表声有时仍能听得到，而 30.5cm 以内的表声有时却听不到，30.5cm 处的表声有时听得到有时听不到。换句话说，我们对刺激的感觉，并非遵循全或无定律。从听得到至听不到的感觉变化，对应于一系列强度由小到大的声音刺激。对于强度小的声音刺激，我们听到的概率小些，对于强度大的声音刺激，我们听到的概率大些。绝对阈限不是一个单一强度的刺激，而是一系列强度不同的刺激(朱滢，2000)。因此，研究者把绝对阈限操作定义为：有 50%的次数能引起感觉的刺激强度，如图 9-2 所示。

从图 9-2 可以看到，同一个刺激有时能被感觉到，有时则不能被感觉到。比如，刺激强度为 4.5 时被感觉到的概率为 75%，没被感觉到的概率为 25%。对同一个刺激有不同反应这一事实意味着阈限是时刻变动的。

基于同样的道理，差别阈限的操作定义为：50%的次数能觉察出差别的那个刺激强度对应的增量。

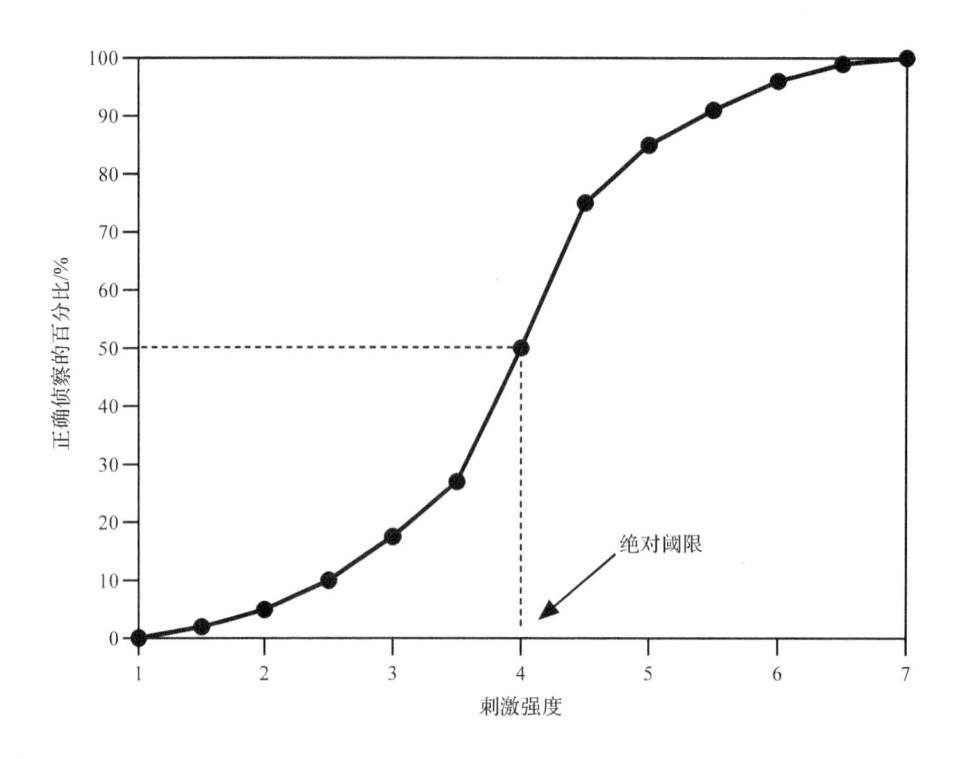

图 9-2　实测绝对阈限示意图

9.1.4　阈限理论[①]

阈限的操作定义基于阈限的理论解释。经过研究者的长期研究，主要形成了两个具有代表性的理论：传统的阈限理论和神经量子理论。

9.1.4.1　传统的阈限理论

作用于感受器的一个刺激，引起一系列的冲动，在大脑中枢发生了一种效应。这种中枢效应的大小将随着刺激的强度、感受器的感受性、传导通路的效率和中枢的活动水平背景而发生变化。如果在一次试验中，中枢效应大于一定的最小量，中枢将发生冲动，产生一个"我听见了"的反应，引起这个最小效应的刺激，就是这一次试验中的刺激阈。这里的叙述很清楚地说明了三个连续体：刺激连续、中枢效应（内部反应）连续和判断连续。每个固定的物理刺激作用于感受器都会有不同的中枢效应，反应的分布将是正态的，而连续的刺激将引起一系列重叠的正态分布，如图 9-3 下图所示。在这些重叠分布中，阈限是一个固定点（如图 9-3 中所示），被试的判断连续对应于反应的连续。刺激强度超过最小量——阈限时，被试就报告"有"；当刺激强度没有超过这个最小量时，就报告"无"，如图 9-3 上图所示。

假设刺激量（S_t）是最小刺激量。当刺激大于 S_t 时，被试就判断"有"；当小于 S_t 时，被试就报告"无"。对于 S_4 的反应，有一半次数报告"有"，一半次数报告"无"。当 S_0 是零

[①] 本部分内容引自：孟庆茂，常建华. 实验心理学. 北京：北京师范大学出版社，1999：47-48.

刺激时，判断它为"有"的反应的可能性是非常小的，即阈限落在 S_0 反应的三个标准差以外。因此，有时把传统的阈限理论称作高阈限理论。

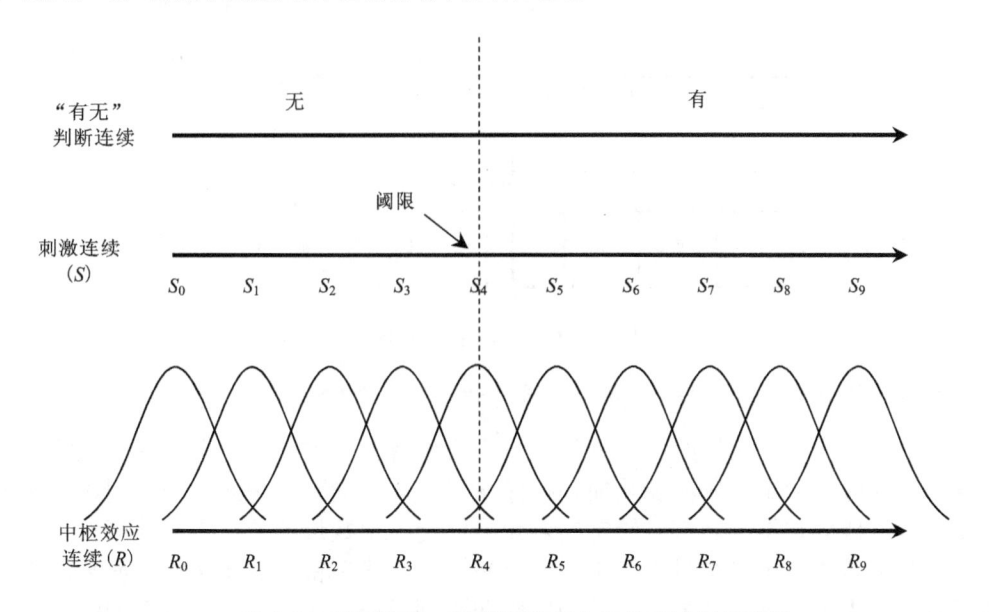

图 9-3 判断连续、刺激连续和中枢效应连续示意图

资料来源：孟庆茂，常建华. 实验心理学. 北京：北京师范大学出版社，1999：47.

当刺激是 S_0 时，为什么会有中枢效应呢？这是由自发性的感官释放，即噪音水平（生理噪音）所致。由刺激所引起的传入的神经信号，必须显著高于这个噪音水平，才能够被判断为"有"。高阈限理论把阈限看作感觉连续体上的一个截点，并规定阈限必须位于噪音分布的平均数以上3个标准差处。差别阈限也是同样的道理，即第一个刺激所引起中枢效应的平均数以上3个标准差处的与之对应的另一个物理强度，才有一半的次数被判断为有差别。如图 9-3 中 R_4 的差别感觉应当是 R_8，其差别阈限为 R_8-R_4，凡是小于这个与3个标准差处对应的刺激强度的刺激所引起的差别阈限都是十分不可靠的。在这个意义上，阈限是被试头脑中的"临界比率"，而临界比率是刺激强度、感受性、被试的态度、判断标准等因素综合作用的结果，即除了物理因素外，还要由一些心理因素来决定。

9.1.4.2 神经量子理论

由于基本神经过程按"全或无"的规律进行，因而感觉也是以一种阶梯的方式在变化。神经量子理论假设：反映刺激变化过程的神经结构，在机能上被分成各个单元或量子。每当刺激增量兴奋的量子数，超过标准刺激所兴奋的量子数一个时（另一种说法两个），这个刺激增量就能被辨别出来。如果不能超过一个量子数，这个刺激增量就不能被辨别出来。也就是说刺激增量是线性连续的，而感觉是按阶梯形式进行的。其模式如图 9-4 所示。

刺激 S 只引起三个神经单元（a、b、c）兴奋。第四个神经单元（d）只有部分兴奋，而没有完全兴奋。因此，产生的感觉只是相当于三个完全兴奋的神经单元（量子 a、b、c）的能量，当增量增至第四个神经单元完全兴奋时，就引起一个差别感觉。因此，差别阈限感觉与刺激的增量，以及刺激所引起的神经量子兴奋的剩余量有关。如果增量是 ΔS，它也只是引起一个多一点的神经量子的兴奋，因而也只能引起一个差别感觉。

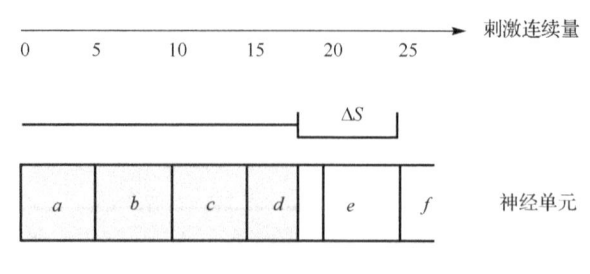

图 9-4　神经量子论模式图

资料来源：孟庆茂，常建华. 实验心理学. 北京：北京师范大学出版社，1999：48.

神经量子理论认为，人们的所有感受性是不会保持在恒定的水平上的，而是瞬时的、随机的波动。因此，给定的刺激能量能使神经量子活动，受到这种波动的作用，就不能使兴奋的量子数保持固定不变。有时给定的刺激能够使一定数量的量子完全地兴奋，并且多少还有一点剩余量。这个剩余量本身不能引起另一个量子兴奋，然而和相继而来的新刺激引起的兴奋能量累积起来，就能导致差别感觉即辨别反应。通常，那些剩余的兴奋能量被认为混淆在感受器的随机变异中，因此，不能引起辨别反应。

9.2　最小变化法

最小变化法（method of minimal change），也叫极限法，是指将刺激按递增或递减系列的方式，以间隔相等的小步变化，寻求从一种反应到另一种反应的瞬间转换点或阈限位置。它的特点是刺激按"递增"或"递减"两种系列交替变化组成。每个系列的刺激强度的范围要足够大，使之能够确定从一类反应到另一类反应的瞬间转换点或阈限位置。一般来说，各系列刺激是由小到大（递增）或由大到小（递减）按阶梯式顺序变化的，刺激的范围在阈限以下或以上一段强度区间。实验时一般选用 15～20 个检查点，每个相邻检查点的间距由实验仪器的功能和所欲测定的感觉通道的性质来决定（孟庆茂，常建华，1999）。比如，对长度的分辨，尽管可以达到毫米级以下的变化，但我们的感觉通道没那么敏感，所以一般以毫米为单位的间距就足以测定其阈限。当然检查点的间距越小，测定的结果就越精确。

9.2.1　绝对阈限的测量

9.2.1.1　举例说明研究过程：用最小变化法测量音高的绝对阈限

例 9-1　用最小变化法测量音高的绝对阈限。

用最小变化法测量绝对阈限时，刺激系列按照递增系列（记为↑）和递减系列（记为↓）的 ABBA 式进行平衡呈现。在递增系列时，刺激要从远在阈限以下的强度开始；在递减系列时，刺激要从远在阈限以上的强度开始。为了使测定的阈限更为准确，一般选 15～20

个检查点，且起始点随机。为了使每个系列的阈限相对稳定，一般递增系列和递减系列均要分别测 50 次左右。刺激的呈现和记录均由主试完成。

下面以最小变化法测音高的绝对感觉阈限为例进行说明。在实验过程中，要求被试以自己的内省（感觉）为依据，而不是以刺激是否出现为依据进行报告：听得到声音还是听不到声音。

主试首先应制作一张如表 9-3 所示的空表，然后按照 ABBA 的方式，随机选取每个系列的起始点，按递增或递减方式呈现刺激。比如系列 1，主试先呈现一次频率为 24Hz 的声音，被试听到声音就口头报告"有声"，主试记下"+"；接着主试再呈现一次频率为 23Hz 的声音，被试也听到声音就报告"有声"，主试记下"+"；主试依次调低频率，直至频率为 15Hz 时，被试听不到声音报告"无声"，主试记下"-"，以判断改变来计算，本次递减系列结束。如果被试不能确定是否听到声音，主试记下"？"，也作为判断改变来计算，本次递减系列结束。之后，依此规则，依次进行后面系列的实验。

根据定义，阈限是介于两种反应的瞬间转换点。对于递减系列，阈限为报告"有声"的刺激强度与报告"无声"（或"不能确定"）的刺激强度的均值，即 50%的点。对于递增系列，阈限为报告"无声"的刺激强度与报告"有声"（或"不能确定"）的刺激强度的均值。最后，以各个系列的阈限均值作为本次实验的绝对感觉阈限，本例为 AL=14.8。

9.2.1.2 测量时存在的四种实验误差

（1）期望误差和习惯误差

由于在最小变化法中，被试预先知道存在递增系列和递减系列，他/她能预测每次都有一定强度的刺激出现，因此容易产生两种误差：期望误差和习惯误差。期望误差（error of expectancy），是指被试一直期望，下一个刺激将会出现不同的反应，因而会使得"判断改变"比预期来得早。比如，在递增系列里，被试提前报告"有声"，导致阈限偏小；在递减系列里，被试提前报告"无声"，导致阈限偏大。习惯误差（error of habituation），是指被试一直按照现有的反应方式对刺激做出反应，导致"判断改变"比实际的来得晚。这将导致在递增系列里，被试延迟报告"有声"，导致阈限偏大；在递减系列里，被试延迟报告"无声"，导致阈限偏小。

根据表 9-3 可知，递减系列的绝对阈限（14.70±0.79）与递增系列的绝对阈限（14.90±0.97）差异不显著，$t(18)= -0.507$，$p = 0.618$，说明不存在期望误差和习惯误差。

实验误差随着实验情境及被试的不同而不同。对于同一个被试而言，或是出现期望误差，或是出现习惯误差，有时两种可能同时出现。我们在实验过程中采用 ABBA 方式交替出现递增系列和递减系列，就是为了平衡这一对误差。如果递增系列与递减系列的绝对阈限出现显著性差异，说明存在系统误差，需进一步控制，如采用随机化方式呈现不同的刺激系列。

（2）练习误差和疲劳误差

由于在整个实验过程中，被试需要做出 1000 多次的反应，因而可能会出现练习误差（error of practice）和疲劳误差（error of fatigue）。练习误差将降低后面系列的绝对阈限，而疲劳误差则会提高后面系列的绝对阈限。我们可以将前 30%的系列作为一组，后 30%的系列作为另一组，比较两组的阈限差异。

表 9-3 用最小变化法测音高的绝对感觉阈限

刺激(Hz)	1↓	2↑	3↓	4↑	5↓	6↑	7↓	8↑	9↓	10↑	11↓	12↑	13↓	14↑	15↓	16↑	17↓	18↑	19↓	20↑
24	+																			
23	+		+																	
22	+		+	+																
21	+		+	+	+															
20	+		+	+	+															+
19	+		+	+	+		+												+	+
18	+		+	+	+		+	+									+	+	+	+
17	+		+	+	+		+	+	+				+				+	+	+	+
16	+		+	+	+	+	+	+	+			+	+			+	+	+	+	+
15	−	+	+	+	+	+	+	+	+	+		+	+		+	+	+	+	+	−
14	−	−	−	+	+	+	+	+	+	−		−	+	?	−	−	−	−	−	−
13	−	−	−	−	−	−	−	−	+	−	+	−	−	−	−	−	−	−	−	−
12		−		−	−	−	−	−	?	−	−	−	−	−	−	−	−	−	−	−
11								−	无法确定	−	−			−	−		−	−	−	−
10										−	−							−	−	−
9											−									−
8																				
阈限	15.5	15.5	15.5	14.5	15.5	13.5	15.5	14.5	14.5	16.5	13.5	15.5	13.5	14.5	14.5	13.5	14.5	15.5	14.5	15.5

资料来源：孟庆茂，常建华．实验心理学．北京：北京师范大学出版社，1999：50-52．有改动。

如本例中，前30%的系列的绝对阈限(15.00 ± 0.84)与后30%的系列的绝对阈限(14.67± 0.75)差异不显著，$t(10) = 7.25$，$p = 0.485$，说明不存在练习误差和疲劳误差。

这对误差也随着实验情境及被试的不同而不同。对于同一个被试而言，或是都不会出现，或是只出现练习误差，或是只出现疲劳误差，有时两者同时出现则会相互抵消。如果出现了这类实验误差，将会降低实验的外部效度，那么就应减少整个实验的实验试次。

9.2.2 差别阈限的测量

9.2.2.1 举例说明研究过程：用最小变化法测定视觉长度的差别感觉阈限

用最小变化法测量差别阈限时，每次呈现两个刺激让被试进行比较，其中一个为标准刺激(S_t)，另一个为比较刺激(C_0)。两个刺激可以同时呈现，也可以先呈现标准刺激再呈现比较刺激。比较刺激按递增和递减系列呈现，其范围、间距、检查点的数目，与测量绝对阈限的要求相同。

在测量差别阈限时，要求被试做出三类反应，即用比较刺激与标准刺激进行比较时，有"大于""等于"和"小于"三类反应。"大于"表示比较刺激大于标准刺激，以此类推，主试分别用"+""="和"−"做记录。需要说明的是，如果被试无法确定（"？"）时，将归为"等于"反应。

差别阈限的具体计算方法为：先计算每个系列差别阈的上限($T_{上限}$)和差别阈的下限($T_{下限}$)，然后计算上差别阈 $= T_{上限} - S_t$，下差别阈 $= S_t - T_{下限}$，最后采用如下公式计算差别阈限。

$$DL = \frac{(T_{上限} - S_t) + (S_t - T_{下限})}{2} = \frac{T_{上限} - T_{下限}}{2}$$

这里，$T_{上限}$和$T_{下限}$的计算就是根据阈限的"50%"标准的操作定义，差别阈限就是说明被试在标准刺激的上下一段间距内 $\left(\dfrac{T_{上限} - T_{下限}}{2}\right)$ 是觉察不到差别的。此外，在差别阈限的测量中，还有三个重要的指标：

①不肯定间距(Interval of Uncertainty，IU)，是指差别阈的上限与下限之间的一段间距，在这个范围内被试无法判断比较刺激与标准刺激的大小。

$$IU = T_{上限} - T_{下限}$$

②主观相等点(Point of Subjective Equality，PSE)，根据操作定义在不肯定间距的中间位置就是被试认为与标准刺激相等的点。本质上被试就是以这个主观相等点作为心理意义上的标准刺激进行比较，而不是以物理意义上的标准刺激作为参照对象。

$$PSE = \frac{(T_{上限} + T_{下限})}{2}$$

③常误(Constant Error，CE)，理论上，PSE应与标准刺激相等，但事实上PSE很少与标准刺激相等，总有一定的误差，这个误差被称为常误。

$$CE = PSE - S_t$$

例9-2 用最小变化法测定视觉长度的差别感觉阈限。

在第一个递增系列从57in开始，让被试将57in与标准刺激(64in)做比较，被试判断57in短，记为"−"号，逐个比较到60in。但61in与64in比较时，被试判断两者相等，即无法区分哪一个更长，记为"="号。这时，我们就有了一个从"−"到"="的转折点，这个转折点称为差别阈的下限，继续逐个比较到66in。当67in与标准刺激比较时，被试报告67in长于标准刺激，记为"+"号。这时我们又有了一个从"="到"+"的转折点，这个转折点称为差别阈的上限。依次类推，如表9-4所示。

表9-4 用最小变化法测定视觉长度的差别感觉阈限

比较刺激 (in)	交替的递减和递增系列					
	一 ↑	二 ↓	三 ↑	四 ↓	五 ↑	六 ↓
74						
73						
72		长				
71		+				
70		+				+
69		+		+		+
68		+		+		+
67	+	+		+		+
66	=	+		+		+
65	=	+	+	+	+	+
64	= 相等	=	=	+	=	=
63	=	=	=	=	=	=
62	=	=	—	=	=	=
61	=	=	=	=	=	=
60	—	=	—	=	=	=
59	—		—			
58	— 短					
57	—					
56						—
55						—
54						—
$T_{上限}$	66.5	64.5	64.5	63.5	65.5	65.5
$T_{下限}$	60.5	59.5	62.5	60.5	60.5	59.5

注：标准刺激为64 in。
资料来源：朱滢. 实验心理学. 北京：北京大学出版社, 2000: 64-67.

根据上述公式，依据表9-4，可计算出以下结果：

$$T_{上限}=65.0(\text{in})$$

$$T_{下限}=60.5(\text{in})$$

$$\text{IU} = T_{上限} - T_{下限} = 65.0 - 60.5 = 4.5(\text{in})$$

$$\text{DL} = \frac{(T_{上限} - S_t) + (S_t - T_{下限})}{2} = \frac{T_{上限} - T_{下限}}{2} = 2.25(\text{in})$$

$$\text{PSE} = \frac{(T_{上限} + T_{下限})}{2} = 62.75(\text{in})$$

$$CE = PSE - S_t = -1.25 \, (\text{in})$$

9.2.2.2 误差控制

用最小变化法测量差别阈限，除了可能出现测量绝对阈限时的四种误差，还会因为标准刺激和比较刺激先后呈现顺序所造成的时间误差，或者标准刺激与比较刺激同时呈现所出现的空间误差（标准刺激在比较刺激的左边还是右边）。通常，研究者会采用多层次的 ABBA 法或多层次的 AB 法进行平衡控制，如表 9-5 所示。

表 9-5 采用多层次 ABBA 法和多层次 AB 法平衡心理物理法中的误差

多层次 ABBA 法								
C_o 系列顺序	↑		↓		↓		↑	
S_t 出现位置	左	右	右	左	左	右	右	左
	前	后	后	前	前	后	后	前
多层次 AB 法								
C_o 系列顺序	↑		↓		↑		↓	
S_t 出现位置	左	右	右	左	左	右	右	左
	前	后	前	后	前	后	前	后

采用多层次 AB 法测量绝对阈限，会使练习或疲劳的机会不等，左右空间机会、练习机会也不等，并有交互作用影响主观相等点，因此常误较大，但对差别阈限影响不大（孟庆茂，常建华，1999）。多层次 ABBA 法和多层次 AB 法也适合平均差误法和恒定刺激法的误差控制。

9.2.3 阶梯法

阶梯法（staircase method）是最小变化法的变式，是根据被试的反应及时更新递增或递减的方式来呈现刺激的一种心理物理法。Bekesy 最早将其应用于听力测试，故又称此法为贝克塞听力测量法（Bekesy audiometric method）。

在阶梯法的实验过程中，刺激强度的增加或减少要等间距连续进行。比如，开始呈现一个刺激时，被试报告感觉不到，主试就按规定的间距阶梯增加刺激强度。如果被试还是感觉不到此刺激，就再增加一个阶梯，直至被试报告感觉到刺激。此时，主试不停止试验，而是按先前的间距阶梯减少刺激强度，直至减少到被试再报告感觉不到为止。之后，又按一定的梯度增加刺激强度。如此反复，直到实验达到一个预先设定的标准，或规定的实验次数为止，如图 9-5 所示。

例 9-3 采用阶梯法测量听力的绝对阈限。

根据绝对阈限的操作定义，计算各个转折点中两类不同反应的中值。比如，从一直听得到声音到听不到声音，或从一直听不到声音到听到声音。最后，计算所有中值的均值作为本次实验的绝对阈限。如图 9-5 所示，图中共有 18 个转折点，AL = 16.44（dB）。

阶梯法的优势很明显：①每个刺激都靠近阈限，数据的可利率高，比最小变化法有效；②由于刺激系列短，不易引起疲劳误差或练习误差。

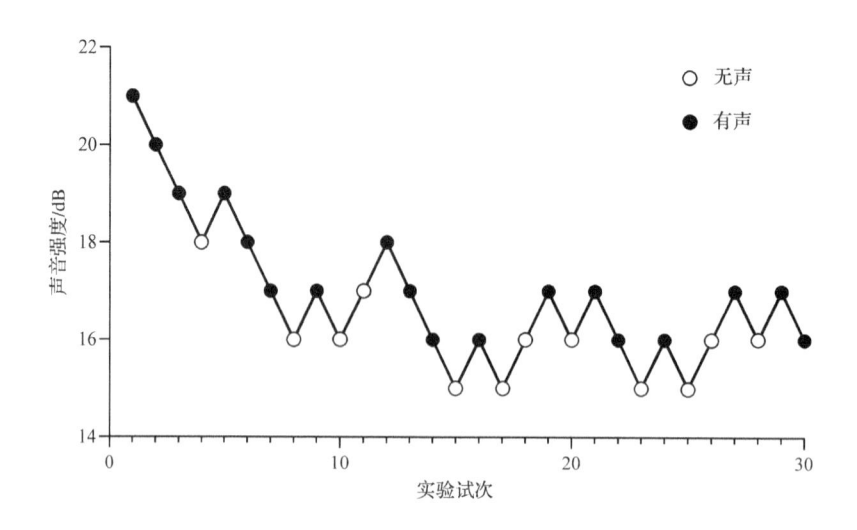

图 9-5 采用阶梯法测量听力的绝对阈限

资料来源：孟庆茂，常建华. 实验心理学. 北京：北京师范大学出版社，1999：81.

9.2.4 阈下知觉

最小变化法是把"感觉得到"与"感觉不到"的转折点作为阈限，它曾经被认为很好地表达了阈限的概念，直到研究者发现了阈下知觉(subliminal perception)。阈下知觉的发现，说明我们既能觉察到阈上刺激，也能觉察到阈下刺激(Greenwald，Draine，& Abrams，1996；周仁来，2004)。

例 9-4 运用阈下启动的方式启动道德规则。

在例 5-4 中，我们采用阈下启动的方式启动道德规则，这就是阈下知觉的一种表现。首先要求被试完成一项词汇判断任务，这是一个无关任务。在这个任务中，屏幕的中央依次呈现一系列的汉字组合，有的是具有实际意义的词，如"苹果"，有的并没有实际意义，是"非词"，如"取即"。被试的任务是对这些词汇做出判断，如果是词，则按 F 键，如果是非词，则按 J 键，要求被试尽可能快而准确地对 30 个汉字组合做出判断，其中词与非词各半。阈下启动隐含在词汇判断任务中，即在呈现汉字组合之前，先呈现诸如"碌蕤鳎糖"的前隐蔽刺激 150ms，接着呈现启动词汇 50ms，然后呈现诸如"鹅鲽谲橐"的后隐蔽刺激 17ms。每个试次结束后，休息 1000~2500ms。拯救生命启动条件组，启动词为"拯救生命"之类的词。禁止杀戮启动条件组，启动词为"禁止杀戮"之类的词，如图 9-6 所示。

被试在前隐蔽刺激诸如"碌蕤鳎糖"和后隐蔽刺激诸如"鹅鲽谲橐"的掩盖下，是无法阈上知觉到"拯救生命"之类的词或"禁止杀戮"之类的词的。但这种无法阈上知觉的启动仍然影响被试后续的行为：在拯救生命的阈下启动下，将产生功利主义决策；在禁止杀戮的阈下启动下，将产生道义主义决策。

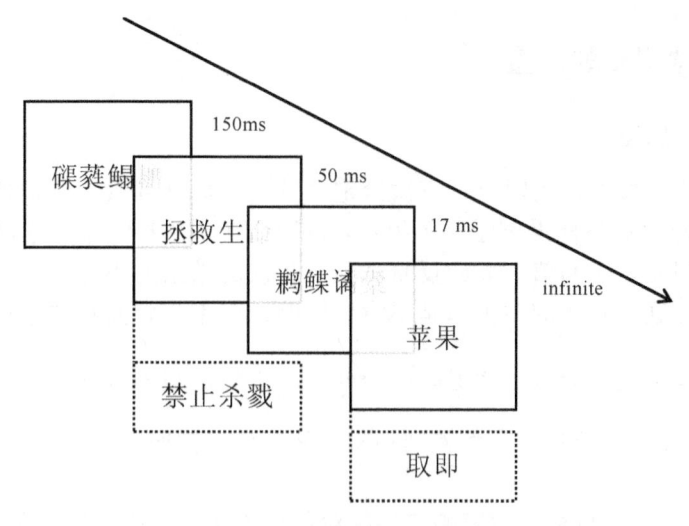

图 9-6　一个试次的道德规则内隐启动的实验流程
资料来源：王冬琳. 不同启动方式下情绪和道德规则对道德判断的影响. 闽南师范大学, 2021.

9.3　平均差误法

平均差误法（method of average error），也叫调整法（method of adjustment）。其操作方式为：让被试去调整一个比较刺激，直到他感觉到的刺激与所给予的标准刺激相等，如此反复实验。

平均差误法具有以下四个特点（孟庆茂，常建华，1999）。

① 要求被试判断比较刺激与标准刺激相等时，直接给出主观相等点，且这个主观相等点一定落在不肯定间距内。被试不是口头报告结果，而是自己调整出等值。

② 在实验过程中，被试积极参与，由其本人调整刺激的变化，通过递增与递减两个系列求出刚刚不能引起和刚刚能够引起感觉的刺激值，然后取其均值作为感觉的绝对阈限。

③ 在平均差误法中刺激量是连续变化的，而在最小变化法中刺激量是按阶梯级变化的。

④ 在接近阈限时，被试可以反复调整刺激，以减少刺激的起始点对结果的影响，直到自己满意为止。

9.3.1　绝对感觉阈限的测量

用平均差误法测量绝对阈限时，假定标准刺激为 0，也就是说被试的心理感受是没有觉察到刺激。由被试自己按照递增与递减的方式，调高或者调低比较刺激强度，直至被试感受到出现刺激或者刺激消失为止。计算每次调整出来的这个值的均值即为绝对阈限，计算公式如下：

$$AL = \frac{\sum X}{N}$$

9.3.2 差别感觉阈限的测量

9.3.2.1 测量原理

用平均差误法测量差别阈限时,每次给定被试一个标准刺激,要求被试反复地调整比较刺激,直到他/她感觉与标准刺激相等为止。每次比较刺激按递增和递减两个系列进行调整,找出与标准刺激相等的值。如此反复试验,各次的结果并不是一个固定值,而是围绕一个平均值变化。这个变化的范围就是不肯定间距,而不肯定间距的中点,即多次调整后的结果的均值就是主观相等点,$\text{PSE} = \bar{X} = \dfrac{\sum X}{N}$,$N$ 为调整的次数。主观相等点与标准刺激的差就是常误,$\text{CE} = \text{PSE} - S_t$。而差别阈限的估算可以按照以下四种方法进行(孟庆茂,常建华,1999)。

(1) 把每次调整结果与主观相等的差的绝对值平均起来作为差别阈限的估计值:

$$\text{DL} = \dfrac{\sum |X - \text{PSE}|}{N}$$

(2) 把每次调整的结果与标准刺激的差的绝对值平均起来作为差别阈限的估计值:

$$\text{DL} = \dfrac{\sum |X - S_t|}{N}$$

(3) 用每次调整结果的标准差作为差别阈限的估计值:

$$\text{DL} = SD = \sqrt{\dfrac{\sum (X - \bar{X})^2}{N}}$$

(4) 用每次调整结果的四分差值作为差别阈限的估计值:

$$\text{DL} = Q = 0.6745 SD$$

(1) 和 (2) 两种结果都以平均误差作为差别阈限的估计值,这就是平均差误法名称的来源。(3) 和 (4) 说明一个标准差是达到差异的标准,我们在研究中可以此为标准来界定一些变量的区间。比如,在第 3 章"自变量水平的确定"中,对于家庭月收入的划分就是参照这个标准;学生学业水平的划分也可参照此标准进行。

以上四种计算方法所得的结果不一定相同,但我们在进行研究结果的比较时,应该保持计算方法相同。

9.3.2.2 举例说明研究过程:用平均差误法测量长度的差别阈限

下面以测量长度的差别阈限为例(孟庆茂,常建华,1999),简要介绍平均差误法的操作过程。

采用的仪器是高尔顿长度分辨尺,长尺中间有一个分界线,分界线两侧各有一个游标,可以调节界限至游标的长度,尺的背面有刻度单位,可以显示标准刺激和比较刺激的长度。标准刺激是 150mm,被试的任务是调整比较刺激使之与标准刺激相等。因长度分辨尺是视觉刺激,标准刺激(或比较刺激)放置的位置不同(左侧或右侧),可能会产生空间误差。同时比较刺激的初始状态不同(长于或短于标准刺激),被试向里或向外调整游标的动作方式不同，可能会产生动作误差。实验时应按照表 9-5 中多层次的 ABBA 法，来平衡这两个可能存在的误差。此外，同最小变化法一样，平均差误法在实验过程中也可能出现疲劳误差、练习误差、顺序误差和时间误差。

用平均差误法测量长度的差别阈限的实验数据和结果如表 9-6 所示。

例 9-5 用平均差误法测量长度的差别阈限。

在表 9-6 中，X 表示被调整为与标准刺激相等的长度，S_t 表示标准刺激的大小（150mm），$\overline{X}$ 表示各次调整后的平均值。

表 9-6　用平均差误法测量长度的差别阈限

X	$X-S_t$	$X-\overline{X}$	差别阈限的估计值（单位：mm）
148	−2	−2.5	
145	5	−5.5	
153	3	2.5	
152	2	1.5	$DL = \dfrac{\sum\lvert X - S_t \rvert}{N} = 44/12 = 3.7$
155	5	4.5	
154	4	3.5	$DL = \dfrac{\sum\lvert X - \overline{X} \rvert}{N} = 44/12 = 3.7$
152	2	1.5	
155	5	4.5	$DL = SD = 3.86$
148	−2	−2.5	
154	4	3.5	$DL = Q = 2.61$
145	−5	−5.5	
145	−5	−5.5	

$\sum X = 1806 \quad \sum\lvert X - S_t \rvert = 44 \quad \sum\lvert X - \overline{X} \rvert = 44$

$\overline{X} = 150.5$（mm）　PSE = 150.5（mm）　CE = $150.5 - S_t = 0.5$（mm）

资料来源：孟庆茂，常建华. 实验心理学. 北京：北京师范大学出版社，1999: 56.

9.4　恒定刺激法

在测量阈限时，有些刺激不能轻易地连续调整其强度，因此不适合采用平均差误法；而最小变化法又容易产生期望误差和习惯误差，且刺激强度的数量太多，效率低下。恒定刺激法是避免上述问题的最佳选择。恒定刺激法(method of constant stimuli)，是指在实验过程中仅呈现 5～7 类刺激，根据每类刺激被觉察出差异的百分数来计算阈限。如果一个刺激经常处在被感觉到和永远不被感觉到之间的过渡地带，即它只会在有些时候而不是一直都会被感觉到，那么它的强度越大，能被感觉到的百分数就越大，当百分数恰为 50%时，这个刺激强度就在阈限的位置，它就是阈限。

刺激的选择依据是：最大强度要大到它被感觉到的概率达到 90%以上，最小的强度要小到它被感觉到的概率只有 10%以内，然后在这个范围内选出 5～7 个等间距的刺激。一般来说，每类刺激强度呈现的次数不少于 20 次，各类刺激呈现的次数也需相等，呈现顺序随机分配。

9.4.1 绝对感觉阈限的测量

选定 5~7 类等间距的刺激,每类刺激呈现次数 20 次且随机呈现。每呈现一个刺激后,要求被试如感觉到就报告"有",如感觉不到就报告"无"。主试做出相应的记录。根据所记录的被试反应,计算绝对阈限。

9.4.1.1 举例说明研究过程:人体手背的两点阈的测定

例 9-6 人体手背的两点阈的测定。

实验程序如下:选定五个刺激,每个两点阈规两脚之间的距离为 8mm、9mm、10mm、11mm 和 12mm,每类刺激呈现 200 次,共做 1000 次,并随机呈现。每个刺激呈现完后,要求被试回答"两点"还是"一点",主试在实验记录纸上用"正"字法记录反应结果。实验记录如表 9-7 所示。

表 9-7 手背的两点阈的现场实验记录

8mm		9mm		10mm		11mm		12mm	
f_{total}	$f_{两点}$	f_{total}	$f_{两点}$	f_{total}	$f_{两点}$	f_{total}	$f_{两点}$	f_{total}	$f_{两点}$
正	一	正	正	正	正	正	正	正	正
正		正	一	正	下	正	正	正	正
正		正		正		正	正	正	正
正		正		正		正	正	正	正
下		正		正	下	正		正	一
				正				丅	

表 9-7 用于现场记录实验反应,采用"正"字法来记录每类刺激呈现的总次数(f_{total})和回答为两个点的次数($f_{两点}$)。主试在记录过程中一定要记录 f_{total},否则每次呈现都是随机的,无法即时了解呈现每类刺激的完成情况。比如,主试可以在呈现刺激之前先记录 f_{total},被试报告后再记录 $f_{两点}$,之后再整理实验结果,如表 9-8 所示。

表 9-8 用恒定刺激法测定两点阈的实验结果整理

刺激类别	8mm	9mm	10mm	11mm	12mm
回答"两点"的次数	2	10	58	132	186
回答"两点"的百分数	1%	5%	29%	66%	93%

资料来源:朱滢. 实验心理学. 北京:北京大学出版社,2000:70. 有改动。

从表 9-8 可知,在回答"两点"时没有一类刺激落在 50%的阈限点,我们需要采用 S-P 作图法和 S-Z 作图法来计算两点阈。

9.4.1.2 阈限的计算

(1) S-P 作图法

S-P 作图法是根据笛卡尔几何作图原理,以刺激 S 为横坐标,以反应的百分数为纵坐标画图的。将各数据点相连,成一条折线,如果实验次数足够多,这条折线在 30%坐标至

70%坐标一段就非常接近正态累加曲线(孟庆茂, 常建华, 1999), 如图 9-7 所示。通过阈限的操作定义 50%的点, 采用直线内插法(linear interpolation), 如图 9-7 中的虚线, 估算出的横坐标的刺激强度, 即为两点阈。

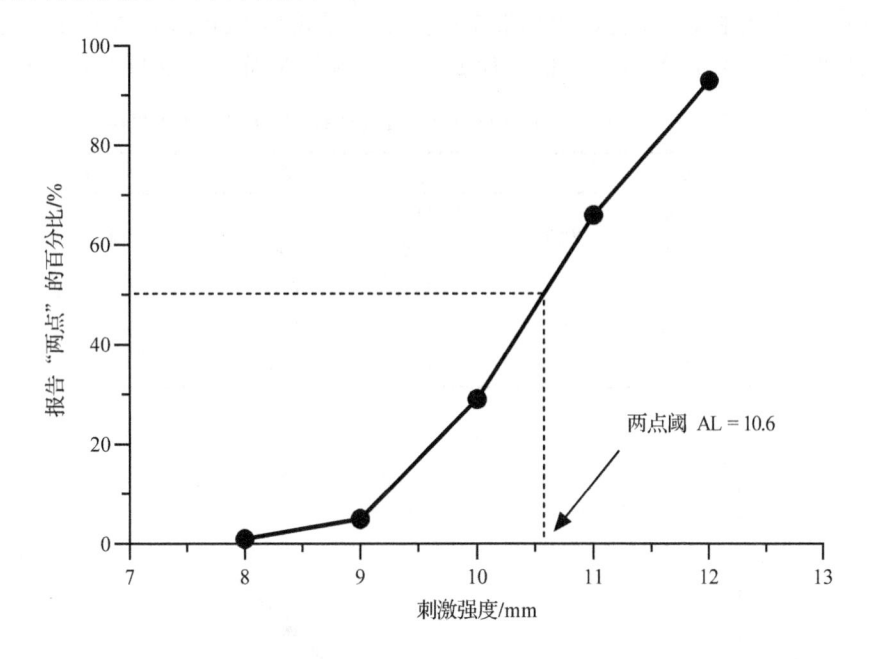

图 9-7 用 S-P 作图法和直线内插法估算两点阈

根据笛卡尔几何作图原理, 刺激强度为 10mm 和 11mm 处对应的纵坐标为 29%和 66%, 刚好介于 30%至 70%之间, 而由于试验次数达到 2000 次, 这一区间呈直线。由坐标 (10, 29)和坐标(11, 66)可以确定这条直线的方程式为:

$$y = 37x - 24.1$$

把 $y=50$ 代入上述方程, 可计算出 $x=10.57$mm, 与直线内插法的结果很接近。

无论是采用 S-P 作图还是根据方程式来估算两点阈, 都只是利用坐标(10, 29)和坐标 (11, 66), 而忽视了其他三个坐标点。有研究者(孟庆茂, 常建华, 1999)提出两个补救措施: 其一, 采用直线内插法先计算 25%估算点、50%估算点和 75%估算点, 再求这三个估算点的均值; 其二, 将图 9-7 中的折线修正为曲线, 再用直线内插法估算两点阈。我们认为选择临近 50%的两个点建立直线, 其根据是笛卡尔几何作图原理, 即试验次数足够多时, 将呈现出一条直线, 但是在 30%至 70%之外就不一定是直线, 而追加 25%和 75%的估算点反而有违 S-P 作图和直线内插法的理论基础。但是, 如果实验次数不够多, 这两种补救措施也不失是一种好的方法。

(2) S-Z 作图法

S-Z 作图法, 需要将 p 值转换成 Z 分数, 因为 p 值属于曲线分布, 转换成 Z 分数后, 才能具有与刺激强度相似的数据特征。

如表 9-9 所示, 取低于一半 S 值的平均数为横坐标, 取与之相应的 p 值所转换的 Z 值的平均数为纵坐标, 即坐标(9, −1.51)。同样, 取另外一半最高的 S 值的平均数为横坐标,相应的 Z 值为纵坐标，即坐标(11, 0.45)。由这两个坐标点确定一条直线，如图 9-8 所示。最后再采用直线内插法，估算出两点阈为 10.54。

在表 9-9 中，p 值转换为 Z 分数有两种方法：其一，直接查找正态分布表；其二，将 p 值输入 Excel，运用 Excel 单元格中的概率密度函数公式"=NORMSINV(A1)"，A1 为 Excel 中的单元格编号，将 A1 替换成 p 值。如 $p=0.01$，NORMSINV(0.01)= −2.326347874。

表 9-9 用平均 Z 分数法计算 S-Z 作图法中直线的两点坐标

S	$\bar{S}$	p	Z	$\bar{Z}$
8mm	9($\bar{S}_1$)	0.01	−2.33	−1.51($\bar{Z}_1$)
9mm		0.05	−1.64	
10mm		0.29	−0.55	
11mm	11($\bar{S}_2$)	0.66	+0.41	0.45($\bar{Z}_2$)
12mm		0.93	+1.48	

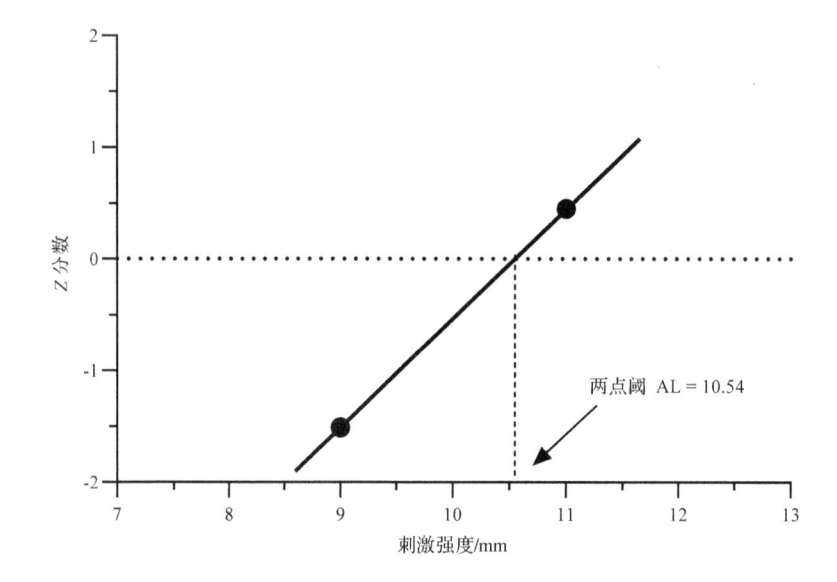

图 9-8 用 S-Z 作图法和直线内插法估算两点阈

9.4.2 差别感觉阈限的测量

9.4.2.1 操作原理

用恒定刺激法测量差别阈限时，首先应确定标准刺激，然后选择 5～7 个强度等间距变化的比较刺激，强度大小可以都大于(或小于)标准刺激，也可以扩展在标准刺激的上下一段间距。比较刺激与标准刺激随机配对出现。一般来说，标准刺激可以与比较刺激同时出现，也可以标准刺激在前，比较刺激在后。

被试根据主试呈现的刺激做出反应。依要求不同，会有两类反应和三类反应，不同的反应，其实验过程和差别阈限的计算均有所不同。

9.4.2.2 两类反应

(1) "大"(或"小")和"等于"反应

如果比较刺激系列的强度都大于(或小于)标准刺激,这时要求被试比较后报告:比较刺激比标准刺激"大"(或"小")和"相等",如果出现被试报告"小"(或"大"),这个反应则做相等处理。采用"正"字法进行分类记录。差别阈限是根据 50%正反应(75%点)或 50%负反应(25%点)的比较刺激值与标准刺激值之差来计算的。因 50%点刚好是标准刺激的大小,100%点则是比较刺激被完全识别出来的情形,所以两者之间的中值,正是差别阈限的操作定义"50%正反应"处,换算成坐标刚好是 $\frac{(50\%+100\%)}{2}=75\%$。25%的坐标点与此同理。

例 9-7 用恒定刺激法测量提重的差别阈限(1)。

在一个提重实验中,研究者选用 80g 作为标准刺激,比较刺激为 80g、82g、84g、86g、88g 共五个,每个比较刺激与标准刺激比较 20 次,共比较 100 次,实验记录如表 9-10 所示,实验结果如表 9-11 所示。

表 9-10 用恒定刺激法测量提重(80g)的差别阈限的现场实验记录

80g		82g		84g		86g		88g	
f_{total}	$f_重$	f_{total}	$f_重$	f_{total}	$f_重$	f_{total}	$f_重$	f_{total}	$f_重$
正	正	正	正	正	正	正	正	正	正
正	一	正	下	正	正	正	正	正	正
下		正		正		正	正	正	正
						下		下	一

主试随机同时呈现一对标准刺激(80g)和比较刺激(如 84g),被试报告比较刺激"重",主试在表 9-10 中 84g 的 f_{total} 处记下"正"的一笔,同时在 84g 的 $f_重$ 处记下"正"的一笔。如果,主试随机同时呈现一对标准刺激和比较刺激(如 82g),被试报告"相等",则主试在表 9-10 中 82g 的 f_{total} 处记下"正"的一笔,但在 82g 的 $f_重$ 处不做记录。通过这种方式,主试可以很容易地掌握整个实验的进度和被试的反应方式。

记录完实验数据后,需按照 S-P 作图法或 S-Z 作图法,来估算差别阈限。

方法一:S-P 作图法。

根据表 9-11,以重量为横坐标,以 p 值为纵坐标,连接坐标(80, 46)、坐标(82, 69)、坐标(84, 82)、坐标(86, 90)、坐标(88, 97)成一条折线。再从纵坐标 75%处采用直线内插法,估算出上差别阈为 82.90g。

表 9-11 用恒定刺激法测量提重(80g)的差别阈限(大于和等于反应)

比较刺激	80g	82g	84g	86g	88g
p_+	0.46	0.69	0.82	0.90	0.97
Z	−0.100	0.496	0.915	1.282	1.881

资料来源:朱滢. 实验心理学. 北京: 北京大学出版社, 2000: 75. 有改动.

根据图 9-9,本次提重的差别阈限为 82.90−80 = 2.90(g)。

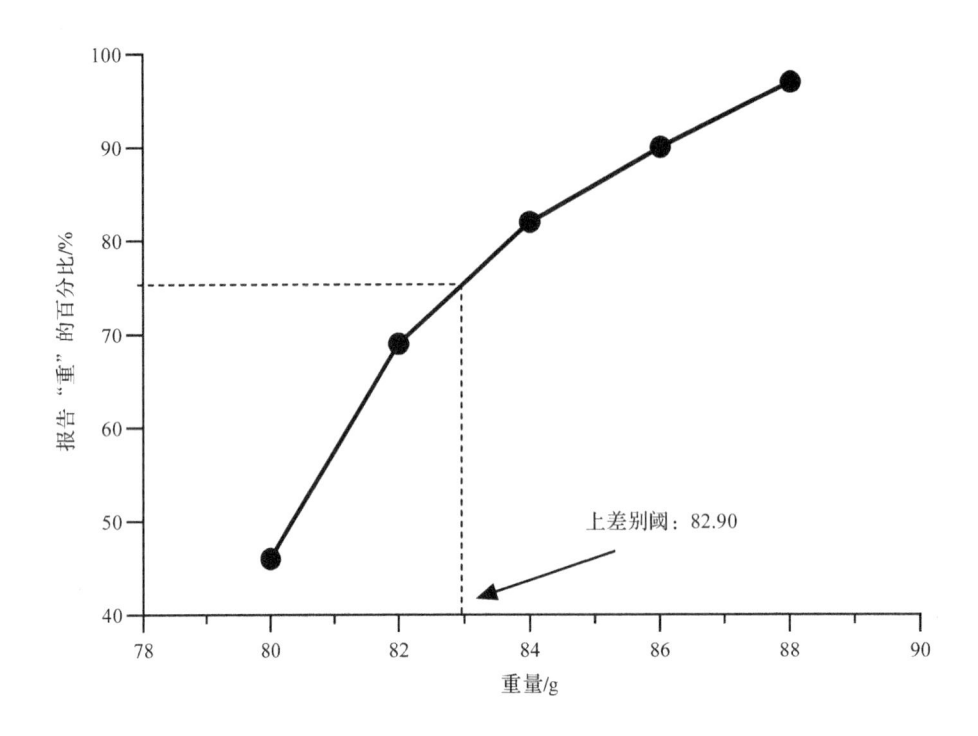

图 9-9 用 S-P 作图法和直线内插法估算提重(80g)的差别阈限

方法二：S-Z 作图法。

如表 9-12 所示，取前一半比较刺激的平均数为横坐标，取与之相应的 p 值所转换的 Z 值的平均数为纵坐标，即坐标(82, 0.437)。同样，取后一半比较刺激的平均数为横坐标，相应的 Z 值为纵坐标，即坐标(86, 1.359)。由这两个坐标点确定一条直线，如图 9-10 所示。

表 9-12　用恒定刺激法测量提重(80g)的差别阈限(大于和等于反应)

比较刺激	80g	82g	84g	86g	88g
p_+	0.46	0.69	0.82	0.90	0.97
Z	−0.100	0.496	0.915	1.282	1.881
$\bar{S}$		82		86	
$\bar{Z}$		0.437		1.359	

资料来源：朱滢. 实验心理学. 北京：北京大学出版社, 2000: 75. 有改动.

由于上差别阈对应的 p 值为 0.75，若是下差别阈对应的 p 值为 0.25，则它们对应的 Z 分数分别为 0.675 和 −0.675。最后，从纵坐标 0.675 处采用直线内插法，估算出上差别阈为 83.08g。

本次提重反应的差别阈限为 83.08 − 80 = 3.08g。由此我们可以看出，实验次数减少了，每个类别刺激只有 20 次，满足不了正态累加曲线的要求，所以采用 S-Z 作图法加入概率 0.7 以外的数据后，差别阈限变化较大。因此，建议实验次数较少时，采用 S-P 作图会更准确些。

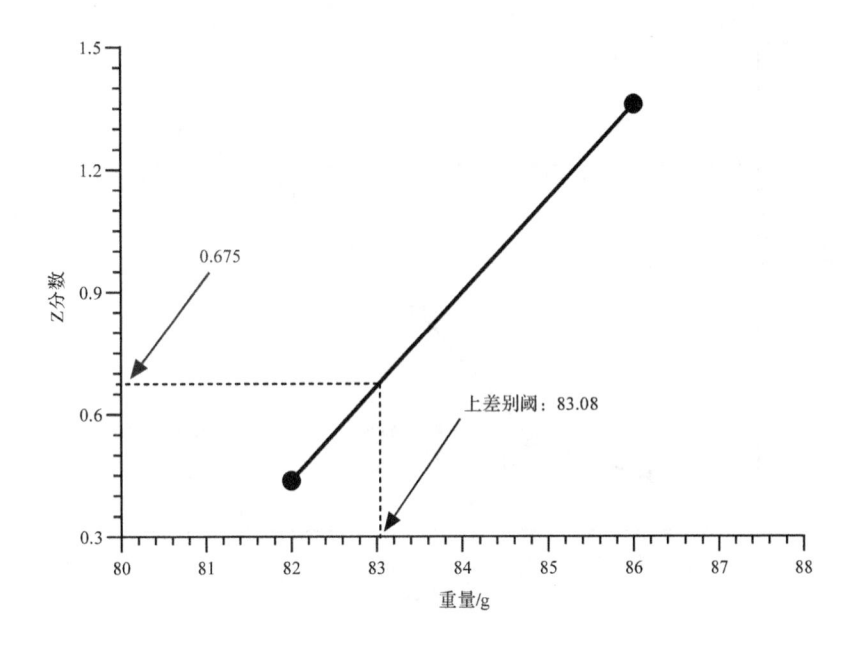

图 9-10　用 S-Z 作图法和直线内插法估算提重(80g)的差别阈限

(2)"大"和"小"反应

如果比较刺激系列扩展在标准刺激的两侧，这时要求被试比较后报告：比较刺激比标准刺激"大"或"小"，如果被试觉得相等，也需要用猜测做出大小判断。主试采用"正"字法进行分类记录，实验记录格式如表 9-10 所示。然后，采用直线内插法分别估算上差别阈(75%点)和下差别阈(25%点)。最后，根据以下公式进行计算：

$$DL = \frac{上差别阈(75\%点) - 下差别阈(25\%点)}{2}$$

例 9-8　用恒定刺激法测量提重的差别阈限(2)。

在一个提重实验中，研究者选用 80g 作为标准刺激，比较刺激为 76g、78g、80g、82g、84g 共五个，每个比较刺激与标准刺激比较 20 次，共比较 100 次，实验记录格式如表 9-10 不再赘述，实验结果如表 9-13 所示。

表 9-13　用恒定刺激法测量提重(80g)的差别阈限(大于和小于反应)

比较刺激	76g	78g	80g	82g	84g
p_+	0.11	0.19	0.46	0.69	0.82
Z	−1.227	−0.878	−0.100	0.496	0.915

资料来源：朱滢. 实验心理学. 北京：北京大学出版社，2000：75. 有改动.

根据表 9-13，以重量为横坐标，以 p 值为纵坐标，连接坐标(76, 11)、坐标(78, 19)、坐标(80, 46)、坐标(82, 69)、坐标(84, 82)成一条折线，如图 9-11 所示。再从纵坐标 75%处采用直线内插法，估算出上差别阈为 82.92g，从纵坐标 25%处采用直线内插法，估算出下差别阈为 78.46g。最后，根据公式得：$DL = \dfrac{82.92 - 78.46}{2} = 2.23$ (g)。

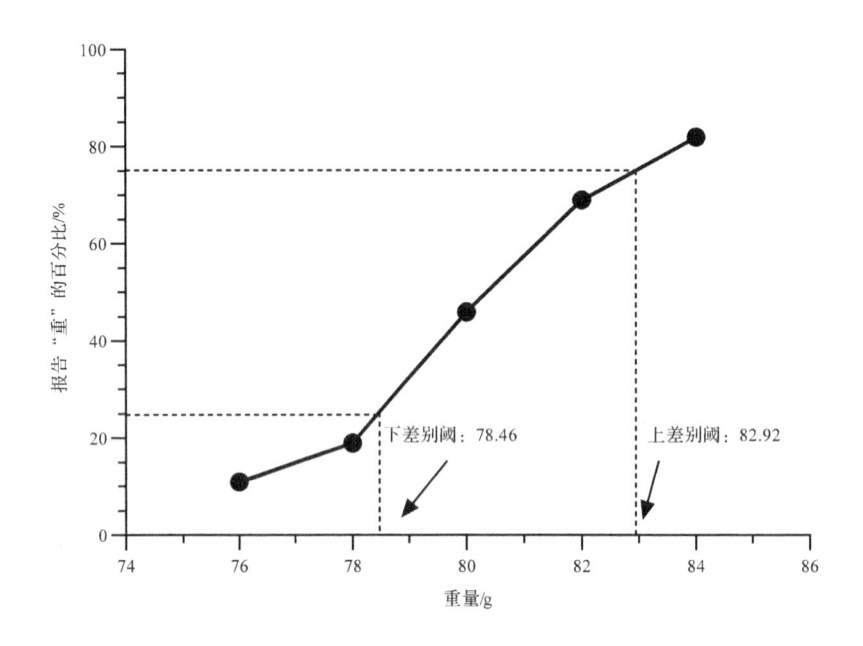

图 9-11　用 S-P 作图法和直线内插法估算提重(80g)的差别阈限

9.4.2.3 三类反应

如果比较刺激系列扩展在标准刺激上下，并且有一个比较刺激的强度与标准刺激的强度相同时，其反应变量可以分为三类，即被试比较标准刺激和比较刺激后报告：比较刺激比标准刺激"大"，"等"或"小"。主试采用"正"字法进行分类记录，实验记录如表 9-14 所示。差别阈限是根据 50%的"大"反应(75%点)和 50%的"小"反应(25%点)，采用直线内插法，来确定上差别阈和下差别阈的。

例 9-9 用恒定刺激法测量提重的差别阈限(3)。

在一个提重实验中，研究者选用 200g 作为标准刺激，比较刺激为 185g、190g、195g、200g、205g、210g、215g 共七个，每个比较刺激与标准刺激比较 100 次，共比较 700 次。被试比较标准刺激和比较刺激后报告：比较刺激比标准刺激"重""相等""轻"三种不同的判断。实验记录格式如表 9-14 所示。

表 9-14 用于现场记录实验反应，采用"正"字法来记录每类刺激呈现的总次数(f_T)、报告比较刺激比标准刺激重的次数(f_H)，报告比较刺激与标准刺激等重的次数(f_E)，报告比较刺激比标准刺激轻的次数(f_L)，之后再整理实验结果，如表 9-15 所示。

方法一：S-P 作图法。

根据表 9-15，以重量为横坐标，以 p 值为纵坐标，连接坐标(185, 4)、坐标(190, 8)、坐标(195, 14)、坐标(200, 28)、坐标(205, 60)、坐标(210, 80)、坐标(215, 91)作为比较刺激比标准刺激"重"的一条折线。连接坐标(185, 8)、坐标(190, 17)、坐标(195, 33)、坐标(200, 39)、坐标(205, 22)、坐标(210, 12)、坐标(215, 6)作为比较刺激与标准刺激"相等"的一条折线。连接坐标(185, 88)、坐标(190, 75)、坐标(195, 53)、坐标(200, 33)、坐标(205, 18)、坐标(210, 8)、坐标(215, 3)作为比较刺激与标准刺激"轻"的一条折线，如

表 9-14　用恒定刺激法测量提重（200g）的差别阈限的现场实验记录（三类反应）

f_T	185g f_H	f_E	f_L	190g f_T	f_H	f_E	f_L	195g f_T	f_H	f_E	f_L	200g f_T	f_H	f_E	f_L	205g f_T	f_H	f_E	f_L	210g f_T	f_H	f_E	f_L	215g f_T	f_H	f_E	f_L
正	正	正	正	正	正	一	正	正	正	正	正	正	正	正	正	正	正	正	正	正	正	正	正	正	正	正	一
正	正	正	下	正	正	正	正	正	正	下	正	正	正	正	正	正	正	正	正	正	正	正	正	正	正	正	
正	正	正		正	下	正	正	正	正	正	下	正	正	正	正	正	下	下	正	正	下	下	正	正	正		
正	正			正				下	正			正	一			正				正				正	下		
正				正								正				正				一							
												正															

注：f_T 表示刺激对呈现的总次数；
f_H 表示报告比较刺激比标准刺激重的次数；
f_E 表示报告比较刺激与标准刺激等重的次数；
f_L 表示报告比较刺激比标准刺激轻的次数。

图 9-12 所示。

表 9-15 用恒定刺激法测量提重（200g）的差别阈限（三类反应）

	185g	190g	195g	200g	205g	210g	215g
重反应的%	4	8	14	28	60	80	91
等反应的%	8	17	33	39	22	12	6
轻反应的%	88	75	53	33	18	8	3

资料来源：孟庆茂，常建华. 实验心理学. 北京：北京师范大学出版社，1999: 70-75.

再从纵坐标 50% 处采用直线内插法，估算出上差别阈为 203.4g，下差别阈为 195.7g。最后，根据公式计算差别阈限等相关指标。

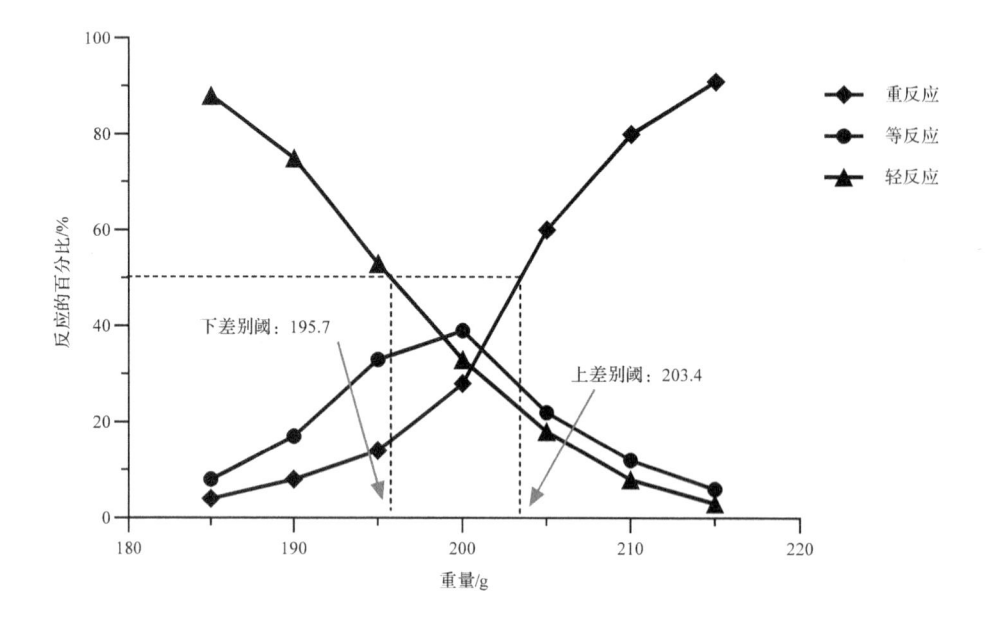

图 9-12 S-P 作图和直线内插法估算提重的差别阈限（200g，三类反应）

$$DL = \frac{203.4 - 195.7}{2} = 3.85 \ (g)$$

$$PSE = \frac{203.4 + 195.7}{2} = 199.55 \ (g)$$

$$CE = PSE - S_t = 199.55 - 200 = -0.45 \ (g)$$

$$IU = 203.4 - 195.7 = 7.7 \ (g)$$

方法二：S-Z 作图法。

根据表 9-16，以重量为横坐标，以 Z 分数为纵坐标，连接坐标（192.5，-1.20）和坐标（207.5，0.46）作为比较刺激比标准刺激"重"的一条直线。连接坐标（192.5，0.37）和坐标（207.5，-1.16）作为比较刺激比标准刺激"轻"的一条直线，如图 9-13 所示。

表 9-16　用恒定刺激法测量提重(200g)的差别阈限(三类反应)

比较刺激	185g	190g	195g	200g	200g	205g	210g	215g
$\bar{S}$			192.5			207.5		
重反应的%	4	8	14	28	28	60	80	91
$Z_{重反应}$	−1.75	−1.41	−1.08	−0.58	−0.58	0.25	0.84	1.34
$\bar{Z}$			−1.20			0.46		
轻反应的%	88	75	53	33	33	18	8	3
$Z_{轻反应}$	1.17	0.67	0.08	−0.44	−0.44	−0.92	−1.41	−1.88
$\bar{Z}$			0.37			−1.16		

再从纵坐标 0 处采用直线内插法，估算出上差别阈为 203.5g，下差别阈为 196.4g。最后，根据公式得：

$$DL = \frac{203.5 - 196.4}{2} = 3.55 \text{ (g)}$$

$$PSE = \frac{203.5 + 196.4}{2} = 199.95 \text{ (g)}$$

$$CE = PSE - S_t = 199.95 - 200 = -0.05 \text{ (g)}$$

$$IU = 203.5 - 196.4 = 7.1 \text{ (g)}$$

在三类反应中，会有以下两种情况出现：一个非常自信的人，把相等判断作为犹豫不决或过分谨慎的标志，导致 IU 变小；一个非常谨慎的人，尽管辨别力很好，但由于他除非完全肯定，否则不轻易做出正负判断，导致 IU 变大。

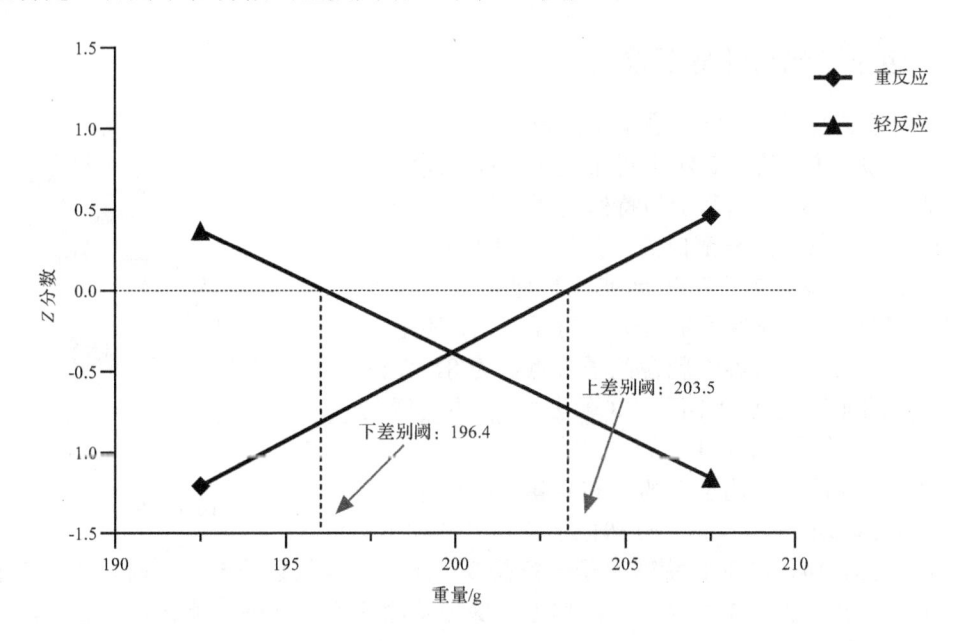

图 9-13　S-Z 作图法和直线内插法估算提重的差别阈限(三类反应)

第 10 章　信号检测论

传统心理物理法在研究人的感知过程时认为，人类的感知觉的生理功能存在一定的局限性。这使得个体感知刺激时，刺激必须达到一定强度方能克服生理功能方面的局限或障碍。

信号检测论(Signal Detection Theory，SDT)认为，人的感知觉并没有生理局限。所谓的障碍主要源于内部和外部的干扰信号。内部干扰信号是神经电冲动和神经化学传导过程产生的与传递信号无关的干扰信号。外部干扰是与传输无关的各种干扰因素，如注意状态、情绪状态、环境因素等。按照信号检测论的原理，个体在接收信息的过程中，存在的内部干扰信号和外部干扰信号，导致我们在知觉的分辨上出现差异。信号检测论的基本假设是：如果没有任何噪音干扰，理论上个体能够知觉到出现的任何刺激，并以此做出决策或反应。

信号检测论最早由 Tanner 和 Swets(1954)引入心理学研究，并成功地应用于感受性的测量，至今已形成一些成熟的研究范式，如有无法和评价法(孟庆茂，常建华，1999)。下面以色子游戏为例(朱滢，2000)，逐层剖析信号和噪音的侦测过程，及其信号检测论的内部原理。

10.1　色 子 游 戏

10.1.1　色子游戏与任务要求

这里的色子游戏，有别于酒桌上的色子游戏。主试一次投掷 3 颗色子，其中 2 颗是正常色子，六个面的点数依次是一到六，第三颗色子为特殊色子，其中三个面有三个点，另外三个面是空白的，如图 10-1 所示。

每次主试投掷完毕后，告诉被试当前色子的总点数，要求被试猜测特殊色子是三个点的面朝上，还是空白的面朝上。比如，告诉你现在色子总点数为 8，你愿意猜三个点的面朝上(以下简称"3 朝上")，还是猜空白面朝上(以下简称"0 朝上")。

我们先来分析特殊色子 3 朝上和 0 朝上的规律。很明显，当总点数是 2，3，4 时，特殊色子一定是 0 朝上。

图 10-1　色子的特征

当总点数是 13，14，15 时，特殊色子一定是 3 朝上。当总点数是 5~12 时，特殊色子既可能是 0 朝上，也可能是 3 朝上，所以你无法保证猜测的绝对准确。那么，怎么猜，猜对的把握才更大呢？

我们可以从特殊色子的可能组合来分析。色子总点数为 8 时，特殊色子的可能组合有哪些呢？从图 10-2 可知，特殊色子 3 朝上的组合有 4 种，0 朝上的组合有 5 种。进一步讲，投掷一次色子，总点数为 8，3 朝上的概率为 4/(4+5)=0.44，0 朝上的概率为 5/(4+5)=0.56。根据这样的测算，每当色子总点数为 8 时，你猜 0 朝上，赢的机会就更大些。

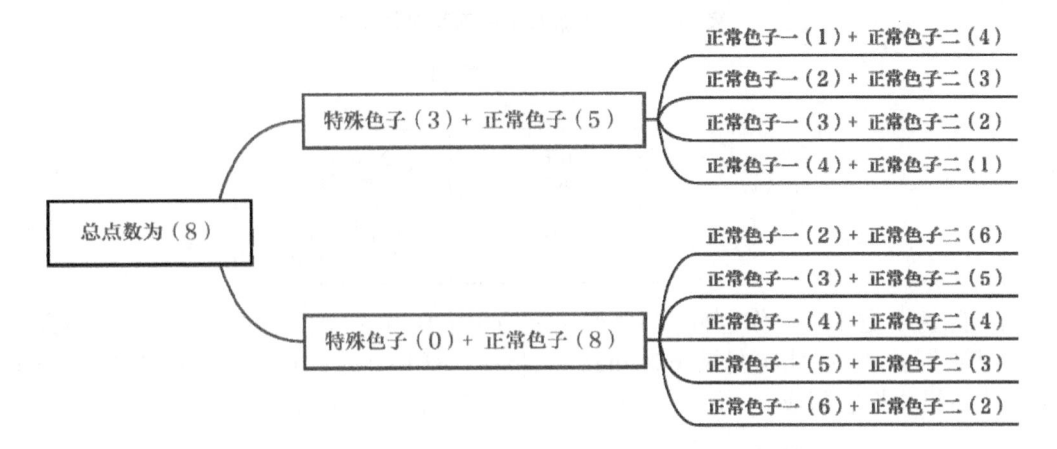

```
                              ┌─ 正常色子一（1）+ 正常色子二（4）
                              ├─ 正常色子一（2）+ 正常色子二（3）
         ┌─ 特殊色子（3）+ 正常色子（5）──┤
         │                    ├─ 正常色子一（3）+ 正常色子二（2）
         │                    └─ 正常色子一（4）+ 正常色子二（1）
总点数为（8）┤
         │                    ┌─ 正常色子一（2）+ 正常色子二（6）
         │                    ├─ 正常色子一（3）+ 正常色子二（5）
         └─ 特殊色子（0）+ 正常色子（8）──┼─ 正常色子一（4）+ 正常色子二（4）
                              ├─ 正常色子一（5）+ 正常色子二（3）
                              └─ 正常色子一（6）+ 正常色子二（2）
```

图 10-2　色子总点数为 8 时，特殊色子和正常色子的各种可能性组合

按照图 10-2 的思路，我们把总点数为 2～15 时特殊色子的可能性分布制成表 10-1，在这个游戏中，特殊色子可能出现的组合共有 72 种。

从表 10-1 可知，当色子总点数变大时，特殊色子 3 朝上的概率会逐渐上升，如总点数为 9 时，你猜 3 朝上赢的概率会超过 0.5。

表 10-1　色子总点数与特殊色子出现概率的关系

总点数	朝上的频次 0	朝上的频次 3	3 朝上的概率
2	1	0	0
3	2	0	0
4	3	0	0
5	4	1	1÷5 = 0.20
6	5	2	2÷7 = 0.29
7	6	3	3÷9 = 0.33
8	5	4	4÷9 = 0.44
9	4	5	5÷9 = 0.56
10	3	6	6÷9 = 0.67
11	2	5	5÷7 = 0.71
12	1	4	4÷5 = 0.80
13	0	3	3÷3 = 1.00
14	0	2	2÷2 = 1.00
15	0	1	1÷1 = 1.00
总和	36	36	

资料来源：朱滢. 实验心理学. 北京：北京大学出版社，2000: 83. 有改动.

10.1.2 色子游戏的四种反应

玩色子游戏时，猜对猜错一共有四种情形，如表10-2所示。

表10-2 色子游戏中的四种可能结果

		反应（猜测） 3	反应（猜测） 0
刺激 特殊色子	3	击中 hits	漏报 missing
刺激 特殊色子	0	虚报 false alarm	正确否定 correct reject

当特殊色子是3时，你也猜3，我们称之为击中（hits）；如果你把它猜成0，那么特殊色子3就被漏掉了，因此叫漏报（missing）。当特殊色子是0时，你把它猜3，这叫虚报（false alarm）；如果你把它猜成0，你又猜对了，这叫正确否定（correct reject）。

10.1.3 判断标准与四种反应

玩色子游戏时，如果你心中定个标准：凡是总点数大于等于9时，你就猜特殊色子是3；凡是总点数小于9时，你就猜特殊色子是0，如表10-3所示的虚线。

表10-3 判断标准为9时的四种反应对应总点数的分布情况

总点数	朝上频次 0	朝上频次 3
2	1	0
3	2	0
4	3	0
5	4 （正确否定）	1
6	5	2
7	6	3 （漏报）
8	5	4
9	4	5
10	3 （虚报）	6
11	2	5
12	1	4 （击中）
13	0	3
14	0	2
15	0	1
总和	36	36

（判断标准）

资料来源：朱滢. 实验心理学. 北京：北京大学出版社，2000：85. 有改动.

我们先来看特殊色子是 3 时的情形。按照你心中的这个标准，在虚线下面特殊色子是 3 你也猜为 3 的总次数是 26 次，你的击中概率为 26÷36=0.72；有 10 次被你猜成 0 了，即漏掉了，漏报概率为 10÷36=0.28。为了便于描述，我们用 $p_{击中}$ 表示击中概率，用 $p_{漏报}$ 表示漏报概率，$p_{击中}+p_{漏报}=1$。

现在，我们再看特殊色子是 0 时的情形。也依此标准，在虚线下面特殊色子是 0 却被你当成 3 的总次数是 10 次，虚报概率为 10÷36=0.28；而在虚线上面总点数小于 9 的，总共有 26 次都被你正确地猜成 0，正确否定概率为 26÷36=0.72。我们也用 $p_{虚报}$ 表示虚报概率，用 $p_{正确否定}$ 表示正确否定概率，$p_{虚报}+p_{正确否定}=1$。

我们把这个标准称为判断标准（judgement criterion），它是反映被试反应倾向性的一个指标。因为 $p_{击中}+p_{漏报}=1$，$p_{虚报}+p_{正确否定}=1$，所以，只要报告击中率和虚报率就可以知道整体的反应。

我们把表 10-3 中"朝上频次"换成"朝上概率"，如表 10-4 所示。

表 10-4 不同总点数下 0 朝上和 3 朝上的概率分布表

总点数	朝上概率	
	0	3
2	1÷36=0.03	0
3	2÷36=0.06	0
4	3÷36=0.08	0
5	4÷36=0.11	1÷36=0.03
6	5÷36=0.14	2÷36=0.06
7	6÷36=0.17	3÷36=0.08
8	5÷36=0.14	4÷36=0.11
9	4÷36=0.11	5÷36=0.14
10	3÷36=0.08	6÷36=0.17
11	2÷36=0.06	5÷36=0.14
12	1÷36=0.03	4÷36=0.11
13	0	3÷36=0.08
14	0	2÷36=0.06
15	0	1÷36=0.03

也就是说理论上，当总点数为 8 时，在玩色子游戏过程中猜测行为的所有可能结果是虚报率为 0.14，击中率为 0.11；当总点数为 11 时，虚报率为 0.06，击中率为 0.14。0 朝上的概率分布和 3 朝上的概率分布，均为（0.03，0.06，0.08，…，0.17，0.14，…，0.08，0.06，0.03），这种特征与正态分布的规律很相似。我们以横坐标为色子总点数，纵坐标为朝上概率，转换成概率分布图（或称概率密度函数图），如图 10-3 所示。

从图 10-3 可直观地看出，3 朝上的概率分布和 0 朝上的概率分布呈正态分布形态。假设判断标准为 11 时，黑色区域将被判定为信号，这部分的面积即击中率；灰色区域也将被判定为信号，这部分的面积即虚报率。

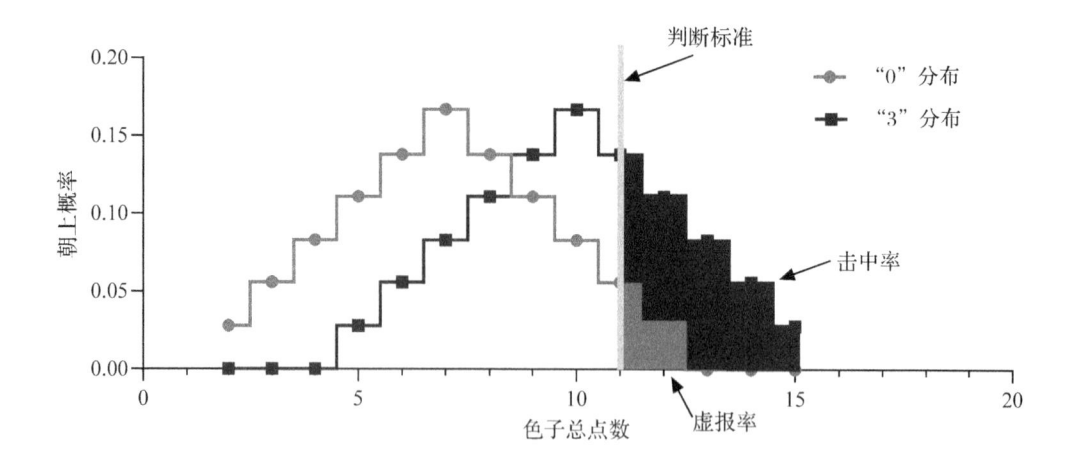

图 10-3 不同总点数下 0 朝上和 3 朝上的概率分布图

资料来源：朱滢. 实验心理学. 北京：北京大学出版社，2000：89. 有改动.

10.2 色子游戏中的信号检测论原理

在信号检测论中，当事实是信号你判断为信号时，称为击中，用 $1-\beta$ 表示击中率；当事实是信号你判断为噪音时，称为漏报，用 β 表示漏报率；当事实是噪音你判断为信号时，称为虚报，用 α 表示虚报率；当事实是噪音你判断为噪音时，称为正确否定，用 $1-\alpha$ 表示正确否定率，如表 10-5 所示。

表 10-5 信号检测论中的事实与判断

		决策（判断）	
		信号	噪音
事实	信号	击中 $1-\beta$	漏报 β
	噪音	虚报 α	正确否定 $1-\alpha$

信号检测论的假设是：①噪音的分布是一个正态分布，信号加噪音的分布也是一个正态分布；②由于噪音和信号加噪音的强度相差很小，而且二者的强度在实验过程中始终保持不变，强度是单维的，即有信号和无信号。两个分布有一定的重叠部分，意味着一部分有信号或无信号的反应，既可以由噪音引起，又可以由信号引起。

在图 10-4 中，$f_N(X)$ 为噪音（Noise，N）分布，$f_{SN}(X)$ 为信号加噪音（Signal & Noise，SN）分布，X_c 为判断标准（criterion），$1-\beta$ 为击中率，α 为虚报率。当 X_c 向右移动时，$1-\beta$ 减少，α 也减小；当 X_c 向左移动时，$1-\beta$ 增大，α 也变大。图 10-3 的形态与图 10-4 的形态基本一致，也就是特殊色子 3 朝上等价于信号加噪音，特殊色子 0 朝上等价于噪音。

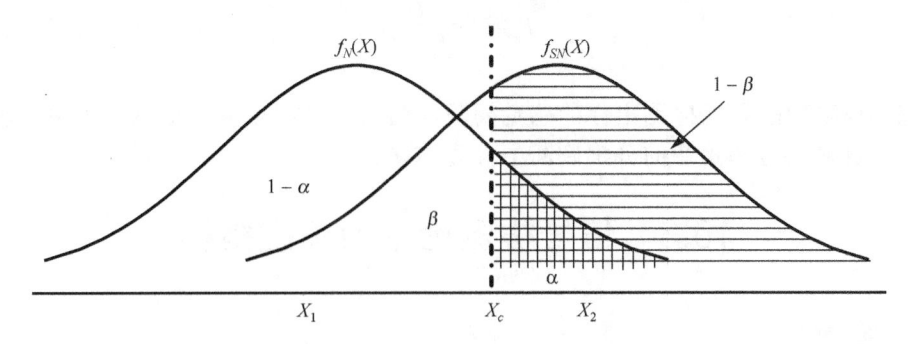

图 10-4　信号检测论的原理示意图

资料来源：孟庆茂，常建华. 实验心理学. 北京：北京师范大学出版社, 1999: 91.

那为什么 3 朝上等价于信号加噪音，0 朝上等价于噪音？因为现代心理物理法认为：①人类觉察信号需要一个中枢神经效应。这种效应随着每次刺激的呈现，时刻发生变化。因为人类存在着内部噪音和外部噪音，所以即便没有信号出现，中枢效应也可能由纯噪音引起。可以把被试做出判断所根据的感觉材料，设想为对神经活动的测量，或者把它看作在给定时间内，达到皮质上给定点的神经冲动数目。在实验中，虽然每次呈现的刺激(信号)总是一个，但噪音背景却千变万化，因此，每次呈现的刺激无论是噪音(N)还是信号(S)，所引起的感觉不尽相同，因而形成感觉连续体。噪音和信号加噪音所引起的各种感觉的次数分布是两个相等的正态分布；②在现代心理物理法中，所选择的信号和噪音的刺激强度相差较小，而且只有单维的强度差异。因此，噪音和信号加噪音的两个正态分布有重叠的部分。噪音具有广泛性特点，信号实际上总是在包含内部噪音和外部噪音的背景上产生的，因此所谓对信号感觉的分布，实际就是对信号加噪音(SN)的分布(孟庆茂，常建华，1999)。也就是说，在色子游戏中，对特殊色子 3 的觉察，就是在信号("3")和噪音的背景下进行的。

整合表 10-2 和表 10-5，可以获得表 10-6。在现代心理物理法中，呈现的刺激是 SN，你报告 SN，就是击中，用 f_1 表示击中的频次；呈现的刺激是 SN，你报告 N，就是漏报，用 f_2 表示漏报的频次；呈现的刺激是 N，你报告 SN，就是虚报，用 f_3 表示虚报的频次；呈现的刺激是 N，你报告 N，就是正确否定，用 f_4 表示正确否定的频次。于是，我们可以获得击中率和虚报率的计算公式：

表 10-6　现代心理物理法中的刺激与反应

刺激 \ 反应	SN	N
SN	击中 (f_1)	漏报 (f_2)
N	虚报 (f_3)	正确否定 (f_4)

$$p_{\text{击中}} = \frac{f_1}{f_1 + f_2}$$

$$p_{虚报} = \frac{f_3}{f_3 + f_4}$$

传统心理物理法只能检测出你的感觉阈限，而信号检测论能够根据击中率和虚报率将判断标准从你对信号和噪音的分辨判断中分离出来。

10.3　信号检测论中的关键指标

10.3.1　感受性

那我们对信号和噪音的分辨效果如何？怎么计算呢？在图 10-4 中，N 分布服从 $f_N(X)$ 曲线，SN 分布服从 $f_{SN}(X)$ 曲线。两个曲线的重叠部分越少，说明被试越能分辨出信号和噪音的差别；重叠部分越多，说明被试越无法分辨出信号和噪音的差别。因此，在信号检测论中，将两个正态分布曲线的均值之间的距离作为被试对信号和噪音的区分程度，称为感受性（sensibility），也叫分辨能力，用以下公式计算：

$$d' = Z_{虚报} - Z_{击中}$$

其中，$Z_{虚报}$（或 Z_N）是虚报率的 Z 分数，$Z_{击中}$（或 Z_{SN}）是击中率的 Z 分数。虚报率和击中率都是概率值（p）。有两种方法可以将 p 值转换成 Z 分数：其一，直接查找正态分布表；其二，将 p 值输入 Excel，运用 Excel 单元格中的概率密度函数公式"=NORMSINV（1-A1）"，将 A1 替换成 p 值，如 $p = 0.14$，NORMSINV（0.86）= 1.080319341。

为什么可以用 $d' = Z_{虚报} - Z_{击中}$ 来表示 $f_{SN}(X)$ 与 $f_N(X)$ 的距离？如图 10-5 上图：$p_{击中}=0.86$，转换成 Z 分数后 $Z_{击中}=-1.08$，$p_{虚报}=0.14$，转换成 Z 分数后 $Z_{虚报}=1.08$；两个正态分布曲线波峰的距离就是 $Z_{虚报}-Z_{击中}$。图 10-5 中的下图同理。

10.3.2　反应偏向

既然判断标准影响击中率和虚报率，反过来我们可以根据击中率和虚报率来确定判断标准的大小。也就是在图 10-6 中，当击中率和虚报率确定时，判断标准 X_c 的位置就已确定。

在信号检测论中，我们用被试的反应偏向（response bias）作为判断标准的一个指标。反应偏向是通过或然比（likelihood ratio）来反映的，通常用 β 来表示，具体公式如下，三者之间关系的计算举例如图 10-6 所示。

$$\beta = \frac{O_{击中}}{O_{虚报}}$$

其中，$O_{击中}$ 是指击中率对应的纵坐标 y 值，$O_{虚报}$ 是指虚报率对应的纵坐标 y 值。

如何将 p 值转换成 y 值，有两种方法：其一，直接查找正态分布表；其二，将 p 值输入 Excel，运用 Excel 单元格中的概率密度函数公式"=NORMDIST（NORMSINV（1-A1），0,1,0）"，将 A1 替换成 p 值即可得，如 A1=0.42，NORMDIST（NORMSINV（0.58），0,1,0）= 0.390893935。

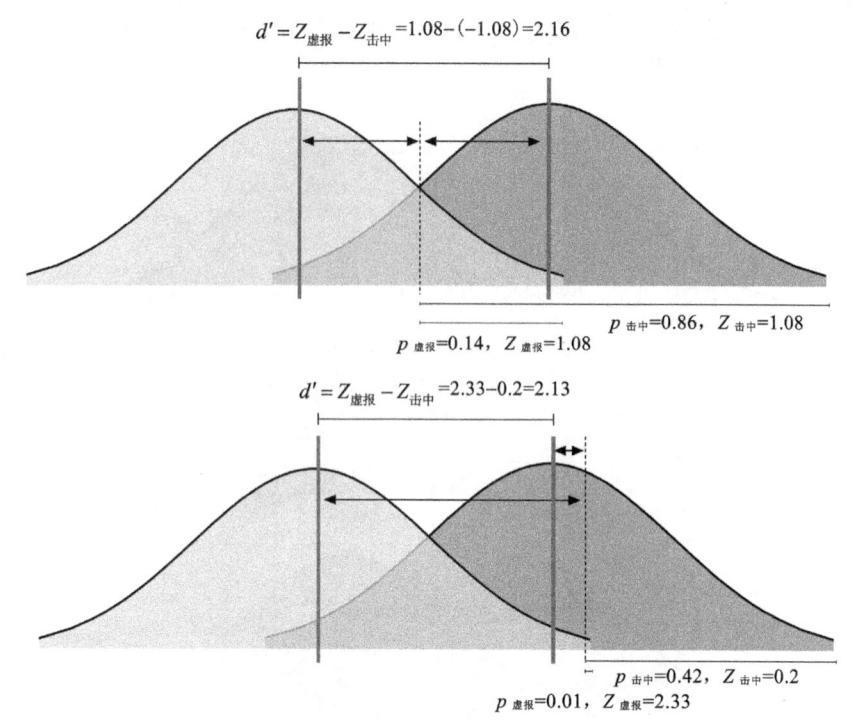

图 10-5　感受性与击中率和虚报率关系的计算举例

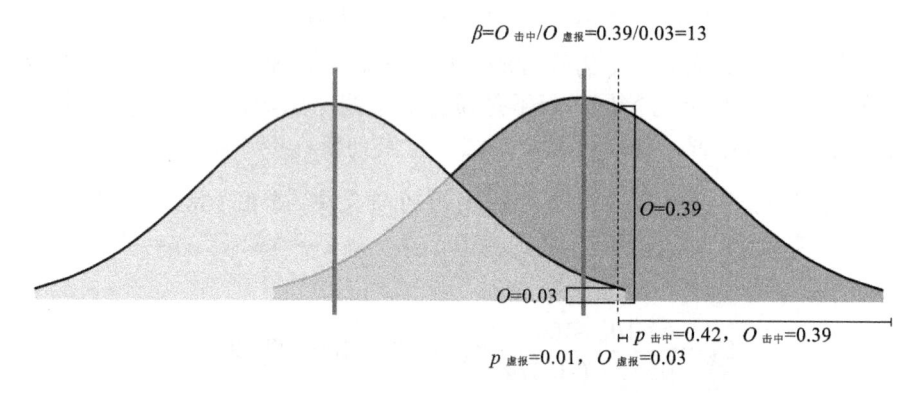

图 10-6　反应偏向与击中率和虚报率关系的计算举例

β 的大小表示判断标准的高低。$\beta<1$，判断标准偏低，X_c 位于 X 轴的偏左侧，如图 10-7 上图中的 β_1；$\beta=1$，判断倾向于适中，X_c 位于两个曲线的交叉点，这时 $p_{击中}=p_{正确否定}$，$p_{漏报}=p_{虚报}$，纵坐标都相等，如图 10-7 中图中的 β_2；$\beta>1$，表示判断标准偏高，X_c 位于 X 轴的偏右侧，如图 10-7 下图中的 β_3。所以 β 越大，被试越倾向于做出"噪音"判断，β 越小被试越倾向于做出"信号"判断。

10.3.3　判断标准

反应偏向（β）只是表明被试具有多做出信号判断还是多做出噪音判断的倾向，可以说属于"心理"判断标准，是否可以直接计算出如表 10-3 中的"物理"判断标准呢？C_X 就是这个"物理"判断标准，其计算公式如下：

$$C_X = \frac{I_{SN} - I_N}{d'} \times (-Z_{虚报}) + I_N = \frac{I_{SN} - I_N}{Z_{虚报} - Z_{击中}} \times (-Z_{虚报}) + I_N$$

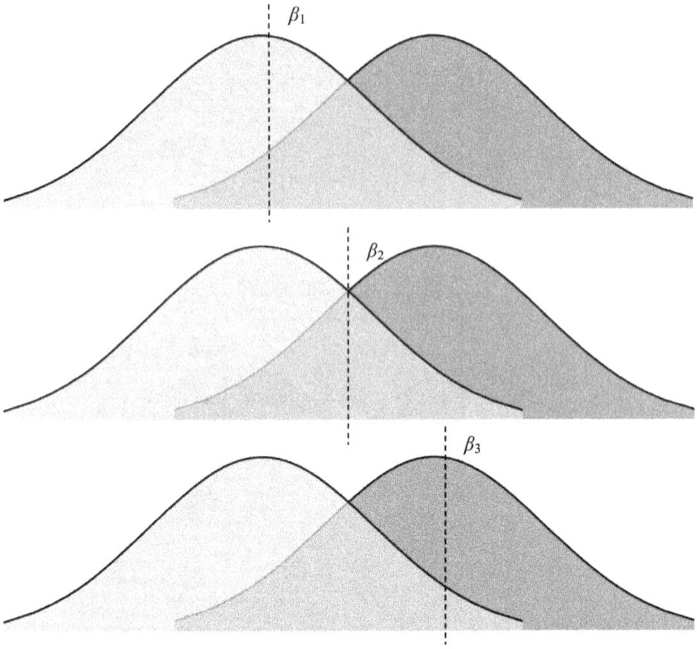

图 10-7 一组不同的反应偏向

其中，I_{SN} 为信号的物理强度，I_N 为噪音的物理强度。一般来说，要计算出判断标准 C_X，信号与噪音的区别要有量上的差异，而不是质上的不同。比如，在色子游戏中特殊色子为 3 时为信号，为 0 时为噪音，像这种就没办法计算出判断标准 C_X。

例 10-1 在采用"提重"进行信号检测论的研究中，选用 108g 作为信号，选用 100g 作为噪音。经过实验后，$p_{击中}=0.75（Z_{击中}=-0.674）$，$p_{虚报}=0.35（Z_{虚报}=0.385）$，判断标准如下：

$$C_X = \frac{108 - 100}{0.385 - (-0.674)} \times (-0.385) + 100 = 97.09（g）$$

需要说明的是，采用 C_X 计算出的判断标准，与反应偏向 β 所计算出的判断标准并不一定等值。比如，本例中 $C_X=97.09$ 其判断标准的位置与 $\beta=0.858$ 时判断标准的位置并不在同一个位置，后者会偏右一些，如图 10-8 所示。但是从这两个指标还是可以看出被试判断的倾向性，比较倾向于将刺激判断为信号，判断标准偏于宽松。

10.3.4 等感受性曲线

根据表 10-3，我们发现当把判断标准（虚线）往下移两行时，$p_{击中}=15÷36=0.42$，$p_{漏报}=21÷36=0.58$，$p_{正确否定}=33÷36=0.92$，$p_{虚报}=3÷36=0.08$。当我们把判断标准（虚线）往上移一行时，$p_{击中}=30÷36=0.83$，$p_{漏报}=6÷36=0.17$，$p_{正确否定}=21÷36=0.58$，$p_{虚报}=15÷36=0.42$。由此可见，判断标准的变化，会引起击中率和虚报率的变化。据此，我们可以从总体分布上看出判断标准的变化特征，如表 10-7 所示。

第 10 章 信号检测论

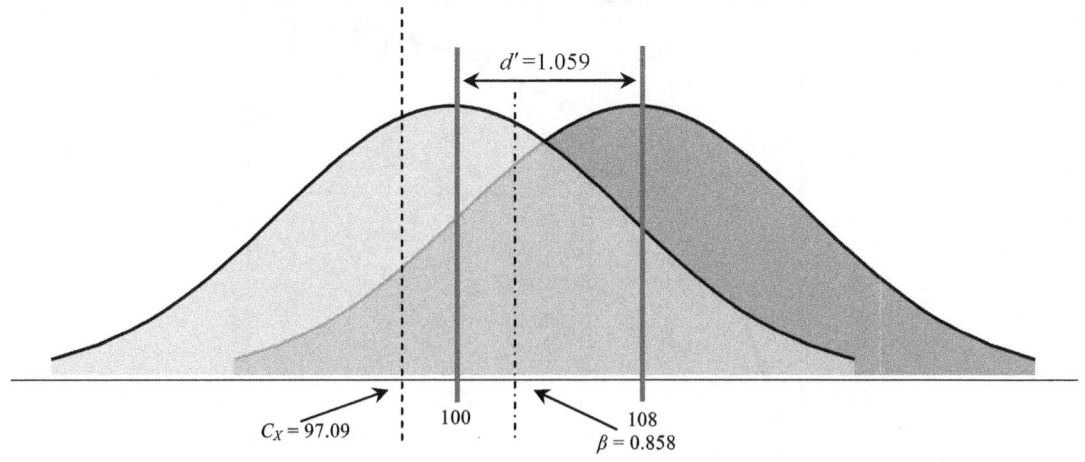

图 10-8 "提重"实验中 C_X 在正态分布曲线中的位置示意图

表 10-7 各个判断标准下的虚报与击中分布

判断标准	虚报占比	虚报率	击中占比	击中率
1	36/36	1	36/36	1
2	36/36	1	36/36	1
3	35/36	0.97	36/36	1
4	33/36	0.92	36/36	1
5	30/36	0.83	36/36	1
6	26/36	0.72	35/36	0.97
7	21/36	0.58	33/36	0.92
8	15/36	0.42	30/36	0.83
9	10/36	0.28	26/36	0.72
10	6/36	0.17	21/36	0.58
11	3/36	0.08	15/36	0.42
12	1/36	0.03	10/36	0.28
13	0/36	0	6/36	0.17
14	0/36	0	3/36	0.08
15	0/36	0	1/36	0.03

资料来源：朱滢. 实验心理学. 北京：北京大学出版社，2000: 86.

在表 10-7 中，判断标准 8 是指，当总点数大于等于 8 时，被试将特殊色子均猜为 3；而当总点数小于 8 时，均把特殊色子猜为 0，依次类推。

以表 10-7 的虚报率为横坐标，以击中率为纵坐标作图，如图 10-9 所示。我们可以发现随着判断标准的变化，击中率与虚报率也相应地发生变化。随着判断标准往左下角移动，被试做出决策的标准越来越严格，虚报率下降同时击中率也下降；往右上角移动，被试做出决策的标准越来越宽松，击中率上升同时虚报率也上升。这条曲线被称为等感受性曲线，也称接收者操作特征曲线（Receiver Operating Characteristic Curve，ROC 曲线）。在等感受性曲线上，被试具有相同的分辨能力 d'，不同的判断标准。

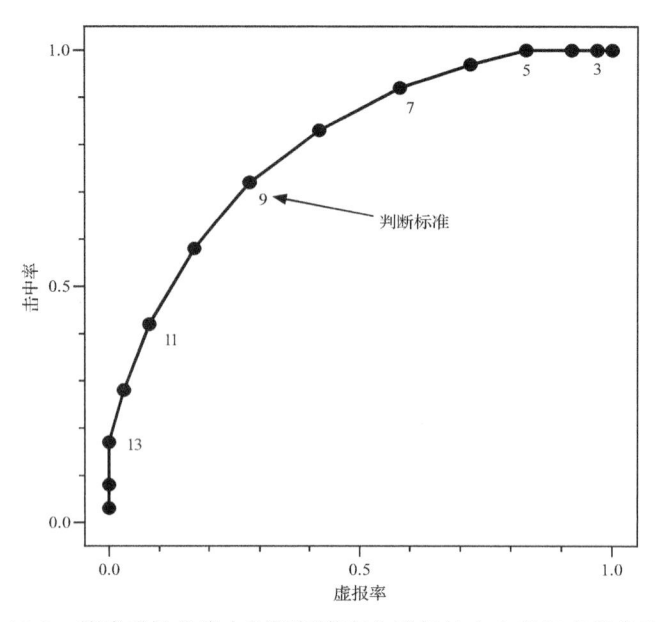

图 10-9　等感受性曲线中判断标准变化引起的击中率和虚报率的变化
资料来源：朱滢. 实验心理学. 北京：北京大学出版社，2000: 87. 有改动.

图 10-10 是一组不同感受性的 ROC 曲线，其中 $d_1' > d_2' > d_3'$，越靠近左上角，分辨能力越强，或信号越强；越靠近对角线（虚线处）分辨能力越差，或信号越弱。虚线处 $d_0' = 0$，说明噪音分布曲线和信号加噪音分布曲线完全重叠，无法区分信号和噪音。如果等感受性曲线落到虚线的下方，说明被试错误地将噪音当作信号进行反应。

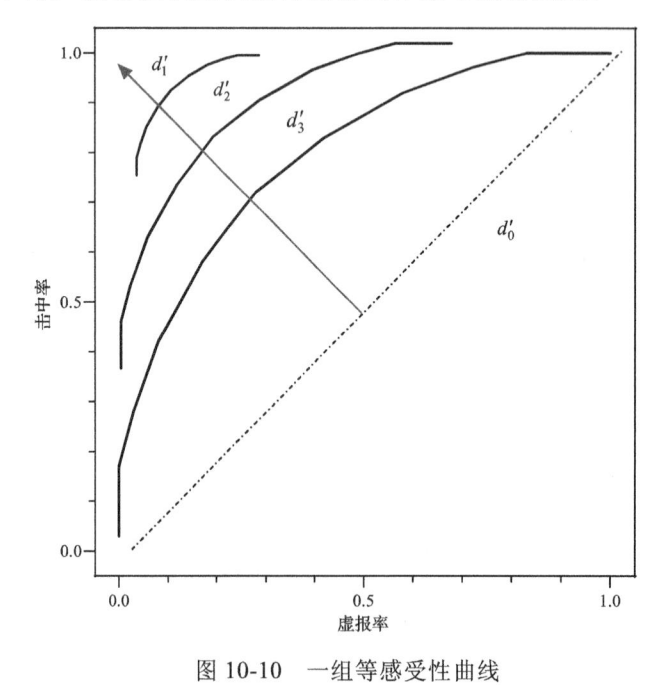

图 10-10　一组等感受性曲线

由此，我们可以发现感受性和判断标准是相互分离的（Bartoshuk & Schiffman，1977），它们是影响被试最终决策的关键因素。

10.4 信号检测论的研究方法

10.4.1 有无法

有无法(yes on method)要求事先规定信号加噪音(SN)刺激和噪音(N)刺激,并规定 SN 和 N 出现的概率,然后以随机方式呈现 SN 或 N,要求被试回答所呈现的刺激是 SN 还是 N。根据被试对呈现刺激的判断结果来计算 $p_{击中}$ 和 $p_{虚报}$。最后,再按照上述介绍的方法计算 d'、β、C_X 等指标。

读者还可以对例 10-1 进行改进。以 100g 为 N,以 108g 为 SN,并设置信号出现的概率为 0.5 和 0.8,来研究信号出现的概率对感受性和判断标准的影响。此外,还可以固定信号出现的概率为 0.5,研究当 SN 为 108g 时和当 SN 为 112g 时被试的感受性和判断标准的差异,即信号强度对感受性和判断标准的影响。

10.4.2 评价法

在有无法中,确定判断标准后,凡是大于等于判断标准的感觉都报告是信号。

在图 10-11 中,当 x_1 和 x_2 感觉出现时,被试都报告是信号引起的,但是 x_1 和 x_2 的感觉强度是不一样的,这种情况在有无法中被忽视了。也就是说,当 x_2 出现时,被试反应是信号的把握大于当 x_1 出现时反应的把握,但有无法只要求被试报告信号就够了。类似地,当 x_3 出现时,被试反应是噪音的把握大于当 x_4 出现时反应的把握,但有无法忽视了感觉程度上的区别。由于有无法把感觉连续体分成两部分,所以它从被试的反应中所能知道的就只是某一感觉在判断标准以上或以下,至于这种感觉离判断标准多远则不知道,即无法将判断的把握程度反映出来,从而也损失掉一些信息(朱滢,2000)。

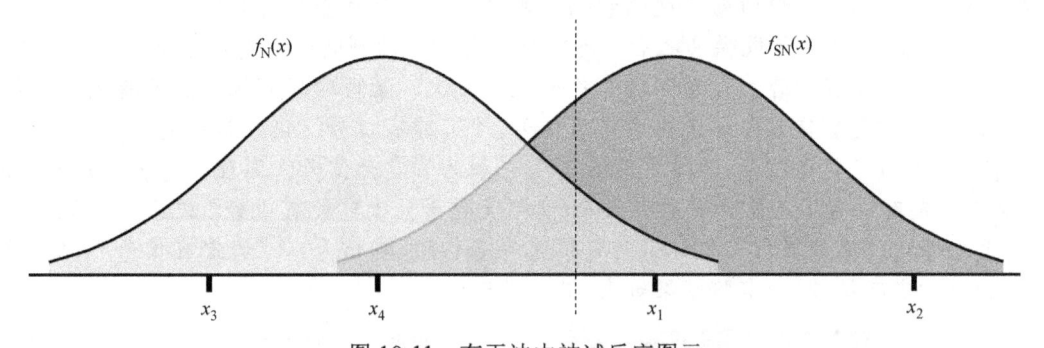

图 10-11 有无法中被试反应图示

资料来源:朱滢. 实验心理学. 北京:北京大学出版社,2000: 98. 有改动。

在色子游戏中,当色子总点数是 13、14、15 时,我们有 100%的把握说,特殊色子是 3;当色子总点数少时,如 2、3、4 时,我们也有 100%的把握说,特殊色子是 0。但是当色子总点数恰好在 5~12 时,我们只能靠猜测,确信程度将小于 100%(朱滢,2000)。这样模仿色子游戏的情形,在信号检测论的实验中,我们可以首先报告"信号"或"噪音",然后回答我们感觉的确信程度,这就是评价法(rating scale method)。用这种方法,我们就可以把信号和噪音引起的感觉离判断标准的距离表达出来,如图 10-12 所示。

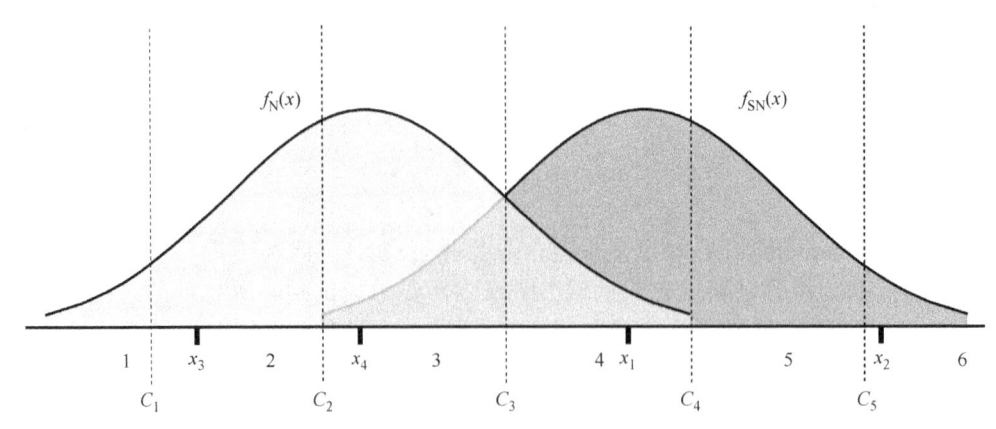

图 10-12 评价法中被试反应图示

资料来源：朱滢. 实验心理学. 北京：北京大学出版社，2000：88. 有改动.

在图 10-12 中，C_1、C_2、C_3、C_4 和 C_5 是感觉连续体上从左到右的 5 个标准。1、2、3、4、5 和 6 代表确信程度，即评价等级。在有无法中一种信号概率或一种奖励办法只允许被试使用一个判断标准。而在评价法中，同一轮实验，被试实际上使用多个判断标准。如图 10-12 所示，允许被试使用 6 个等级的确信程度，被试就可以使用 5 个判断标准。这样当 x_2 感觉出现时，由于它在 C_5 标准以上，被试用第 6 等级来反应；当 x_1 感觉出现时，由于它在 C_4 标准以下，C_3 标准以上，被试用第 4 等级来反应，依次类推。将强度不同的感觉用不同的评价等级反应，反应的把握程度就表达出来了，从而弥补了有无法不能区分感觉强度，只用信号或噪音来简单反应的缺陷，并且保留了更多的信息(朱滢，2000)。

例 10-2　棒框仪是测量认知方式中场依存和场独立的一种方法。如图 10-13 所示，通过把(b)中的直线调整成竖直状态来完成实验任务，由于被试无法看见实验的外部环境，其调整可能只受外圈正方形所处角度的影响。实验规定，直线竖直时为信号，直线没竖直时为噪音。被试在判断信号或噪音之后，还需做出自信心的判断：肯定有信号、可能有信号、肯定有噪音、可能有噪音。信号和噪音各出现 100 次，呈现顺序随机。然后将刺激是信号时，判断为"肯定有信号"记录为肯定有信号，"可能有信号"记录为可能有信号，"可能有噪音"记录为可能无信号，"肯定有噪音"记录为肯定无信号。同理，将刺激是噪音时，判断为"肯定有噪音"记录为肯定有噪音(肯定无信号)，"可能有噪音"记录为可能有噪音(可能无信号)，"可能有信号"记录为可能无噪音(可能有信号)，"肯定有信号"记录为肯定无噪音(肯定有信号)，实验结果如表 10-8 所示。

(a) 主试视角 　　　　　　　　　(b) 被试视角

图 10-13　EP705C 型棒框仪

第 10 章 信号检测论

表 10-8 评价法实验中信号和噪音的报告频次

确信程度	信号	噪音
肯定有信号	40	10
可能有信号	34	25
可能无信号	8	10
肯定无信号	18	55

资料来源：周谦. 心理科学方法学. 北京：中国科学技术出版社, 1994: 221. 有改动.

表 10-9 评价法实验中在不同判断标准下的击中率和虚报率

判断标准	击中率	虚报率
严	0.40	0.10
中等	0.74	0.35
宽	0.82	0.45

在本次实验过程中，被试会出现三种判断标准。根据表 10-8 的实验结果，当判断标准中等时，

$$击中率 = \frac{40+34}{40+34+8+18} = 0.74$$

$$虚报率 = \frac{10+25}{40+34+8+18} = 0.35$$

判断标准严和宽时，依此进行计算，并转换成表 10-9。

根据表 10-9，可计算出：

$$\beta_{严} = \frac{0.386}{0.175} = 2.206$$

$$d'_{严} = 1.282 - 0.253 = 1.029$$

$$\beta_{中} = \frac{0.324}{0.370} = 0.876$$

$$d'_{中} = 0.385 - (-0.643) = 1.028$$

$$\beta_{宽} = \frac{0.262}{0.396} = 0.662$$

$$d'_{宽} = 0.126 - (-0.915) = 1.041$$

由此可以看出，该被试的感受性相对比较稳 T 定，而确信程度受判断标准所左右。

第 11 章 反 应 时

人的大脑像一个黑箱子,研究者很难直接地观察到大脑中枢的加工过程,但是可以根据逻辑推导和反应时的长短,来推断中枢加工的复杂程度。这样反应时就成为了心理学研究中使用最广泛的因变量。

反应时的研究最早开始于德国天文学家 Bessel 的"人差方程式",之后 Donders 将反应时的测量引入心理学实验。本章将系统地介绍反应时的基本原理,并采用 E-prime2.0 软件以案例的方式介绍反应时收集的方法。

11.1 反应时的概述

11.1.1 反应时的定义

反应时(Reaction Time,RT),也称反应时间,是指刺激施于有机体之后到明显反应开始所需要的时间,是刺激与反应之间的时间间隔(孟庆茂,常建华,1998),不是执行反应的时间。

刺激进入有机体时并不会立即做出反应,而是需要一个发动的过程。这个过程在有机体内潜伏着,直至到达运动反应器,才看到一个明显的反应。整个过程包括刺激作用于感觉器官、引起感觉器官的兴奋(产生神经冲动),并将神经冲动传输到大脑,大脑对这些神经冲动进行加工,再通过传出通路传输到效应器(运动器官),效应器接受神经冲动,产生一定的反应。这个过程可用时间作为标志来测量,这就是反应时,有时又叫反应的潜伏期(孟庆茂,常建华,1998)。

11.1.2 反应时的功能

反应时作为心理学研究的重要因变量之一,可作为个体成就高低和内部加工过程复杂程度的指标。对一项工作越熟悉,反应时就越短;内部加工过程越复杂,反应时就越长。反应时之所以成为有用的因变量,是因为每个动作都需要时间,而时间是可以测量的,因此,它在心理学研究中占据重要的地位。

11.1.3 反应时研究的简史[①]

反应时的研究最早开始于英国格林尼治天文台事件。1796 年,英国格林尼治天文台台长 Maskelyne 发现其助手 Kinnebrook 观察星体通过子午线的时间比自己慢约 1s,虽经提醒,但数月后误差仍不见减少。因此,台长认为其助手"师心自用,不依法行事"而将其解雇。1820 年,Bessel 采用"眼耳法"观察同一星体通过中法线的时间,即观测者

---

① 本小节改编自:朱滢. 实验心理学. 北京:北京大学出版社,2000: 126 - 131.

先用眼看钟表指针所指的秒数,然后在观察的同时耳听钟摆之声而计时,来确定星体通过望远镜中的中法线的时间。实验发现了不同观测者所得的数据之间有明显差异,即 $B-A=1.22s$,其中 B 是 Bessel 的观察数据,A 是另一位天文学家观测的数据,这就是著名的"人差方程式"。

1850 年,Helmholtz 运用反应时来测定蛙的神经传导速度,约为 26m/s。后来,用弱电电击人脚趾的皮肤和大腿的皮肤,并要求被试做出反应,结果发现人类的神经传导速度约为 60m/s。Helmholtz 测量出了在当时被认为是无法测量的东西,从而确立了与神经过程不可分离的心理过程是在时间和空间中完成的观点。他的发现极大地推动了心理学研究,使反应时的实验逻辑成为热门方向,确定了反应时测量在心理学研究中的重要作用。

1868 年,荷兰生物学家 Donders 受天文学家 Bessel 的影响,发明了分离反应时的实验。Donders 认为,在一个刺激和一个反应的简单反应中若增加别的心理过程能使之复杂化。如果反应时增加,那么这一增量就是加入心理过程的时间数量。他先测量选择时间,让被试用反应 a 去应对刺激 A;用反应 b 去应对刺激 B;用反应 c 去应对刺激 C;依次类推。由于反应时因这种变化而增加,所以从增加后的反应时减去简单反应时就得出选择的反应时。后来,他认为这些选择反应时应包含辨别和选择。因此,他随机采用许多刺激,如 A、B、C、D,但只许用反应 a 去应对其中的刺激 A,借以测量辨别反应时。因为被试必须在反应之前从所有刺激中识别出刺激 A,所以这一反应时减去简单反应时就得到辨别反应时;再把前面得到的选择反应时减去这一辨别的反应时就得到单纯的选择反应时。Donders 借助反应时的相减得到选择反应时、辨别反应时,这就是反应时的相减法。

1879 年,Wundt 在莱比锡大学建立了第一个心理学实验室,之后与他的学生开始了一系列关于反应时的实验研究。特别是 Wundt 的学生 Catell,不仅在 Wundt 实验室中做了许多关于反应时的研究,后来回到美国后也开展了大量的工作。Catell 曾通过反应时的研究,揭示了选择反应时为什么长于简单反应时的原因。他认为,被试执行简单反应时任务时,其注意力完全集中于那个即将出现的刺激和那个将做出动作的手指,所以当刺激呈现时,被试的眼睛→大脑→手指之间的神经通路早已准备好了,因此其反应时短;而执行选择反应时任务时需要进行联结较多神经通路的准备,此时心理过程比较复杂,因而其反应时就增加了。Catell 的这一论述,实际上指出了反应时相减法中的不足,即选择反应时与简单反应时除了反应形式有别外,在反应准备上也不同。自 Catell 之后,心理学研究者对反应时的研究兴趣已不在于其本身及其原因的分析,而转向测量技术的改进,向检测出更精确的结果和应用领域发展。

20 世纪 50 年代中期之后,认知心理学开始兴起。它主张研究认知活动本身的结构和过程,并把这些心理过程看作信息加工过程。而任何过程都需要时间,因而可利用反应时这一客观指标来对加工过程进行研究,以便揭示信息加工过程和阶段特征。

在认知心理学的许多研究中,相减法既可用于研究某个信息加工阶段,也可用于研究一系列连续加工阶段。在具体应用中相减法都必须假定所安排的两种作业中的一种作业包含另一种作业所没有的某个特定心理过程,而在其他方面均相同,这样可判定这两个作业的反应时之差就是完成那个特定心理过程所需的时间。这种实验在原理上有一定的合理性,但在具体实施上往往有一定的困难。因为要求两种作业在其他方面均严格匹配,往往是难以做到的。另外,这种反应时的测量还蕴含着另一个假定,即一种作业的性质和持续时间同另一种作业的性质和持续时间具有互补影响。只有这样，相减才有意义。但是，这一假定在许多课题研究上都是难以确定的。

1969 年，Sternberg 在相减法的基础上发展出了相加因素法。这种相加因素法假定完成一个作业所需的时间是一系列信息加工阶段分别所需时间的总和，如果两个因素的效应是相互制约的，即一个因素的效应可影响另一个因素的效应，那么这两个因素只作用于同一个信息加工阶段；如果两个因素的效应是分别独立的，即可相加，那么这两个因素各自作用于不同的加工阶段。Sternberg 采用相加因素法，揭示了在短时记忆的信息提取过程中存在四个独立作用的因素并分别对四个独立的加工阶段起作用。应该说，Sternberg 的相加因素法在揭示心理过程的分离方面又前进了一步。但由于相加因素法是基于可相加的效应的假定，学界对于能否用来确认加工阶段还存在疑问，因而还有待进一步探索。

由于反应时中的相减法和相加因素法都不是直接测量某一特定加工阶段所需的时间，而是要通过间接的比较才能得到，并且相应的加工阶段也要通过严密的推理才能被发现。因此，Hamilton 等人（1977）、Hockey 等人（1981）发展了一种新的实验技术，这种实验技术被称为"开窗"实验（朱滢，2000），意即能直接测量每个加工阶段的时间，从而能明显地看出这些加工阶段，就好像打开窗户一样，一目了然。开窗实验以字母转换实验为例，根据反应时的数据揭示了完成字母转换作业的三个加工阶段。虽然开窗实验也还存在一些问题，如可能在后一阶段中出现对前一阶段的复查，以及在后面字母的存储阶段可能还会包含对前面字母转换结果的提取和整合等，但是它的特点是引人注目的。

不论是什么形式的反应时实验，都要求被试在保证反应正确的前提下尽快做出反应。一个实验的反应时数据的收集也仅限于正确的反应，错误的反应都被排除了。这是因为只有正确地执行反应，才能反映真实的心理活动，其反应时数据才有意义。然而，在任何反应时实验中，被试往往会以牺牲反应准确率为代价而换取反应速度，有时则会为了达到高的反应准确率而牺牲反应的速度。这就是反应时实验中普遍存在的速度与准确率的权衡问题。也就是说，被试在反应时实验中可以运用不同的速度-准确性权衡标准来指导自己的反应。针对这种问题，Meyer，Irwin，Osman 和 Kounois（1988）提出了一种新的反应时技术，这种技术被称为速度-准确性分解技术（Speed-Accuracy Decomposition，SAD）。利用这一技术可以了解认知过程中信息的积累情况，并可由此推测信息加工的特点——信息加工究竟是一个连续加工过程还是一个非连续（离散）加工过程——一直是个争论不休的问题。速度-准确性分解技术为解决此问题提供了一种思路。

随着实验范式的发展，Greenwald，McGhee 和 Schwartz（1998）设计了一种内隐联结测验（Implicit Association Test，IAT），即以反应时为指标，通过一种计算机化的分类任务来测量两类词（概念词和属性词）之间的自动化联系的紧密程度，继而对个体的内隐态度等内隐社会认知进行测量。内隐社会认知发端于内隐记忆研究，是在无意识情况下发生的一种自动化的加工（蔡华俭，2003）。一方面，态度具有社会期许效应，即在态度的外显测量中被试具有"装好人"的倾向，内隐联结测验可以较好地规避社会期许对态度的影响。另一方面，某些态度具有无意识、自动化的特征，难以通过传统的、自陈式的方法进行直接测量，而间接测量是相对有效的测量方法。

总之，反应时的研究，随着自身的不断完善，对揭示人类信息加工过程的特点和规律已经并必将做出更大的贡献。

11.2 反应时研究的实验逻辑

11.2.1 相减法

11.2.1.1 相减法原理

Donders 受到天文学家的人差方程式研究和 Helmholtz 测定神经传导速度研究的影响，将心理时间的测定引入心理学，并提出了反应时的相减法(subtractive method)，也称唐德斯反应时 ABC(Donders ABC of reaction time)。

(1) 简单反应时

简单反应时(simple reaction time)，也称 A 反应时，是指给被试以单一的刺激，只要求做出单一的反应，如图 11-1 所示，这时刺激出现与做出反应之间的时距就是反应时(孟庆茂，常建华，1998)。简单反应时实验中被试的任务很简单，他预先知道刺激是什么，要做什么反应。

(2) 选择反应时

选择反应时(choice reaction time)，也称 B 反应时，在选择反应时实验中，给被试呈现几种不同的刺激，要求被试做出相应的反应，如图 11-2 所示。被试不知道将要出现的刺激是什么，他将要做何反应，他必须根据所呈现的刺激去决定做出什么反应，而对其余刺激不做反应。

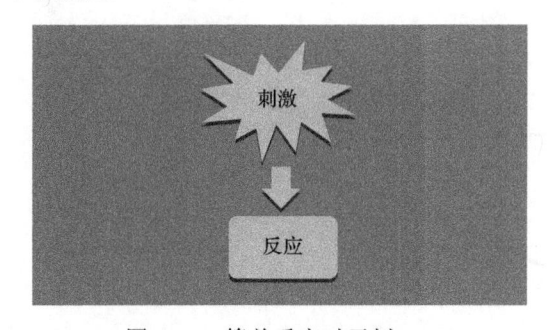

图 11-1 简单反应时示例

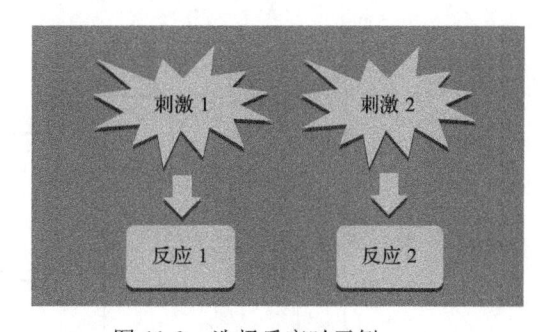

图 11-2 选择反应时示例

(3) 辨别反应时

辨别反应时(identification reaction time)，也称 C 反应时，是指被试对所呈现的多个刺激中的某个刺激进行反应，而对其余的刺激不做反应，如图 11-3 所示。

人类的反应历经刺激觉察、感受器兴奋、神经冲动传导、中枢加工、效应器兴奋这几个过程。如 Catell 所说，执行简单反应时任务时，被试的神经通路早已准备好了，因此其反应时最短。辨别反应时任务，需要在中枢加工阶段分辨是刺激 1 还是刺激 2，需要一定时间辨别，因此，辨别时间为 RT_2-RT_1。选择反应时在分辨刺激之后，中枢还需发送指令给效应器，使其对刺激做出反应，因而它比辨别反应时多增加了执行反应的时间，其时长最长，选择时间为 RT_3-RT_2。三者的关系如图 11-4 所示。也就是说，我们可以从两种反应的时差来判定某个心理过程的存在，这就是相减法的原理。

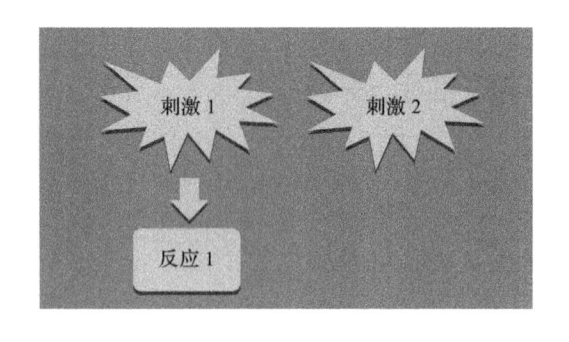

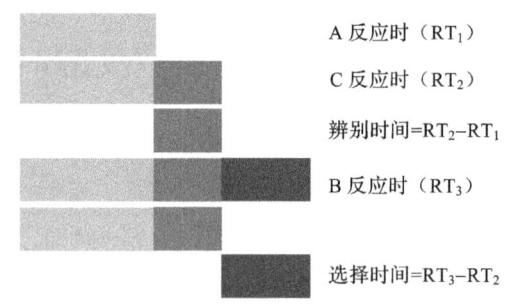

图 11-3　辨别反应时示例　　　　　　图 11-4　三种反应时的相减法原理

11.2.1.2　短时记忆的编码

(1) 短时记忆编码的研究概述

Posner，Boies，Eichelman 和 Taylor(1969)采用相减法原理来检验短时记忆的编码形式。他们所用的实验材料共包含四类：AA 对(如 AA、BB、CC、DD)，Aa 对(如 Aa、Bb、cC、dD)，AB 对(如 AB、KX、WP、EZ)，Ab 对(如 Ab、Dy、hR、jV)。呈现刺激的方式有两种：其一，同步呈现，两个字母一起呈现；其二，异步呈现，两个字母分别呈现，间隔时间分为 0.5s 和 1s。要求被试判断这两个字母的意义是否相同，并记录被试的反应时。实验结果如图 11-5 所示。

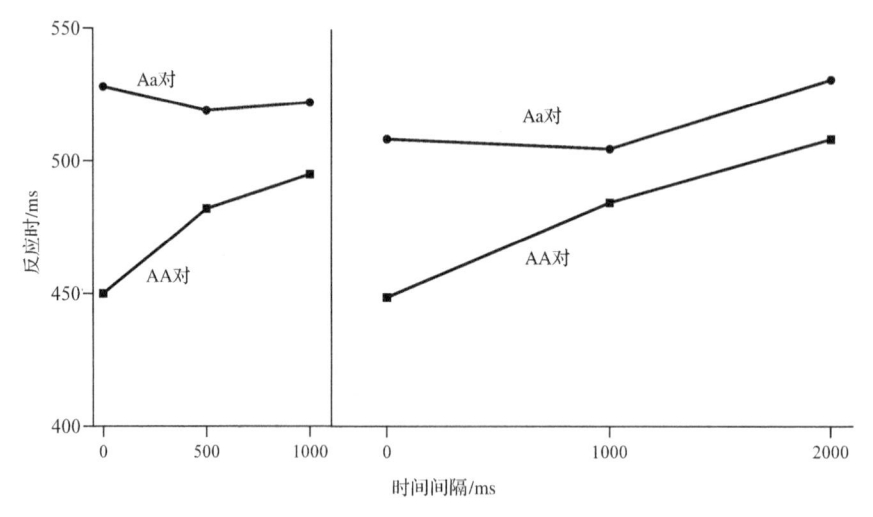

图 11-5　不同间隔时间下 AA 对和 Aa 对的反应时差异

资料来源：王甦，汪安圣. 认知心理学. 北京：北京大学出版社，1992: 8.
POSNER M I, BOIES S J, EICHELMAN W H, TAYLOR R L. Retention of visual and name codes of single letters. Journal of Experimental Psychology Monograph, 1969-79: 1-16.

从图 11-5 可以看出，两个字母同步呈现时(间隔时间为 0s)，AA 对的反应时显著小于 Aa 对的反应时。随着两个字母呈现的间隔时间的增加，AA 对的反应时显著增加，Aa 对的反应时则变化不明显，两者的差距逐渐减少。根据这些结果，Posner 等人认为 AA 对与 Aa 对的区别在于字母大小写的不同，当两个字母同时呈现时，AA 对的反应时之所以较小，是因为该字母对可以直接按其视觉特征进行比较，不像 Aa 对必须按照意义（发音）来比较。这意味着 AA 对的匹配是在视觉编码的基础上进行的，至少部分如此。而 Aa 对必须在听觉编码的基础上才能进行匹配，需要从视觉编码过渡到听觉编码，因此用时也较多。可以说，Aa 对的匹配是先出现视觉编码，并保持一个短暂的瞬间，然后出现听觉编码。这样，随着两个字母呈现的时间间隔增大，AA 对的视觉编码的效应逐渐减小，听觉编码的作用增大，其反应时也随之增加，并与依赖听觉编码的 Aa 对的反应时的差距逐步缩小（王甦、汪安圣，1992）。Posner 等人应用这种相减法原理清楚地确定，某些短时记忆信息可以先进行视觉编码再进行听觉编码。

(2) 短时记忆编码的程序编写[①]

本小节我们将采用 E-prime2.0 编写"短时记忆编码实验"。我们先简单介绍 E-prime 2.0 的基本功能。E-prime2.0 是以时间轴的形式呈现刺激材料并收集反应结果的一种面向对象的、开放式的心理学实验设计软件，具有计时精确、上手容易的优点。

首先，新建一个工程，其界面如图 11-6 所示，此时的工程并未命名，但是建议读者应养成先命名的好习惯，比如我们将"短时记忆编码实验"命名为"SMinfoCode.es2"。其中左侧 Toolbox（工具箱）窗口存放着用于呈现刺激的控件，如 　　、　　、　　、　　等。Structure 窗口显示整个实验的实验流程结构图，双击 SessionProc，将出现如图 11-6 右边所示的 SessionProc 窗口，可以在该窗口的时间轴━━━━上，将控件按时间呈现的先后顺序拖曳上去。Properties（属性）窗口可以根据实验需要对控件的属性进行设置。Script（脚本）窗口主要用于定义工程的全局变量。

其中 ImageDisplay 图片控件　　用于呈现图片式的实验材料。将 ImageDisplay 控件拖曳到时间轴上，将出现如图 11-6 所示的 SessionProc 界面，ImageDisplay1 可以在 Properties 窗口对其进行更名，如"ImgZDY"为实验指导语。之后，进行控件的属性设置。双击时间轴上的 ImageDisplay 控件，再单击 ImageDisplay1 窗口中的　将弹出，如图 11-7 所示的属性对话框。

在 General 属性页中，【Filename】用于设置 ImageDisplay 控件中图片的存放位置，一般采用相对路径的方式设置，如"epSys/zdy1.png"表示程序运行时加载在该工程所在文件夹下的 epSys 子文件夹里面的"zdy1.png"图片。【BackColor】用于设置 ImageDisplay 控件背景的颜色，要保证整个实验背景颜色的一致，如都为黑色或白色。【BackStyle】用于设置背景是否透明，"opaque"为不透明，"transparent"为透明。

如图 11-8 所示，在 Duration/Input 属性页中，【Duration】用于设置该图片呈现的时长，如 100ms、1000ms、5000ms 等。【Data Logging】用于设置针对该控件的数据收集方式，如 Standard（标准）、Response Only、Time Audit Only 或 Custom（自定义）。其中 Standard 包括 ACC（准确率）、CRESP（正确反应的键）、RESP（实际反应的键）、RT（反应时）、RTTime、DurationError、OnsetDelay、OnsetTime 这些指标。Response Only 包括 ACC、CRESP、RESP、RT 和 RTTime 五个指标。Custom 是自定义要收集的指标项目。在【Input Masks】中单击【Add...】添加支持反应输入的设备，如键盘（Keyboard）、鼠标（Mouse）等，并对键盘或鼠标进行参数设置。【Allowable】用于设置实验运行时允许使用的键，如

[①] 短时记忆编码的实验偏于复杂，读者可先阅读本小节的 E-prime 简介，之后再阅读附录 B 中的心理旋转实验的编写过程，最后再返回本部分内容。

"FJ"表示允许大写 F 键和 J 键可用(区分大小写),其他键均不可用,"{SPACE}"表示允许空格键可用,"{ENTER}"表示允许回车键可用,"FJ{SPACE}"表示允许大写 F 键、J 键和空格键可用,依次类推。在【Correct】中设置按键的正确答案,如在【Allowable】中输入"FJ",但正确答案是"F",E-prime 会依此来统计正确反应的百分比、正确反应的平均反应时等指标。

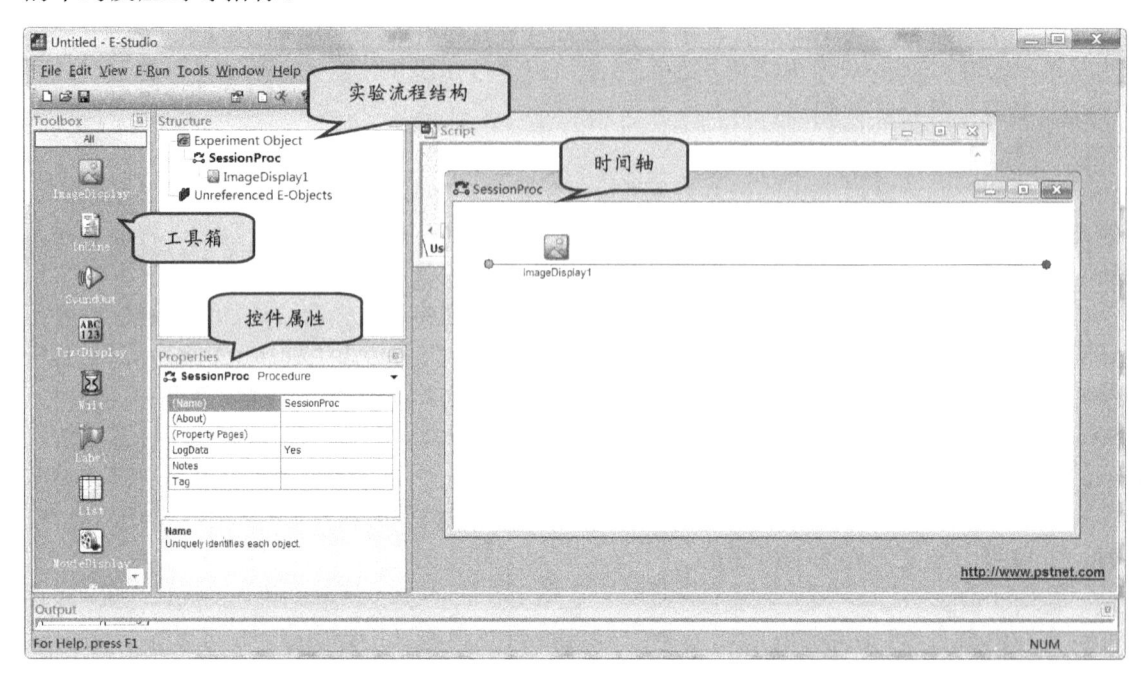

图 11-6　新建 E-prime2.0 工程时的主界面

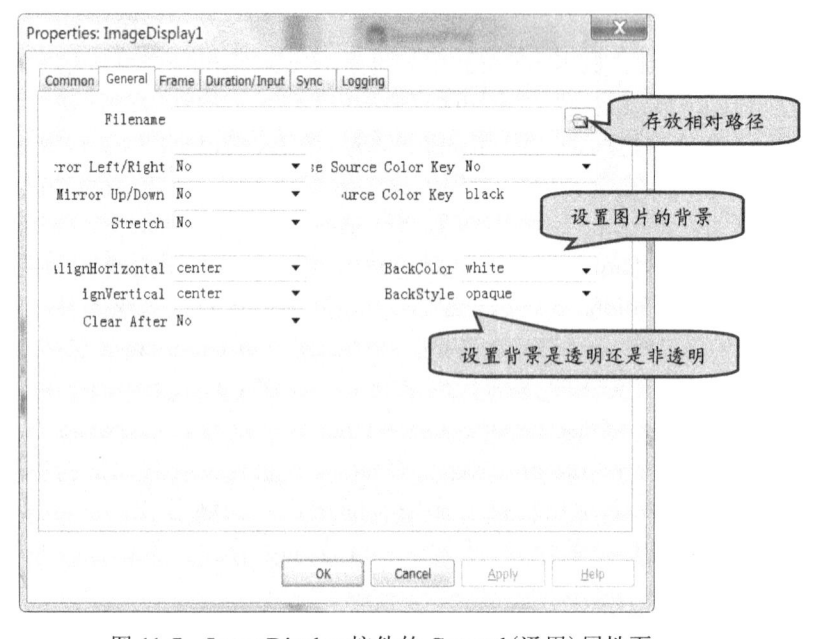

图 11-7　ImageDisplay 控件的 General(通用)属性页

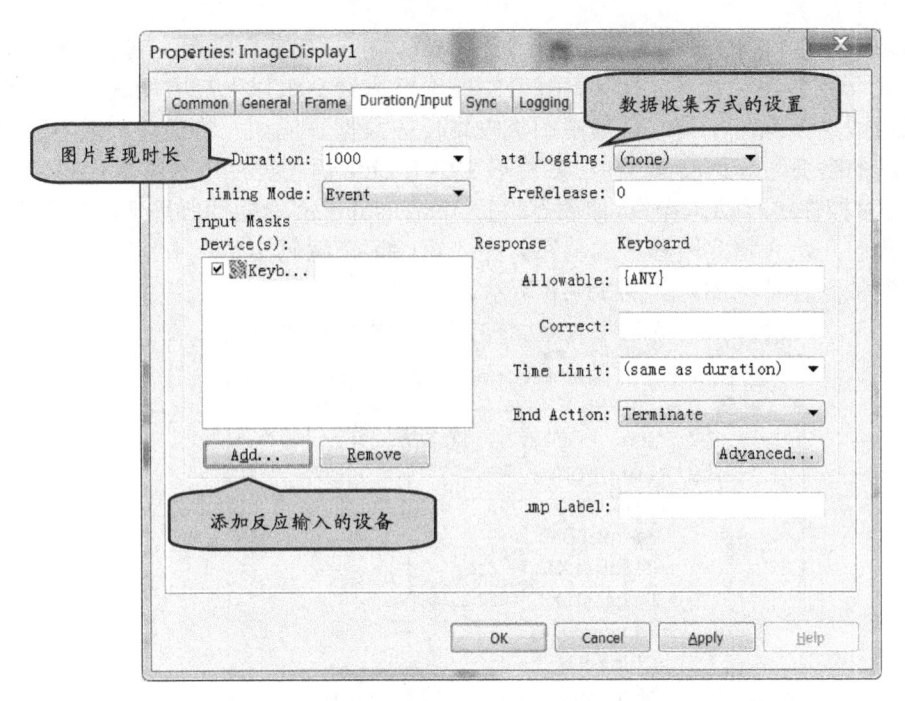

图 11-8　ImageDisplay 控件的 Duration/Input 属性页

TextDisplay 文本控件的设置，除了【Text】属性页可以直接输入文本信息和增加一个【Font】属性页用于设置字体外，与 ImageDisplay 控件基本一致，如图 11-9 所示，不再赘述。

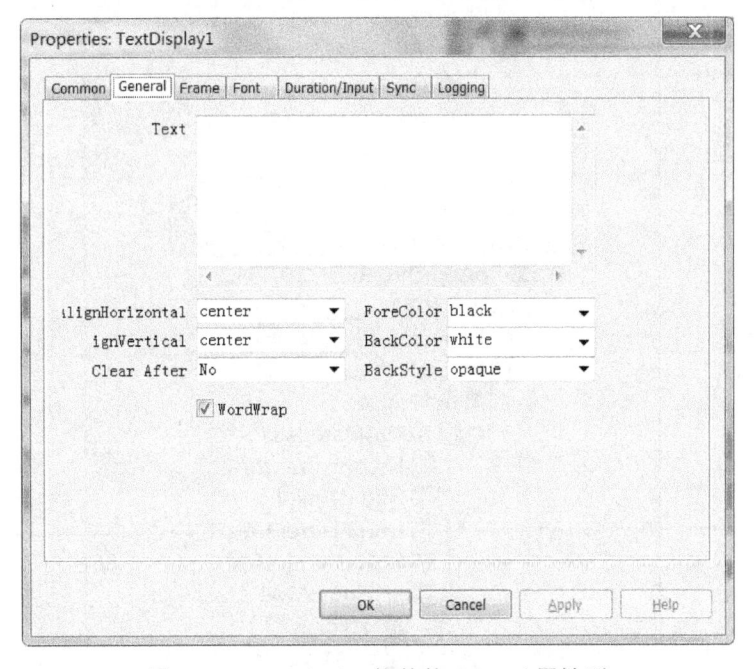

图 11-9　TextDisplay 控件的 General 属性页

List 表单控件在实验设计中最为重要，用于设置实验材料存放的位置，自变量水平（组合水平）的安排主要在这里体现。详细的内容将在"短时记忆编码实验"中进行介绍。

InLine 语句控件 采用 Basic 语言进行程序编程，主要有三个作用：其一，与 Label 控件 结合，用于连接实验流程。比如，练习的准确率达到 90%以上后方能进入下一阶段的实验，否则返回继续练习。其二，集中归类收集反应数据。比如，将当前刺激界面下的数据归类到对应的自变量和因变量中，可参见后文中 InLine 语句控件里的脚本代码。其三，采用 Basic 语言对控件进行动态操纵，如动态设置 TextDisplay 文本控件所呈现的文本内容。

接下来，我们开始介绍实验程序的编写。在"短时记忆编码实验"中，建立同步呈现和异步呈现的实验流程结构图，如图 11-10 所示。

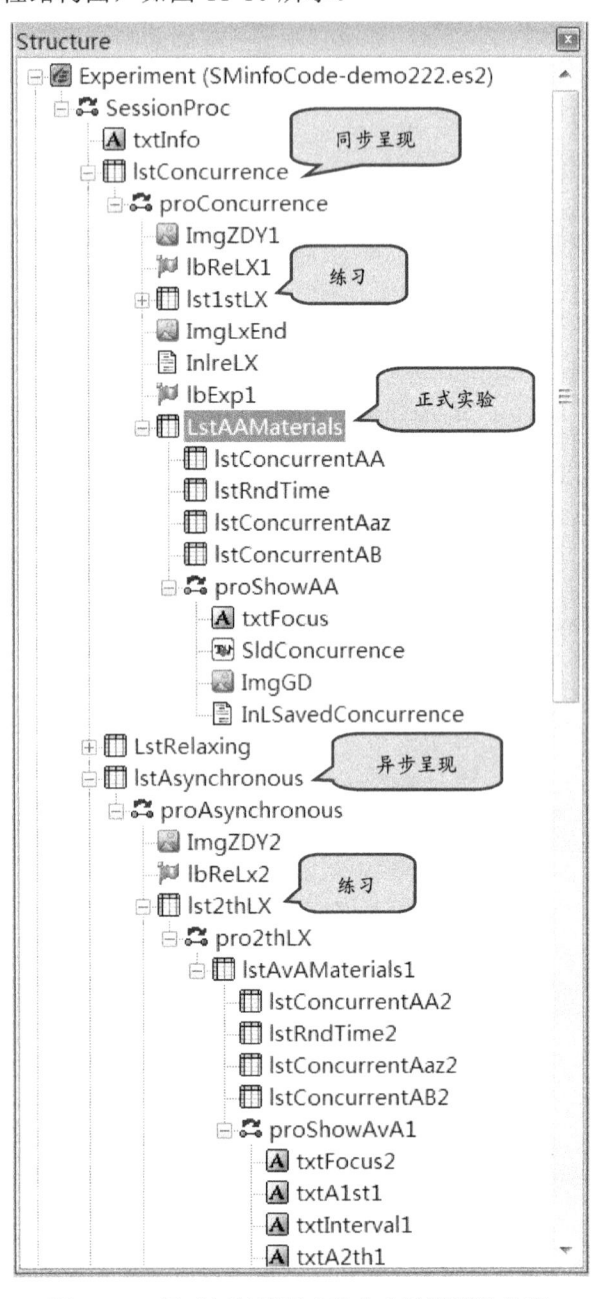

图 11-10　短时记忆编码实验中实验流程结构图

采用 lstConcurrence 表单控件和 proConcurrence 时间轴控件将同步呈现的实验过程集合在一起。在 proConcurrence 时间轴上先建立 LstAAMaterials 表单控件用于存储同步呈现实验的实验材料，具体内容设置如图 11-11 所示。在此，我们可以根据 2(声音：相同，不同)×2(大小写：相同，不同)被试内设计来安排实验材料，声音相同且大小写相同的实验条件设置在表单控件 lstConcurrentAA 之中，声音相同但大小写不同的设置在表单控件 lstConcurrentAaz 之中，声音不同但大小写相同的与声音不同且大小写不同的均设置在表单控件 lstConcurrentAB 之中，如图 11-12 所示。

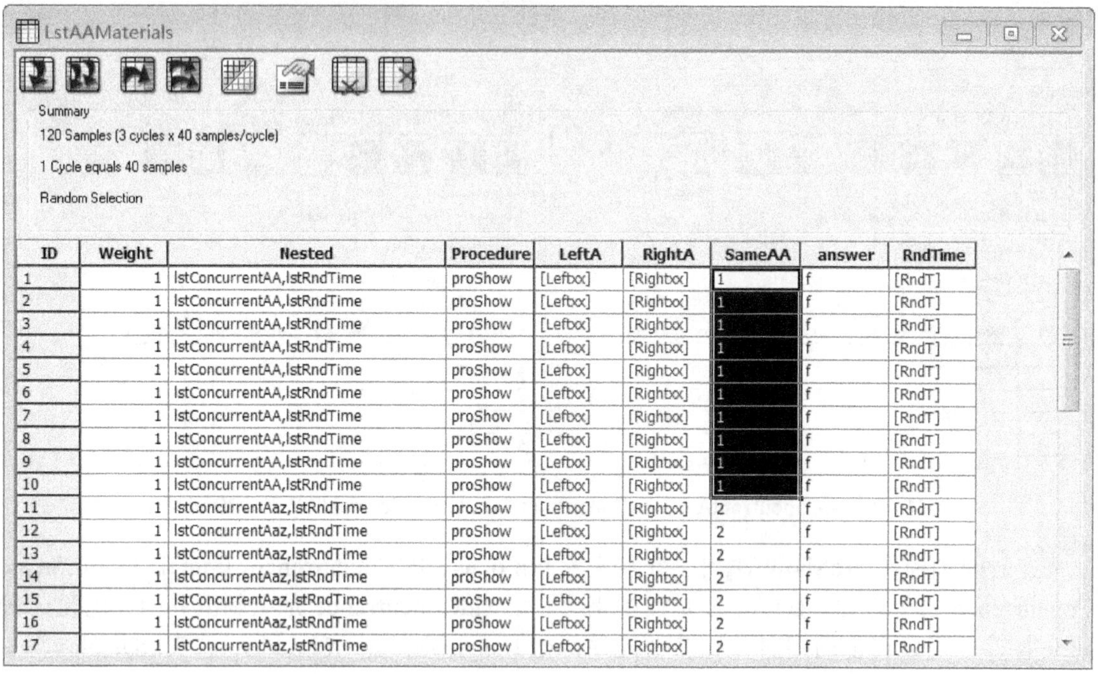

ID	Weight	Nested	Procedure	LeftA	RightA	SameAA	answer	RndTime
1	1	lstConcurrentAA,lstRndTime	proShow	[Leftxx]	[Rightxx]	1	f	[RndT]
2	1	lstConcurrentAA,lstRndTime	proShow	[Leftxx]	[Rightxx]	1	f	[RndT]
3	1	lstConcurrentAA,lstRndTime	proShow	[Leftxx]	[Rightxx]	1	f	[RndT]
4	1	lstConcurrentAA,lstRndTime	proShow	[Leftxx]	[Rightxx]	1	f	[RndT]
5	1	lstConcurrentAA,lstRndTime	proShow	[Leftxx]	[Rightxx]	1	f	[RndT]
6	1	lstConcurrentAA,lstRndTime	proShow	[Leftxx]	[Rightxx]	1	f	[RndT]
7	1	lstConcurrentAA,lstRndTime	proShow	[Leftxx]	[Rightxx]	1	f	[RndT]
8	1	lstConcurrentAA,lstRndTime	proShow	[Leftxx]	[Rightxx]	1	f	[RndT]
9	1	lstConcurrentAA,lstRndTime	proShow	[Leftxx]	[Rightxx]	1	f	[RndT]
10	1	lstConcurrentAA,lstRndTime	proShow	[Leftxx]	[Rightxx]	1	f	[RndT]
11	1	lstConcurrentAaz,lstRndTime	proShow	[Leftxx]	[Rightxx]	2	f	[RndT]
12	1	lstConcurrentAaz,lstRndTime	proShow	[Leftxx]	[Rightxx]	2	f	[RndT]
13	1	lstConcurrentAaz,lstRndTime	proShow	[Leftxx]	[Rightxx]	2	f	[RndT]
14	1	lstConcurrentAaz,lstRndTime	proShow	[Leftxx]	[Rightxx]	2	f	[RndT]
15	1	lstConcurrentAaz,lstRndTime	proShow	[Leftxx]	[Rightxx]	2	f	[RndT]
16	1	lstConcurrentAaz,lstRndTime	proShow	[Leftxx]	[Rightxx]	2	f	[RndT]
17	1	lstConcurrentAaz,lstRndTime	proShow	[Leftxx]	[Rightxx]	2	f	[RndT]

图 11-11　LstAAMaterials 表单控件中的内容设置

建立属性变量“LeftA”和“RightA”分别用于放置同步呈现时左边和右边的字母，并建立属性变量“SameAA”用于存储左边和右边的字母是否相同，声音相同且大小写也相同的用“1”表示，声音相同但大小写不相同的用“2”表示，声音不同但大小写相同的与声音不同且大小写不同的均用“0”表示，实验结果就是比较前两者的差异。建立属性变量“answer”用于存储正确按键的答案，声音相同时是“f”键，声音不同时是“j”键。建立属性变量“RndTime”用于存储 txtFocus 文本控件“+”，呈现的时间为 300～2000ms。

其中属性变量“LeftA”、“RightA”和“RndTime”的内容存放在表单控件 lstConcurrent AA、lstConcurrentAaz、lstConcurrentAB 和 lstRndTime 中，如图 11-12 所示，并嵌套(Nested)在 LstAAMaterials 表单控件内，这样保证了每次呈现的刺激都是随机的。

表单控件 lstConcurrentAA 中主要建立两个属性变量“Leftxx”和“Rightxx”用于存放 52 个英文字母对，如 AA 对、aa 对，如图 11-12 所示。表单控件 lstConcurrentAaz 也建立两个相同的属性变量“Leftxx”和“Rightxx”，用于存放 52 个英文字母对，如 Aa 对、aA 对。表单控件 lstConcurrentAB 同理。

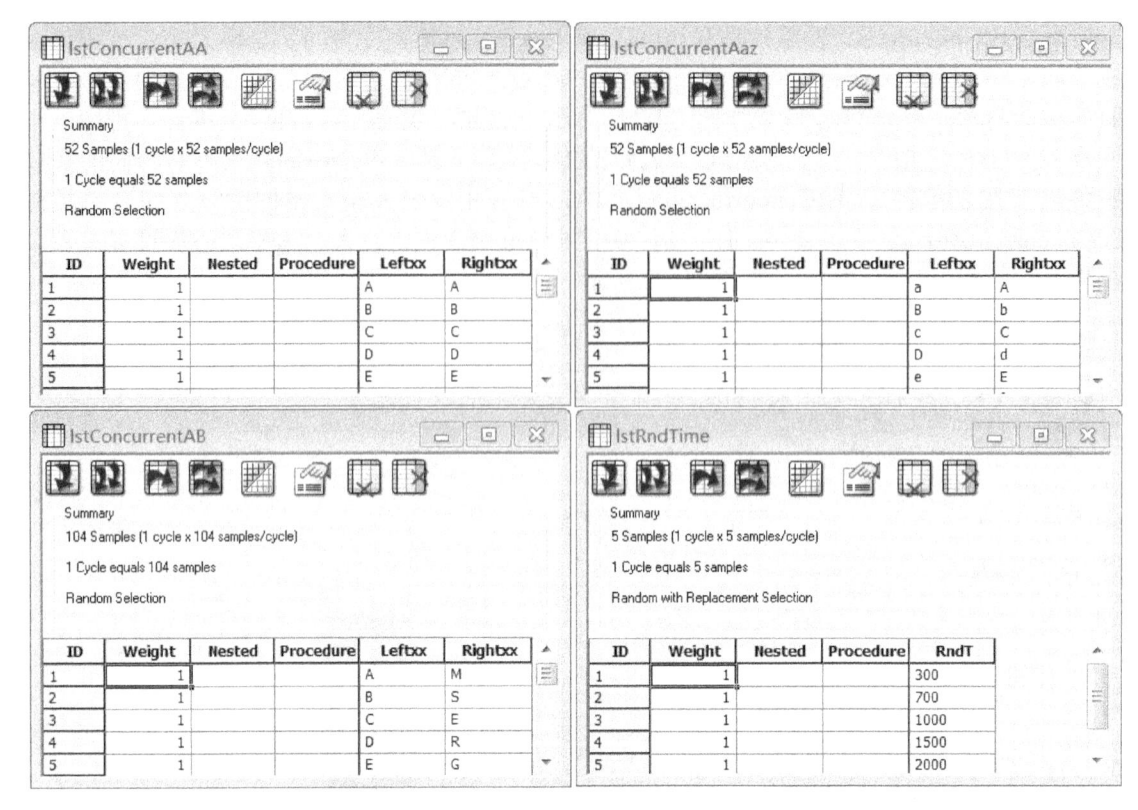

图 11-12　lstConcurrentAA、lstConcurrentAaz、lstConcurrentAB 和 lstRndTime

在时间轴控件 proShowAA 中，分别安置 txtFocus、SldConcurrence、ImgGD 和 InLSaved Concurrence 四个控件。txtFocus 是注视点"+"。SldConcurrence 是主刺激界面，它是一种 slide 控件，可以在上面同时放置多个控件，如 ImageDisplay、SoundOut、TextDisplay 等，本例中是放置两个 TextDisplay 控件，用于存放左边的字母和右边的字母，如"[LeftA]"和"[RightA]"表示直接提取 LstAAMaterials 表单控件中的属性变量"LeftA""RightA"中的值。ImgGD 是主刺激界面呈现后采用黑色屏幕进行 500ms 的过渡。最后采用 InLine 语句控件 InLSavedConcurrence 将被试对主刺激界面的反应记录下来，如图 11-13 所示，代码如下：

```
'*******************************************
dim tmpSameAA as integer            '暂时存储=1，还是=2，=0 不保存
tmpSameAA=c.getAttrib("SameAA")
if tmpSameAA=1 or tmpSameAA=2 then
    c.SetAttrib "theSameAA",tmpSameAA
    c.SetAttrib "theIntervalTime",1     '存储间隔时间=0
    c.SetAttrib "theACC",sldconcurrence.ACC
    c.SetAttrib "theRT",sldconcurrence.rt
end if
'*******************************************
```

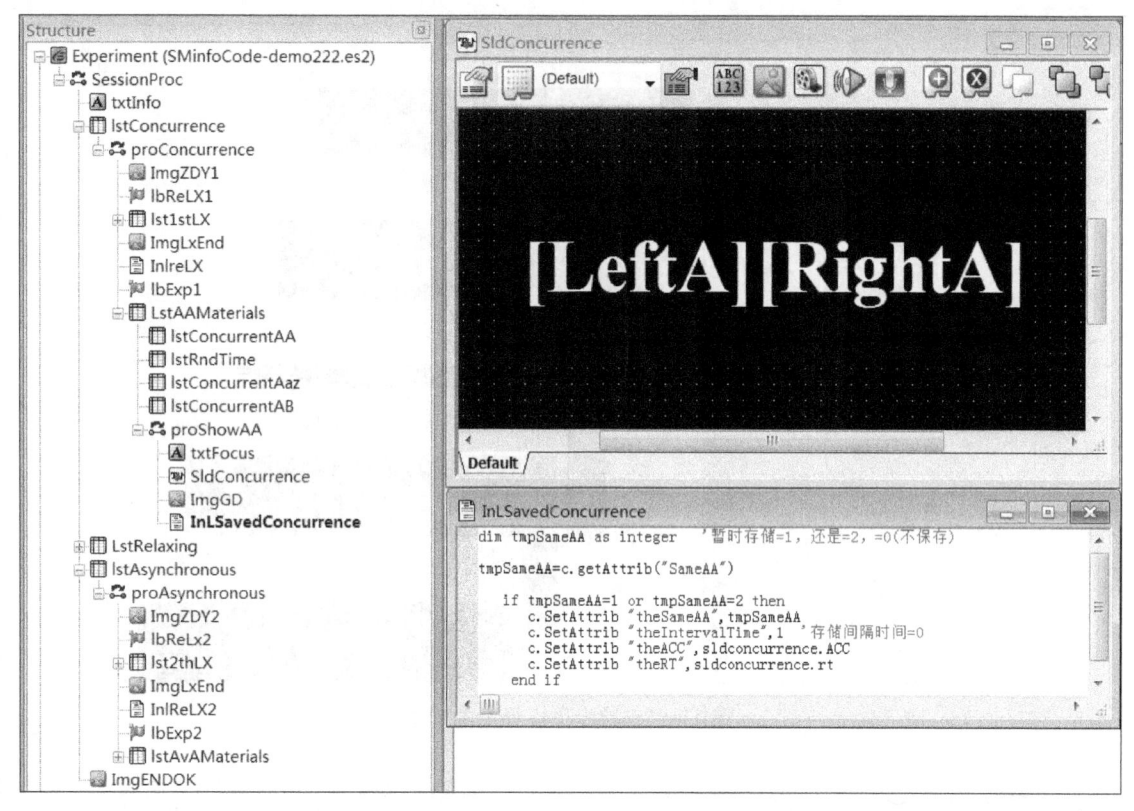

图 11-13 同步呈现界面的形式和数据存储模式

经过这样设置之后，我们已完成同步呈现正式实验的一个试次(trial)的设计。回到 LstAAMaterials 表单控件，建立 10 个 AA 对，10 个 Aa 对，20 个 AB 对，如图 11-11 所示的设置，并选择抽取顺序为随机，完成三个循环(120 个试次)后退出表单。

接下来把 LstAAMaterials 表单控件复制一份重命名"Lst1stLx"，并设置对主刺激界面进行反馈，作为同步呈现的练习，此时可以设置 5~10 个试次练习即可，只要被试做出正确反应能达到 90%以上即可进入正式实验。

然后，进入异步呈现实验的设计。

异步呈现的主要设置与同步呈现基本一致，唯一的区别是主时间轴有差异。异步呈现时，在时间轴控件 proShowAvA 中，分别放置 txtFocus、txtA1st、txtInterval、txtA2th、InLSavedAsynchronous、txtInfoNext 六个控件，如图 11-14 所示，后面控件的作用是侦测实验次数足够多时进行休息。其实就是把同步呈现的刺激主界面控件 SldConcurrence 换成 txtA1st、txtInterval、txtA2th 三个文本控件，其中异步呈现间隔时间分别为 500ms、1000ms 和 2000ms，即把 txtInterval 控件呈现时间设置成"[JGtime]"，如图 11-15 所示，在 lstAvAMaterials 表单控件中再增加一个属性变量"JGtime"。

语句控件 InLSavedAsynchronous 控件内的代码如下。

```
'************************************************
dim tmpSameAA as integer        '暂时存储=1，还是=2，=0 不保存
```

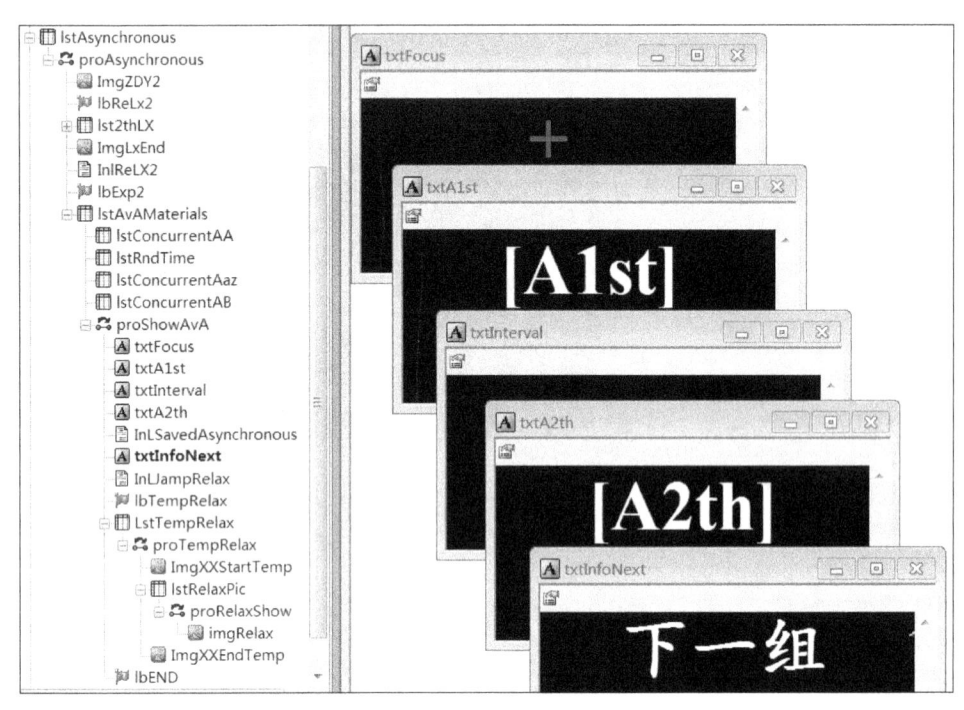

图 11-14 异步呈现界面的形式

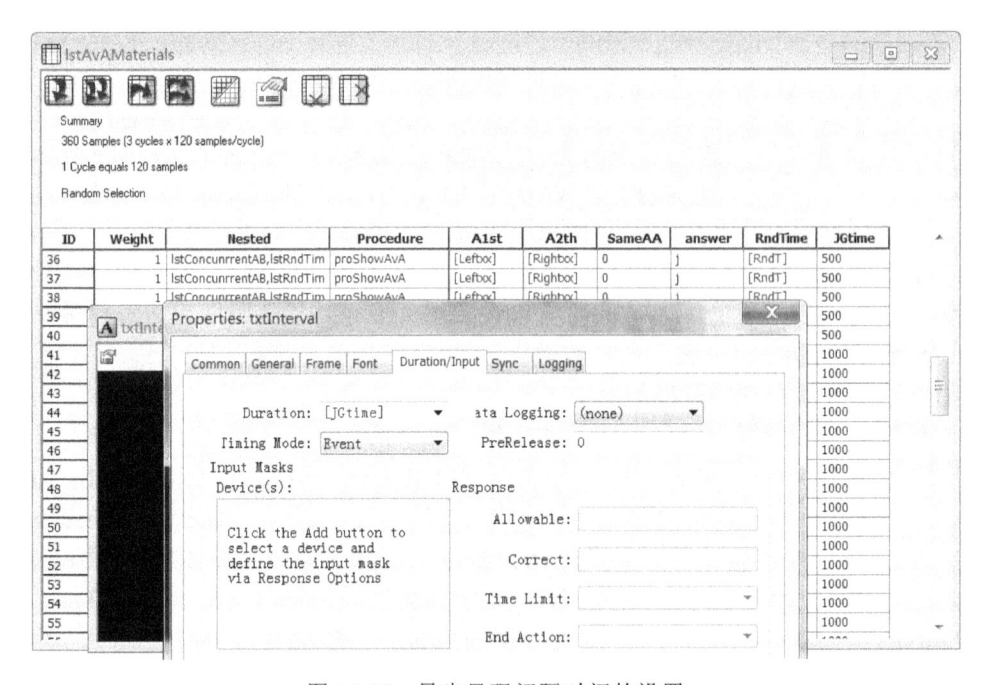

图 11-15 异步呈现间隔时间的设置

```
dim tmpInterval as integer        '暂时存储=2:500ms，还是=3:1000ms，4:2000ms
dim nnnk as integer               '暂存间隔时间 234
tmpSameAA=c.getAttrib("SameAA")
tmpInterval=c.getAttrib("JGtime")
```

```
        if tmpInterval=500 then
           nnnk=2
           elseif tmpInterval=1000 then
           nnnk=3
           elseif tmpInterval=2000 then
           nnnk=4
        end if
        if tmpSameAA=1 or tmpSameAA=2 then
           c.SetAttrib "theSameAA",tmpSameAA
           c.SetAttrib "theIntervalTime",nnnk    '存储间隔时间=0ms
           c.SetAttrib "theACC",txtA2th.acc
           c.SetAttrib "theRT",txtA2th.rt
        end if

        nnnx=nnnx+1
        if nnnx=360 then goto lbEND
        if nnnx=60 or nnnx=120 or nnnx=180 or nnnx=240 then goto lbTempRelax
        '*******************************************
```

最后再补充异步呈现的练习实验,再增加实验中途的休息,如 LstRelaxing 表单控件和实验指导语,完成整个"短时记忆编码实验"设计。

"短时记忆编码实验"采用 3(字母对类型:AA 对,Aa 对,AB 对)×4(间隔时间:0ms,500ms, 1000ms, 2000ms)被试内设计。其中字母对类型就是由上述中"2(大小写:相同,不同)×2(声音:相同,不同)被试内设计"的实验材料安排而演化来的。因为刺激材料是字母,所以可以方便地采用 TextDisplay 控件和 List 控件来完成实验设计。在本例中 E-prime 实验程序的编写,主要是让读者学会心理学实验的实验程序编写方法。在数据收集上,首先删掉均值超过两个标准差(或者参照相应研究的标准)的数据,并计算各条件下的均值,之后按照被试内设计的模式整理 SPSS 的数据结构。或者,作为教学实验,可以将每个试次当成一个被试,采用被试间设计的方式收集数据,并按照被试间设计的模式进行后期数据的分析。

当然,严格意义上讲,应该按照被试内设计的数据结构的方式收集数据,如把同步呈现的数据收集代码更改如下。

```
        '*******************************************
        dim tmpSameAA as integer    '暂时存储=1,还是=2,=0 不保存
        tmpSameAA=c.getAttrib("SameAA")
        if tmpSameAA=1 then
           c.SetAttrib "theRtSameAA_IntervalTime1", sldConcurrence.rt
           c.SetAttrib "theACCSameAA_IntervalTime1", sldConcurrence.ACC
          elseif tmpSameAA=2 then
           c.SetAttrib "theRtSameAaz_IntervalTime1", sldConcurrence.rt
           c.SetAttrib "theACCSameAaz_IntervalTime1", sldConcurrence.ACC
          elseif tmpSameAA=0 then
           c.SetAttrib "theRtSameAB_IntervalTime1", sldConcurrence.rt
           c.SetAttrib "theACCSameAB_IntervalTime1", sldConcurrence.ACC
```

采用被试内设计的数据结构的方式收集异步呈现数据的代码如下。

```
'************************************************
dim tmpSameAA as integer      '暂时存储=1，还是=2，=0
dim tmpInterval as integer    '暂时存储=2:500ms，还是=3:1000ms，4:2000ms 不保存
dim nnnk as integer           '暂存间隔时间 234

tmpSameAA=c.getAttrib("SameAA")
tmpInterval=c.getAttrib("JGtime")

if tmpInterval=500 then
if tmpSameAA=1 then
  c.SetAttrib "theRtSameAA_IntervalTime2", txtA2th.rt
  c.SetAttrib "theACCSameAA_IntervalTime2", txtA2th.ACC
 elseif tmpSameAA=2 then
  c.SetAttrib "theRtSameAaz_IntervalTime2", txtA2th.rt
  c.SetAttrib "theACCSameAaz_IntervalTime2", txtA2th.ACC
 elseif tmpSameAA=0 then
  c.SetAttrib "theRtSameAB_IntervalTime2", txtA2th.rt
  c.SetAttrib "theACCSameAB_IntervalTime2", txtA2th.ACC
end if
 elseif tmpInterval=1000 then
if tmpSameAA=1 then
  c.SetAttrib "theRtSameAA_IntervalTime3", txtA2th.rt
  c.SetAttrib "theACCSameAA_IntervalTime3", txtA2th.ACC
 elseif tmpSameAA=2 then
  c.SetAttrib "theRtSameAaz_IntervalTime3", txtA2th.rt
  c.SetAttrib "theACCSameAaz_IntervalTime3", txtA2th.ACC
 elseif tmpSameAA=0 then
  c.SetAttrib "theRtSameAB_IntervalTime3", txtA2th.rt
  c.SetAttrib "theACCSameAB_IntervalTime3", txtA2th.ACC
end if
end if

nnnx=nnnx+1

if nnnx=360 then goto lbEND
if nnnx=60 or nnnx=120 or nnnx=180 or nnnx=240 then goto lbTempRelax
'************************************************
```

读者可将以上两部分的代码直接复制替换掉被试间设计（参见语句控件 InLSavedConcurrence 和 InLSavedAsynchronous）中的代码。但是这种数据的收集方式，因 E-prime2.0 中 SetAttrib 语句的写入受到控件执行顺序的影响，在原始数据的整理上会产生诸多不便，感兴趣的读者可自行操作比较。这里介绍被试内设计的数据收集方法的目的主要是给读者提供收集数据的一个思路。

(3) 短时记忆的听觉编码与视觉编码

Conrad(1963，1964)的实验为短时记忆的听觉编码提供了最有力的证据。他的实验发现短时记忆发生错误的是以听觉特征而不是以视觉特征为基础的。即使是视觉呈现的刺激材料，进入短时记忆时发生了形-音转换，其编码仍具有听觉性质或声音性质。Wicklgren(1965)用数字和字母进行的实验也得到类似的结果。不仅如此，Conrad(1971)的研究还表明，当记忆材料不是字母或字词而是图画时，听觉编码依然存在。

值得一提的是，听觉编码的存在是以听觉混淆作为其证据的。但是听觉混淆现象或者至少其中一部分也可能有另一种解释。我们知道，在阅读的过程中，视觉接受字词信息的同时，总伴随内部语言。这样相应的信息就可以转换成言语运动器官的动作模式。因此，听觉混淆现象也可能是言语运动或发音的混淆所致。由于听觉混淆和发音混淆难以区分，而字母、字词的听觉代码与口语代码都是不同形式的言语代码，所以通常将听觉的(Auditory)、口语的(Verbal)、言语的(Linguistic)代码联合起来称为 AVL 单元(杨治良，郭力平，王沛，陈宁，1999)。

视觉编码也是短时记忆的编码形式之一。Posner，Boies，Eichelman 和 Taylor(1969)的实验证实，至少在部分时间里，信息在短时记忆中是以视觉编码的形式存在的。汉语是象形文字，倾向于表意，不同于表音的英语。英语中存在着一套拼写与发音相对应的规则，而汉语形体本身与其发音并无直接关联，因此，汉字的短时记忆视觉编码更为明显(莫雷，1986；王乃怡，1993)。

11.2.1.3　心理旋转

Cooper 和 Shepard(1973)采用字母或数字(如 R、J、G，2、5、7 等)作为实验材料设计了一个实验来证实心理旋转(mental rotation)的存在。他们采用 2(正反面：正面，反面)×7(旋转角度：0°，60°，120°，180°，240°，300°，360°)被试内设计。正面和反面的实验材料(如 R 和 Я)以不同旋转角度随机呈现，要求被试按键判断所出现的刺激是正面还是反面，如图 11-16 所示，记录被试反应的反应时与旋转角度，实验结果如图 11-17 所示。

注：询问被试这个字母是 R 还是 Я？

图 11-16　心理旋转判断举例

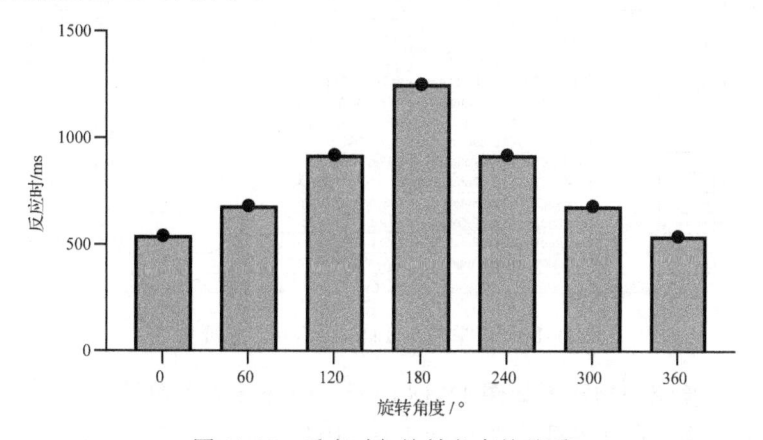

图 11-17　反应时与旋转角度的关系

图 11-17 的实验结果显示，不同旋转角度图形的辨认时间不同，采用相减法原理得知 $(RT_{0°} \approx RT_{360°}) < (RT_{60°} \approx RT_{300°}) < (RT_{120°} \approx RT_{240°}) < RT_{180°}$。说明在辨认图形时将倾斜不同角度图形的表象加以旋转，再去辨认，就造成了不同旋转角度的辨认时间不同。

字母 RЯ 心理旋转的 E-prime 实验设计如图 11-18 至图 11-22。

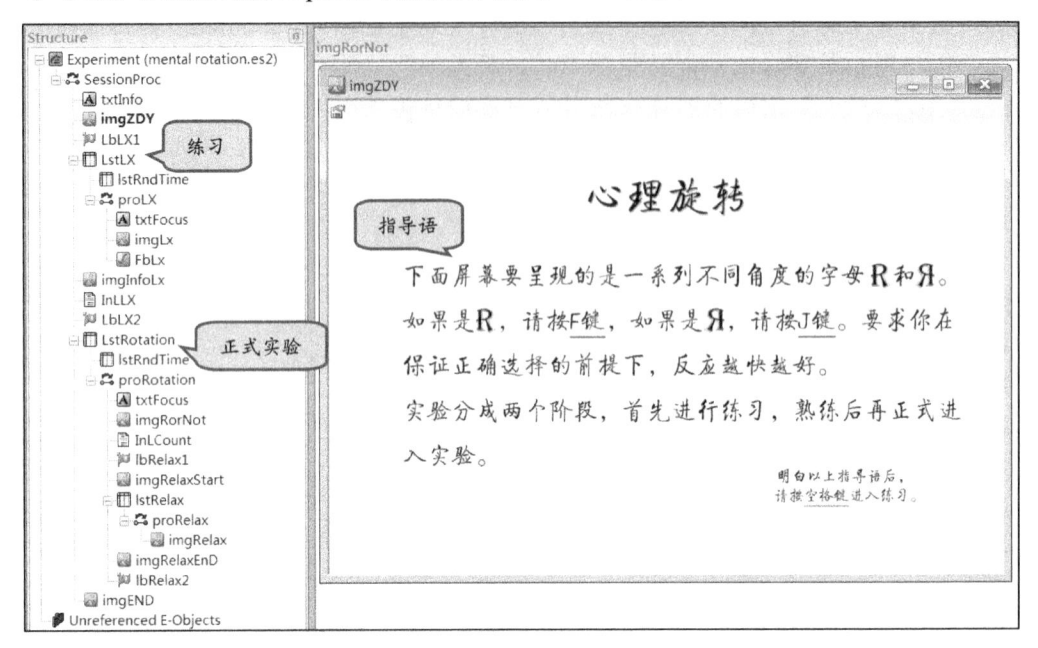

图 11-18　心理旋转的实验流程结构图和指导语

图 11-19　表单控件 LstRotation 的主要内容

心理旋转的实验流程结构图如图 11-18 所示。首先建立表单控件 LstRotation 用于存放心理旋转的实验材料。在属性变量"Procedure"中建立时间轴控件 proRotation 用于运行一个试次中所需要的控件。建立属性变量"pic"用于存放各种角度的 R 和 Я 的图片，如

"epSys/R0.png"表示指向在该程序的目录下的文件夹 epSys 中的"R0.png"图片。建立属性变量"JD"用于存放各个图片对应的角度。建立属性变量"pORn"用于存放正确按键的答案，f 键或 j 键。属性变量"rndTime"用于存放注视点"+"呈现的时间，并建立表单控件 lstRndTime 将其嵌套在表单控件 LstRotation 中，如图 11-19 所示的属性变量"Nested"。

表单控件 LstRotation 的每个 ID 的选取顺序为随机，运行 10 个循环后退出表单，即正式实验总共进行 140 个试次，其设置如图 11-20 所示。

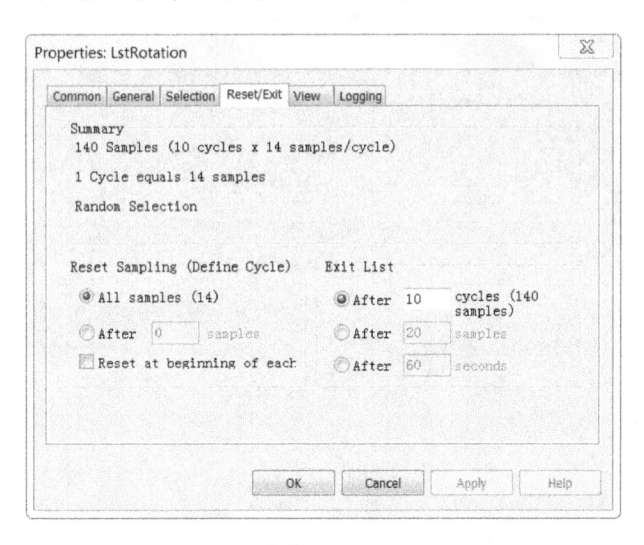

图 11-20　正式实验中执行试次的设置

之后，依次在时间轴控件上放置 txtFocus、imgRorNot、InLCount、lbRelax1、imgRelaxStart、lstRelax、imgRelaxEnd、lbRelax2 等控件。

其中，注视点 txtFocus 控件的设置，如图 11-21 所示，主要是控制每次呈现的时间都是随机的，不能让被试产生固定时距的心理预期。

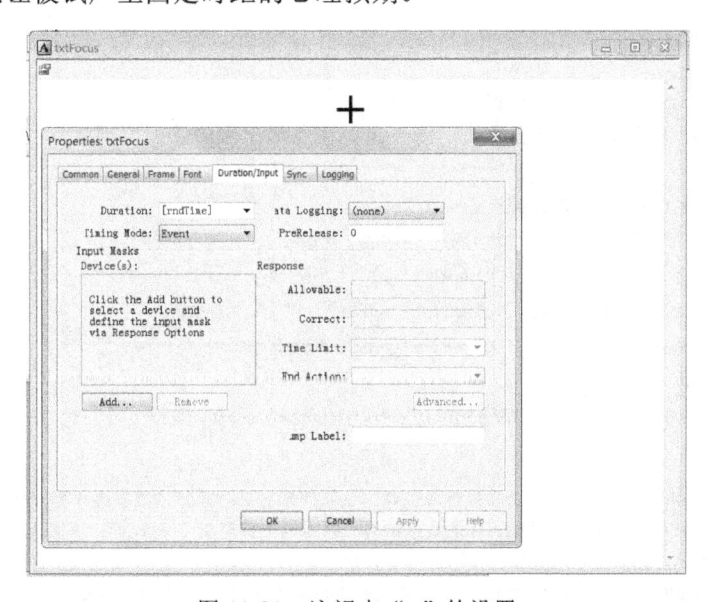

图 11-21　注视点"+"的设置

imgRorNot 图片控件在 General 属性页设置【Filename】为"[pic]"表示每次都从表单控件 LstRotation 中选取属性变量"pic"下的图片路径。其余设置如图 11-22 所示，单击【Add...】，添加键盘，设置【Allowable】为"fj"，设置【Correct】为表单控件 LstRotation 中的属性变量"[pORn]"。

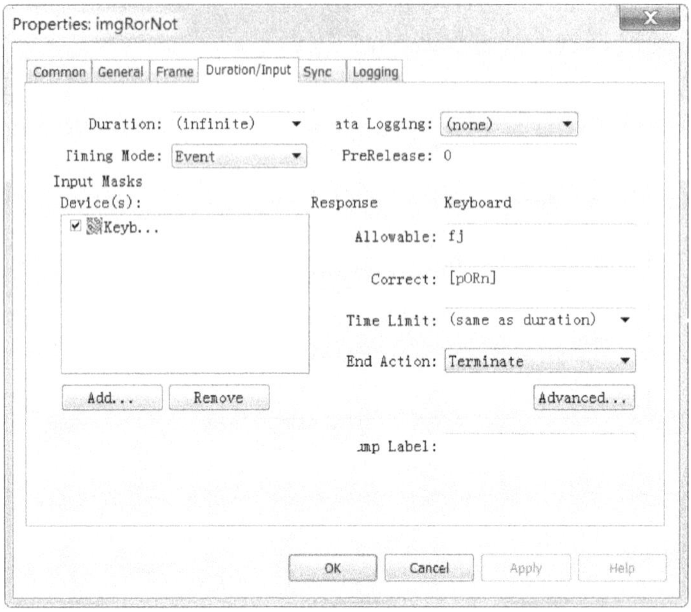

图 11-22 主刺激界面的设置

接下来针对被试对主刺激界面 imgRorNot 的反应，用语句控件 InLCount 捕捉反应的相关信息，相关代码如下[①]。

```
'******************************************
nnn=nnn+1

if imgRorNot.rt<300 then
  msgbox "警告：您反应过快，请一定要在刺激出现时才做出判断反应。"
  else
    if imgRorNot.ACC=1 then
      if c.getAttrib("pORn")="f" then    '见注释②
        c.setAttrib "thePNR",1    '正 R
        elseif c.getAttrib("pORn")="j" then
        c.setAttrib "thePNR",2    '反 R
      end if
      c.setAttrib "theAngle",c.getAttrib("JD")
```

---

① 需要说明的是，收集单个被试的数据时，最好按照被试间设计的模式进行收集，然后再计算所有被试在各个实验条件组合下的均值，并根据实验设计类型整理成相应的数据结构，如本例中整理成 2(正反面：正面，反面)×7(旋转角度：0°，60°，120°，180°，240°，300°，360°)被试内设计的数据结构。

② 此处是采用变量"thePNR"保存正 R 和反 R，当然我们也可以在图 11-19 中的表单控件中多建立一个属性变量，如"PNR"，用于存储正 R 和反 R，其数据的保存效果相似。

```
            c.setAttrib "theRT",imgRorNot.rt
        end if
    end if

    if nnn=70 then
        goto lbRelax1
        else
        goto lbRelax2
    end if
'*******************************************
```

其中，变量"nnn"需要在 Script 中定义全局变量，代码如下。

```
'*******************************************
    dim nnn as integer      '定义休息的时候
'*******************************************
```

接下来进行实验中途休息的设定，代码如下。

```
"if nnn=70 then
    goto lbRelax1
    else
    goto lbRelax2
end if"
```

表示在执行第 70 个试次后提示进入 20s 休息，程序执行 lbRelax1、imgRelaxStart、lstRelax、imgRelaxEnd、lbRelax2 这些控件，其中 lstRelax 表单控件里面存放一些风景图片，每个风景图片(imgRelax)呈现 2000ms，设置 lstRelax 表单控件 20s 后自动退出，否则，直接跳过休息。

至此，完成了正式实验的一个试次的设置。再将 LstRotation 表单控件复制一份并重命名"LstLX"作为练习阶段，如图 11-18 所示。其中可去掉语句控件 InLCount 和休息阶段，增加练习反馈，如图 11-23 所示。于 General 属性页，在【Input Object Name】中输入要反馈的刺激界面的控件名，如"imgLx"，表示针对 imgLx 控件的反应结果进行反馈；在 Duration/Input 属性页设置呈现时间为"1500ms"。然后再增加练习结束的提示，其设置方式同休息阶段的设置。

最后，增加 imgEnd 图片控件，提示被试已完成整个实验任务，完善整个实验流程。

除了字母数字存在心理旋转外，Shepard 和 Metzler(1988)还证实在三维图形中也存表象的心理旋转现象，如图 11-24 所示，要求被试判断每组中左右两个三维图形是否相同。

11.2.1.4 句子-图画匹配实验

Clark 和 Chase(1972)的句子-图画匹配实验被很多研究者推崇为相减法逻辑的范例(王甦，汪安圣，1992)。在实验中，给被试呈现一个句子并紧接着呈现一幅图画，如"星形在十字之上，$\genfrac{}{}{0pt}{}{*}{+}$"，要求被试尽快地判定，该句子是否真实地说明了图画的内容，并做出是或否的反应，记录被试的反应时。

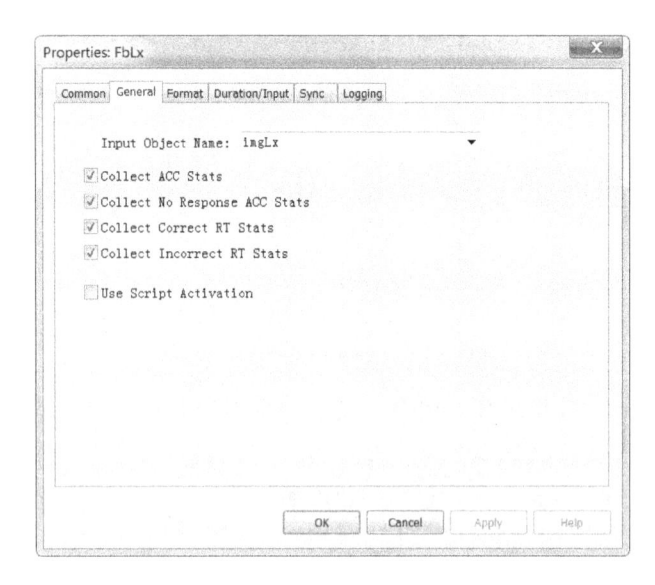

图 11-23 练习反馈界面的设置

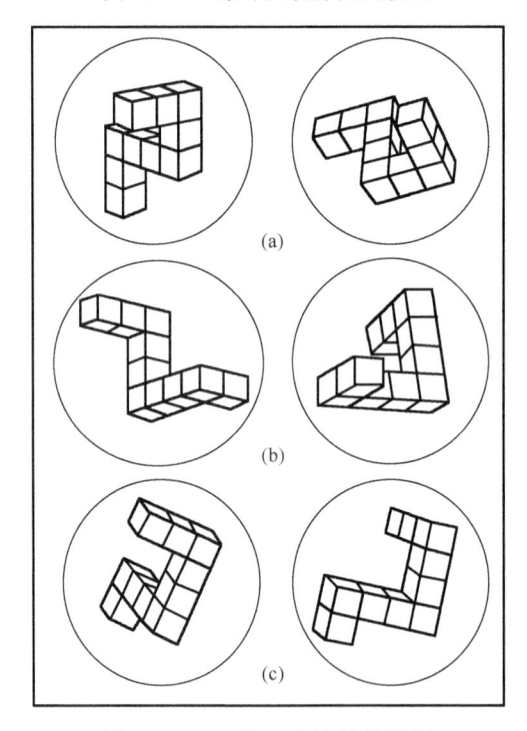

图 11-24 三维心理旋转的举例

资料来源：STERNBERG R J, STERNBERG K. Cognitive psychology（6th eds.）. New York: Cengage Learning, 2012: 289-294.

实验由介词"之上"和"之下"，主语"星形"和"十字"，句子的陈述句式肯定句"在"和否定句"不在"，共组成八个句子和两种图形，如表 11-1 所示。Clark 和 Chase 设想，当句子出现在图画之前时，这种句子和图画匹配作业的完成要经过几个加工阶段，并提出了度量一些加工持续时间的参数。他们认为，第一阶段是将句子转换为它的深层结构,即以命题来表征句子(句子编码),而且对"之下"的加工要比对"之上"的加工需时更多(参数 a),对否定句的加工需时多于对肯定句的加工(参数 b),如表 11-2 所示。第二阶段是将图画转换成命题,并带有前句中所应用的介词,即"之上"或"之下"。该阶段假定在图画转换成命题过程中,"之上"与"之下"的加工时间不存在差异。第三阶段是将句子和图画两者的命题表征进行比较,如果两个表征的主语相同,则所需的时间比两个表征的主语不同时少(参数 c);在意义匹配时,如果两个命题都不含有否定,则比较所需的时间比任一命题含有否定时少(参数 d);最后的阶段为做出反应,其所需的时间被认为是恒定的(参数 t_0)。

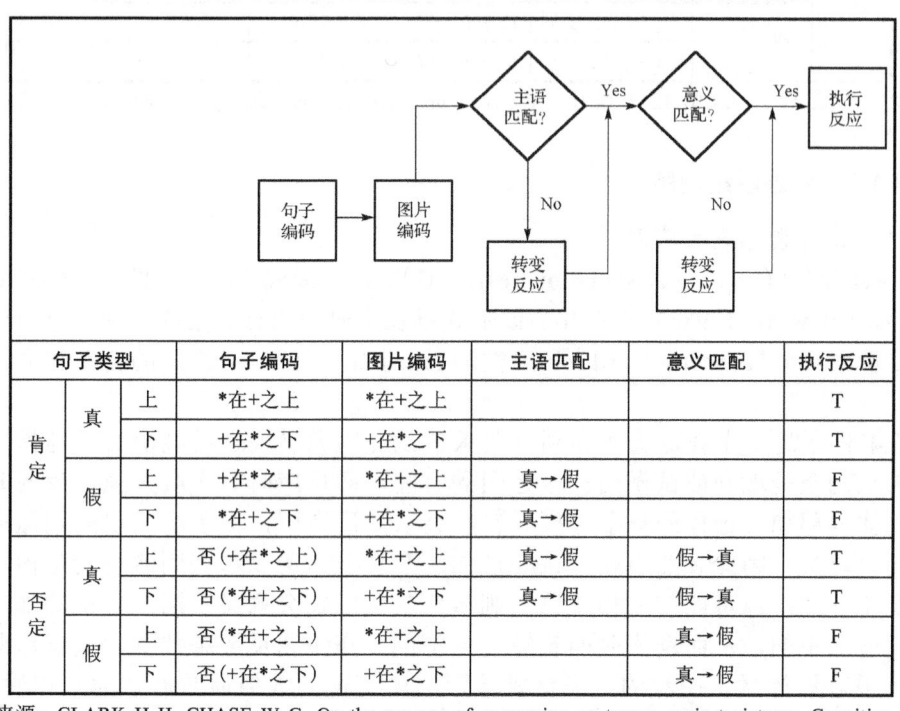

表 11-1 句子和图画匹配实验中加工工程及其对应的实验材料特征

句子类型			句子编码	图片编码	主语匹配	意义匹配	执行反应
肯定	真	上	*在+之上	*在+之上			T
		下	+在*之下	+在*之下			T
	假	上	+在*之上	*在+之上	真→假		F
		下	*在+之下	+在*之下	真→假		F
否定	真	上	否(+在*之上)	*在+之上	真→假	假→真	T
		下	否(*在+之下)	+在*之下	真→假	假→真	T
	假	上	否(*在+之上)	*在+之上		真→假	F
		下	否(+在*之下)	+在*之下		真→假	F

资料来源:CLARK H H, CHASE W G. On the process of comparing sentences against pictures. Cognitive Psychology, 1972-3: 472-517.

这样对句子和图画匹配实验来说,相减法逻辑在于将依赖所呈现的句子和图画的诸反应时的比较。比如,如果"星形在十字之上"这个句子真实地说明了图画,那它具有参数 t_0;如果"星形在十字之下"这个句子真实地说明了图画,那它具有参数 a 和 t_0。这两个反应时之差就是参数 a 的时间。但参数 b 和 d 只出现在否定句中,所以无法进行分离。每个被试共完成 8(句子)×2(图形)×11(组段)=176 试次的实验,其结果如表 11-2 所示。

Clark 和 Chase 的这个实验获得了同行的肯定,但同时也受到了批评。有些研究者指出,这种实验未必能容易地将诸加工阶段区分开来,一个参数可能涉及两个或更多的加工阶段,如完成"星形在十字之上, *+ "的匹配作业被认为只有参数 t_0,而实际上它包含上述的四个不同加工阶段。另外,研究者也怀疑他们的实验假设:在复杂的信息加工过程中,插入或减少某些加工阶段而不影响其余加工阶段(王甦,汪安圣,1992)。

表 11-2　句子和图画匹配实验中各实验条件对应的参数及其实测结果

句子类型			句子	潜在成分	反应时/ms		
					观察	预测	误差比
肯定	真	上	*在+之上	t_0	1744	1763	6.7%
		下	+在*之下	t_0+a	1875	1856	7.9%
	假	上	+在*之上	$t_0\ +c$	1959	1950	8.8%
		下	*在+之下	$t_0+a\ +c$	2035	2043	7.5%
否定	真	上	+不在*之上	$t_0\ +b+c+d$	2624	2635	12.5%
		下	*不在+之下	$t_0+a+b+c+d$	2739	2728	12.5%
	假	上	*不在+之上	$t_0\ +b\ +d$	2470	2448	7.1%
		下	+不在*之下	$t_0+a+b\ +d$	2520	2541	14.6%

资料来源：CLARK H H, CHASE W G. On the process of comparing sentences against pictures. Cognitive Psychology, 1972-3: 472-517.

11.2.1.5　内隐联结测验

(1) 内隐联结测验与反应时

内隐联结测验(Implicit Association Test，IAT)，也翻译成内隐联想测验，由 Greenwald，McGhee 和 Schwartz(1998)首先提出。该范式以反应时为指标，通过一种计算机化的分类任务来测量概念词(concept words)和属性词(attributive words)之间的自动化联系的紧密程度。

其基本程序是事先规定刺激类别，要求被试在刺激呈现之后既快又准地做出反应，同时记录从刺激呈现到被试做出反应之间的时间，即反应时。一般来说，反应时的长短标志着机体内部加工过程的复杂程度。在社会认知研究中，由于所呈现的刺激多数具有复杂的社会意义，因此必然引起被试心理的复杂反应，所以这些刺激可能与内在需要或内隐态度相一致，也可能与之相矛盾。刺激所暗含的社会意义不同，被试的加工过程的复杂程度就会不同，从而反应时的长短也会不同。在快速反应条件下，被试对刺激的行为反应是很难进行意识控制的，在这种情形下所获得的数据通常被认为是内隐的(蔡华俭，2003)。

(2) 内隐联结测验的原理

内隐联结测验在生理上是以神经网络模型为基础的。该模型认为信息被存储在一系列按照语义关系分层组织起来的神经网络联系的结点上，因而可以通过测量两类概念在此类神经联系上的距离来反映这两者的联系。在认知上，内隐联结测验以态度的自动化加工为基础，包括态度的自动化启动和启动的扩散。有关内隐态度的研究表明，对评价性的语义内容的加工是一种在视觉基础之上的自动化过程(Greenwald, Klinger, & Liu, 1989; Murphy & Zajonc, 1993)。

内隐联结测验以反应时为指标，基本过程是呈现一属性词，让被试尽快地进行辨别归类(归于某一范畴概念词/属性词)并按键反应，计算机自动记录反应时。概念词(如郁金香、蜘蛛)和属性词(如可爱的、丑陋的)之间有两种可能的关系：相容的(compatible)(如郁金香－可爱的，蜘蛛－丑陋的)和不相容的(incompatible)(如郁金香－丑陋的，蜘蛛－可爱的)。

所谓相容，是指两者的联系与被试内隐的态度一致，即对被试而言两者有着紧密且合理的联系，否则为不相容。当概念词和属性词相容时，辨别归类在快速条件下倾向于自动化加工，相对容易，因而反应速度快、反应时短；当概念词和属性词不相容时，往往会导致被试的认知冲突，此时的辨别归类需进行复杂的意识控制，相对较难，因而反应速度慢、反应时长；将不相容条件下与相容条件下的反应时之差作为内隐态度的指标。这样在相容条件下，概念词和属性词的联系与其自身内隐态度的一致程度越高、联系越紧密，辨别归类加工的自动化程度就越高，反应时越短；而在不相容条件下，认知冲突越严重，反应时自然会越长，其时间的差就会越大，表明内隐态度越坚定。

(3) 实验范式

内隐联结测验的实验范式简称 IAT 范式。Greenwald，McGhee 和 Schwartz(1998)的经典 IAT 范式主要包括七个阶段。

阶段1：呈现概念词。概念词分成两类：一类为花，如郁金香、三叶草、风信子、杜鹃花、兰花、玫瑰花、三色堇等；另一类为虫子，如蟑螂、蚊子、蚂蚁、臭虫、跳蚤、蜈蚣、甲虫等。要求被试对花的名字和虫子的名字进行归类反应(看到花的名字按 F 键，看到虫子的名字按 J 键)。

阶段2：呈现属性词。属性词也分成两类：一类为积极词(positive words)，如健康、爱、和平、自由、温和、可靠、幸福等；另一类为消极词(negative words)，如有毒、恶臭、虐待、冲突、丑陋、意外、恶心等。要求被试对积极的词汇和消极的词汇做出反应(积极词汇按 F 键，消极词汇按 J 键)。

阶段3：联合任务一。联合呈现概念词和属性词，要求被试做出反应。比如，对花的名字或积极词汇按 F 键反应，对虫子的名字或消极词汇按 J 键反应。

阶段4：对联合任务一进行测试。

阶段5：让被试对概念词做出相反的判断，并交换左右键反映的内容。比如，对花的名字按 J 键反应，对虫子的名字按 F 键反应。

阶段6：联合任务二。再次联合呈现概念词和属性词，让被试做出反应，与联合任务一内容正好相反(虫子的名字或积极词汇按 F 键，花的名字或消极词汇按 J 键)。

阶段7：对联合任务二进行测试。

在数据处理上，只选取两个测试阶段的数据，删除联合任务测试中前两次测试的数据，将短于 300ms 的反应时记为 300ms，长于 3000ms 的反应时记为 3000ms。不对错误测试反应时进行任何处理，也不删除任何极端被试的数据，对反应时进行自然对数转换；接着求出两个测试阶段反应时的对数转换后的均值；将联合测试中相容和不相容的反应时的对数转换后的均值差或反应时的均值差作为 IAT 效应。

其中，阶段4和阶段7可以省略不用，此时 IAT 效应的计算只需根据阶段3和阶段6的数据进行处理即可。

(4) 不同研究中的概念词和属性词

可见，内隐联结测验是通过测量概念词-属性词之间的自动化联系强度继而实现对内隐态度的测量(implicit attitude measure)的。IAT 效应的大小由两个因素决定：其一是两类概念词间和两类属性词间的区分度，越容易区分，IAT 的效应越大；其二是概念词与属性词的天然联系，联系越密切，IAT 效应越大。因此，准确地编制概念词和属性词是 IAT 研究的核心。表11-3、表11-4和表11-5列举了内隐自尊和自我概念研究(Greenwald & Farnham，2000)中的概念词和属性词，以资读者研究设计之参考。

表11-3 Greenwald和Farnham(2000)实验1和实验3的概念词和属性词

affective		evaluation		idiographic(me or not-me)	
positive	negative	positive	negative	items	examples
caress	abuse	smart	stupid	birth day	Feb. 19
cuddle	agony	bright	ugly	birth year	1963
diamond	assault	success	failure	city 1	London
glory	brutal	splendid	awful	city 2	Boston
gold	corpse	valued	useless	country	Italy
health	death	noble	vile	first name	Jennifer
joy	filth	strong	weak	gender	female
kindness	killer	proud	ashamed	ethnicity 1	Chinese
lucky	poison	loved	hated	ethnicity 2	Irish
peace	slum	honest	guilty	handedness	left-handed
sunrise	stink	competent	awkward	last name	Carter
truth	torture	worthy	rotten	middle name	Donald
warmth	vomit	nice	despised	state	Maine
				religion	Hindu
				phone number	nnn-nnnn
				street name	Oak st.
				social security No.	nnn-nn-nnnn
				zip code	98105

资料来源：GREENWALD A G, FARNHAM S D. Using the implicit association test to measure self-esteem and self-concept. Journal of Personality and Social Psychology, 2000-79(6): 1022-1038.

从理论上讲，由于内隐联结测验是对内隐态度进行间接的测量，可以有效地避免自我矫饰(self-presentation)和印象整饰(impression management)等社会期许作用，因而可以敏感地反映内隐态度的特征。

表11-4 Greenwald和Farnham(2000)实验2的概念词和属性词

idiographic items	generic items		gender self-concept items	
	self	other	feminine	masculine
first name	I	they	gentle	competitive
middle name	me	them	warm	independent
last name	my	their	tender	forceful
city	mine	it	sensitive	strong
state	self	other	sympathetic	confident
country			soft	aggressive

资料来源：GREENWALD A G, FARNHAM S D. Using the implicit association test to measure self-esteem and self-concept. Journal of Personality and Social Psychology, 2000-79(6): 1022-1038.

表 11-5 Greenwald 和 Farnham(2000)重测实验 2 的概念词和属性词

concept words		attributive words	
self	other	positive	negative
myself	other	rainbow	pain
mine	them	happy	death
me	their	smile	poison
my	they	joy	grief
self		warmth	agony
		pleasure	sickness
		paradise	tragedy
		sunshine	vomit

资料来源：GREENWALD A G, FARNHAM S D. Using the implicit association test to measure self-esteem and self-concept. Journal of Personality and Social Psychology, 2000-79(6): 1022-1038.

11.2.2 相加因素法

11.2.2.1 实验逻辑

相加因素法(additive factors method)是相减法的延伸，最初是由 Sternberg(1966，1967，1969a，1969b)发展出来的。其内在的实验逻辑是：如果两个因素(自变量)的效应是相互制约的，即一个因素的效应可以改变另一个因素的效应，那么这两个因素只作用于同一个信息加工阶段；如果两个因素的效应是分别独立的，即可以相加，那么这两个因素各作用于不同的加工阶段(王甦，汪安圣，1992)。也就是说，如果这两个自变量的交互作用显著，那么它们共同作用于同一个信息加工阶段；如果这两个自变量的交互作用不显著且主效应显著，那么它们分别独立地作用于不同的信息加工阶段。

相加因素法的逻辑是建立在信息的系列加工的基础上的，其操作原理为：假设完成一个作业所需时间是一系列信息加工阶段分别需要时间的总和；如果可以发现影响完成作业所需时间的一些自变量，那么便可以单独地或成对地操纵这些自变量，从而观察到完成作业时间的变化。

11.2.2.2 Sternberg 的短时记忆信息提取阶段模型

Sternberg 最早将相加因素法的实验逻辑应用于短时记忆信息提取实验中。他采用项目再认范式(item-recognition task)，先给被试呈现 1~6 个数字(识记项目)，然后再呈现一个数字(测试项目)，并同时开始计时，要求被试回答该测试项目的数字是否是刚才识记过的，按键做出是或否的反应，计时也随即停止。通过这样可以判断被试能否正确地提取信息并测量做出反应所需的时间，即反应时。

通过一系列实验，Sternberg 从反应时的变化确定了四个对提取过程有独立作用的因素，即测试项目的质量(清晰的或模糊的)、识记项目的数量、反应类型(肯定的或否定的)和反应类型的相对概率。因此，他认为短时记忆信息提取过程包含相应的四个独立的加工阶段，即测试项目编码阶段、顺序比较阶段、二择一的决策阶段和反应组织阶段。按照他的看法，测试项目的质量对测试项目编码阶段起作用，识记项目的数量对顺序比较阶段起作用，反应类型对二择一的决策阶段起作用,反应类型的相对概率对反应组织阶段起作用(王甦,汪安圣,1992),如图 11-25 所示。

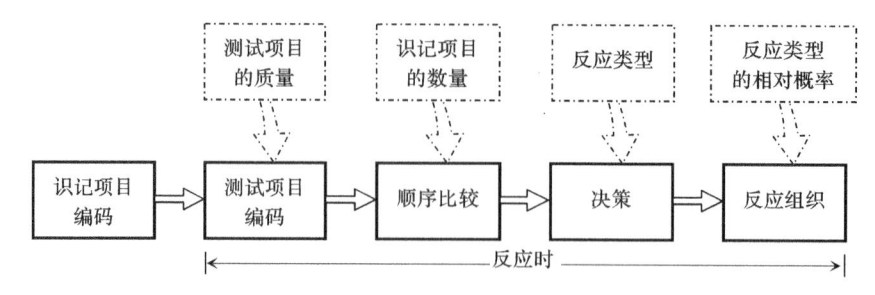

图 11-25 短时记忆信息提取阶段模型及其影响因素

资料来源:王甦,汪安圣. 认知心理学. 北京:北京大学出版社,1992:11. 有改动.

Sternberg(1969b)根据相加因素法,系统地操纵测试项目的质量、识记项目的数量、反应类型和反应类型的相对概率,检验测试项目编码阶段、顺序比较阶段、二择一的决策阶段和反应组织阶段之间的相互独立性,其实验结果如图 11-26、图 11-27 和图 11-28 所示。图 11-26 为测试项目编码阶段与顺序比较阶段的独立性检验的结果,图 11-27 为顺序比较阶段与二择一的决策阶段的独立性检验的结果,图 11-28 为二择一的决策阶段和反应组织阶段的独立性检验的结果。

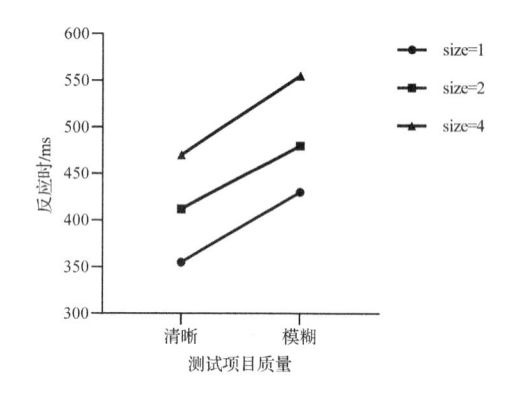

图 11-26 项目编码和顺序比较的独立性检验

资料来源: STERNBERG S. The discovery of processing stages: Extensions of Donders' method. Acta Psychologica, 1969b-30: 276-315.

11.2.2.3 短时记忆信息提取阶段模型的实证检验

按照相加因素法的逻辑,我们可以操纵两个自变量(测试项目的质量和识记项目的数量)来分别影响测试项目编码和顺序比较这两个加工过程。测试项目的质量可以设置成清晰和模糊两个水平,或者将测试项目呈现的时长设置成 100ms 和 1000ms 两个水平,或者将测试项目的旋转角度设置成正立和倒立两个水平。识记项目的数量可以设置成项目数为 1~6 个,共六个水平,控制在短时记忆的容量之内,即实验 step1vs2,如图 11-29 所示。其中,表单的属性变量"SJXM"为识记项目,"CSXM"为测试项目,识记项目和测试项目均为随机设置;"ndigit"为自变量识记项目长度;"XMZL"为自变量测试项目质量,1 表示模糊对应表单控件 lstYB,2 表示清晰对应表单控件 lstblk。

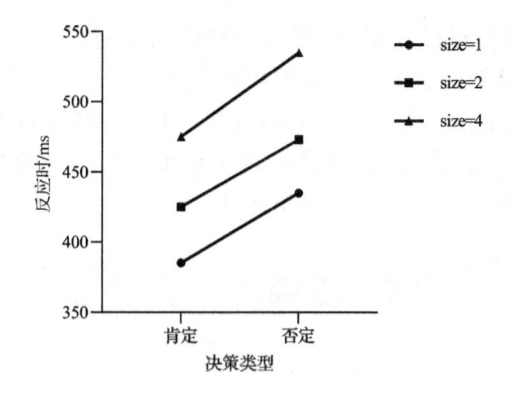

图 11-27　顺序比较和决策的独立性检验

资料来源：STERNBERG S. The discovery of processing stages: Extensions of Donders' method. Acta Psychologica, 1969b-30: 276-315.

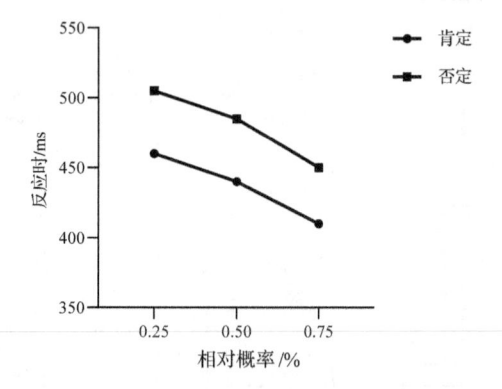

图 11-28　决策和反应组织的独立性检验

资料来源：STERNBERG S. The discovery of processing stages: Extensions of Donders' method. Acta Psychologica, 1969b-30: 276-315.

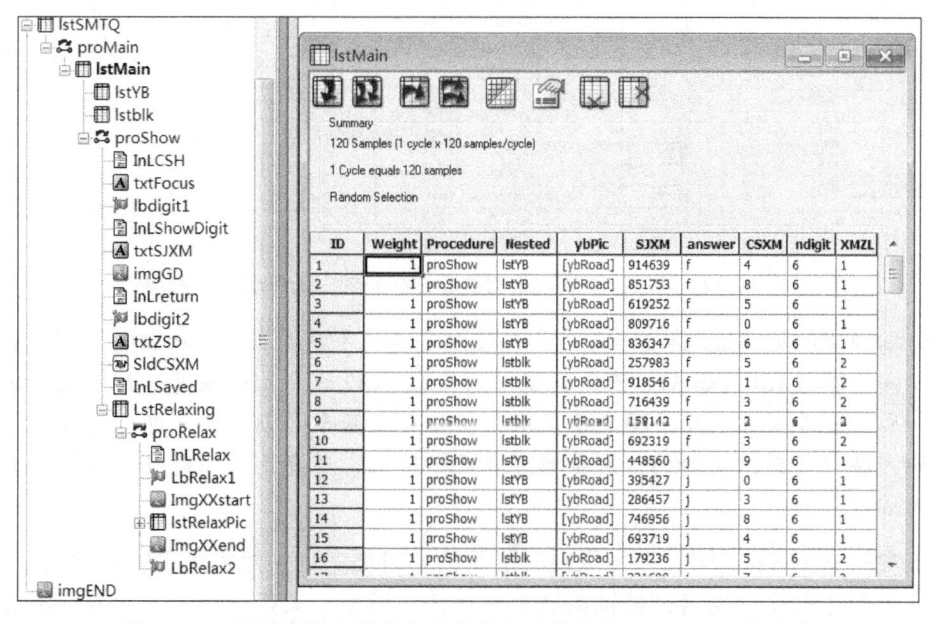

图 11-29　项目编码和顺序比较的独立性检验的 E-prime2.0 主程序

同理，在控制测试项目的质量下(采用清晰测试项目)，操纵识记项目的数量(1～6个)和反应类型(肯定的和否定的)来检验顺序比较和决策加工过程的相互独立性，即实验step2vs3，如图11-30所示。在控制识记项目的数量下(数量为4个)，操纵反应类型(肯定的和否定的)和反应类型的相对概率(存在的百分比：25%，50%，75%三个水平)来检验决策和反应组织的相互独立性，即实验step3vs4，如图11-31所示。

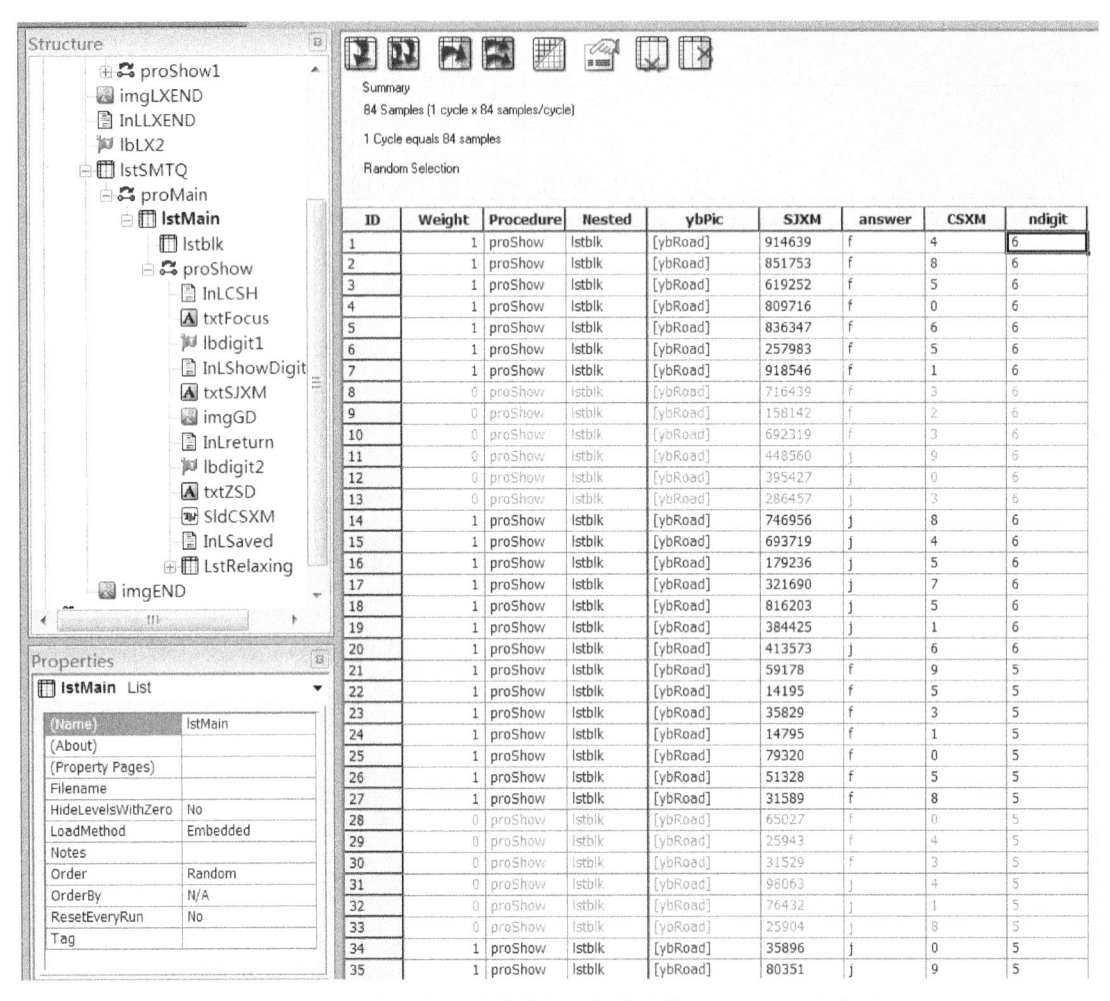

图11-30　顺序比较和决策的独立性检验的E-prime2.0主程序

实验指导语如下：请在+提示之后，记住以下逐位呈现的数字(如6432)，在*呈现之后将会出现一个测试数字(如3)，请你判断3是否在6432之中？如果是请按F键，如果不是按J键。本实验要求你的反应要又快又准。实验分成两个阶段，首先进行练习，之后进行正式实验。练习与正式实验的区别是前者有反馈结果，后者无。明白以上指导语后请按空格键进入练习。

对于实验step3vs4，因需要操纵反应类型的相对概率，因此将该实验分成三个小实验，在每个小实验之前均分别告知被试测试项目存在的概率。其指导语如下：本类实验需要进行40次的判断，其中测试数字存在的概率为25%(或50%，或75%)。

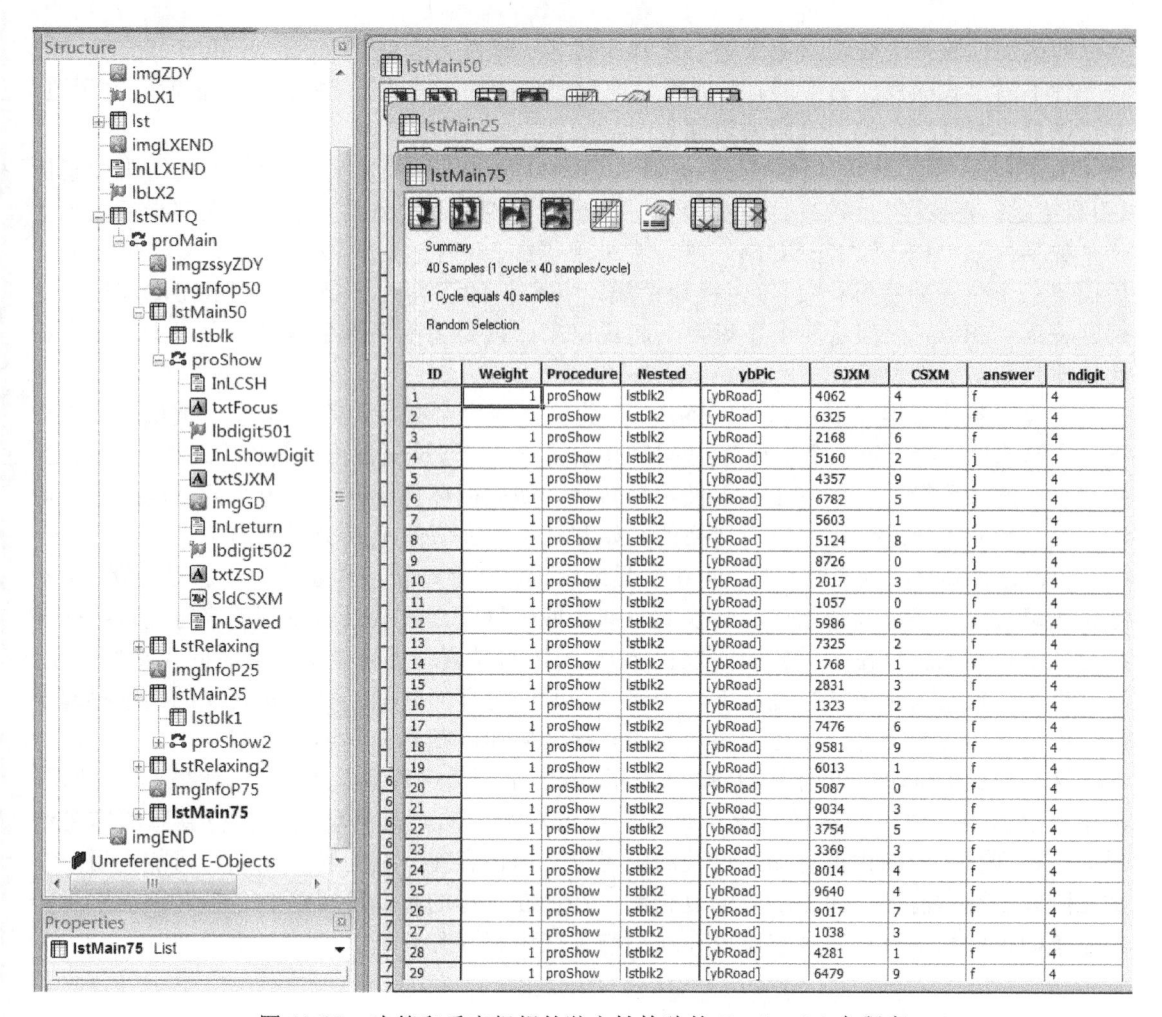

图 11-31　决策和反应组织的独立性检验的 E-prime2.0 主程序

11.2.2.4　Sternberg 模型引起的争议

现在一般都将 Sternberg 的短时记忆信息提取阶段模型看作相加因素法应用的典范。但它也引起一些批评和质疑。这种反应时实验是以信息的系列加工(serial processing)而不是平行加工(parallel processing)为前提的，所以有人认为其应用会有很大限制。其实相减法实验逻辑也存在同样的问题。更为直接和更加现实的问题是相加因素法的实验逻辑是否那么真实可靠。也就是说，它能否应用可相加的和相互作用的效应来确认加工阶段。Pachella(1974)曾经提出，两个因素也许能以相加的方式对同一个加工阶段起作用；也许能对不同的加工阶段起作用并且互相发生影响。应当说，这两种假设的可能性并不能排除，但这还不能否定 Sternberg 所提出的短时记忆信息提取阶段模型在记忆研究中的贡献(王甦，汪安圣，1992)。

11.2.3　开窗实验

相减法和相加因素法都通过严密的逻辑推导操纵自变量来引起心理加工时间的变化，

从而间接地检验某个心理黑箱子的心理加工过程。开窗实验范式（open window experiment）是一种不同形式的反应时实验，它能明显地看出这些加工阶段，就好像打开窗户一览无遗，并可以直接测量每个加工阶段的时间。

Hamilton 等人（1977）和 Hockey 等人（1981）的字母转换实验是开窗实验的典型案例（引自王甦，汪安圣，1992）。在实验中，给被试呈现 1～4 个英文字母并在字母后面标上一个数字，如"F+3""KENC+4"等。当呈现"F+3"时，要求被试说出英文字母表中 F 后面第三个位置的字母（"I"），换句话说，"F+3"的正确回答是"I"，"KENC+4"的正确回答是"OIRG"，但这四个字母要一起说出来，只要刺激字母个数是一个以上的都应如此，即只做出一次反应。

实验的具体流程如下：以"KENC+4"为例，四个刺激字母逐个呈现，被试自己按一下反应键就可以看见第一个字母 K 并同时开始计时，接着被试做出声转换，即说出 LMNO，然后再按键来看第二个字母 E，再做出声转换，如此循环直至四个字母全部呈现完毕并做出回答，计时也随之停止。出声转换的开始和结束均在时间记录中标记出来。

根据这种实验的反应时数据，可以明显地看出完成字母转换作业的三个加工阶段：①从被试按键看一个字母到开始出声转换的时间为编码阶段，被试对所看到的字母进行编码并在记忆中找到该字母在字母表中的位置；②被试按指导语进行转换所用的时间为转换阶段；③从出声转换结束到被试按键看下一个字母的时间为存储时间，被试将转换的结果存储于记忆中，从第二个字母开始还需将前面的转换结果加以归并和复述。

这三个加工阶段可以用图 11-32 来表示。在四个刺激字母实验中，可以获得 12 个数据，从中可以看到完成字母转换的整个过程，经过对数据的归类处理则可以得到总的实验结果。这种开窗实验的优点是加工过程清晰可见，但也存在一些问题。比如，可能在后一个加工阶段出现对前一个加工阶段的复查等，在后面字母的存储阶段还会包括对前面字母转换结果的提取和整合，并且它难以在最后与反应组织区分开来。

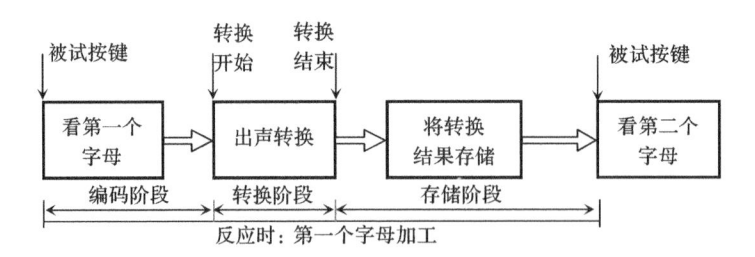

图 11-32　开窗实验：字母转换作业

资料来源：王甦，汪安圣. 认知心理学. 北京：北京大学出版社，1992：13. 有改动.

11.2.4　速度与准确率权衡

任何一个反应时实验，不管其具体形式怎样，都应要求被试在保证反应正确的前提下，尽快做出反应。其数据的收集也应仅限于正确的反应，将错误的反应排除。正确反应的时间进程才能反映作业的内部操作，其反应时数据才是有意义的。比如，在某次短时记忆信息提取的测试中，被试提取失败，那么这次测试的反应时就没有意义了。但是，由此却引出一个十分复杂的问题：在反应时实验中，通常要进行多次测试，被试要么以降低反应准确率为代价提高反应的速度,要么为了达到较高的反应准确率而减慢反应的速度。这就是反应时实验中普遍存在的一个速度-准确性权衡(Speed-Accuracy Trade-off,SAT)问题。它表明被试在反应时实验中,可用不同的速度-准确性权衡标准来指导自己的反应(王甦,汪安圣,1992)。

一般而言,被试可以在准备充分的情况下反应,也可以在准备不充分的情况下反应。在准备充分的情况下,因其能提取全部与刺激有关的信息而做出反应,此时准确率总是很高,速度却慢些;在准备不充分的情况下,即没有足够时间或不允许被试去提取全部与刺激有关的信息的情况下,被试还可利用在加工阶段初期所积累的部分信息做出反应,也可利用某种不同于上述完全加工的信息加工方式(如猜测)做出反应。而对于这种不完全的信息加工过程的研究,可以获得信息加工的最初阶段的加工特性(朱滢,2000)。目前主导的看法是,在高准确率的情况下,反应时数据是有效的。在统计实验结果时,应单独对反应错误率进行统计,并在分析结果时加以考虑(王甦,汪安圣,1992)。

Wickelgren(1977)在再认提取实验中,通过控制被试反应时间的长短,来测量各种时长下的反应准确率,以研究速度-准确性权衡的特征。实验结果如图 11-33 所示,以反应时为横坐标,以准确率为纵坐标,可得到一条速度-准确性权衡曲线。其中,I 表示截距,R 表示准确率(d')随反应时(RT)的变化而变化的速率,A 表示准确率(d')的渐近值,即在无限延长提取时间条件下的最高准确率。

从图 11-33 可知,反应时和准确率之间的权衡在信息加工的早期是显著的,但当接近或达到 A 值后,随着反应时的延长,准确率的变化很小(朱滢,2000)。

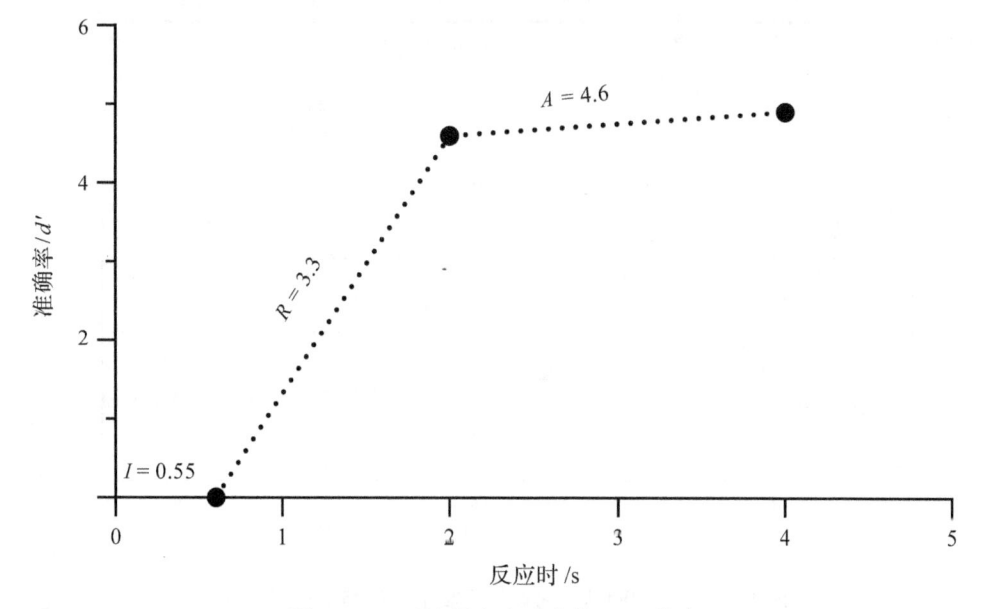

图 11-33 再认提取实验中的 SAT 曲线

资料来源:朱滢. 实验心理学. 北京:北京大学出版社,2000:140. 有改动.

11.3 反应时的影响因素[①]

11.3.1 反应时与刺激强度有关

刺激强度(I)通常指物理刺激的能量大小。但是,这里所指的刺激强度除了刺激的物理强度外,还包括与物理刺激有关的心理强度。

一般而言,当刺激强度较弱时,反应时较长;随着刺激强度的增加,反应时会逐渐缩短。这种反应时的缩短,最初,随着刺激强度的增加,缩短得快些;而当刺激强度增加到一定程度时,反应时的缩短速度减少,甚至停留在某一水平上,渐近于一个极限值。

表 11-6 中 $\lg I = 0$ 时,表示此纯音的物理强度(I)接近听觉的绝对阈限,因而其反应时较长,RT = 402ms。从表 11-6 和图 11-34 可知,1000Hz 的纯音随着强度的增加,最初,反应时缩短速度较快;后来,反应时的缩短速度减慢。从图 11-34 中反应时的变化曲线可以更清楚地看出这种变化趋势。

表 11-6 不同刺激强度下对 1000Hz 纯音的反应时

$\lg I$	RT/ms	$\lg I$	RT/ms	$\lg I$	RT/ms
0	402	1	193	6	124
0.2	316	2	161	7	118
0.4	281	3	148	8	112
0.6	249	4	139	9	111
0.8	221	5	130	10	110

资料来源:朱滢. 实验心理学. 北京:北京大学出版社, 2000: 146. 有改动.

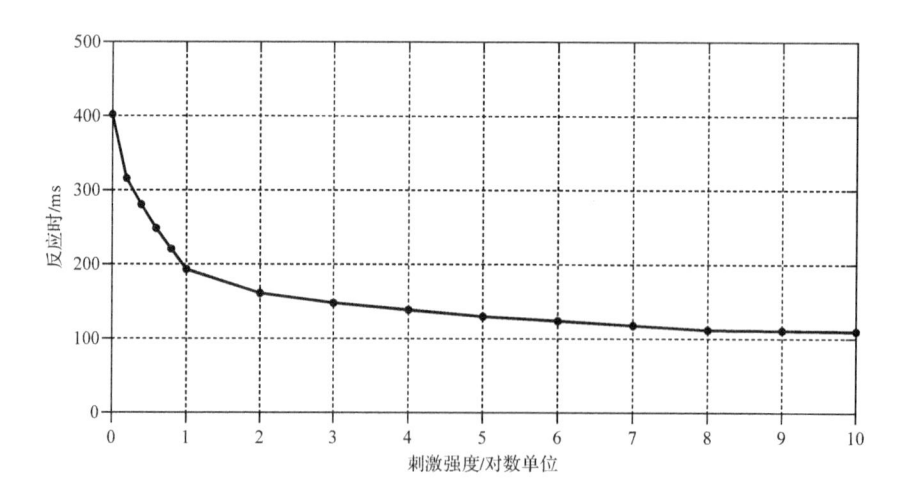

图 11-34 在 1000 Hz 纯音的刺激下强度与反应时的关系

资料来源:朱滢. 实验心理学. 北京:北京大学出版社, 2000: 147. 有改动.

[①] 本小节内容改编自:朱滢. 实验心理学. 北京:北京大学出版社, 2000: 145-160.

11.3.2 反应时与刺激的时间特性和空间特性有关

保持物理刺激的强度不变,增加作用于感觉器官的时间,会产生时间的累积作用,从而增加刺激的心理强度。图 11-35 是 Froeberg 曾做过的一个关于光作用于眼睛的时长对反应时影响的实验结果。从中可以看出,刺激持续的时间越长,对其反应时的影响越大,不过反应时的缩短也有一定的界限。

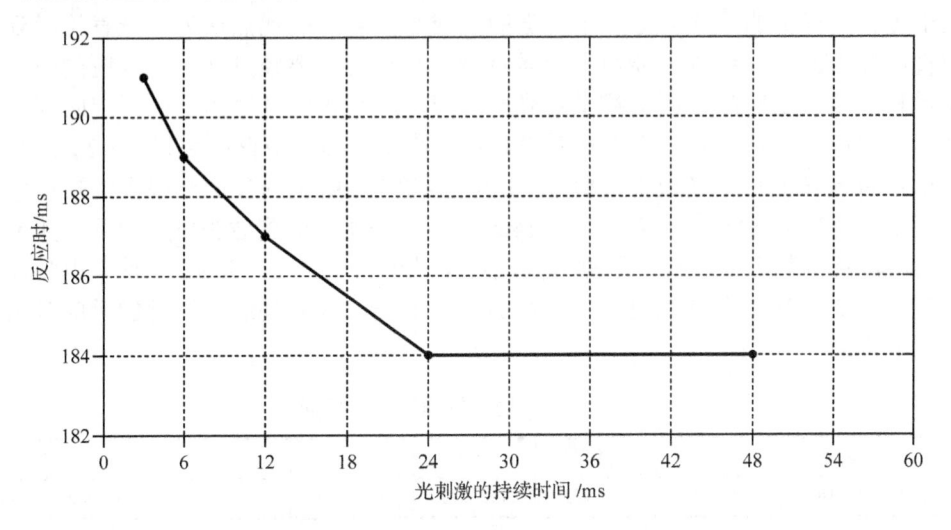

图 11-35 光刺激强度的时长与反应时的关系

资料来源:朱滢. 实验心理学. 北京:北京大学出版社, 2000: 147. 有改动.

如果物理刺激强度保持不变,刺激的时间也保持不变,仅增加刺激的面积时,由于感受器神经兴奋的空间累积作用,也会增加刺激的心理强度。比如,Froeberg 曾用在不同面积的正方形白纸上反射的日光作为刺激物。结果,测得的反应时随正方形白纸面积的增加而缩短,如图 11-36 所示。

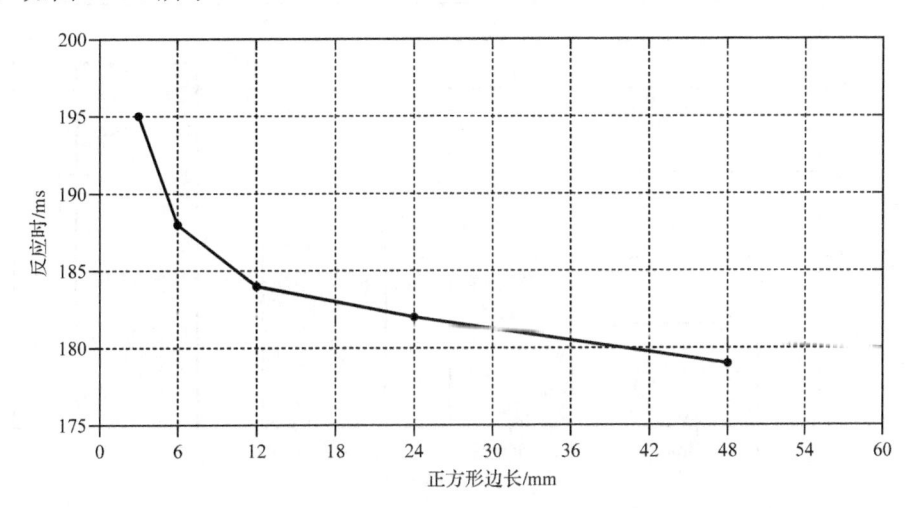

图 11-36 光刺激面积的时长与反应时的关系

资料来源:朱滢. 实验心理学. 北京:北京大学出版社, 2000: 148. 有改动.

刺激的空间累积作用还表现在双眼视觉和双耳听觉方面，即当用双眼观察一个光刺激，其反应时短于单眼观察时的反应时；用同样强度的声音作用于单耳，其反应时为 147ms，双耳则为 133ms。

11.3.3 反应时与刺激的感觉器官有关

不同感觉器官的反应时也不同，表 11-7 是在多个实验结论的基础上综合计算的结果。

至于为什么视觉的反应时会长于听觉的反应时，目前的观点认为，光直接射到视网膜上，但视网膜上的感光细胞不能由光刺激直接引起兴奋，要经过光化学反应的中介过程，而这个过程需要较长时间，因而视觉对光的反应时要长于听觉对声音的反应时。电生理学的方法研究也证实了这一点。用声音刺激猫耳，在听觉神经中枢中测得 1～2ms 的潜伏期，而从发出声音到猫把耳朵竖起来只要 8～9ms。这说明，听觉的反应时很少消耗在感受器的信息转换上。而光射入眼，则需要 20～24ms，神经冲动才能到达视觉皮层区。如果绕过视网膜，用电流直接刺激视神经，则测得到底皮层的潜伏期为 2～5ms。因此，视觉反应时与听觉反应时相比，视觉在神经通路上消耗的时间更长，这便是造成视觉的反应时长于听觉反应时的原因之一。

表 11-7 不同感觉通道的反应时

感觉通道	触觉	听觉	视觉	冷觉	温觉	嗅觉	痛觉	味觉
反应时/ms	117~182	120~182	150~225	150~230	180~240	210~390	400~1000	308~1082

资料来源：朱滢. 实验心理学. 北京：北京大学出版社，2000: 148.

不仅不同的感觉器官的反应时不同，而且同一感觉器官受到不同刺激物的刺激，其反应时也不同，甚至同一刺激物作用于同一感觉器官的不同部位，其反应时也不同。比如，用酸、甜、苦、咸不同的味觉刺激作用于舌尖，其反应时是不同的，如图 11-37 所示。

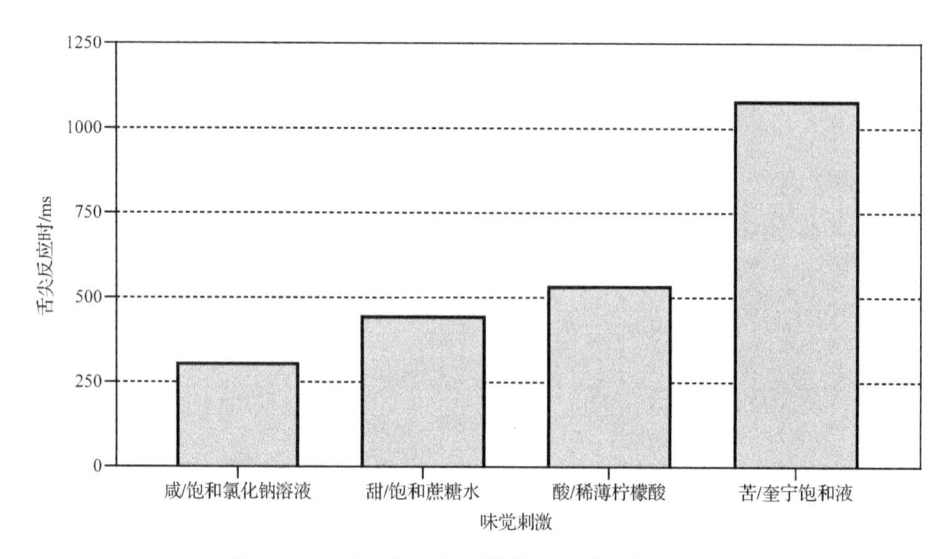

图 11-37 不同的味觉刺激作用下舌尖的反应时

资料来源：朱滢. 实验心理学. 北京：北京大学出版社，2000: 149. 有改动.

又如，用同一刺激(光)作用于同一感受器官的不同部位(眼视网膜的不同部位)，其反应时也不同。光刺激离中央窝越远的部位，其反应时相对而言也越长。实验表明，若中央窝的反应时为 N ms，则距离中央窝 $10°$ 时的鼻侧，其反应时为 $N+6$ms，颞侧则为 $N+10$ms；在距离中央窝 $45°$ 处，鼻侧的反应时为 $N+17$ms，颞侧为 $N+26$ms。

当利用复合刺激同时作用于不同的感觉通道时，其反应时也不同。从图 11-38 可知，声音和电击联合呈现时，所测得的反应时比单独刺激呈现时所测得的反应时要短，尤其是光电声三者联合呈现时，所测得的反应时更短些。

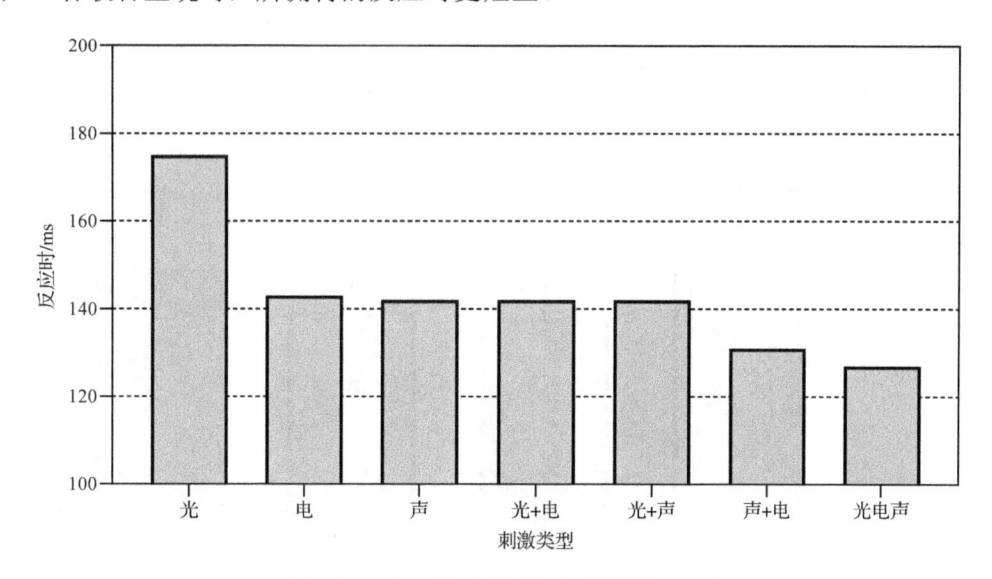

图 11-38 单一刺激与复合刺激下的反应时

资料来源：朱滢. 实验心理学. 北京：北京大学出版社，2000: 150. 有改动.

11.3.4 反应时与被试的机体状态有关

11.3.4.1 反应时与机体的适应水平

眼睛对明、暗适应水平不同，反应时也各异。表 11-8 中的数据是在 250lx 烛光的照度下，在距离被试眼睛 30.48cm 处，对一个直径为 30mm 的白色图纸片进行反应的实验结果。从此结果可知，在实验前被试眼睛对光的适应水平不同，在同一条件下，所测得的反应时也不同。

表 11-8 反应时与对不同光的适应水平的关系

适应水平/lx	200	150	100	50	0
反应时/ms	154	146	144	140	131

资料来源：朱滢. 实验心理学. 北京：北京大学出版社，2000: 150. 有改动.

11.3.4.2 反应时与被试的准备状态

在心理实验中，被试的准备状态也会影响其反应时，如图 11-39 所示。从预备信号发出到刺激的呈现这一时距被称为预备时间。在这一时距内，被试要做出最佳准备状态。如果准备时间太短,被试就会来不及做好反应的准备;如果准备时间太长,被试的准备状态则会超过最佳状态而趋向于衰退。因而,预备时间太长、太短都会对反应时的测量有不利的影响。许多研究表明,最佳准备时间是1000~2000ms。要注意的是,在具体实验中每个试次的准备时间不要用一个恒定数值,以免被试掌握此规律而出现抢步反应。Telford曾用0.5s、1s、2s、4s的四种时距,要求被试对一听觉刺激做出反应。

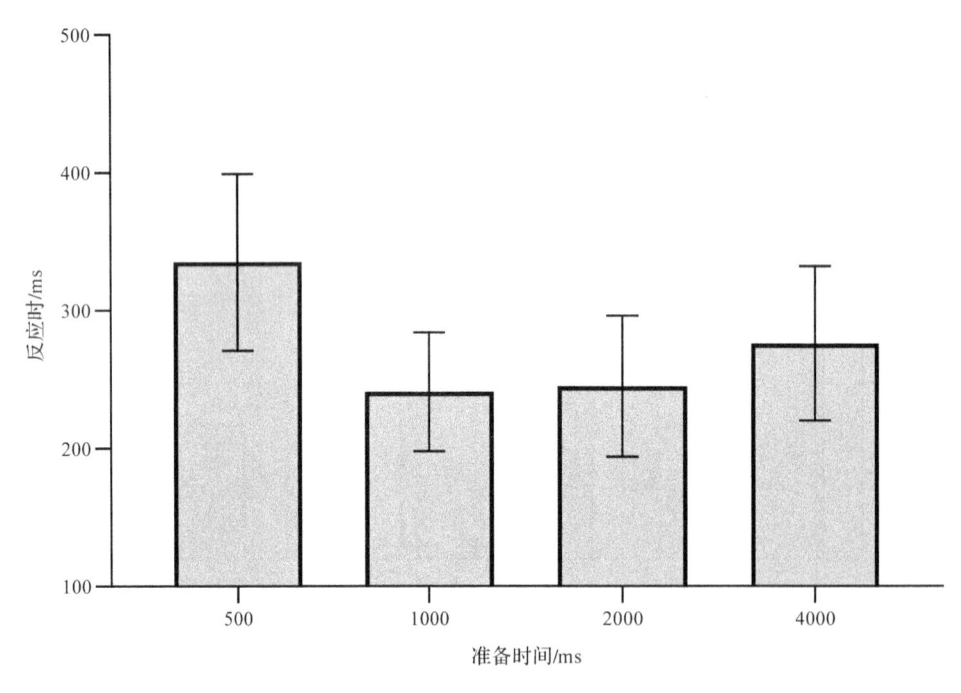

图 11-39 准备时间对反应时的影响

资料来源:朱滢. 实验心理学. 北京:北京大学出版社,2000:151. 有改动.

11.3.4.3 反应时与额外动机

在反应时实验中,被试都希望尽快地做出反应。根据被试的这种心理状态,主试可及时地对被试的反应给予"赏"和"罚",以此让被试产生反应的额外动机。"赏"是如实地告诉被试反应结果,"罚"是当被试反应慢于某一水平时,就给予电击(在安全范围内的电击)。正常条件下是没有任何反馈的。图11-40是在这三种条件下测得的听觉反应时数据。

从图11-40可知,在电击创设的惩罚条件下,被试反应的额外动机最强,因而其反应时最短;在奖赏的条件下,反应时次之;在正常条件下的反应时最长。这一实验结果说明反应的额外动机影响着反应时。

11.3.4.4 反应时与被试的年龄

被试的年龄也是影响反应时的一个因素。在人的整个发展阶段,25岁以前,其反应是逐渐变快的;25岁以后,其反应时的变化很小;直至60岁之后,反应开始缓慢下降。应注意的是,这一变化规律是指一般的正常健康人的反应时与年龄的关系。图11-41是被试对声音的简单反应时随年龄变化的实验结果。

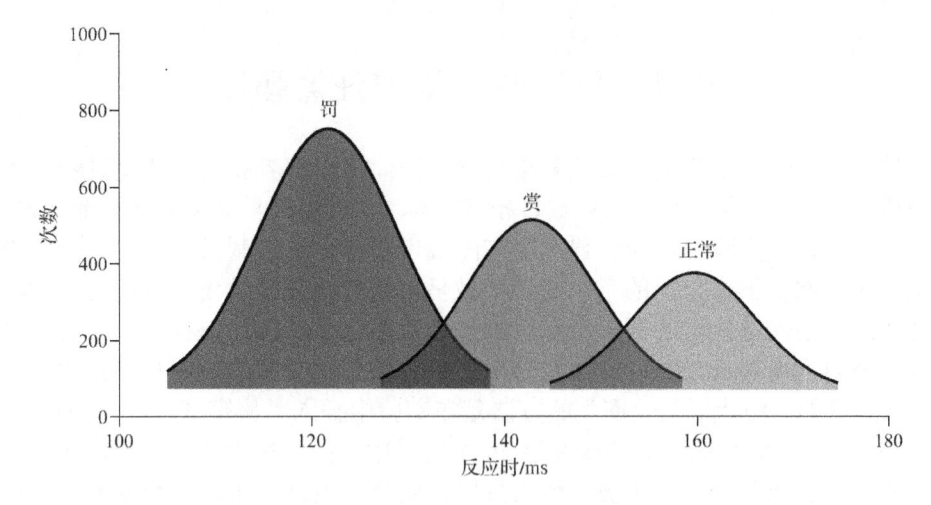

图 11-40 额外动机对反应时的影响

资料来源：朱滢. 实验心理学. 北京：北京大学出版社, 2000: 152. 有改动.

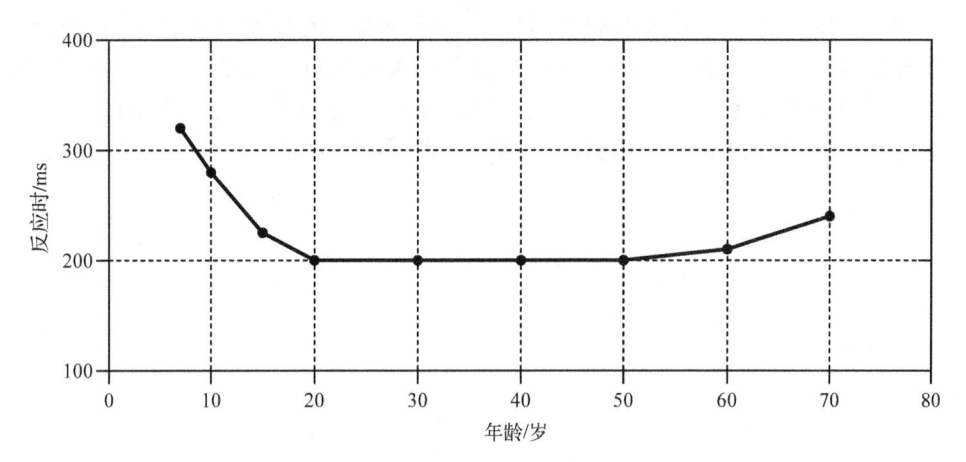

图 11-41 整个生命周期中的简单反应时的变化

资料来源：朱滢. 实验心理学. 北京：北京大学出版社, 2000: 152. 有改动.

11.3.4.5 反应时与练习

练习与反应时的关系密切。一般而言，练习越多，反应时越短。其变化是逐渐的，最后达到无法再减少的极限。应注意的是，反应越复杂，经练习，反应时变化幅度越大；若为简单反应，反应时的变化幅度则较小。

11.3.4.6 反应时与个体差异

在反应时的实验中，即使我们将实验条件，如刺激的感觉通道、强度、准备时间、指导语、被试的年龄，以及事先的训练等都加以控制，保持恒定，我们仍然不能确切地预测一组被试的反应时间。这是因为其中还存在着难以控制的被试变量。

被试变量主要是个人在反应时上的差异。不仅在被试之间存在差异，而且同一个被试，在同一条件下，其每时每刻的反应时也会因其心理和生理方面的某些变化而不同。为了尽量避免个体差异，我们应随机取样，并将被试随机分组，尽可能地将个体差异降至最小。

11.4 反应时测量的注意事项

反应时作为实验的因变量，必须测量精确。因此，研究者在设计实验过程中应注意以下两个事项。其一，反应数目与刺激数目相等。其二，避免过早的反应和其他错误的反应。

在测量反应时的实验中，被试普遍存在的心理状态是，当刺激一呈现，就尽快做出反应。被试有时可能管不住自己的手，而在刺激呈现之前就按键做出反应，尤其是在刺激和注视点之间的时距保持恒定的情况下，这种现象更为明显。因此，在反应时实验中要设置注视点具有不同呈现时长，且时长随机分配。但是要分辨被试的反应是"真的"还是"假的"是不太容易的。防止"假反应"的方法是在实验中插入"侦察试验"。比如，假设一个实验组段(block)是 20 个试次，那么在这 20 个刺激中，插入一个或两个空白刺激，即注视点呈现后并没有呈现刺激。如果被试做出反应，就警告被试该组段的数据无效，以减少被试的抢步反应。当然，如果针对有多个刺激的选择反应任务，就不需要设置侦察试验。因为如果被试太性急的话，他就会做出错误的反应。

此外，尽管反应时并不是所有研究所需要的因变量，但是建议研究者尽量收集刺激界面的反应时数据，因为它也是反映被试实验投入的关键指标。比如，在一个研究中，通常被试的反应时的均值是 800ms，但是某些被试的反应时的均值却只有 200ms，这样基本上就可以肯定他在实验过程中是不认真的，这种数据就应该删除。

第四部分　心理过程的相关研究范式

前三部分介绍了《实验心理学》课程中广义实验设计的核心内容,从这部分开始,我们将引入部分心理加工过程的研究范式。心理过程不同,其实验范式各异。本部分主要介绍知觉、注意和记忆。知觉和注意是信息进入更高级加工阶段的基础,有很多相对成熟的实验范式和理论;记忆可以说是绝大多数心理过程的核心成分或心理加工的结果,很多心理过程或心理活动需要通过记忆来展示。

在本部分的学习过程中,读者应更多关注以下三点:①各个研究之间的逻辑关系;②在经典实验中,学习实验结果的解释过程;③学习个别心理学理论的验证方法和逻辑推导,如注意的能量分配模型的验证。比如,为何可以从单通道过滤器模型演化出衰减模型,后来又提出反应选择模型,其中的实验是如何进行设计的、数据又是如何解释假设的。

第 12 章 知 觉

知觉是心理学研究的重要领域,是挖掘信息加工的第一道门槛,迄今已取得了丰硕的成果。本章选取其中一些重要的研究成果[①],以期能从中习得实验设计的思想并启发研究思路。

12.1 知识经验在知觉中的作用

人在知觉过程中,不是被动地把知觉对象的特点登记下来,而是以过去的知识经验为依据,力求对知觉对象做出某种解释(彭聃龄,2004)。我们在斑点图的隐匿图形中,就是根据知识经验,将其知觉为一只狗,如图 12-1 所示。

图 12-1 隐匿图形的知觉

资料来源:JAMES(1966)(引自 FELDMAN R S. Essentials of understanding psychology (7th ed.). New York: McGraw-Hill Education, 2007: 140.).

那么如何从实验的角度去证实知识经验在知觉中的作用呢?Miller 和 Isard(1963)在句子知觉的实验中证实了已有知识经验的作用。他们在噪音的背景下,操纵音噪比[②](声音与噪音的响度比率的对数函数),再让被试听一些句子,要求被试报告出所听到的句子。这些句子分成三类,第一类为正常句子,即合乎语法并有一定意义的句子,如:

---

① 本章节选自:王甦,汪安圣. 认知心理学. 北京:北京大学出版社,1992: 38–78.
② 采用分贝(dB)为度量单位,音噪比 $= \lg\left(\dfrac{S}{N}\right)$。当声音($S$)和噪音($N$)一样大时,$\dfrac{S}{N}=1$,音噪比 $=0$;当噪音比声音大时,$\dfrac{S}{N}<1$,音噪比 <0;当声音比噪音大时,$\dfrac{S}{N}>1$,音噪比 >0。

A witness signed the official document.
Sloppy fielding loses baseball games.

第二类为异常句子，这些句子合乎语法，但没有任何意义，如：

A witness appraised the shocking company dragon.
Sloppy poetry leaves nuclear minutes.

第三类为非法句子，它们既不合乎语法，也没有任何意义，只不过是一些字词的随机组合而已，如：

A legal glittering the exposed picnic knight.
Loses poetry spots total wasted.

这三类句子的知觉准确率如图 12-2 所示。在强噪音（音噪比为-5）背景下，三种句子的正确知觉都很少。但随着音噪比的增大，即噪音相对减弱，句子知觉也得到改善。引人注目的是，正常句子的知觉在所有音噪比的水平都优于异常句子，而异常句子又优于非法句子。这是被试运用知识经验中的"句子的意义"才导致在知觉正常句子和异常句子上的差异；而后者是被试运用知识经验中的"语法知识"才导致在知觉非法句子和异常句子上的差异。两者都表明被试已有的语言知识对句子知觉的促进作用。

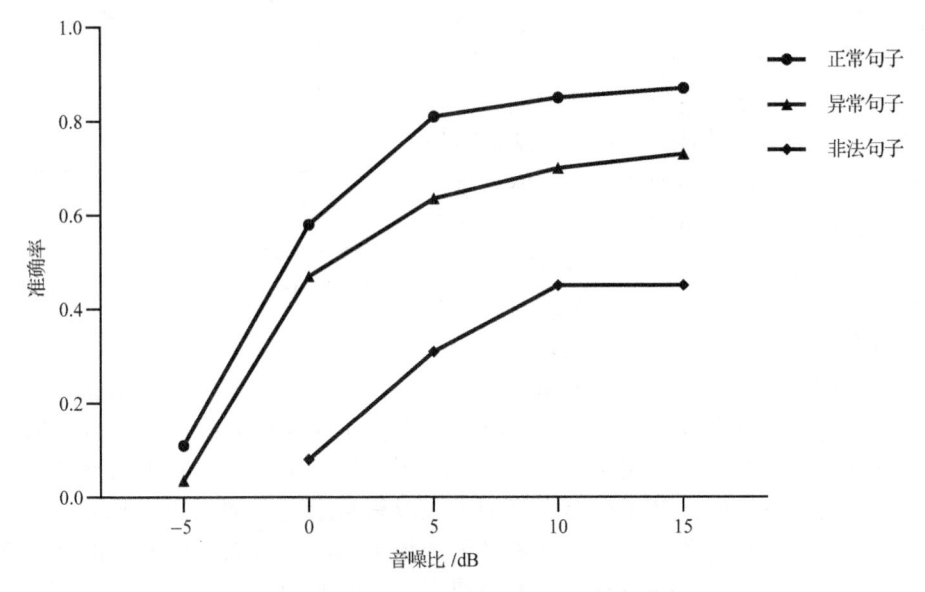

图 12-2 句子类型和音噪比对句子知觉的影响

资料来源：王甦，汪安圣．认知心理学．北京：北京大学出版社，1992: 31-33.

知觉的假设检验说认为：过去的知识经验主要以假设、期望或图式的形式在知觉中起作用。人在知觉时，接受感觉输入，并在已有经验的基础上形成关于当前刺激是什么的假设（Bruner，1957），或者激活一定的知识单元从而形成对某种客体的期望（Neisser，1967）。知觉是在这些假设、期望等的引导和规划下进行的。

依照 Bruner 的看法，知觉是一种包括假设检验的建构过程。人通过接收信息、形成和检验假设，然后接受或搜寻信息，再检验假设，直至验证某个假设，从而对感觉刺激做出正确的解释，这被称为知觉的假设检验说。按照这个观点，感觉刺激的物理特征、刺激的上下文和有关概念都可以激活长时记忆中的有关知识而形成假设（王甦，汪安圣，1992）。

12.2 知觉的加工方式

12.2.1 自下而上加工和自上而下加工

知觉过程包含两种相互联系的加工：自下而上(bottom-up)和自上而下(top-down)的加工。自下而上加工是指由外部刺激开始的加工，通常是说先对较小的知觉单元进行分析，然后再转向较大的知觉单元，经过一系列连续阶段的加工而达到对感觉刺激的解释。比如，我们看一个英文字母时，视觉系统先确认构成该字母的各个特征，如垂直线、水平线、斜线等，然后将这些特征加以结合来确认这个字母，再由这些字母组合成单词。由于信息流程是从构成知觉基础的较小的知觉单元到较大的知觉单元，或者说从较低水平的加工到较高水平的加工，因而称其为自下而上加工。与此相反，自上而下加工是由有关知觉对象的一般知识开始的加工。由此可以形成期望或对知觉对象的假设。这种期望或假设制约着加工的所有阶段或水平，从调整特征觉察器直到引导对细节的注意等。比如，你觉得图12-3是什么东西呢？如果我告诉你这是显微镜下的细胞，你会发现还蛮像的；如果我告诉你这是长颈鹿的脖子，你会觉得也是挺有道理的。这样的知觉过程就是自上而下的加工，即先获得一般知识——"显微镜下的细胞"或"长颈鹿的脖子"，然后用图12-3中的"线条"和"圆圈"去验证这种期待或假设。

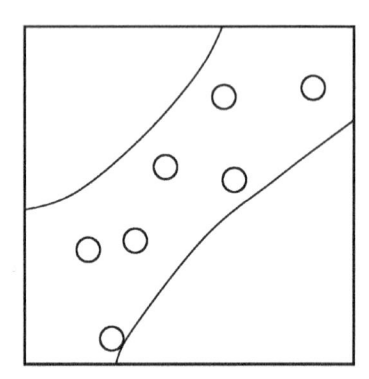

图12-3 自上而下加工的实验材料
资料来源：格里格，津巴多.心理学与生活.王磊、王甦等译.16版.北京：人民邮电出版社，2003：127. 有改动.

Lindsay和Norman(1977)将自下而上加工称为数据驱动加工(data-driven processing)，将自上而下加工称为概念驱动加工(conceptually-driven processing)。自下而上加工和自上而下加工是两种相互配合的作用机制。如果没有刺激的作用，单靠自上而下加工只能产生幻觉。但是，只有自下而上加工也是不够的，在没有自上而下加工的情况下，自下而上加工所要担负的工作必将太重，甚至可以说是无法承担的；同时人接受外界信息的速度也变得很慢，而且也难以应对一些具有相关性质或不确定性的刺激。

现在一般都认为，知觉过程包含相互联系的自下而上加工和自上而下加工。但是，不同情况下知觉过程对这两种加工有所侧重。Eysenck和Keane(2010)指出，在良好的知觉条件下，知觉主要是自下而上加工，而随着条件的恶化，自上而下加工也逐渐参与进来。

Tulving，Mandler和Baumal(1964)设计了一个字词识别实验来研究这两种加工特征。他们通过改变刺激呈现时间来研究自下而上加工，通过改变作为上下文的字词的数目来研究自上而下加工。其实验材料如下：

Countries in the United Nation form a military alliance.
The political leader was challenged by a dangerous opponent.
A voter in municipal elections must be a local resident.

The huge slum was filled with dirt and disorder.

  每个句子的最后一个字为要识别的靶子词，在这之前的字词即为上下文。实验时先给被试呈现 4 个或 8 个上下文的字词，然后再呈现靶子词，或者直接呈现靶子词，而没有上下文。被试在上述的各种情况下看到的刺激材料的类型有以下三种：

无上下文：　　　　　　　　　　　disorder
4 字上下文：　　　　　　　　　　filled with dirt and disorder
8 字上下文：The huge slum was filled with dirt and disorder

  靶子词呈现时间从 0～140ms，梯度为 20ms。呈现时间为 0ms 意味着没有呈现靶子词。实验结果如图 12-4 所示。从图可知，随着呈现时间的增加，无论有无上下文，靶子词的正确识别百分比都逐步提高；而且不论呈现时间多少，有上下文的靶子词的正确识别百分比均高于无上下文的，其中 8 字上下文的又高于 4 字上下文的，甚至当靶子词未呈现时，在有上下文的条件下，被试还可以正确地猜出一些靶子词。实验结果还表明，当靶子词的呈现时间为 60～80ms 时，有上下文的靶子词的识别百分比高出无上下文的最多，其中 8 字上下文的高出达 40%。但是，随着靶子词呈现时间进一步增加，有上下文的和没有上下文的靶子词的识别百分比的差别反而缩小了。当靶子词的呈现时间为 140ms 时，有 8 字上下文的靶子词的识别百分比比没有上下文的只高出约 30%。这意味着，较长刺激呈现时间更有利于无上下文的靶子词的识别，也即促进了自下而上加工，而上下文的作用这时却减弱了。以上结果说明，字词识别既依赖于自下而上加工，又依赖于自上而下加工，并且条件不同，所依赖的程度也不一样。

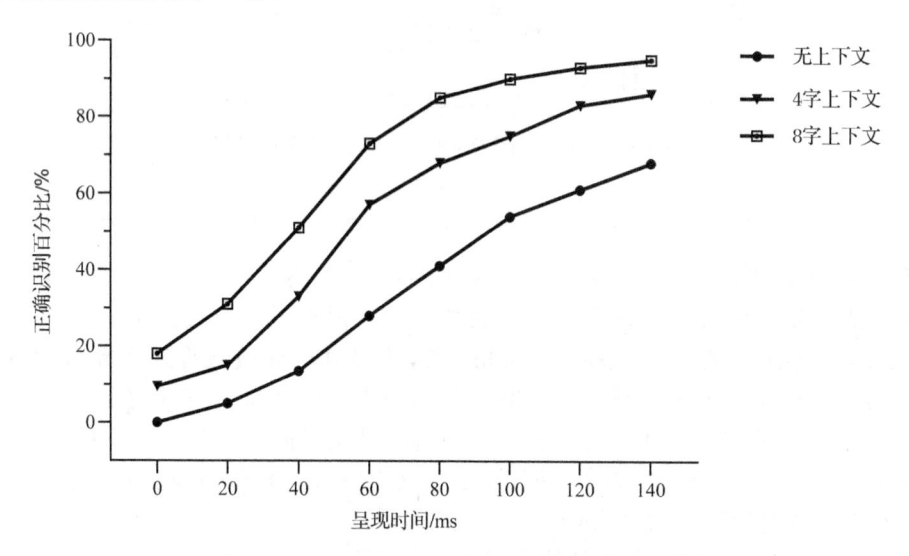

图 12-4　靶子词的呈现时间和上下文类型对其正确识别的影响

资料来源：王甦，汪安圣. 认知心理学. 北京：北京大学出版社，1992: 38-41. 有改动.

12.2.2　整体加工和局部加工

  对一个客体，是先知觉各部分，进而知觉整体，还是先知觉整体，再由此知觉其各部分？格式塔心理学认为，整体多于部分之和，整体决定着其部分的知觉。按照这种观点，整体应该在其部分之前先被知觉到。

12.2.2.1 来自视听干涉实验的证据

Navon(1977,1981)设计了一系列实验进行验证。Navon(1977)提出了总体特征(global feature)和局部特征(local feature)两个概念,前者可以看作整体,后者可以看作部分。比如,一个大的字母"H"可由一些小的字母"S"构成。大的字母"H"就是整体或总体特征,小的字母"S"就是部分或局部特征。Navon(1977)的实验二采用如图 12-5 所示的视觉刺激材料,进行3(总体一致关系:一致,无关,冲突)×4(局部一致关系:一致,无关,冲突,无视觉刺激)被试内设计,来检验在知觉过程中是先知觉整体还是先知觉局部,如图 12-5 所示。

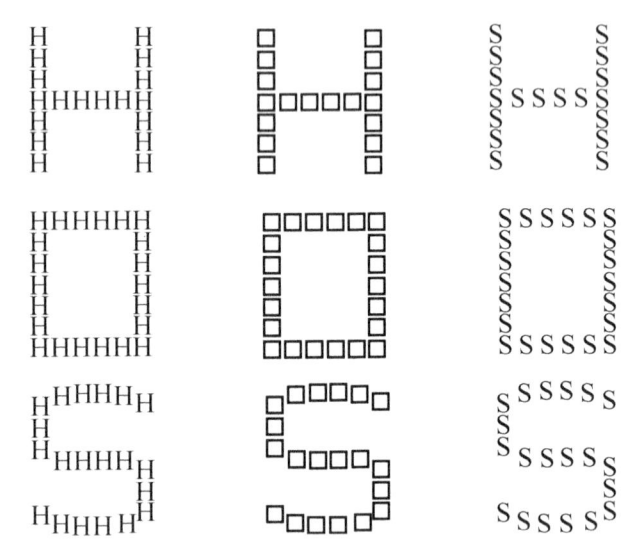

图 12-5 Navon(1977)实验二中的视觉刺激材料

资料来源:王甦,汪安圣. 认知心理学. 北京:北京大学出版社,1992:42.
NAVON D. Forest before trees-precedence of global features in visual-perception. Cognitive Psychology, 1977-9: 353-383.

从图 12-5 可以看出,所用的视觉刺激为大的字母 H、S 和矩形,它们分别由小字母 H、S 和矩形构成。实验采用 Stroop 范式的一种变式——视听干涉范式。实验时先呈现一个视觉刺激 80ms,在视觉刺激开始呈现后的 40ms 处,通过耳机让被试听到字母 H 或 S 的读音,听觉刺激持续 300ms,被试的任务是判断他听到的是哪个字母,按键做出反应,并记录反应时。实验中,被试应始终注视视觉刺激,视听两种刺激的作用有 40ms 的重叠。在这样的实验设计里,任何一个听觉刺激,即读出的字母 H 和 S,与作为视觉刺激的大的字母 H、S 和矩形存在三种视听一致关系(或称总体一致关系):

① 一致,即被试听到的和看到的字母相同;
② 无关,即被试听到的是某个字母,但看到的是矩形;
③ 冲突,即被试听到的是一个字母,而看到的是另一个字母。

以上三种关系是依据听到的字母与所看到的"大的"字母或矩形的关系,来确定总体一致关系的。

从图 12-5 可知,上述三种视觉刺激各由三种不同的成分构成。这样,在上述任何一种总体一致关系内，听觉刺激又与局部的成分有一致、无关和冲突三种关系，被称为局部一致关系。此外，Navon 还设计了一组无视觉刺激的听觉辨别反应时作为参照。

实验结果如图 12-6 所示，总体一致关系与局部一致关系的交互作用不显著。总体一致关系的主效应显著，$F(2, 28)=94.90, p<0.001$：在一致的情况下，反应时最短；在冲突的情况下，反应时最长；在无关的情况下反应时居中；事后多重比较表明，其差异均达到显著性水平。听觉辨别反应时在三种局部一致关系下，局部一致关系主效应不显著，$F(2, 28)=1.64, p>0.20$，说明听觉辨别的反应时依赖于听觉刺激与视觉刺激的总体一致关系。

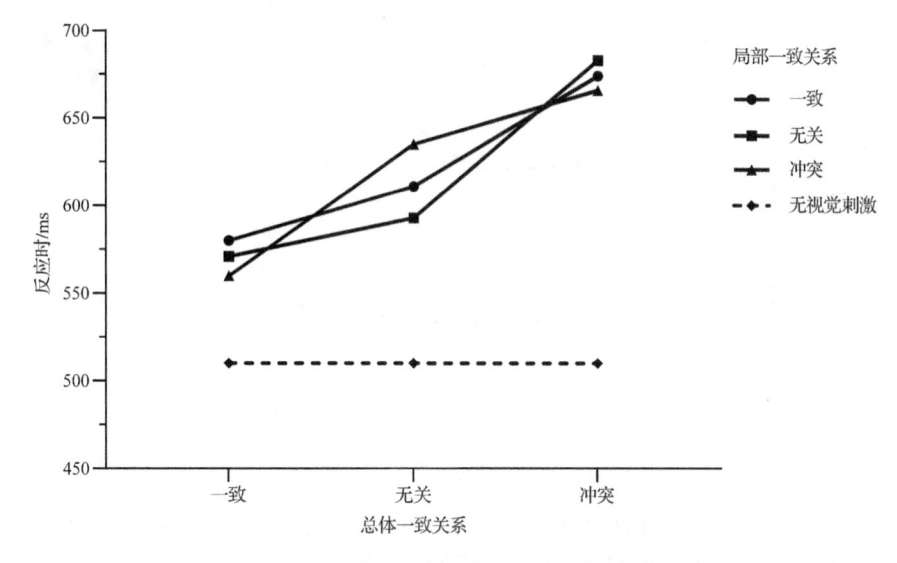

图 12-6 视听干涉实验中整体与局部的关系

资料来源：王甦, 汪安圣. 认知心理学. 北京: 北京大学出版社, 1992: 43.
NAVON D. Forest before trees-precedence of global features in visual-perception. Cognitive Psychology, 1977-9: 353-383.

视觉刺激的大小对实验结果也没有显著性影响。这些实验结果说明，当视觉的总体特征（大的字母）与听觉刺激一致时，听觉辨别的速度加快；当视觉的总体特征不同于听觉刺激时，听觉辨别就会受到干涉，速度就变慢了；但是，听觉辨别的速度不受局部特征（小的字母）的影响（王甦，汪安圣，1992）。Navon 认为，在一些情境中所进行的视觉加工的深度有限，只觉察到总体特征，而似乎未知觉到局部特征。实验后的访谈发现，大多数被试甚至没看出大的视觉刺激是由小的字母构成的。

12.2.2.2 来自视觉的字母识别实验的证据

Navon（1977）实验三改用全视觉的字母识别实验来进一步研究知觉过程中的整体加工和局部加工的关系。

实验采用 2（注意对象：注意整体，注意局部）×3（字母一致关系：一致，无关和冲突）被试内设计。在实验中，采用的视觉刺激材料同图 12-5 所示（仅保留含有 H 和 S 的四个图形），每次试验时呈现一个刺激。实验按注意的对象分成两组：①注意整体（global-directed attention），要求被试指出他看到的大的字母是 H 还是 S；②注意局部（local-directed attention），要求被试指出他看到的小的字母是 H 还是 S。大的字母与小的字母的一致关系有三种：一致，无关和冲突。实验时，先呈现一个注视点，接着呈现一个刺激，时长 40ms，然后呈现掩蔽刺激。要求被试根据指导语立即做出判断，并记录反应时和准确率。

实验结果如图 12-7 所示。注意对象的主效应显著，$F(1, 12)=855.85$，$p<0.001$，注意整体时其反应时显著小于注意局部时。注意对象与字母一致关系交互作用显著，$F(2, 24)=16.59$，$p<0.001$，注意整体时，大的字母与小的字母的一致性对反应判断的反应时没有显著差异；但注意局部时，当大的字母与小的字母冲突时，其反应时显著多于两者一致时和无差异的反应时，后两种情形的差异不显著。

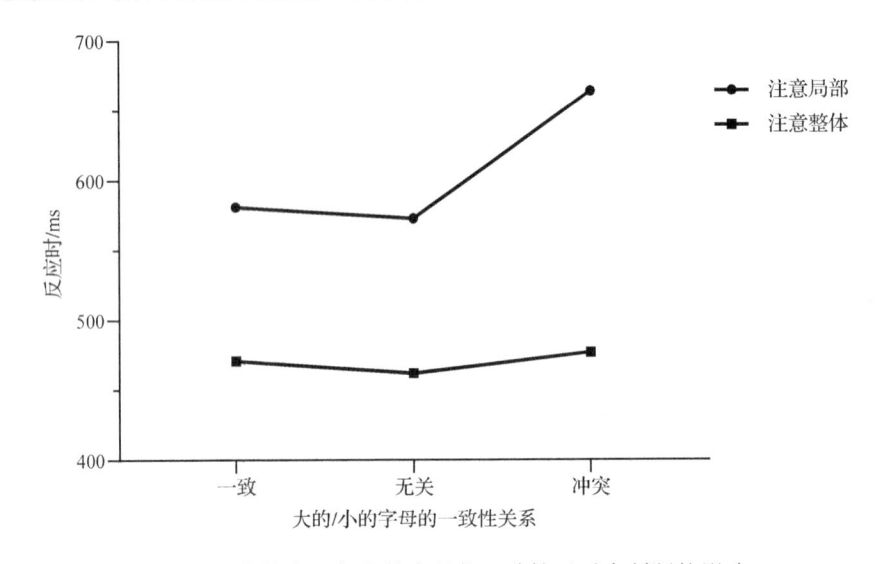

图 12-7　大的字母与小的字母的一致性对反应判断的影响
资料来源：王甦，汪安圣. 认知心理学. 北京：北京大学出版社，1992: 45.
NAVON D. Forest before trees-precedence of global features in visual-perception. Cognitive Psychology, 1977-9: 353-383.

据此，Navon 认为，整体特征的知觉快于局部特征，人有意识地去注意整体特征，知觉加工不受局部特征的影响，当人注意局部特征时，他不得不先知觉整体特征，否则就不会出现在冲突条件下对小的字母的识别最慢的现象。总之，知觉加工是先知觉整体特征再知觉局部特征，Navon 将其称为整体特征优先。

12.3　结构优势效应

12.3.1　字词优势效应

研究发现，识别一个单词中的字母，其准确率要高于同一字母单独呈现时的准确率，这种现象被称为字词优势效应(word-superiority effect)。这个效应是 Reicher(1969) 在一个 3(实验材料：字母，单词，非词)×3(呈现时间：短，中和长)×2(材料数量：1 个，2 个)×2(先行信息：有，无)被试内设计的实验中发现的。

在他的实验中，设置了三种实验材料：①一个或两个的单字母；②一个或两个由 4 个字母组成的单词；③一个或两个由 4 个字母组成的非词(无意义的字母串)，如图 12-8 所示。

在实验时，先给被试呈现一个注视点，然后呈现刺激材料，接着呈现掩蔽刺激和供选择的两个字母。这两个字母的位置对应于所要测试的刺激材料中的字母的位置。要求被试判断，哪个字母兼其位置，与刚才所呈现的刺激材料一致，记录被试的反应正误。供选择的两个字母，在刺激材料是单字母、单词或非词是一个时，置于相应字母的上方，否则在下方。掩蔽图位于刺激材料原先所在的位置，如图12-8所示。

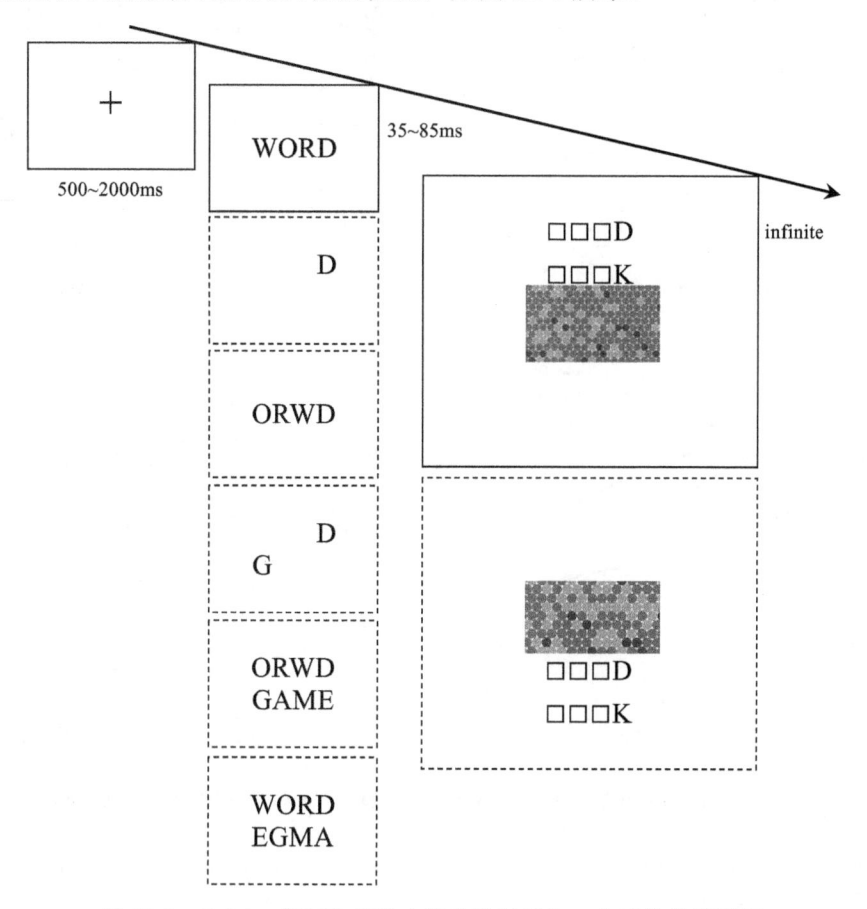

图 12-8　Reicher(1969)实验中的实验材料和一个试次的流程图

资料来源：王甦，汪安圣. 认知心理学. 北京：北京大学出版社，1992: 43. 有改动.
REICHER G M. Perceptual recognition as a function of meaningfulness of stimulus material. Journal of Experimental Psychology, 1969-81(2): 275-280. 有改动.

刺激呈现时间分为短、中、长三种。依照每个被试的反应快慢和反应成绩来确定其刺激的呈现时间。以个体达到60%正确辨认率所需的时间为短的呈现时间，以达到90%正确辨认率所需的时间为长的呈现时间，以两者所得的时间的中值为中等的呈现时间。因此，在这三种实验条件下，刺激呈现时间会因被试的不同而不同，总体来说，呈现时间的范围为35~85ms。

先行信息的操纵如下：①有先行信息(precue)，即在每次试验前，将两个供选择的字母口头告知被试；②无先行信息(postcue)，只在刺激呈现之后，再呈现供选择的字母。

如图12-9所示，无论有没有先行信息，识别单词中的一个字母要优于识别单个字母或非词中的字母，准确率约高8%，差异达到显著性水平。这表明，在字母识别实验中存在字词优势效应。

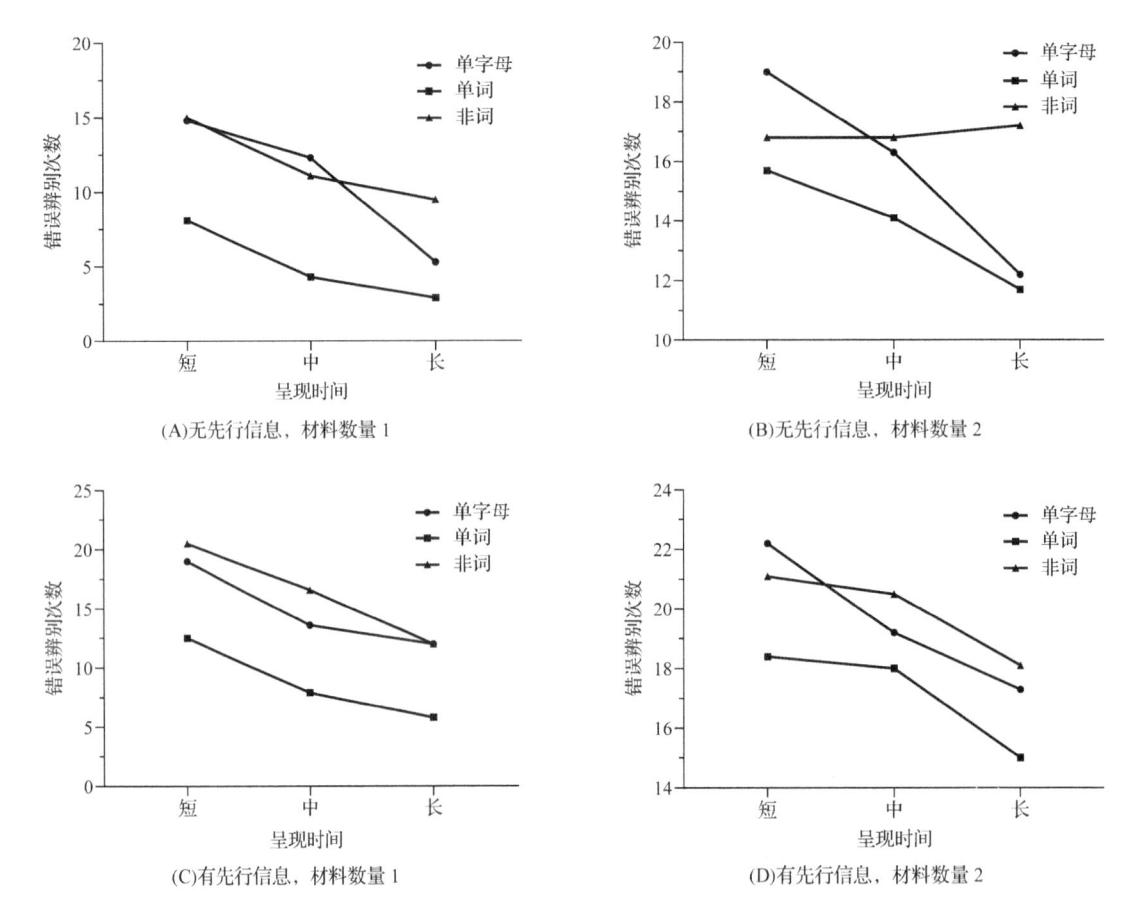

图 12-9　在不同实验条件下实验材料和呈现时间对错误辨别次数的影响

资料来源：王甦，汪安圣. 认知心理学. 北京：北京大学出版社，1992：67.

REICHER G M. Perceptual recognition as a function of meaningfulness of stimulus material. Journal of Experimental Psychology, 1969-81(2): 275-280.

Reicher 在设计实验材料时，力图限制字词的冗余信息的作用。比如，如果呈现的字词为 WORD，而要测试的是该单词的第四个字母，那么供选择的两个字母就是 D 和 K。这样，字词中的前三个字母 WOR 就不会为后面选择 D 或 K 提供额外的信息，因为 WORK 也是一个英文单词，而且也同样常见。这种安排对字词材料的实验是有益且必要的，但它的作用也仅限于本试次的范围之内（王甦，汪安圣，1992）。

Reicher 认为，字词优势效应不能用单个字母比单词忘得快来解释，因为即使事先提供先行信息，也仍然会出现字词优势效应，最主要的原因应该是单词本身具有意义。

Reicher 的研究受到了研究者的广泛注意，许多研究者（Wheeler，1970；Smith & Haviland，1972；Johnston & McClelland，1973）也证实字词优势效应的存在。

Johnston 和 McClelland 研究发现，如果在 Reicher 的实验中去掉隐蔽刺激，字词优势效应就会消失。他们推测，字词优势效应是由于单词和单字母的编码不同所致：单词是语音编码，单字母是视觉编码，视觉编码易受视觉隐蔽干扰，而语音编码则不受视觉隐蔽干扰，因而单词中的字母识别要优于单字母的识别（王甦，汪安圣，1992）。

此外，还可以从整体加工和局部加工的角度进行解释。如果把单词看成一个整体，把单字母看成局部，那么单词将先得到整体加工，然后再进行局部加工。但是，单字母却没有整体加工，这就使得单词中字母的识别优于单字母的识别。

12.3.2 客体优势效应

在有关字词优势效应研究的推动下，Weisstein 和 Harris(1974)研究了隐匿在不同图形中的线段的觉察或识别。

图 12-10 为 Weisstein 和 Harris 采用的实验材料，其中含有靶子线段(target lines)和一定的上下文图形(context patterns)。图形(a)～(d)是实验材料所应用的四个靶子线段，它们的长度和宽度均相同，差别在于其与注视点的方位的不同。图形(e)是一种上下文图形。图形(f)～(i)是隐匿着这四个靶子线段的一组刺激图形，是实际呈现给被试的图形。图形(j)是带着隐蔽刺激(白色方点)的一个图形。从图中可以看出，任何一个靶子线段(a)～(d)在上下文图形(e)中都没有改变其大小、位置。

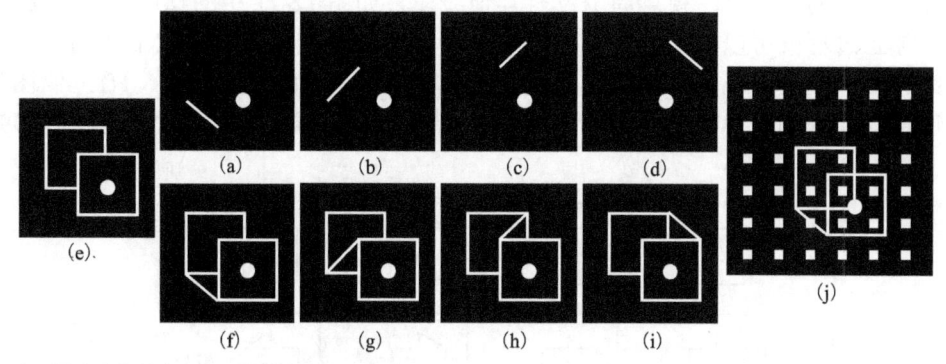

注：图中白色圆点为注视点，实际使用的是(f)～(i)。

图 12-10　Weisstein 和 Harris(1974)实验中的刺激材料
资料来源：王甦，汪安圣. 认知心理学. 北京：北京大学出版社，1992：70. 有改动.
WEISSTEIN N, HARRIS C S. Visual detection of line segments: An object-superiority effect. Science, 1974-186(4165)：752-755.

在实验之前被试需要熟悉四个没有上下文的靶子线段。实验时，先呈现注视点，接着呈现一个刺激图形(f)～(i)，随后出现 100ms 的隐蔽刺激图形(j)，之后，要求被试按键判断刚才所呈现的刺激图形是四个靶子线段中的哪一个，并予以反馈。刺激图形呈现的时间有三种：①能达到 50%准确率的时间；②能达到 60%准确率的时间；③能达到 70%准确率的时间。在实验中实际的时间范围为 5～44ms。

Weisstein 和 Harris 进行了两个实验：实验一采用图 12-11 中的(a)、(c)、(e)组的刺激图形，实验二采用(a)、(d)、(f)组的刺激图形。因变量为正确识别率。实验一和实验二的(a)组刺激图的正确识别率分别为 62.8%和 68.7%，没有显著差异。其他各组与(a)组的对比结果如图 12-11 所示。统计分析表明，(a)组的正确识别率与(d)、(e)组的差异显著，(a)组与(b)、(c)组的差异不显著。后来在补充实验中，Weisstein 和 Harris 将隐蔽刺激延迟 40ms 再呈现，并且只呈现 40ms，此时，(a)组与(b)、(c)组的差异达到显著性水平。其中(a)组的正确识别率都是最高的。这些结果表明，在一个结构严谨的图形中识别一条线段要优于在一个结构不严谨的图形中识别一条线段。这现象类似于 Reicher 的字词优势效应，

Weisstein 和 Harris 将其称为客体优势效应(object-superiority effect)。因为图 12-10 中的上下文图形(e)看起来像一个三维客体,Weisstein 和 Harris 认为三维图形是产生客体优势效应的重要因素。

客体优势效应在后续的一系列研究中进一步得以证实(Womerley,1977;McClelland,1978;Earhard,1980)。Weisstein 和 Harris(1974)的实验应用了线段和图形,与 Reicher 的实验(1969)所采用的字母和单词相比,显得作业的知觉性质更加突出,这是非常有意义的。

但是,Weisstein 和 Harris 认为三维图形是产生客体优势效应的重要因素,引起后来研究者的质疑。Earhard(1980)发现,客体优势效应并不依赖图形的三维性,而是依赖整体加工(Navon,1977)的作用。先进行整体加工,再进行局部加工,前者为后者的加工提供了基础,使得被试对靶子线段的注意、编码、辨别等局部加工变得更加容易。因此,有上下文图形时,靶子线段的识别要优于无上下文图形的,从而出现客体优势效应。

Earhard 进一步指出,注视点位置与局部加工的操作方式有关,也就是说,局部加工可能是从注视点开始的。如果注视点周围没有其他线段,如图 12-11 中的(a)、(b)、(e)三组图形,那么加工过程就可以按照它固有的顺序进行,因而能较好地掌握上下文的结构并把握其细节;相反,如果注视点周围有其他线段,如图 12-11 中的(c)、(d)、(f)三组图形,那么加工过程就会受到干扰和损害,从而出现注视点位置的不同作用(王甦,汪安圣,1992)。

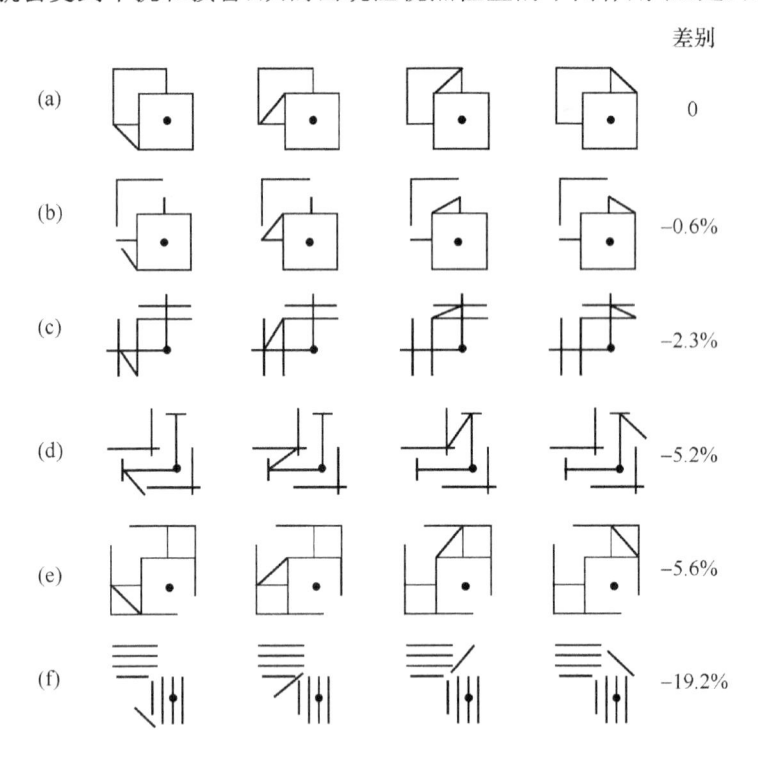

	差别
(a)	0
(b)	−0.6%
(c)	−2.3%
(d)	−5.2%
(e)	−5.6%
(f)	−19.2%

注:(a)为结构严谨图形,其余的为结构不严谨图形。

图 12-11 结构严谨的图形与结构不严谨的图形

资料来源:王甦,汪安圣. 认知心理学. 北京:北京大学出版社,1992:71.
WEISSTEIN N, HARRIS C S. Visual detection of line segments: An object-superiority effect. Science, 1974-186(4165): 752-755.

第13章 注　　意[①]

Wundt认为，注意(attention)是伴随着一种心理内容的清晰领会的状态，是一个以一定的阈限为境界的有限领域，任何心理内容只有进入这个领域，才有被领会的可能。在该领域内有一个范围狭小的中心区域，任何心理内容只有进入这个中心区域，才会获得最大的清晰性和鲜明性。这个中心被称为注意的焦点。Wundt对注意的定义清楚地揭示了注意的特征：注意中心、伴随性心理过程、信息加工能力有限和具有阈限的特性。James(1892)把注意当作意识的四大特征之一。他指出，意识只感兴趣于注意对象的某些部分，而排除其他部分。它始终在进行欢迎或拒绝，始终在对它们进行选择。他还指出，所谓我们的"经验"，几乎完全取决于我们的注意习惯。

然而，随着行为主义心理学和格式塔心理学的兴起和传播，注意的研究几乎完全被排除了。行为主义心理学以人的活动和行为作为研究对象，坚决主张把不可捉摸和不可接近的心理现象彻底摒弃于心理学的研究范围之外，因而从根本上否定了注意这一心理状态。格式塔心理学则用"组织作用"和"完形趋向"取代注意的作用。

在第二次世界大战期间及战后，由于通信行业的需要，工程心理学又开始重视注意的研究。通过探索人类能同时加工信息的数量，以及注意的分配、保持和转移等特性，来提高人–机系统的工作效率和可靠性。特别是20世纪50年代中期以后，随着认知心理学的兴起，人们越来越认识到注意的重要性，因而对注意的研究也越来越广泛和深入。Neisser(1967)在《认知心理学》一书中，有意地用"拾取"信息，来表明人类不是像行为主义心理学所阐述的，被动地接受外界刺激，而是主动地选取某种信息，从而将人的注意这一十分重要的内容纳入心理学研究范围。实际上，人在客观世界中首要的是选取了什么信息，又忽略了什么信息，然后才论及如何利用这些所获取的信息。目前心理学家将注意看作是一种内部机制，借以实现对刺激选择的控制并调节个体行为。因而，认知心理学家们在实验的基础上提出了一些注意模型，试图从理论上来说明注意的认知机制。

13.1　过滤器模型

对注意的研究是从信息缩减的有关问题开始的。人类的各种感觉器官每时每刻都同时受到许许多多的内外刺激的撞击，但是由于人类的信息加工系统的能力是有限的，不可能对所有撞击感觉器官的刺激都进行完善加工，所以人们总是选择重要的信息而忽略其他次要的信息。因此，注意的核心问题就是对信息的选择分析。

[①] 本章节内容改编自：王甦，汪安圣. 认知心理学. 北京：北京大学出版社，1992：79-102；朱滢. 实验心理学. 北京：北京大学出版社，2000：276-314.

13.1.1 单通道过滤器模型

过滤器模型(filter model)是 Broadbent(1958)在双耳同时分听实验的基础上提出的一个早期的注意模型。

Broadbent 认为,来自外界的信息是大量的,而人的神经系统的高级中枢的加工能力是有限的,于是就出现了瓶颈。为了避免系统超载,就需要某种过滤器来对之加以调节,选择其中较少的信息,使其进入高级分析阶段。这类信息将受到进一步加工从而被识别和存储,而其他信息则不让通过。这种过滤器体现着注意的选择功能。因此,这种理论被称为"注意的过滤器模型"。由于这种过滤器模型的核心思想是信息到达高级分析水平的通道只有一条,所以 Welford(1959)将其称为"单通道模型",如图13-1所示。

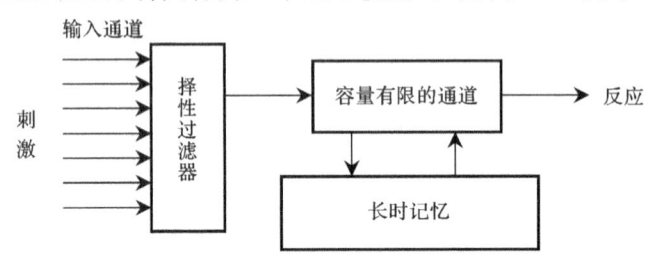

图 13-1 Broadbent 的过滤器模型

资料来源:朱滢. 实验心理学. 北京:北京大学出版社,2000:277—279.

Broadbent(1957)设计了一个双耳同时分听(dichotic presentation)的实验,并以此来证实自己的理论。他向被试的右耳呈现3个数字,同时向左耳呈现另外3个数字,如:

右耳:4,9,3

左耳:6,2,7

呈现的速度为2个/秒。然后,要求被试用两种方式再现:

① 以耳朵为单位,分别再现左右耳所接收的信息,如493,627;

② 以双耳同时接收到的信息为单位,按顺序成对地再现,如46(或64),92(或29),37(或73)。

由于呈现的刺激都在7±2组块之内,Broadbent 原先估计能达到95%的再现准确率,但实际上,以第一种方式再现的准确率为65%,以第二种方式再现的准确率为20%。

Broadbent 解释说,每只耳朵相当于刺激输入的一个通道,而过滤器只允许每个通道的信息单独通过。所以,在以耳朵为单位进行再现时,被试可注意每只耳朵的全部项目,并且只需从右耳转到左耳或者从左耳转到右耳,即只需转换一次,因而再现的效果好。而以双耳刺激成对再现时,在双耳之间至少需做3次转换,被试因不能注意每只耳朵的全部项目而导致一些信息迅速丧失,因此其再现效果差。Broadbent 的实验很好地说明了科学研究的奥卡姆定律。他将多通道信息的输入简化成左耳和右耳双通道信息的输入,只要证实了在双通道中具有单通道过滤器特征,便可以推广至多通道实验之中。

Cherry(1953)使用双耳同时分听的追随耳程序的实验,其实验结果也支持这种过滤器模型。所谓追随耳程序(shadowing procedure),是指在实验中,给被试的双耳同时呈现刺激,但要求被试只复述事先规定的那只耳朵所听到的项目。利用复述这种方法,使被试尽可能地只注意这一只耳朵所听到的信息(这只耳朵被称为追随耳);而忽视另一只耳朵的信息(这只耳朵被称为非追随耳)。实验结果表明,被试能很好地再现追随耳的信息,而对非追随耳的刺激,除了一些物理特征变化(如语音由男声变为女声)能觉察,其他的任何东西都不能报告,甚至当非追随耳的刺激由法文改为德文、英文或拉丁语也都觉察不到。

13.1.2 衰减模型

虽然过滤器模型得到不少双耳同时分听实验结果的支持,但也有一些实验与 Broadbent 的实验和理论不吻合。Treisman(1960)将 Cherry 实验中的实验材料进一步更替,设计了一个双耳同时分听的追随耳程序的实验。她在实验中使用字词材料,如:

左耳(追随耳):There is a house understand the word.

右耳(非追随耳):Knowledge of on a hill.

结果发现,被试都报告为 There is a house on a hill,并声称这是从一只耳朵听到的。这表明,当有意义的材料分开呈现在追随耳和非追随耳时,被试会不顾主试的事先规定(复述追随耳所听到的项目),而去追随意义。这种现象只有在过滤器允许两只耳朵的信息都能通过的前提下才能实现,即人可同时注意两个通道的刺激。这对 Broadbent 单通道的过滤器模型提出了质疑。

根据非追随耳的信息也可以得到高级分析的实验结果,Treisman(1960,1964)对上述的过滤器模型加以改进,提出了衰减模型(attenuation model)。Treisman 认为,高级分析水平的容量有限,必须由过滤器加以调节,不过,这种过滤器不是只允许一个通道(追随耳)的信息通过,而是既允许追随耳的信息通过,也允许非追随耳的信息通过,只是非追随耳的信号受到衰减,强度减弱了,但其中一些信息仍然可得到高级加工。

Treisman 衰减模型如图 13-2 所示,从图中可看出,追随耳和非追随耳的信息都先通过初级的物理特征分析,然后也都经过过滤器,只是非追随耳的信息经过过滤器时受到衰减,而追随耳的信息并未衰减。这个结果用单通道过滤器模型是解释不通的。为了解释受到衰减的非追随耳的信息如何得到高级分析而被识别,Treisman 将阈限概念引入高级分析水平。她认为,已储存的信息如字词(在图 13-2 中以圆圈表示)在高级分析水平(意义分析)有不同的兴奋阈限。追随耳的信息,通过过滤器时其信号强度没有衰减,可顺利地激活有关的字词,从而得到识别;而非追随耳的信息,由于受到衰减而强度减弱,常常不能激活相应的字词,因而难于识别。但是,特别有意义的项目如自己的名字,虽然有较低的阈值,却仍可受到激活而被识别。研究发现,影响记忆中各项目阈限的因素有个性倾向、项目意义、熟悉程度等。除了这些长期作用的因素外,影响阈限变化的还有上下文、指导语等实验情境因素。因此 Treisman 认为,注意的选择不仅依赖刺激的特点,还依赖高级分析水平的状态。在图中,凡被识别的项目都以实心圆表示。因而可以看到,追随耳的信息可以激活较多的项目;而非追随耳的信息则只能激活像自己的姓名这类特别有意义的项目。

Treisman 的衰减模型有别于 Broadbent 的过滤器模型:①前者认为过滤器的工作模式是衰减模式,后者是"全或无"工作模式;②在模型的通道上,Broadbent 认为是单通道模型,Treisman 认为是双通道或多通道模型。但是,这两个模型也有其共通之处:①两者都认为高级分析水平的容量有限,必须由过滤器来加以调节;②两者都认为这种过滤器的位置处在初级分析和高级的意义分析之间;③两者都认为过滤器的作用是选择一部分信息进入高级的知觉分析水平,使之得到识别,注意选择具有知觉性质。为此,在当前的认知心理学中，多倾向于将这两个模型合并，称之为 Broadbent-Treisman 过滤器-衰减模型，并将之看作注意的知觉选择模型。

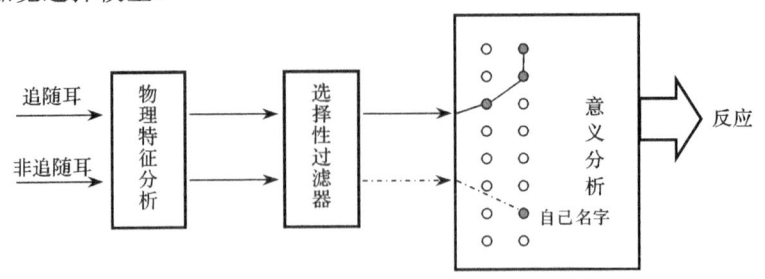

图 13-2　Treisman 衰减模型

资料来源：王甦, 汪安圣. 认知心理学. 北京：北京大学出版社, 1992: 84. 有改动.

13.1.3　反应选择模型

人类的认知过程是一个"黑箱子"，我们只能根据被试的最终行为反应去推断心理过程。过滤器可能发生在知觉分析之前，也可能发生在反应之前。Deustsch(1963)结合非追随耳的信息可以得到高级分析的实验结果，Deustsch(1963)提出了反应选择模型(response selection model)，之后 Norman(1968，1976)支持这个模型并进一步修订。该模型的一个基本假设是，由感觉通道输入的所有信息都可以进入高级分析水平，得到知觉分析，并加以识别。而注意位于知觉和工作记忆之间。换言之，过滤器不在于选择知觉刺激，而在于选择对刺激的反应。其选择标准是刺激对于人的重要性。若有更重要的刺激出现，会去掉原先重要的刺激，并对更重要的刺激做出反应。显然，这种重要性的安排依赖于长期的倾向、上下文和指导语等因素。由于该理论主张注意是对反应的选择，因此被称为 Deustsch-Norman 的反应选择模型。

从图 13-3 可以看出，追随耳和非追随耳的信息均能进入知觉分析的高级分析阶段，只是追随耳的信息显得比非追随耳的信息更为重要。因为被试需要对追随耳的信息进行复述，因而能引起反应，即能被回忆并说出来，非追随耳的信息则不能，但其中重要的刺激如被试的名字也是可以引起反应的。Norman 认为一些刺激之所以没被注意，只是因为对其他刺激做出反应，使前者在识别之外未得到继续加工，因而未做出反应。

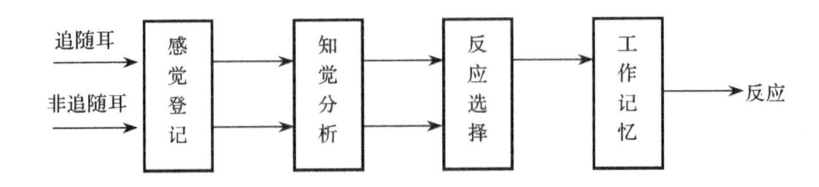

图 13-3　Deustsch-Norman 的反应选择模型

资料来源：朱滢. 实验心理学. 北京：北京大学出版社, 2000: 282.
STERNBERG R J, STERNBERG K. Cognitive psychology (6th ed.). New York: Cengage Learning, 2012: 289-294.

反应选择模型也得到一些实验结果的支持。Shaffer 和 Hardwick(1969)设计了一个双耳同时分听的追随靶子词实验。在实验中，首先要求被试追随某一只耳朵的信息，并且向被试的双耳同时呈现一些刺激,其中包括靶子词和非靶子词。这些靶子词呈现在左耳或右耳的数量相同,但呈现的顺序是随机的。要求被试不管左耳还是右耳听到靶子词,都要分别做出反应。实验结果表明,左耳和右耳对靶子词的反应率达到 59%~68%。双耳的反应率很接近。Shiffrin 和 Grantham(1974)设计了一个类似的实验,他们要求被试在白噪音的背景下,识别一个特定的辅音(相当于靶子词)。实验分成三种条件:①用双耳听,同时注意双耳;②只用左耳听,只注意左耳;③只用右耳听,只注意右耳。实验结果表明,三种条件下,对特定辅音的识别准确率并无显著差异。这说明,无论是单耳还是双耳都能识别输入的信息,只要所处的条件相同,就有相同的识别率。

13.1.4 知觉选择模型和反应选择模型的比较

反应选择模型与知觉选择模型的差异在于,对注意机制在信息加工系统中所处的位置持有不同的观点。Massaro(1975)曾经用图例来表示两者的差别,如图 13-4 所示。

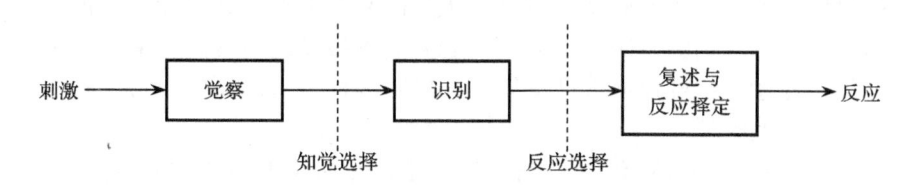

图 13-4 知觉选择模型与反应选择模型的差异

资料来源:王甦,汪安圣. 认知心理学. 北京:北京大学出版社,1992: 283. 有改动.
MASSARO D W. Experimental psychology and information processing. Chicago: Rand McNally, 1975: 283–336.

按照知觉选择模型,具有注意作用的过滤器位于觉察和识别之间,如图 13-4 虚线所示,它意味着不是所有的信息都能进入高级分析而被识别。这类模型也被称早期选择模型(early-filter model)。按照反应选择模型,注意的机制位于识别和反应之间,它意味着几个输入通道的信息均可获得识别,但只有一部分可引起反应。这类模型被称为晚期选择模型(late-filter model)。这两个对立的模型各有其支撑的论据,自 20 世纪 60 年代以来,虽然一直存在着争论,但也推动着实验研究的发展。

Treisman 和 Geffen(1967)设计了一个实验来检验这两类模型。他们采用双耳分听技术和追随耳程序,在给被试的双耳同时呈现的刺激中,分别随机安排一个特定的靶子词,要求无论是追随耳还是非追随耳听到靶子词时,都分别做出按键反应,分别记录双耳对靶子词的反应次数。根据这个程序,可以做出如下预测:

① 若追随耳能听到靶子词并做出反应,而非追随耳听不到并不能做出反应,则支持过滤器模型;

② 若追随耳和非追随耳都能听到靶子词并做出反应,但追随耳对靶子词的反应次数多于非追随耳,则支持衰减模型;

③ 若追随耳和非追随耳都能听到靶子词并做出反应,并且两耳对靶子词的反应次数接近,则支持反应选择模型。

实验结果表明,追随耳对靶子词的反应率是 87%,而非追随耳的反应率是 8%。这一实验结果有利于衰减模型,支持知觉选择模型。因此,Treisman 和 Geffen 认为,注意的机制不在于反应选择。Deutsch,Deutsch,Lindsay 和 Treisman(1967)指出：Treisman 和 Geffen (1967)的实验设计使得双耳的地位不对等，一耳为追随耳，另一耳不是；在追随耳一方，对靶子词既要复述（追随）又要做出按键反应，即需要做出两次反应，但是非追随耳一方，对靶子词只要做出一次反应；这些无疑会影响双耳信息的重要性。也就是说，追随耳的信号会显得比非追随耳的信号更为重要，所以追随耳对靶子词的反应次数要超过非追随耳很多。

后来，Treisman 和 Riley(1969)根据 Deutsch,Deutsch,Lindsay 和 Treisman 的批评，重新设计实验进行检验。他们平衡了两只耳朵对靶子词的反应，即要求被试无论是追随耳还是非追随耳，对于听到的靶子词均无须进行复述，这样使得两耳接收靶子词的条件是一致的，其他的实验程序均与 Treisman 和 Geffen(1967)的实验程序相同。实验结果发现，追随耳对靶子词的反应率为 76%，非追随耳为 33%。追随耳的反应率仍然高于非追随耳的反应率，这个实验结果仍然支持知觉选择模型。其实，Treisman 和 Riley 的实验仍然使两耳处于不对等的地位，因为新的实验程序只是追求追随耳和非追随耳在靶子词的反应形式上的相同，但本质上是有区别的。对于追随耳，听到刺激被试均需要进行复述，但是一听到靶子词要立即停止复述，这样反而会凸显靶子词的重要性，从而影响反应的输出，致使追随耳的反应率高于非追随耳。

Moray 和 O'Brein(1967)将信号检测论的方法运用到双耳同时分听追随耳程序中。在他们的实验里，给被试双耳同时呈现数字并随机插入字母，被试从追随耳或非追随耳中听到字母后，要分别做出按键反应。根据双耳对数字和字母的反应来计算 d' 和 β。结果发现，双耳的 d' 有显著的差异，追随耳高于非追随耳，但两耳的 β 没有显著差异。其他一些研究也得到类似的结果（王甦，汪安圣，1992）。这说明，双耳觉察靶子词次数的不同，并非由于判断标准不同而造成的。这个结论支持知觉选择模型，而不支持反应选择模型。

目前，对于这两类模型，心理学界还没有充分依据来肯定一个而否定另一个。较多心理学家倾向于支持知觉选择模型，原因之一是反应选择模型显得太不经济：所有的输入都要得到包括高级分析在内的全部加工，然后大多数经过分析的信息几乎立即被忘记。不过这还不是有力的论据，像这种看起来不经济的加工也不是完全不可能的，如 Sternberg (1969a，1969b)的短时记忆信息提取模型。

然而，从研究方法和研究的具体问题来看，这两类模型似乎还不至于像双方所想象的那么对立。主张知觉选择模型的研究者，一般都运用附加追随耳程序的双耳分听的实验方法。这种实验方法将注意引向一个通道，然后再来分析和比较两个通道的作业情况。可见，他们所研究的是注意的集中性。而支持反应选择模型的研究者，一般都运用不附加追随耳程序的靶子词的双耳同时分听的实验方法。这种实验方法使注意分配到两只耳朵中，可见他们所研究的具体问题是注意的分配性。由于这两种实验方法和研究的具体问题不同，所以它们必然会反映在实验结果上，并影响理论分析。

13.1.5 知觉选择模型和反应选择模型的内在机制

13.1.5.1 信息超载是导致注意产生的原因

Lavie 等人(Lavie & Tsal，1994；Lavie，1997)认为决定注意在早期还是在晚期起

作用的关键因素是刺激或任务所施加的知觉超载量。他们认为,如果知觉系统没有超载,理论上所有的刺激都应该能被识别,选择位点可以在更晚的阶段。Luck 和 Hillyard(1990)提出只要某个特定的认知子系统面临来自多个输入的干扰,注意就在这个系统中起作用。即选择的位点是由干扰的位点决定的。若知觉超载,则注意在知觉加工过程中起作用(早期选择);若工作记忆超载,则注意在工作记忆阶段的加工过程中起作用(晚期选择)。

Vogel(2000)在变化觉察实验(change-detection experiment)中采用了提示范式(cuing paradigm)来检验上述推论。有研究表明,工作记忆超载任务不会受限于知觉因素(Vogel, Woodman, & Luck, 2001; Awh, Vogel, & Oh, 2006)。Vogel 设计了两个研究任务:其一为工作记忆超载任务,其二为知觉加工超载任务。

13.1.5.2 工作记忆超载的证据

在工作记忆超载任务中,设置记忆矩阵为十个彩色正方形并呈现 100ms,如图 13-5 所示,它远远地超过了工作记忆容量(7±2 组块),达到了工作记忆超载的状态。以记忆矩阵呈现的时刻为时间轴上的 0ms 为标准,1000ms 之后呈现测试矩阵,要求被试在 2000ms 内判断所呈现的测试矩阵是否与记忆矩阵相同,被试按键做出反应。测试矩阵的特征为,要么与记忆矩阵同侧的颜色均一致,要么有一个小正方形的颜色不一致,其呈现时长为 100ms。采用"→""←""↔"的提示来表示注意,"→"表示测试矩阵的彩图在右侧,"←"表示测试矩阵的彩图在左侧,"↔"表示测试矩阵的彩图在左右侧均有可能出现。

实验采用 3(提示有效性:有效,中立,无效)×3(提示位置:−350ms,0ms,350ms)被试内设计,因变量为准确率。其中提示有效性是指,采用"→"提示,测试矩阵的彩图也在右侧,此时的提示是有效的;采用"→"提示,测试矩阵的彩图却在左侧,此时的提示是无效的;采用"↔"进行提示,表示中立。提示的位置有三种情形:其一,在记忆矩阵之前 350ms(−350ms),此时,提示消失 250ms 后出现记忆矩阵;其二,提示与记忆矩阵一起出现并一起消失(0ms);其三,提示在记忆矩阵之后 350ms 处,即记忆矩阵消失 250ms 后出现提示。

当提示在−350ms 处时,此时记忆矩阵还未出现,提示的有效性影响的是知觉加工和工作记忆;当提示在 0ms 处时,与记忆矩阵一起出现,提示的有效性可能会影响知觉加工,一定会影响工作记忆;当提示在 350ms 处时,此时记忆矩阵已消失,提示的有效性只影响工作记忆而没办法影响知觉加工。

从图 13-6 可知,无论提示在记忆矩阵之前、一起出现,还是之后出现,提示的有效性对准确率的影响都相同。提示有效性的主效应显著,$F(2,18)=137.08$,$p<0.001$,有效提示的准确率均高于中立提示的准确率,中立提示的准确率均高于无效提示的准确率。无论提示在矩阵之前,还是在矩阵之后,提示都是起作用的,而矩阵之后的提示不可能改善 250ms 之前就已结束的刺激的知觉加工。也就是说,注意至少要在 350ms 之后才发生,否则提示有效性对三种实验条件的影响不可能是相同的。提示位置主效应不显著,提示有效性与提示位置的交互作用不显著。由此推断,工作记忆超载时是发生在工作记忆阶段的。

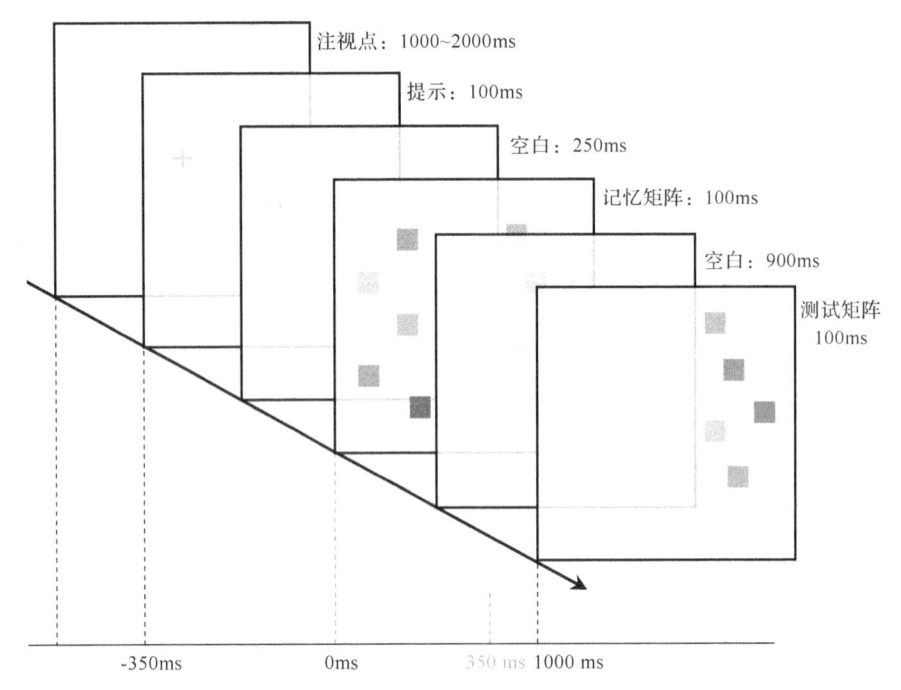

图 13-5　工作记忆超载任务中一个试次(有效提示)的流程图

资料来源：郭秀艳. 实验心理学. 北京：人民教育出版社. 2004: 332. 有改动.
VOGEL E K. Selective storage in visual working memory: Distinguishing between perceptual-level and working memory-level mechanism(Unpublished doctorial dissertation). The University of Iowa, 2000. 有改动.

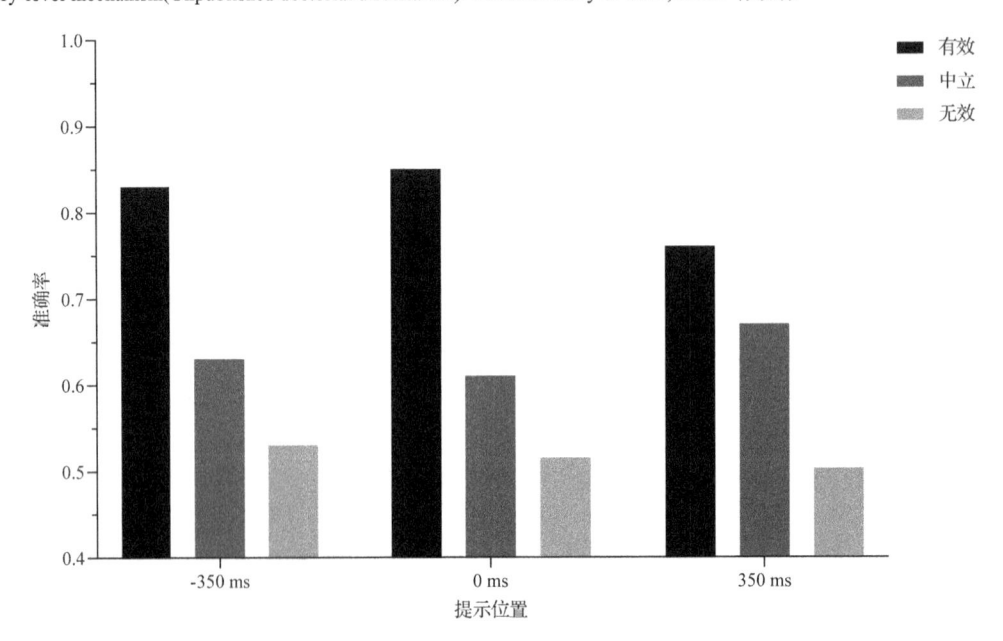

图 13-6　工作记忆超载任务的实验结果

资料来源：郭秀艳. 实验心理学. 北京：人民教育出版社. 2004: 332. 有改动.
VOGEL E K. Selective storage in visual working memory: Distinguishing between perceptual-level and working memory-level mechanism(Unpublished doctorial dissertation). The University of Iowa, 2000. 有改动.

13.1.5.3 知觉加工超载

在知觉加工超载任务中，设置记忆矩阵为由五个大小相同颜色不同的小正方形组成的一个掩蔽图，要求被试记忆掩蔽图正中央的小正方形的颜色，该图呈现100ms，如图13-7所示。被试在辨别中央小正方形的颜色时会受四周四个小正方形颜色的影响，这就产生了知觉加工超载的情境。

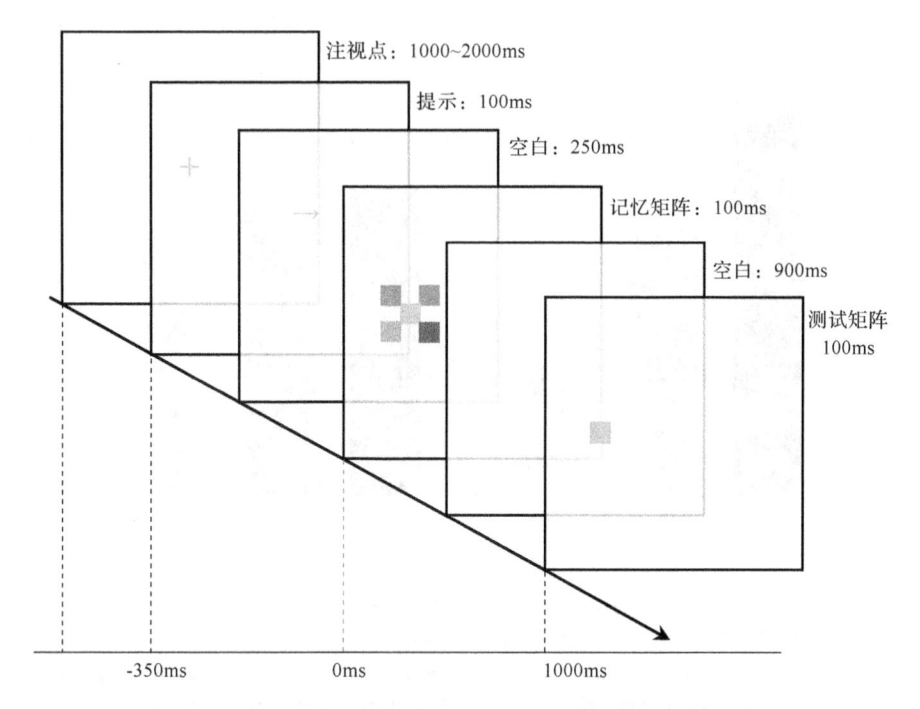

图13-7 知觉加工超载任务中一个试次（无效提示）的流程图

资料来源：郭秀艳. 实验心理学. 北京：人民教育出版社. 2004: 333. 有改动.
VOGEL E K. Selective storage in visual working memory: Distinguishing between perceptual-level and working memory-level mechanism(Unpublished doctorial dissertation). The University of Iowa, 2000. 有改动.

实验采用3（提示有效性：有效，中立，无效）×2（提示位置：-350ms，0ms）被试内设计，因变量为准确率。同理，将提示从-350ms处开始呈现，此时记忆矩阵还未出现，提示的有效性影响的是知觉加工和工作记忆；将提示从0ms处开始呈现，与记忆矩阵一起出现，提示的有效性可能会影响知觉加工，一定会影响工作记忆。

提示有效性与提示位置的交互作用显著，$F(2, 18)=17.18$，$p<0.001$。进一步简单效应检验，依图13-8可知，当提示在-350ms处时，提示有效性的主效应显著，$F(1,9)=48.07$，$p<0.01$，提示是起作用的，有效提示的准确率好于中立提示的准确率，中立提示的准确率好于无效提示的准确率；但是在0ms处时，提示有效性的主效应不显著，提示就不起作用了，三者的差异不显著。这说明，知觉加工超载时，提示只有在矩阵之前才起作用。因为提示在矩阵之前，被试可以有适当的心理准备，从而才可能改善知觉加工；而同时出现时，缺少这种心理准备，这种心理准备就是早期选择。也就是说，知觉加工超载时，注意在知觉加工阶段起作用。

应该说，Vogel（2000）的两个实验能较好地解释反应选择模型与知觉选择模型的矛盾，为后续研究提供了科学的视角。但是，毕竟 Vogel 的研究是基于视觉的研究，与经典的听觉研究还是有一定差异的，后续可以考虑从听觉的角度来揭示加工过程的超载是否决定了注意出现位置的差异这一问题。

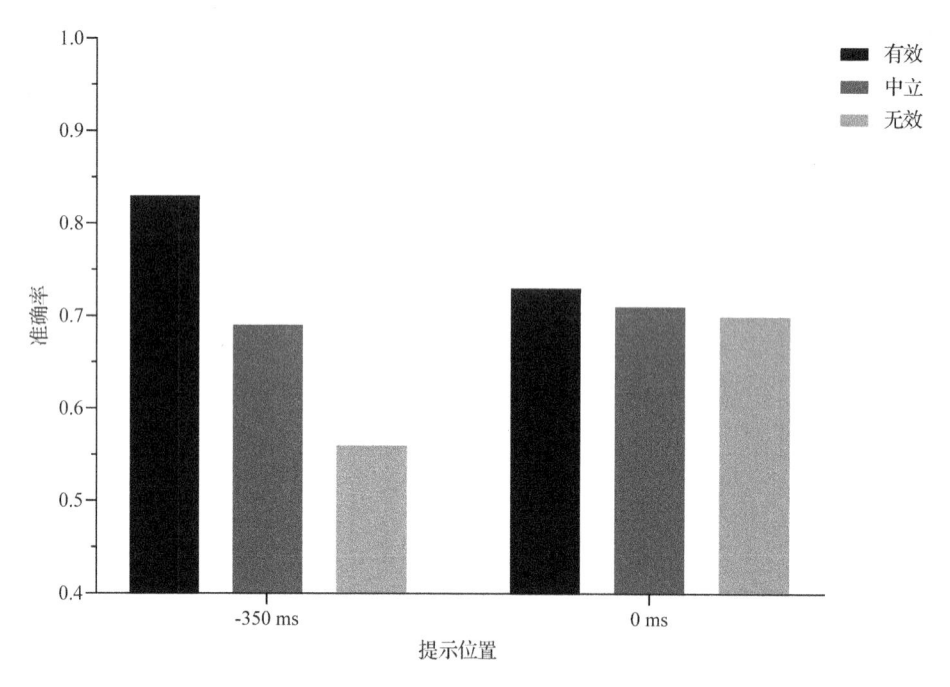

图 13-8　知觉加工超载任务的实验结果

资料来源：郭秀艳. 实验心理学. 北京：人民教育出版社. 2004: 333. 有改动.
VOGEL E K. Selective storage in visual working memory: Distinguishing between perceptual-level and working memory-level mechanism(Unpublished doctorial dissertation). The University of Iowa, 2000. 有改动.

13.2　能量分配模型

13.2.1　Kahneman 的注意能量分配模型

知觉选择模型和反应选择模型都与认知系统加工能力有限相关联。从信息加工观点看，这是无可争议的。信息加工观点承认，人和计算机的加工能力有限，而这主要是指中枢能量是有限的。但是在这两个模型中，中枢加工能力或中枢能量有限只是作为它们的出发点，并没有用具体研究来说明注意的机制，无法提供解释的框架。一些心理学家看到这一点并力图更多地运用中枢能量来说明注意。他们并不是设想一个瓶颈结构，即存在于某个位置的过滤器，而是将注意看作是人在执行任务时，只能从事有限数量的任务或具有有限的能量，用这种能量或资源的分配来解释注意。这种理论称为中枢能量理论（王甦，汪安圣，1992）。

Kahneman(1973)的注意能量分配模型(Kahneman's capacity model of attention)较好地体现了中枢能量理论。假定资源的数量不是完全固定的，相反，在一定时间内可利用的资源数量，一部分由个体的唤醒水平（各种情绪、药物、肌肉紧张、强刺激等因素）所决定。

唤醒水平越高，资源量越多，直至达到一定标准。超过这个标准，唤醒的增加将导致可利用资源数量的减少。决定注意的关键是所谓的资源分配方案。而分配方案(allocation policy)又受制于唤醒而得到的能量、个体的长期意向(enduring dispositions)、当前意愿(momentary intentions)、对能量需求的评价(evaluation of demands on capacity)。在这些因素的作用下，所实现的分配方案就体现着注意的选择，如图13-9所示。按照Kahneman的观点，个体长期意向反映不随意注意(automatic attention)的作用，即将能量分配给新异刺激、意外刺激(sudden stimuli)和自己的名字等的加工倾向。当前意愿体现着完成当前作业的要求和目的等暂时性倾向。对完成任务所需能量的评价是一个重要的因素，它不仅影响可得到的能量，使其增多或减少，而且极大地影响分配方案。从这个模型看，只要不超过可用的能量，人就能同时接收两个或多个输入，或者进行两种或多种活动，否则就会发生相互干扰，甚至只能进行一种活动。

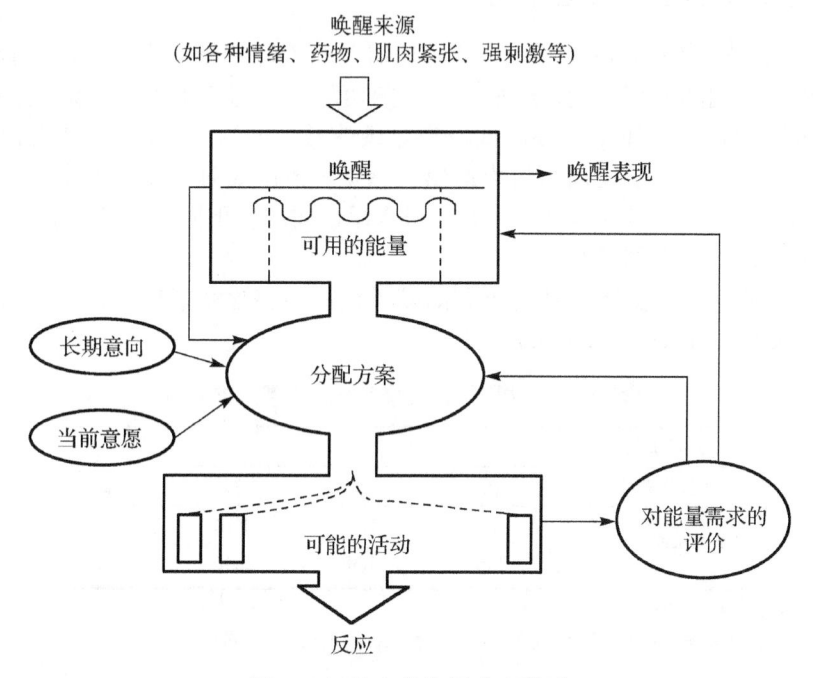

图 13-9　注意的能量分配模型
资料来源：KAHNEMAN(1973)（引自 朱滢. 实验心理学. 北京: 北京大学出版社, 2000: 286. 有改动.）

遵循能量或资源分配观点，Norman 和 Bobrow(1975)还进一步区分了两类加工：资源有限过程(resource-limited process)和材料有限过程(data-limited process)。所谓资源有限过程是指，若某作业因受到所分配的资源的限制，而不能有效地完成；一旦能得到较多的资源，这种作业就能顺利地进行，则称之为资源有限过程。材料有限过程是指，若某作业因受到其质量低劣或记忆信息不适当的限制，当时即使分配到较多的资源，也不能改善该作业操作水平。比如，在强噪音背景下检测一个特定的声音，若该声音强度过弱，则此时即使分配较多的资源，也难以检测到。对于双作业操作而言，如果两者对资源的总需求量超过可利用的总能量，双作业操作就会发生干扰。此时，一个作业的操作所要用的资源增加多少，就会使另一个作业操作可得到的资源相应地减少多少，这被称为双作业操作的互补原则(principle of complementarity)。

我们可以用分配模型来解释知觉选择模型的实验结果和反应选择模型的实验结果。在双耳分听追随耳程序中，需要对追随耳的项目进行复述，因而占用了大量的资源，只剩下少量的资源留给非追随耳。如果这时非追随耳面临的是需要较多资源的作业，那么非追随耳由于没有足够的资源，其作业水平就会低于追随耳的作业水平；如果这时非追随耳面临的是只需较少资源便可执行的作业，那么非追随耳的作业水平就不会低于追随耳的作业水平。同样，如果两耳面临相同性质的作业，而且所需的资源数量相近，那么两耳的作业水平也会相近。可见，分配模型既可克服知觉选择模型和反应选择模型的对立，又可较圆满地解释前面提到的一些实验结果。比如，两个不同输入通道的同时作业、追随耳的材料难易和被试的经验对非追随耳作业水平的影响均可从资源分配的不同情况得到说明（王甦，汪安圣，1992）。

13.2.2 能量分配模型的实验依据

Johnson 和 Heinz(1979)设计了一个双耳同时分听追随靶子词实验。在实验中，向被试双耳同时呈现靶子词和非靶子词，要求被试追随两耳中听到的靶子词。实验采用2(感觉可辨度：高，低)×2(语义可辨度：高，低)×2(呈现次数：一次，三次)被试内设计。感觉可辨度低时，靶子词和非靶子词均由男声读出；感觉可辨度高时，靶子词由男生读出，非靶子词由女声读出；语义可辨度低时，靶子词和非靶子词均属于同一范畴；语义可辨度高时，靶子词和非靶子词分属不同范畴。

在实验中，要求被试复述两耳中听到的靶子词，但实验结束后，要求被试回忆所呈现的非靶子词。实验结果如表13-1所示。

表 13-1 非靶子词正确回忆的数量（均值）

呈现次数	一次		三次	
语义可辨度	高	低	高	低
感觉可辨度 高	1.65	1.68	2.12	2.37
感觉可辨度 低	2.01	3.38	3.46	7.24

注：非靶子词最大数目为28。
资料来源：王甦，汪安圣. 认知心理学. 北京：北京大学出版社，1992：95. 有改动。

从表13-1可知，不管语义可辨度的高低，非靶子词正确回忆的数量，在低感觉可辨度下的多于高感觉可辨度下的。这说明：一方面，非专注信息在一定程度上也能得到加工；另一方面，因在低感觉可辨度条件下，对非靶子词加工需要较多的资源，因而其正确回忆的数量较多。

Johnson 和 Wilson(1980)设计了一个双耳同时分听追随靶子词实验来研究集中性注意(focused attention)和分配性注意(divided attention)。在实验中，给被试的双耳同时呈现刺激词，被试的任务是觉察事先规定的某个范畴的字词(靶子词)。所用的靶子词都是多义词。比如，事先规定的靶子词的范畴为"服饰"，"sock"就是具有多义的靶子词(短袜、痛击)。在给一耳呈现靶子词时，同时给另一耳呈现非靶子词。非靶子词分为三种：

① 偏向多义的适宜意义的字词，如"臭的"，因为靶子词的范畴为"服饰"，故 sock 的适宜意义为"短袜"；

② 偏向多义词的不适宜意义的字词，如"打击"；

③ 中性的字词,如"星期二"。

靶子词的呈现方式有两种:

① 靶子词不固定呈现给哪只耳朵,被试事先也不知道靶子词将来自哪只耳朵(分配性注意);

② 靶子词只在左耳呈现,并事先告诉被试(集中性注意)。

实验结果如图 13-10 所示。在分配性注意下,适宜的非靶子词有利于靶子词的觉察,而不适宜的非靶子词则有损靶子词的觉察;但是,在集中性注意下,非靶子词的类型对靶子词的觉察不起作用。这意味着,在前一种情况下,非靶子词得到语义加工,应用的资源较多;而在后一种情况下,非靶子词没有得到语义加工,应用的资源较少(非追随耳),接收靶子词的追随耳应用较多的资源,从而导致靶子词的觉察率在集中性注意时高于分配性注意时,这是资源分配不同所导致的结果。

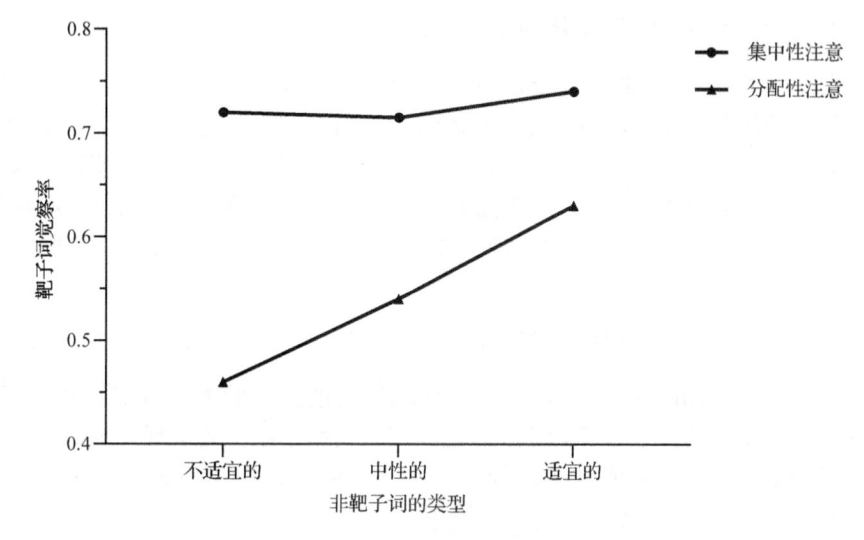

图 13-10 非靶子词的类型对靶子词觉察的影响

资料来源:王甦, 汪安圣. 认知心理学. 北京: 北京大学出版社, 1992: 97. 有改动.

Shiffrin 和 Grantham(1974)让被试在白噪音的背景下识别一个特定的辅音。实验分成三种条件:

① 用双耳听,同时注意双耳(分配性注意);
② 只用左耳听,只注意左耳(集中性注意);
③ 只用右耳听,只注意右耳(集中性注意)。

实验结果表明,集中性注意和分配性注意的成绩并无显著差异。这个结果与 Johnson 和 Wilson(1980)的结果是矛盾的。Norman 和 Bobrow(1975)对这两种性质的作业进行区分解释:Shiffrin 和 Grantham 所应用的实验作业可以说是材料限制过程,不是增加资源就能改善的,因此集中性注意和分配性注意不会导致不同的作业水平。Johnson 和 Wilson 所应用的实验作业是资源有限过程,其作业水平依赖于所得到的资源数量,所以集中性注意和分配性注意由于分配资源不等而导致不同的结果。显然,这些不同的实验结果都可以纳入 Kahneman 的能量分配模型。

从前面的叙述可以看出,中枢能量理论可较好地解释同时进行两个作业所产生的各种复杂情况，并在一定程度上克服知觉选择模型和反应选择模型的对立。它的做法是以资源分配来取代设在信息加工过程的某个阶段上的过滤装置或选择机制。这种做法是中枢能量理论的优势所在，然而也带来了一些问题。中枢能量理论所主张的资源分配是着眼于信息加工的整体，但没有深入到信息加工的内部。而知觉选择模型和反应选择模型却是着眼于信息加工的内部。几个作业或几个输入通道间的资源分配不能不涉及信息加工内部的各个加工阶段的特点。尽管中枢能量理论能在某种程度上克服知觉选择模型和反应选择模型的对立，但却不能抹掉知觉选择和反应选择的可能性。而 Vogel(2000)所操纵的知觉加工阶段的超载和工作记忆阶段的超载，既可以从信息加工整体的角度运用中枢能量理论来解释，也可以深入挖掘内部的信息加工过程，这对注意的研究具有一定的推进作用。

13.2.3 控制性加工和自动化加工

13.2.3.1 控制性加工和自动化加工的理论

根据加工过程自动化的设想，Schneider 和 Shiffrin(1977)提出了控制性加工(controlled processing)和自动化加工(automatic processing)。控制性加工是指一种需要应用注意的加工，其容量有限，可灵活地用于变化着的环境。由于这种加工受人的意识控制，所以被称为控制性加工，又称注意性加工。自动化加工是不需应用注意、无一定的容量限制、不受人的意识控制的加工，并且一旦形成就难于改变。这两种加工的理论在心理学界具有较大的影响力。

13.2.3.2 控制性加工和自动化加工的实验依据

Schneider 和 Shiffrin(1977)设计了一系列的视觉搜索实验来研究这两种加工。在其中一个实验中，给被试识记 1~4 个项目(识记项目)，然后再视觉呈现 1~4 个项目(再认项目)，要求被试按键判断再认项目中是否有任何一个项目是之前识记过的。

识记项目和再认项目按以下方式进行设置。

① 识记项目为字母，再认项目中可包含一个识记过的字母，其余则为数字，或者再认项目全部是数字(字母和数字的也可颠倒)。在这种情况下，被试只需从数字(字母)中觉察是否有字母(数字)，即可做出反应。识记项目和再认项目分属不同的范畴，故称不同范畴条件。

② 识记项目为字母(数字)，再认项目也全都是字母(数字)，其中包含一个之前识记过的项目或者均是新项目。此时，识记项目和再认项目同属一个范畴，故称相同范畴条件。

在实验过程中，还操纵了再认项目的几种呈现时间。

实验结果表明，在相同范畴条件下，当识记项目和再认项目均为 1 个时，要达到 80%的准确率，再认项目的呈现识记需要达到 120ms；而当识记项目和再认项目均为 4 个时，要达到 70%的准确率，再认项目的呈现时间至少需要 800ms。在不同范畴条件下，无论识记项目和再认项目的数量是多少，再认项目的呈现时间只需 80ms，就可达到 80%以上的准确率。

这些结果说明，不同范畴条件下的再认或搜索，由于范畴不同、刺激特异性凸显，即便是识记项目和再认项目的数量增加，准确率也没有什么影响；但在相同范畴条件下，随着识记项目和再认项目的增多，判断所需的时间也增多。在另一个实验中，固定再认项目的呈现位置，直接记录被试的反应时，也得到类似的结果。

根据这些实验结果，Schneider 和 Shiffrin 认为，在相同范畴条件下，被试应用的是控制性加工，他将每个识记项目与同一范畴的每个再认项目进行顺序比较，直到匹配为止。在不同范畴条件下，被试从数字（字母）中搜索字母（数字），应用的是以平行方式起作用的自动化加工，从而表现出两种不同的判断速度。他们还认为，这种自动化加工是一种在长期的实践中积累出的分辨字母和数字的能力。

归纳起来，自动化加工是快速的、以平行方式起作用的，但缺少弹性；控制性加工是较慢的、以系列方式起作用的，具有弹性（王甦，汪安圣，1992）。

13.2.4 Stroop 效应

Stroop 效应（Stroop effect）可以说是融合了能量分配模型和两种加工的范例。根据 Stroop 效应，当字的颜色和意义不一致时，被试需要花费更长的时间去说出字的颜色；但是，当字的颜色和意义相同时，他们可以快速地说出（Stroop，1935；Matlin，2016）。

Macleod（2005）发现，当字的颜色和意义不一致，需要对它进行命名时，每个字平均需要大约 1000ms；当字的颜色和意义相同时，只需约 600ms 就可完成命名。根据平行分配加工理论，Stroop 任务同时激活两条通路，一条通路是以"说出"字的颜色为任务进行的，另一条通路是以"理解"字的意义为任务进行的。在总体能量固定的情况下，当竞争性的两条通路同时被激活时，会产生相互干扰，从而影响任务成绩。另一种解释是，成人对字意义的理解具有高度自动化，而当前任务是说出字的颜色，相对来说需要用更多的控制性加工来处理。

后来，Stroop 效应被运用至许多临床心理学研究中。比如，在情绪 Stroop 任务（emotional Stroop task）中，通常被试需要更多时间去说出具有强烈情绪意义（如多毛恐惧症）的词语的颜色，这可能是因为他们很难忽略对词语意义的情绪性反应（Williams，Mathews，& MacLeod，1996）。在进食障碍的 Stroop 任务中，被试对体型词语的较慢反应可以显著地预测女性对进食的态度（Pringle，Harmer，& Cooper，2011）。

13.3 注意的实验范式的发展

13.3.1 过滤范式

过滤范式（filtering paradigms）的基本原理是，使被试的注意指向一个信息源，而研究者评估被注意的信息和未被注意的信息的加工过程差异。该范式主要包括双耳分听任务、整体-局部范式、双侧任务范式、负启动范式和 Stroop 范式（Luck & Vecera，2002；Pashler & Yantis，2002；郭秀艳，2004）。

13.3.1.1 双耳分听任务

双耳分听任务（dichotic listening task），采用听觉的方式，向被试的双耳同时输入不同的语音信息，通过操纵追随耳（如 Cherry，1953；Treisman，1960，1964）、靶子词（如 Shaffer & Hardwick，1969）和实验材料（如 Broadbent，1958；Treisman，1964）等方式来考查被试对不同通道信息的加工差异。

13.3.1.2 整体-局部范式

整体-局部范式(global-local paradigm)，源自 Navon(1977)的研究，主要探讨的是，在知觉一个客体时，是先知觉(或者注意)其各个组成部分，进而知觉整体，还是先知觉整体，再由此知觉其各个组成部分，如图 13-11 所示。

13.3.1.3 双侧任务范式

在双侧任务范式(flankers task)中，要求被试注意输入源中央的目标字母而忽视两侧的字母(非目标字母)，如图 13-12 所示。当目标字母是"T"时按 F 键，当目标字母是"H"时按 J 键。实验结果表明，①当目标字母和非目标字母不一致时，反应速度慢于一致的情形，出现干扰效应；②当非目标字母远离目标字母时，干扰效应会减少或消失(Eriksen, 1995)。

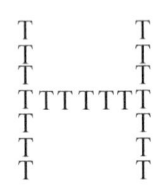

注：注意整体时将看到 H，注意局部时将看到 T。

图 13-11　整体-局部范式示例

图 13-12　双侧任务范式示例

资料来源：LUCK S J, VECERA S P. Attention. // PASHLER H A L, YANTIS S. Stevens' Handbook of Experimental Psychology, 2002.

13.3.1.4 负启动范式

先前的加工活动对之后的加工活动的抑制作用，称为负启动效应(negative priming effect)。负启动范式(negative priming paradigm)，是指在实验中给被试同时呈现两个刺激，其中一个为目标刺激，一个为分心刺激，如图 13-13 左图所示，灰色字母 A 为目标刺激，黑色字母 B 为分心刺激，要求被试专注目标刺激而忽视分心刺激；在下一个试次时，前一次的分心刺激变成目标刺激，如图 13-13 右图所示，灰色字母 B 为目标刺激，黑色字母 C 为分心刺激，此时发现被试对目标刺激的反应速度变慢或准确率下降(Fox, 1995)。

注：要求被试对灰色字母做出反应。

图 13-13　负启动范式示例

资料来源：LUCK S J, VECERA S P. Attention. // PASHLER H A L, YANTIS S. Stevens' Handbook of Experimental Psychology, 2002.

13.3.1.5 Stroop 范式

Stroop 范式(Stroop paradigm)，是指要求被试读出字的颜色而非字的意义，当字的颜色和意义不一致时，被试需要花费更长的时间说出字的颜色，但是，当字的颜色和意义一致时，他们可以快速地说出(Stroop, 1935)。

负启动范式和 Stroop 范式是针对单一刺激的不同特征而导致的信息干扰现象，而双耳分听任务、整体-局部范式和双侧任务范式研究的是不同刺激间的相互干扰，它们都属于注意的过滤范式。

13.3.2 搜索范式

搜索范式(search paradigms)是要求被试寻找一个或多个混杂在干扰刺激中的目标刺激。该范式适合于研究信息超载下的注意机制,如注意是如何从无关刺激中来排除干扰的。常见的搜索范式是视觉搜索任务(visual search task),如图13-14、图13-15和图13-16所示,搜索特征有的速度快于特征无的速度,前者采用的是平行加工,后者采用的是系列加工。

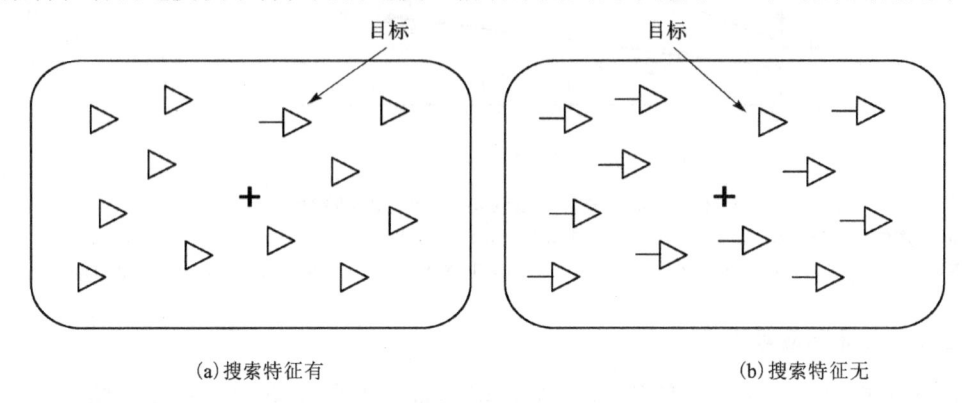

(a)搜索特征有　　　　　　　　　　(b)搜索特征无

图 13-14　视觉搜索范式的实验材料

资料来源:LUCK S J, VECERA S P. Attention. // PASHLER H A L, YANTIS S. Stevens' Handbook of Experimental Psychology, 2002.

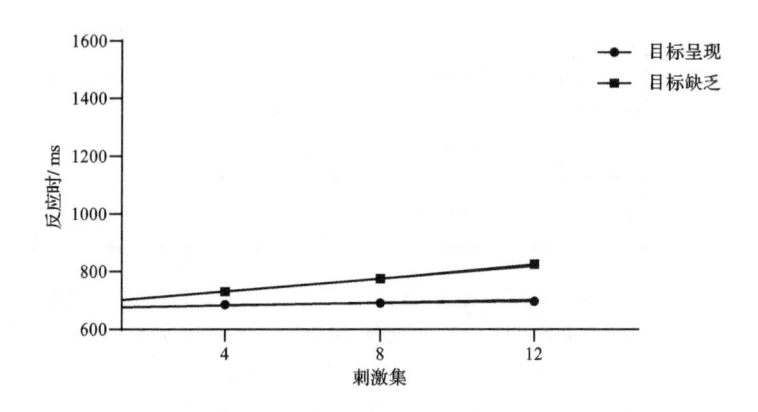

图 13-15　视觉搜索范式的实验结果(搜索特征有)

资料来源:郭秀艳. 实验心理学. 北京:人民教育出版社. 2004: 335. 有改动。
LUCK S J, VECERA S P. Attention. // PASHLER H A L, YANTIS S. Stevens' Handbook of Experimental Psychology, 2002.

13.3.3 双任务范式

双任务范式(dual-task paradigms),是指让被试执行两个明显不同的任务,然后研究者评估这两个任务间相互影响的程度。

近来的研究者发展出比较简单的双任务实验,包括心理不应期范式(Psychological Refractory Period Paradigm,PRP)、注意瞬脱范式(attentional blink paradigm)等,来研究被试同时或相继从事认知加工过程的能力。

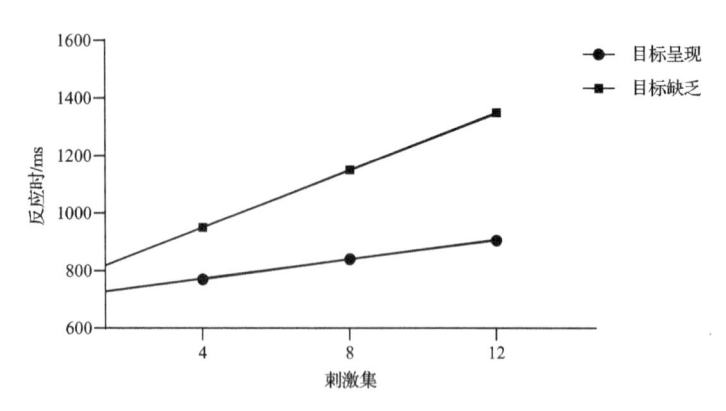

图 13-16 视觉搜索范式的实验结果(搜索特征无)
资料来源：郭秀艳. 实验心理学. 北京：人民教育出版社. 2004: 336. 有改动.
LUCK S J, VECERA S P. Attention. // PASHLER H A L, YANTIS S. Stevens' Handbook of Experimental Psychology, 2002.

13.3.3.1 心理不应期范式

在双任务实验中，安排两个任务 T_1 和 T_2，其刺激对应为 S_1 和 S_2，两个刺激可以同时呈现，也可以异步呈现，要求被试分别对这两个刺激做出反应，如图 13-17 所示。其中，异步呈现时，从出现刺激 S_1 到出现刺激 S_2 之间的时间间隔，称为异步刺激的时间间隔(Stimulus Onset Asynchrony，SOA)。实验结果如图 13-18 所示。

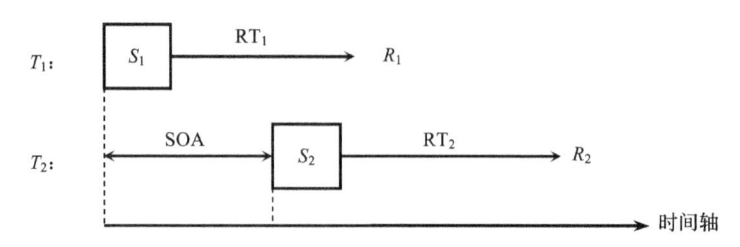

图 13-17 心理不应期效应中任务 1(T_1) 和任务 2(T_2) 的加工特征
资料来源：PASHLER H. Dual-task interference in simple tasks: Data and theory. Psychological Bulletin, 1994-116(2)：220-244. 有改动.

研究发现，当 SOA 较长时，被试可以从容地分别对 S_1 和 S_2 做出反应，因为对 S_1 反应之后 S_2 还未出现，被试有足够的时间进行反应准备；随着 SOA 的缩短，会出现被试还在对 S_1 进行加工时，S_2 已经出现了，也就是 T_1 和 T_2 在加工时间上出现重叠，这时被试对 T_2 的反应会显著变慢，这种现象称为心理不应期效应(Pashler，1994；Miller，Ulrich，& Rolke，2009)，如图 13-18 所示，RT_2 的延迟实质上是由于 T_1 的加工导致 T_2 受到类似中枢瓶颈性质的干扰。通常，SOA 对 T_1 的影响很小(Smith，1969)或者忽略不计(Pashler & Johnston，1989)。

在经典的心理不应期范式中，T_1 通常安排听觉通道的选择反应时任务，如进行高频音和低频音的判断，高频时按 F 键，低频时按 J 键。T_2 通常安排视觉通道的选择反应时任务，如对字的颜色进行判断，红色按 F 键，绿色按 J 键，或数字的奇偶判断，奇数按 F 键，偶数按 J 键。

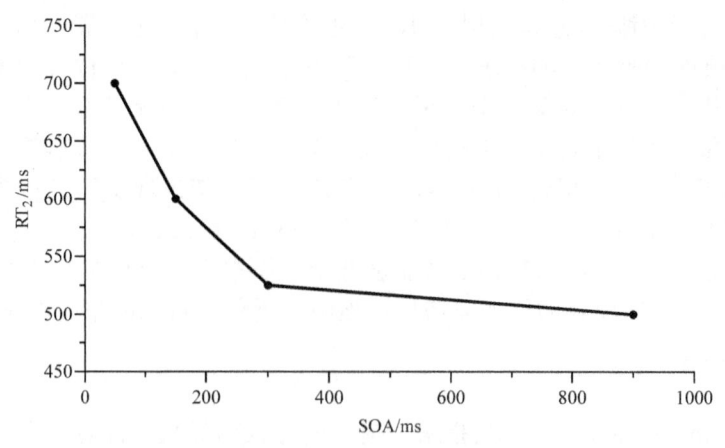

注：RT_1 的平均反应时在 520ms 左右时，RT_2 在不同 SOA 下的数据。

图 13-18　心理不应期效应中 SOA 的长短对任务 2（T_2）反应的影响

资料来源：PASHLER H. Dual-task interference in simple tasks: Data and theory. Psychological Bulletin, 1994-116(2)：220-244. 有改动.

13.3.3.2　注意瞬脱范式

注意瞬脱（attentional blink paradigm），是指在识别一系列刺激流时对某个刺激的准确识别会影响其后对特定时间间隔（一般为 500ms 以内）的刺激识别。Raymond，Shapiro 和 Arnell（1992）采用快速系列视觉呈现范式（Rapid Serial Visual Presentation，RSVP）来研究注意瞬脱。

经典的 RSVP 范式操作如图 13-19 所示。实验中快速呈现一系列视觉刺激流（如数字、字母），且刺激只有极短的呈现时间，约 100ms。在一系列的视觉刺激中，被试需要报告两个目标刺激 T_1 和 T_2，其余的刺激均为干扰刺激。T_1 与 T_2 之间可能间隔 0～7 个干扰刺激。

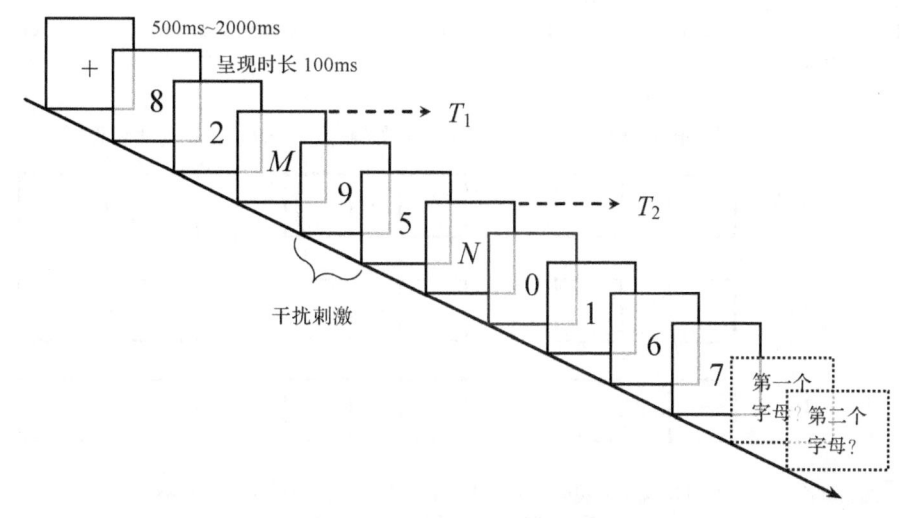

图 13-19　快速系列视觉呈现范式中一个试次的流程图

资料来源：RAYMOND J E, SHAPIRO K L, ARNELL K M. Temporary suppression of visual processing in an RSVP task: An attentional blink?. Journal of experimental psychology. Human perception and performance, 1992-18(3)：849-860. 有改动.

一般来说，目标刺激 T_1 总是出现在 10 个刺激流中的第三个位置，如图 13-19 所示，目标刺激 T_2 则根据实验条件的要求，出现在第五个位置、第六个位置和第九个位置。10 个刺激流呈现完毕，询问被试第一个字母是什么、第二个字母是什么。

注意瞬脱现象具有以下特征：①只要求报告 T_1（或 T_2）时，准确率较高，这意味着单个刺激也能得到加工；②需要报告 T_1 和 T_2 时，若 T_1 之后直接出现 T_2，T_2 的准确率与只需要报告一个对象的准确率接近，出现延迟节省现象（lag 1 sparing effect）；③然而当 T_1 与 T_2 间隔 1~6 个干扰刺激时，T_2 的准确率会显著低于只需报告一个目标时的准确率，且 T_2 的准确率随着 T_1 与 T_2 之间间隔的增加而增加，逐渐接近单个目标的报告准确率。

13.3.4 提示范式

提示范式（cuing paradigms），是指采用提示的方式引导被试注意一个信息的输入源，然后根据提示的有效性判断注意在其中的作用（Luck & Vecera, 2002）。主要有两类提示范式，其一为空间提示范式（spatial cuing paradigm），如图 13-20 所示，其二为符号提示范式（symbolic cuing paradigm），如图 13-21 所示。

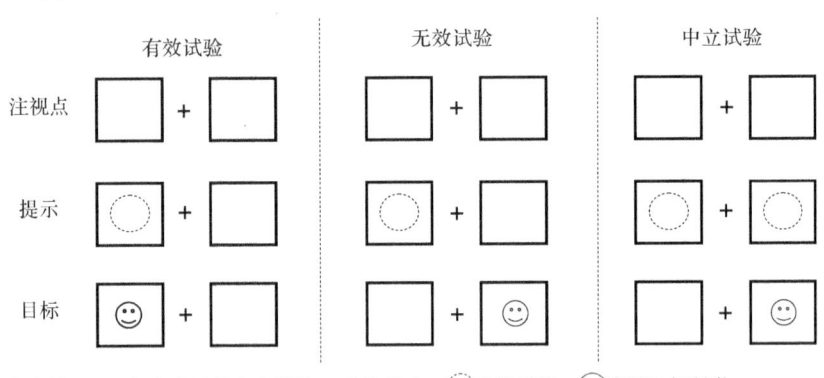

图 13-20 空间提示范式示例

资料来源：LUCK S J, VECERA S P. Attention. // PASHLER H A L, YANTIS S. Stevens' Handbook of Experimental Psychology, 2002. 有改动.

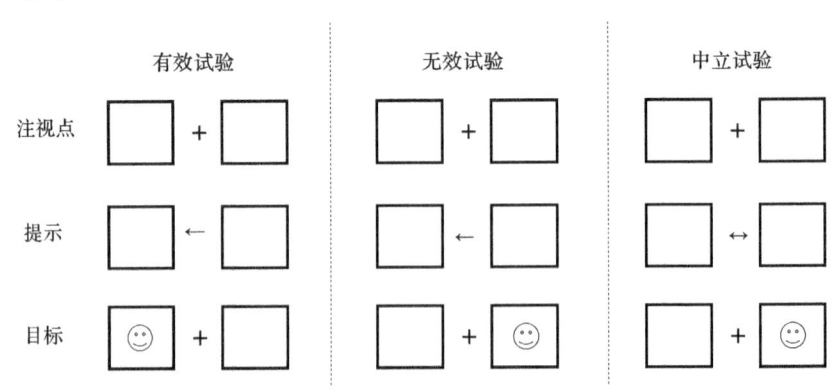

图 13-21 符号提示范式示例

资料来源：LUCK S J, VECERA S P. Attention. // PASHLER H A L, YANTIS S. Stevens' Handbook of Experimental Psychology, 2002. 有改动.

在空间提示范式里，首先呈现一个注视点"+"，在注视点的两侧将有左右两个视野作为信息输入源；接下来呈现提示符，目标刺激出现在提示符所在的信息输入源视野中，为有效试验(valid trial)，目标刺激出现在提示符所在的信息输入源视野的另一侧中，为无效试验(invalid trial)；左右两个信息输入源视野均出现提示符，为中立试验(neutral trial)。如果有效提示的成绩好于中立提示的成绩，中立提示的成绩好于无效提示的成绩，说明注意在此加工过程中起作用；如果有效提示、中立提示和无效提示的成绩没有显著差异，说明注意在此加工过程中并未起作用。

符号提示范式与空间提示范式类似，唯一的区别是在注视点"+"位置，将空间提示的虚线圆圈所在的位置换成箭号线索"→""←"或"↔"，如图13-21所示。

第14章 记　　忆

　　人通过知觉从外界获取信息，以记忆的方式存储下来，知识就这样逐渐积累并应用于实际生活中。我们在知觉一章已介绍过，这些存储的信息在知觉加工过程中也具有很重要的作用。记忆在人的整个心理活动中都有着非常重要的作用。从认知到情绪情感、到个性心理都离不开记忆的参与。它把人的心理活动的过去、现在和未来连成一个整体，使心理发展、知识积累和个性形成得以实现(王甦，汪安圣，1992)。反过来，我们可以从记忆的表现来反推各个心理活动的加工特征。

　　从19世纪到20世纪50年代，对记忆的研究基本上是沿着Ebbinghaus的方向进行的，所研究的内容就是我们现在所说的长时记忆(long-term memory)。第二次世界大战后，由于工程技术的需要和信息论的发展，心理学开始研究那种只能容纳有限的几个项目并保持短暂记忆的心理现象，这就是我们现在所说的短时记忆(short-term memory)。20世纪50年代中后期，随着认知心理学的发展，对短时记忆的研究开始蓬勃发展起来。研究发现，短时记忆在信息容量、编码、保持等许多方面均与长时记忆不同。研究者提出了双记忆理论(dual memory theory)，将记忆区分成初级记忆(primary memory)和次级记忆(secondary memory)，前者有点类似短时记忆，后者类似长时记忆(Waugh & Norman, 1965；朱滢, 2000)。之后，感觉记忆(sensory memory)的研究同样引人注目，从而引发了记忆相关理论的发展，出现了由单一记忆系统到双记忆系统和多重存储模型(Atkinson & Shiffrin, 1968; Parkin, 1993)的争论。多重存储模型关注记忆的编码、存储和提取过程。这个阶段有影响的理论包括加工水平(level of processing)、编码特异性原则(encoding specificity principle)等。

　　20世纪80年代以来，研究者开始关注记忆的认知神经科学方向的生理特征。这个阶段随着研究方法与技术的发展、研究问题的进一步拓展，出现了很多新兴的实验范式，如内隐记忆、错误记忆、前瞻记忆等。

14.1　Ebbinghaus的研究

　　Ebbinghaus是开展记忆量化研究的第一人，他有两个最伟大的发明。

　　试想，今天早上6：30你顶着严寒起床，到操场上背了半个小时的英语单词，足足有40个。你很满意，因为当下你闭上眼睛能把这40个单词回忆一遍。到了10：30，英语老师要听写这40个英语单词，虽然你信心满满，但是仍然只会32个。那么，这40个单词在你头脑中的记忆痕迹是多少呢？是32÷40=80%？实则不然，不止80%。因为在听写的时候，我们对个别无法准确写出的单词也存有模糊的印象，这些也是记忆的痕迹。采用听写的方式没办法把这类单词的记忆痕迹测量出来，而Ebbinghaus的一个伟大发明能很好地检测出这类单词的记忆痕迹。

14.1.1 两种研究工具

14.1.1.1 无意义音节

Ebbinghaus 的第一个伟大发明是无意义音节(nonsense syllables)。无意义音节是由两个辅音和一个元音组成的不符合英语构词法的音节，如 kyh、pil 和 goj。无意义音节具有两个作用：其一，作为识记的单位大致是相同的，这样便于控制学习材料的数量；其二，排除了个体的过去知识经验，使得学习的结果较少受到个人知识经验的影响。

14.1.1.2 节省法

Ebbinghaus 用于测量记忆的方法是节省法(savings method)，其具体操作如下：假设，初学时完全记住一张音节表(如 16 个或 20 个无意义音节)需要读 30 遍，一天之后，只需再读 15 遍就记住了，那么在这次的识记过程中，与第一次相比你其实是节省了 15 遍，即节省了 50%，也就是一天之后你的头脑还保持 50%的记忆痕迹。其计算公式如下：

$$节省比率 = \frac{初学时诵读次数或时间 - 重学时诵读次数或时间}{初学时诵读次数或时间} \times 100\%$$

为什么说节省法可以检测出那些有模糊印象却回忆不出来的单词的记忆痕迹呢？我们可以理解成，这类单词的记忆痕迹相对较弱，还达不到激活听写测验时能回忆出来的阈限，所以就无法回忆出来。而采用节省法后，你只要再看到该类单词就极有可能立即激活那些记忆痕迹，因此只要再花费较少的次数(或时间)就可以将其记住，因为那些记忆痕迹被充分地利用到重学的过程中。

14.1.2 记忆的遗忘曲线

在 Ebbinghaus 的遗忘曲线研究中，以他自己为被试，共采用 2300 个音节组，每个音节组包括 13 个无意义音节。一次的学习时间为 8～20min，每次学习 8 个音节组。按照 2/5s 一个音节的固定速度，他把第一个音节组中 13 个无意义音节一遍又一遍地阅读，直到能没有迟疑并感觉正确地把该音节组背诵两遍为止。休息 15s 后，再学习下一个音节组，直到把 8 个音节组都学习完毕。学习这 8 个音节组的总时间就是初学时的诵读时间。经过一段时间间隔后，再重复学习这 8 个音节组，直至又能正确背诵两遍为止。根据节省法的计算公式来计算记忆痕迹的保持率。Ebbinghaus 共采用七种时间间隔：约 1/3h、1h、9h、1d、2d、6d、31d。每种时间间隔所学习的音节组都是不同的(朱滢，2000)。

Ebbinghaus 发现在下午 6～8 点识记一个音节组，比上午 10～11 点要多花 12%的时间。为了控制同一天当中学习效率的差异，初学如果在优势的时间段，而重学时在劣势的时间段，在节省法计算过程中，先把重学的时间减去 12%。

在短的时间间隔里，可以假定实验的情况变化较少，而在长的时间间隔里，情况的差异就可能很大，为了抵消实际发生的波动，Ebbinghaus 把 31d 时间间隔的实验重复了 45 次，每次都用不同的音节组。

Ebbinghaus 的实验结果如表 14-1 所示。

表 14-1 Ebbinghaus 保持或遗忘曲线的数据

间隔时间/h	试验次数	节省或保持百分比/%	遗忘百分比/%	PE*/μ
0.33	12	58.2	41.8	1
1	16	44.2	55.8	1
9	12	35.8	64.2	1
24	26	33.7	66.3	1.2
48	26	27.8	72.2	1.4
6×24	26	25.4	74.6	1.2
31×24	45	21.1	78.9	0.8

注：* PE 是指超过均值的一半观察数值与不及均值的差误。
资料来源：朱滢. 实验心理学. 北京：北京大学出版社，2000：318. 有改动.

在这个研究中，Ebbinghaus 使用多次重复的方法(12 次～45 次)使不同的时间间隔内偶然因素对实验结果的影响减少到最小。此外，他还采用误差理论计算容许误差(Permissible Error，PE)来评估实验效果。容许误差反映数据分布中的中间 50%部分的分数离散情况，PE 越大数据越可靠。正因为对实验条件进行严密的控制，而他本人又训练有素，因此 Ebbinghaus 的遗忘曲线(forgetting curve)具有很好的普适性和信度。

14.1.3 关于联想的实验

Ebbinghaus 属于联想学派，他认为记忆就是形成联想。他用精巧的实验设计研究了直接联想和间接联想(远隔联想)、顺序联想和反向联想。Ebbinghaus 认为，当学会从头到尾按照正确次序背诵出一系列无意义音节时，说明在各项目间存在着多种联系。比如，a→b→c→d→e 是紧挨着的向前联系，e→d→c→b→a 是紧挨着的向后联系，而 a→c，a→d，a→e，b→d，b→e，c→e 是远隔联系。按照接近联想的法则，他推断在非相邻的项目之间也会存在着联系，不过项目在系列中分开越远，联系越弱(朱滢，2000)。

他设计了一个巧妙的实验来验证他的推断。第一天(初学)时学习 6 个音节组，第二天(重学)时学习 6 个顺序变化的音节组，其中第一天和第二天学习的无意义音节完全相同，仅无意义音节的次序不同，如表 14-2 所示。

表 14-2 Ebbinghaus 的联想实验中一个音节组的举例

第一天	第二天
原来的音节组(顺序)： 1, 2, 3, 4, 5, 6, 7, 8, 9, 10, 11, 12, 13, 14, 15, 16	对照组 1, 2, 3, 4, 5, 6, 7, 8, 9, 10, 11, 12, 13, 14, 15, 16
原来的音节组(顺序)： 1, 2, 3, 4, 5, 6, 7, 8, 9, 10, 11, 12, 13, 14, 15, 16	跳过一个 1, 3, 5, 7, 9, 11, 13, 15, 2, 4, 6, 8, 10, 12, 14, 16
原来的音节组(顺序)： 1, 2, 3, 4, 5, 6, 7, 8, 9, 10, 11, 12, 13, 14, 15, 16	跳过二个 1, 4, 7, 10, 13, 16, 2, 5, 8, 11, 14, 3, 6, 9, 12, 15
原来的音节组(顺序)： 1, 2, 3, 4, 5, 6, 7, 8, 9, 10, 11, 12, 13, 14, 15, 16	跳过三个 1, 5, 9, 13, 2, 6, 10, 14, 3, 7, 11, 15, 4, 8, 12, 16
原来的音节组(顺序)： 1, 2, 3, 4, 5, 6, 7, 8, 9, 10, 11, 12, 13, 14, 15, 16	倒转 16, 15, 14, 13, 12, 11, 10, 9, 8, 7, 6, 5, 4, 3, 2, 1
原来的音节组(顺序)： 1, 2, 3, 4, 5, 6, 7, 8, 9, 10, 11, 12, 13, 14, 15, 16	随机顺序 8, 3, 11, 15, 14, 2, 7, 4, 10, 1, 9, 5, 12, 16, 6, 13

注：1～16 是指按照初学时一个音节组中 16 个无意义音节的顺序。

从表 14-2 可知，顺序变化的音节组共有五组，每组重复进行 17 次。每个音节组先按照原来的次序识记，而第二天则按照顺序变化的次序识记。实验结果，见表 14-3，其中时间是学习 6 个音节组总共所花费的时间。

从表 14-3 可以看出，尽管各种条件下的 PE 不尽相同，节省时间的数据可靠性不一致，但是却发现，节省的时间因跳过的无意义音节个数的增加而减少。这表明，在学习音节组的过程中不仅形成了把每个项目与它后面的一个项目联结起来的直接的顺向联系，并且也形成了把不相邻的项目联结起来的远隔联系，而同时也形成了倒向的联系；倒向的联系比顺向的联系弱，而远隔的联系也比直接的联系弱(朱滢，2000)。

表 14-3 Ebbinghaus 远隔联想实验的数据

音节组类型	初学时间/s	重学时间/s	节省时间/s	PE	百分比/%
原音节组	1266	844	422	15	33.3
跳过一个	1275	1138	137	16	10.8
跳过二个	1260	1171	89	18	7.0
跳过三个	1260	1186	73	13	5.8
倒转	1249	1094	155	15	12.4
随机顺序	1261	1255	6	13	0.5

资料来源：朱滢. 实验心理学. 北京：北京大学出版社，2000: 320. 有改动.

14.2 Bartlett 的研究

Bartlett(1967)对 Ebbinghaus 的研究持批评态度。他认为记忆不仅仅是形成联想，学习与记忆是一种主动的加工(active processes)，它会积极追求意义，把识记材料纳入一定的图式(schema)。他批评 Ebbinghaus 为了避免过去知识的影响而采用无意义音节作为实验材料，使记忆研究陷入一种人为的状态，因而缺乏现实意义(朱滢，2000)。

14.2.1 Bartlett 的理论体系

(1) 图式理论(schema theory)

Bartlett 认为图式是指过去反应或过去经验的主动组织过程，它不仅使个别成分一个接一个地作用起来，而且将它们组织成一个统一的整体。在 Bartlett 的记忆过程中，图式起着重要的作用，因为在记忆过程中，人们总是不自觉地改变事件的某些细节，使整个事件更符合已有的图式，意义更明确。他认为人总能在不知不觉中将新的事物纳入自己的图式中，并不断地对已有的图式进行重建。

(2) 记忆的心理重建理论

Bartlett 认为记忆是一种心理重建(reconstruction)的过程，而且这个过程是在一定的社会环境中进行的，具有一定的社会性。他认为，对既往事件的记忆不只是简单的保存和再现，而是受文化态度和个人习惯渲染的心理重建。他通过实验证明了，对于一个事件，人们很少能在其发生的当下如实地知觉，而观察或知觉中的遗漏部分在记忆过程中进行重建时，往往被以往的经验所填补。

14.2.2 Bartlett 的实验

Bartlett 采用具有丰富意义的故事和图画为实验材料进行记忆的研究。

14.2.2.1 关于故事的研究

Bartlett 节选了《北美印第安民间故事》中的一个故事——"鬼魂的战争"(The War of the Ghosts)作为实验材料，如下文。

鬼魂的战争

一天晚上，两个从伊谷烈来的青年男子去河里抓鱼，当他们到达的时候，天空充满了雾气，也很安静。然后他们听到了打斗的嘶喊声。他们想："可能是打斗。"他们逃到岸边，躲在一个大木头后面。就在那时，几艘独木舟出现了，他们听到了摇桨的声音，其中一只独木舟向他们驶来，上面有五个人。他们对这两个青年人说：

"我们想带你们一起到河的上游跟敌人打斗，你们觉得怎么样？"

一个青年人答道："我没有箭。"

他们说："箭就在船里。"

这个青年说："我不想跟你们去，我可能会被杀死的。我的亲戚都不知道我去了什么地方。不过他……"，他指着另一个青年说，"可以跟他们去。"

这样，一个青年就跟他们走了，另一个回家了。

这些武士走到河上游的一个村庄，它位于卡拉马的另一边。村里的人来到河边与他们打斗，许多人被杀死了。这时候，这个青年听到一个武士说："快点，我们回家去！那个印第安人受伤了。"这个青年想："啊，他们是鬼魂！"青年并没有感到不适，但他们却说已经被射伤了。

于是这些独木舟回到了伊谷烈，这个青年人就回家了，并且生了火。他告诉所有的人说："瞧！我跟一些鬼魂去打斗。我们的许多同伴都被杀死了。他们说我被射伤了，但我并没有感觉不适。"

他讲完这些话之后，就沉默了。当太阳升起的时候，他跌倒在地上。一些黑色的东西从他的嘴里冒出来。他的脸型变了样。人们又跳又叫。

他死了。

实验时，首先让第一个被试以正常的速度阅读这个故事两遍，15~30min 后要求第一个被试回忆并把回忆内容写下来；然后，第二个被试阅读两遍第一个被试写下来的内容；接下来是第三个被试，依次类推。Bartlett 把这种研究方法称为系列再现法(serial reproduction)。

Bartlett 在这个研究中采用了 10 多个被试，通过比较、分析被试写下来的内容发现，与原文差异很大，写下来的故事比原文更合乎逻辑，总的来说也短得多(Bartlett, 1967)。

这类故事的显著特点是：①全文的逻辑性差，被试阅读起来比较困难；②故事建立在陌生文化背景下，具有丰富的想象空间，因而需要被试用自己过去的经验去补充不合逻辑的细节。Bartlett 认为回忆包含心理重建过程，在回忆中我们使用头脑中的图式重新形成新的内容，并对原有内容进行改变、加工和简化。

14.2.2.2 关于图画的实验

在以图画为实验材料的研究中，Bartlett 也证实了图式和心理重建在记忆中的作用。

图 14-1 为一张原始图和九张 9 个被试的再现图。其中原始图是 1 张模棱两可的图形，便于被试进行想象补充。从这些图画的变化可以看出，当图画代表着某种平常的事物或东西，但也包含某些不熟悉的特征时，在系列再现法中，这些特征会被改变或消失。比如，原始图中奇怪的眼睛、倾斜着的像橄榄球一样的肖像，到第 5 个被试时就变成正常了。所谓"正常"，就是指一般人心中的肖像应该有的样子，这个"正常的肖像"就是一个图式，凡与这个图式不符合的特征就会被加以变化，直至符合图式为止。从第 5 个被试到第 7 个被试，均对肖像进行了加工，但加工到一定程度后，又出现了简化的趋势，如第 8 个被试和第 9 个被试。

Bartlett 在研究记忆时，强调使用有意义的材料，这实际上把文化因素引入记忆研究中；他提出的图式的概念对后来的人工智能有很大的启发意义（朱滢，2000）。

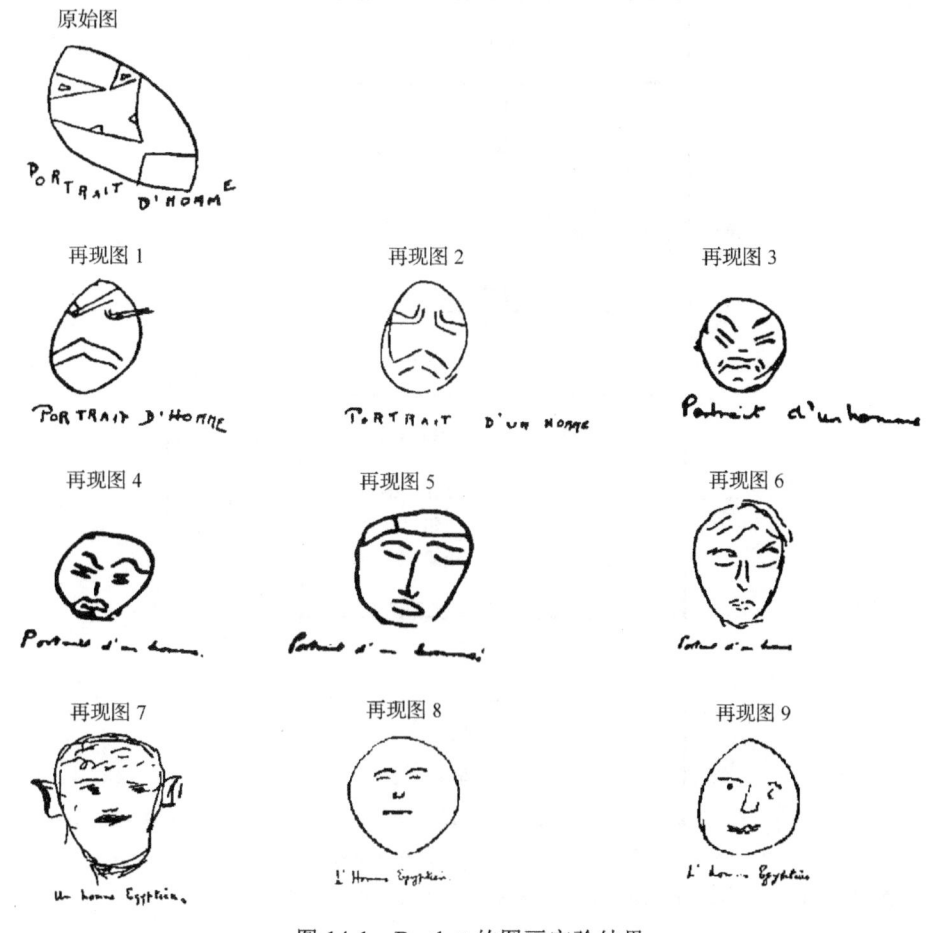

图 14-1　Bartlett 的图画实验结果

资料来源：CARBON C C, ALBRECHT S. Bartlett's schema theory: The unreplicated "portrait d' homme" series from 1932. Quarterly Journal of Experimental Psychology, 2012-65(11)：2258-2270.

14.3 记忆的多重存储模型

记忆的多重存储模型(multistore model of memory),源自 James 的初级记忆和次级记忆划分。初级记忆(primary memory)是指任何刺激(不管人们是否注意到)遗留下来的最初印象,这种印象会飞快地消逝,它代表着现在的心理(the psychological present)处于意识之中(朱滢,2000)。次级记忆(secondary memory)的印象不在意识之中,它代表着过去。相应地,初级记忆的内容易接近(accessible),不费劲就能提取;但次级记忆需要有意识地且通过一定努力才能提取得到。

20 世纪 60 年代,心理学家看到计算机的结构组成与 James 的记忆的分类具有很强的共通性,于是提出了记忆的多重存储模型(Atkinson & Shiffrin,1968,1971;Parkin,1993),如图 14-2 所示。

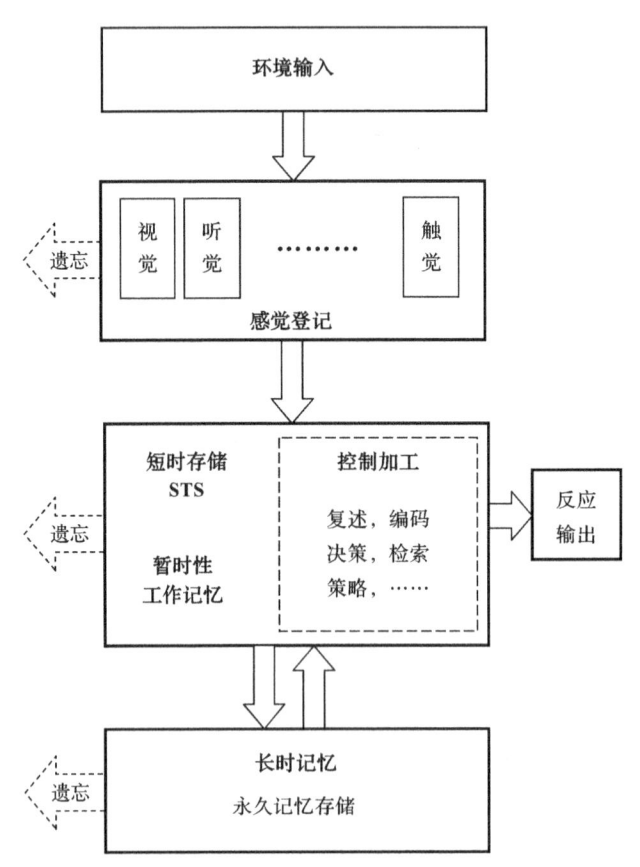

图 14-2 Atkinson 和 Shiffrin 的记忆多重存储模型
资料来源:整合自 ATKINSON 和 SHIFFRIN(1968)和 ATKINSON 和 SHIFFRIN(1971).

外界的环境信息以视觉的(visual)、听觉的(auditory)、触觉的(haptic)等各种形态进行感觉登记(sensory registers),大部分信息会被遗忘掉。只有少部分信息被注意或复述(rehearsal)进入短时存储(Short-Term Store,STS),这些保留在短时存储的信息是短暂的,或称暂时性工作记忆(temporary working memory)。由于短时记忆的容量有限,一些信息也很快会被遗忘，除非经过控制加工(control processes)来储存信息。控制加工包括复述、编码(coding)、决策(decisions)、检索(retrieval)、策略(strategies)等。当信息还处于短时存储时，与之相关的长时存储(Long-Term Store, LTS)里的信息就有可能被激活，而返回短时存储。比如，呈现一个三角形图形，视觉信息就被加工，然后进入短时存储。接着，这些视觉信息就会与在长时存储中的词汇(三角形)、甚至三角形的性质特征等信息建立联系，中央执行功能将这些信息返回短时存储，并最终做出反应(Atkinson & Shiffrin, 1971)。

14.3.1 感觉记忆的研究

14.3.1.1 感觉记忆

当外部刺激直接作用于感觉器官产生感觉像后，虽然刺激的作用停止，但感觉像仍可维持极短的时间。这种感觉滞留是瞬间的，具有记忆特征，被称为感觉记忆(sensory memory)或感觉登记。由于它作用的时间比短时记忆更短，故又称瞬时记忆。感觉记忆为进一步加工提供了额外的、更多的时间和可能，对知觉活动本身和其他高级认知活动都具有重要意义。

在众多感觉记忆的研究中，Sperling(1960)的实验三中关于感觉记忆的部分报告法的实验无疑是最具代表性的研究。

14.3.1.2 全部报告法和部分报告法

Sperling 在实验中，给被试呈现一张有 9 个字母的刺激卡片，分成上、中、下三行，每行 3 个字母。刺激卡片的呈现时间为 50ms。然后要求被试立即将全部记住的字母报告出来，如图 14-3 所示。结果发现，尽管被试宣称能看到全部的 9 个字母，但只能报告出 4~5 个字母，约占所呈现的全部字母的 50%。为什么报告出来的字母远少于看到的字母呢？Sperling 认为，在刺激卡片消失的一刹那，被试头脑中仍有全部字母的鲜明的视觉图像，但是这些字母不能一下子全部报告出来，只能一个一个地说，当被试报告到第 4 个或第 5 个字母时，其余字母的图像就完全衰退或消失了，因而不能报告出来。Sperling 将这种实验程序称为全部报告法(whole report)。

为了检验究竟是被试没看清楚字母还是看到后又忘记了，他创造了一种新方法，称为部分报告法(partial report)。与全部报告法不同，部分报告法要求被试只报告出实验所要求的部分字母，无须全部报告出来。其实验程序如图 14-3 所示。

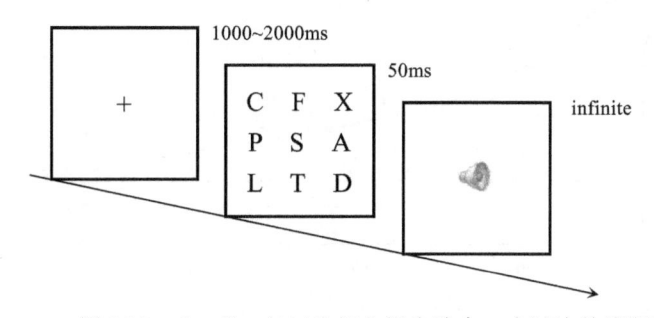

图 14-3　Sperling(1960)部分报告法中一个试次的流程图

首先呈现 1000~2000ms 的注视点"+"，然后呈现刺激卡片 50ms，最后要求被试根据提示音报告字母。他不必报告所有的 9 个字母，由提示声音来指示要报告哪行的字母，其中高音报告第一行的字母，中音报告中间行的字母，低音报告第三行的字母。每个试次中，三种音调随机出现一个。

实验结果表明，对于任何一行的三个字母，被试平均能报告出2个多，即大约80%。由于被试事前并不知道要报告哪一行字母（音调是随机的），但是随机指定一行被试大约能报告出80%。根据随机取样原则，既然每行的准确报告率大约均能达到80%，那么按此推断，如果不是迅速遗忘的话，被试能报告出所有字母中的80%。Sperling据此提出，感觉记忆的容量是相当大的，但是信息保持的时间却极为短暂。

为了进一步揭示感觉记忆的保持时间，Sperling在实验三的基础上，设计了实验四。他在刺激界面（刺激卡片）与反应界面之间插入空白卡片，将空白卡片的呈现时间设置成0ms、100ms、150ms、300ms、500ms和1000ms六种，如图14-4所示，其他的实验程序均与上一个实验相同。

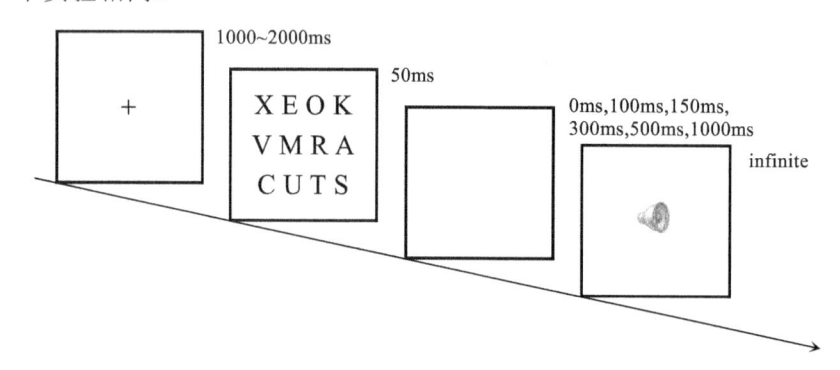

图14-4 延迟报告影响感觉记忆的一个试次的流程图

结果如图14-5所示当声音提示延迟150ms呈现时，准确率从即时回忆（延时为0ms）时约80%下降为约65%；延迟300ms时降为约53%；延迟500ms时降为约47%，此时基本与全部报告法的准确率相同；延迟1000ms时降为约36%。从延迟500ms之后，准确率的下降变缓，这提示视觉感觉记忆的作用时间似乎在500ms之内，约为300ms。

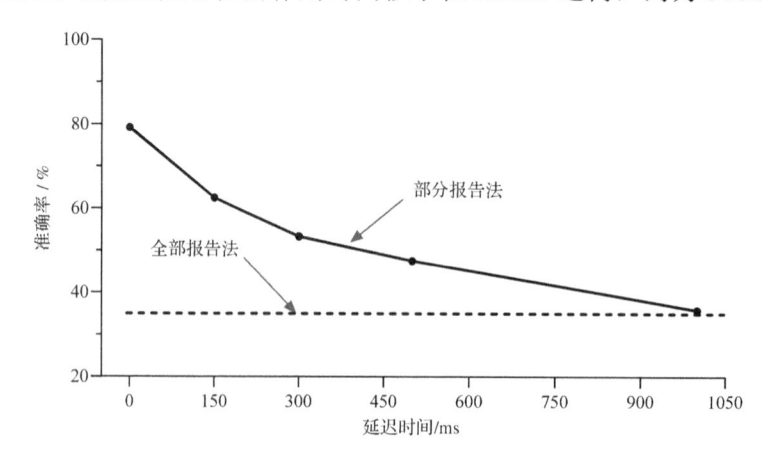

图14-5 延迟报告影响感觉记忆的容量

资料来源：STERNBERG R J, STERNBERG K. Cognitive psychology（6th ed.）. New York: Cengage Learning, 2012: 289-294.

14.3.1.3 全部报告法和部分报告法的实验程序的编写

为了更好地理解部分报告法和全部报告法的实验设计，进一步巩固第 11 章中 E-prime 的操作设计，读者可以参考以下内容，重新设计该实验，如图 14-6 所示。由于 E-prime2.0 中声音的播放需要一定的缓冲时间，相当于增加了空白界面的延迟时间，因而在提示信号上，我们可以将声音提示改成图 14-6 中的符号提示（●）。提示符号位于每行的最前面，且不能遮挡每行的第一个字母。提示符号在第一行时报告上行的字母，在第二行时报告中间行的字母，在第三行时报告下行的字母。

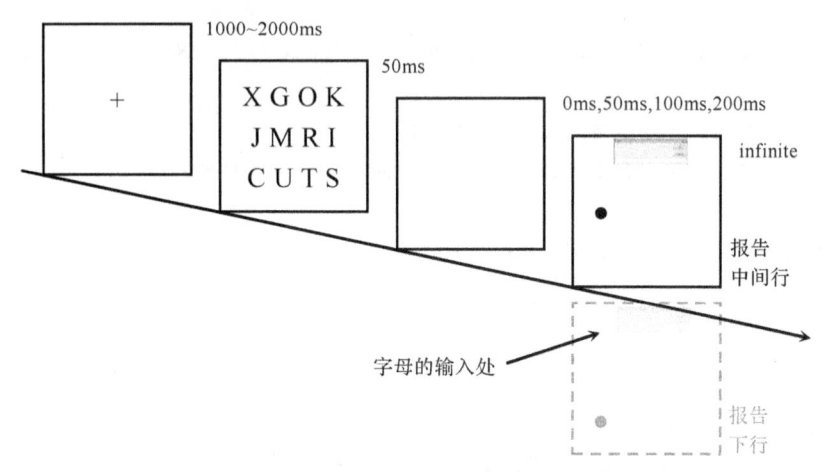

图 14-6 在视觉提示中部分报告法的实验流程图

在设计该实验时还有几个注意点，读者务必要理解：①字母输入处的对话框应位于如图 14-6 所示的位置，切勿遮挡 12 个字母。因为是感觉记忆，一旦遮挡感觉信息马上消失；②同理，提示符"●"也不能遮挡 12 个字母；③在计算能正确回忆几个字母时，应只计算输入符号中的前四个，后面输入的都视为错误，因为如果被试忘记了刺激界面的字母，随便输入几个字母，可能会无形中提高了准确率，因此须进行限制；④在做实验之前一定要确保键盘处于大写字母状态，否则 E-prime 在计算正确个数时将都是 0；⑤12 个字母应该随机出现，且 12 个字母都不能有重复，否则将降低准确率，因此我们可以采用伪随机的方式来安排刺激界面的 12 个字母。

下面，罗列主要的设计过程，如图 14-7 和图 14-8 所示，供读者参考。
在 inLine 语句控件 InLAllocation50ms 输入以下代码，用于呈现刺激界面的 12 个字母。

```
'*********************************************
Dim theTxt1 As SlideText
Dim theTxt2 As SlideText
Dim theTxt3 As SlideText
Dim theTxt4 As SlideText
Dim theTxt5 As SlideText
Dim theTxt6 As SlideText
Dim theTxt7 As SlideText
Dim theTxt8 As SlideText
```

```
    Dim theTxt9 As SlideText
    Dim theTxt10 As SlideText
    Dim theTxt11 As SlideText
    Dim theTxt12 As SlideText

    dim tmpStr as string
    tmpStr=c.getAttrib("Capitals")

    Set theTxt1 = CSlideText(SldPR50ms.States(SldPR50ms.ActiveState).Objects("txt1"))
    Set theTxt1.text=Mid(tmpStr,1,1)
    Set theTxt2 = CSlideText(SldPR50ms.States(SldPR50ms.ActiveState).Objects("txt2"))
    Set theTxt2.text=Mid(tmpStr,2,1)
```

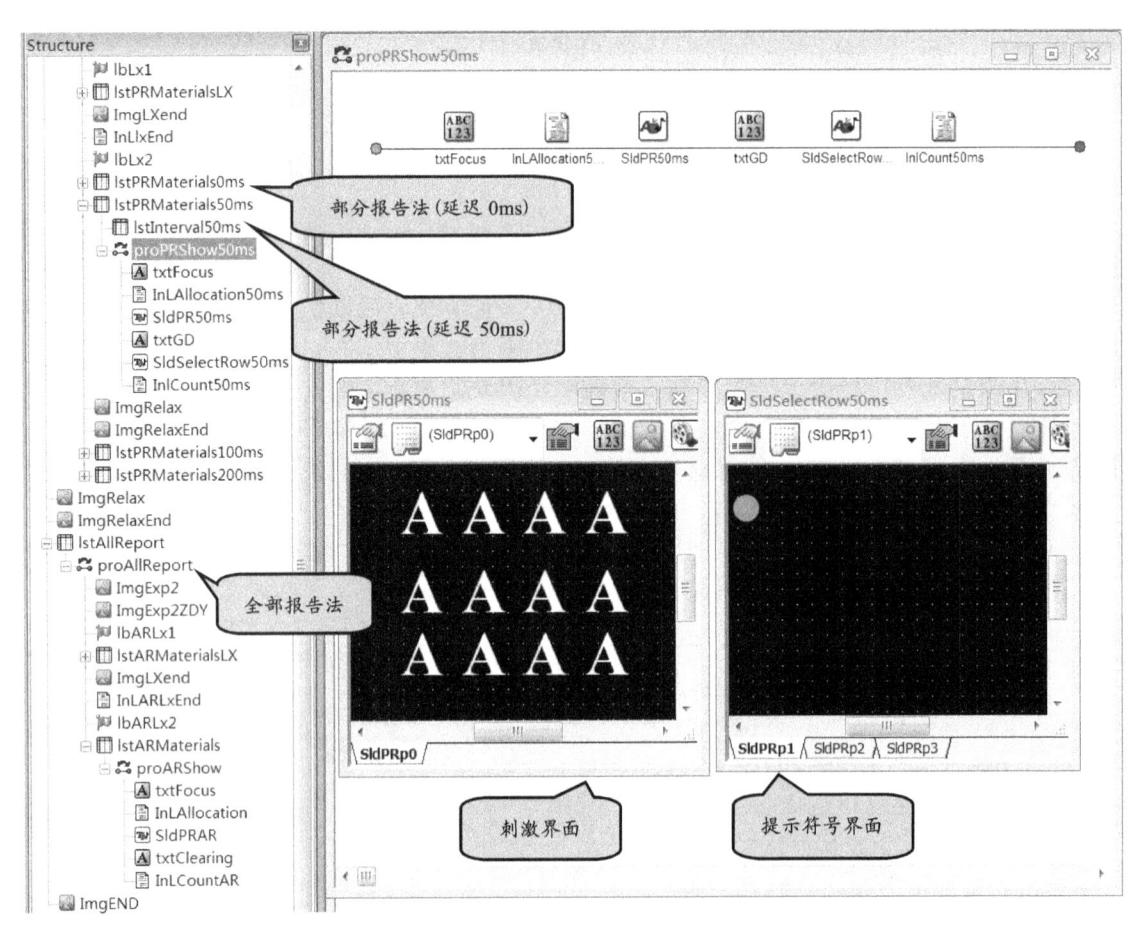

图 14-7 部分报告法和全部报告法的结构设计图与刺激界面

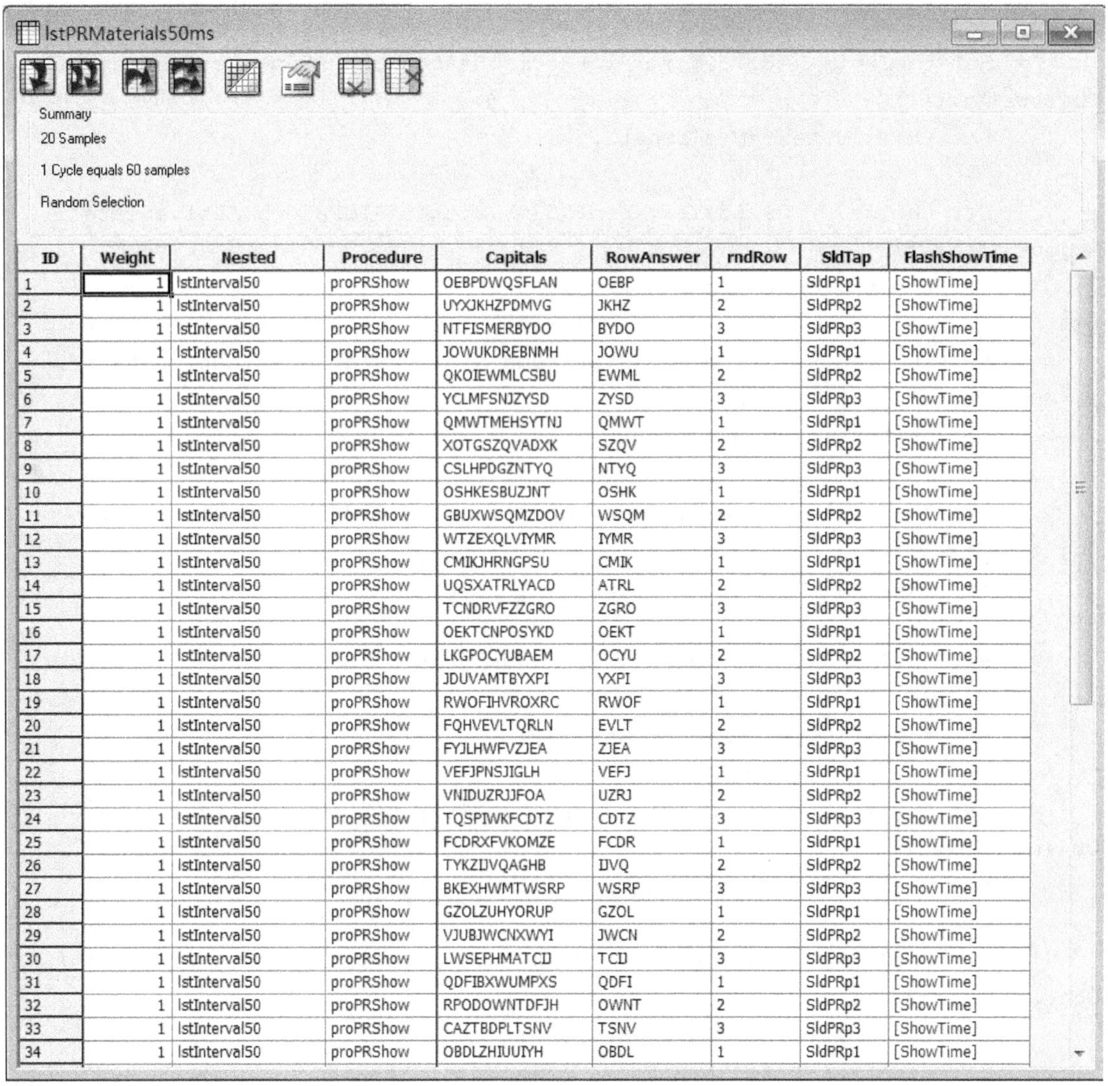

ID	Weight	Nested	Procedure	Capitals	RowAnswer	rndRow	SldTap	FlashShowTime
1	1	lstInterval50	proPRShow	OEBPDWQSFLAN	OEBP	1	SldPRp1	[ShowTime]
2	1	lstInterval50	proPRShow	UYXJKHZPDMVG	JKHZ	2	SldPRp2	[ShowTime]
3	1	lstInterval50	proPRShow	NTFISMERBYDO	BYDO	3	SldPRp3	[ShowTime]
4	1	lstInterval50	proPRShow	JOWUKDREBNMH	JOWU	1	SldPRp1	[ShowTime]
5	1	lstInterval50	proPRShow	QKOIEWMLCSBU	EWML	2	SldPRp2	[ShowTime]
6	1	lstInterval50	proPRShow	YCLMFSNJZYSD	ZYSD	3	SldPRp3	[ShowTime]
7	1	lstInterval50	proPRShow	QMWTMEHSYTNJ	QMWT	1	SldPRp1	[ShowTime]
8	1	lstInterval50	proPRShow	XOTGSZQVADXK	SZQV	2	SldPRp2	[ShowTime]
9	1	lstInterval50	proPRShow	CSLHPDGZNTYQ	NTYQ	3	SldPRp3	[ShowTime]
10	1	lstInterval50	proPRShow	OSHKESBUZJNT	OSHK	1	SldPRp1	[ShowTime]
11	1	lstInterval50	proPRShow	GBUXWSQMZDOV	WSQM	2	SldPRp2	[ShowTime]
12	1	lstInterval50	proPRShow	WTZEXQLVIYMR	IYMR	3	SldPRp3	[ShowTime]
13	1	lstInterval50	proPRShow	CMIKJHRNGPSU	CMIK	1	SldPRp1	[ShowTime]
14	1	lstInterval50	proPRShow	UQSXATRLYACD	ATRL	2	SldPRp2	[ShowTime]
15	1	lstInterval50	proPRShow	TCNDRVFZZGRO	ZGRO	3	SldPRp3	[ShowTime]
16	1	lstInterval50	proPRShow	OEKTCNPOSYKD	OEKT	1	SldPRp1	[ShowTime]
17	1	lstInterval50	proPRShow	LKGPOCYUBAEM	OCYU	2	SldPRp2	[ShowTime]
18	1	lstInterval50	proPRShow	JDUVAMTBYXPI	YXPI	3	SldPRp3	[ShowTime]
19	1	lstInterval50	proPRShow	RWOFIHVROXRC	RWOF	1	SldPRp1	[ShowTime]
20	1	lstInterval50	proPRShow	FQHVEVLTQRLN	EVLT	2	SldPRp2	[ShowTime]
21	1	lstInterval50	proPRShow	FYJLHWFVZJEA	ZJEA	3	SldPRp3	[ShowTime]
22	1	lstInterval50	proPRShow	VEFJPNSJIGLH	VEFJ	1	SldPRp1	[ShowTime]
23	1	lstInterval50	proPRShow	VNIDUZRJJFOA	UZRJ	2	SldPRp2	[ShowTime]
24	1	lstInterval50	proPRShow	TQSPIWKFCDTZ	CDTZ	3	SldPRp3	[ShowTime]
25	1	lstInterval50	proPRShow	FCDRXFVKOMZE	FCDR	1	SldPRp1	[ShowTime]
26	1	lstInterval50	proPRShow	TYKZIJVQAGHB	IJVQ	2	SldPRp2	[ShowTime]
27	1	lstInterval50	proPRShow	BKEXHWMTWSRP	WSRP	3	SldPRp3	[ShowTime]
28	1	lstInterval50	proPRShow	GZOLZUHYORUP	GZOL	1	SldPRp1	[ShowTime]
29	1	lstInterval50	proPRShow	VJUBJWCNXWYI	JWCN	2	SldPRp2	[ShowTime]
30	1	lstInterval50	proPRShow	LWSEPHMATCIJ	TCIJ	3	SldPRp3	[ShowTime]
31	1	lstInterval50	proPRShow	QDFIBXWUMPXS	QDFI	1	SldPRp1	[ShowTime]
32	1	lstInterval50	proPRShow	RPODOWNTDFJH	OWNT	2	SldPRp2	[ShowTime]
33	1	lstInterval50	proPRShow	CAZTBDPLTSNV	TSNV	3	SldPRp3	[ShowTime]
34	1	lstInterval50	proPRShow	OBDLZHIUUIYH	OBDL	1	SldPRp1	[ShowTime]

图 14-8 延时 50ms 的表单控件 lstPRMaterials50ms 的主要内容

```
        Set theTxt3 = CSlideText(SldPR50ms.States(SldPR50ms.ActiveState).
Objects("txt3"))
        Set theTxt3.text=Mid(tmpStr,3,1)

        Set theTxt4 = CSlideText(SldPR50ms.States(SldPR50ms.ActiveState).
Objects("txt4"))
        Set theTxt4.text=Mid(tmpStr,4,1)

        Set theTxt5 = CSlideText(SldPR50ms.States(SldPR50ms.ActiveState).
Objects("txt5"))
        Set theTxt5.text=Mid(tmpStr,5,1)
```

```
        Set theTxt6 = CSlideText(SldPR50ms.States(SldPR50ms.ActiveState).
Objects("txt6"))
        Set theTxt6.text=Mid(tmpStr,6,1)

        Set theTxt7 = CSlideText(SldPR50ms.States(SldPR50ms.ActiveState).
Objects("txt7"))
        Set theTxt7.text=Mid(tmpStr,7,1)

        Set theTxt8 = CSlideText(SldPR50ms.States(SldPR50ms.ActiveState).
Objects("txt8"))
        Set theTxt8.text=Mid(tmpStr,8,1)

        Set theTxt9 = CSlideText(SldPR50ms.States(SldPR50ms.ActiveState).
Objects("txt9"))
        Set theTxt9.text=Mid(tmpStr,9,1)

        Set theTxt10 = CSlideText(SldPR50ms.States(SldPR50ms.ActiveState).
Objects("txt10"))
        Set theTxt10.text=Mid(tmpStr,10,1)

        Set theTxt11 = CSlideText(SldPR50ms.States(SldPR50ms.ActiveState).
Objects("txt11"))
        Set theTxt11.text=Mid(tmpStr,11,1)

        Set theTxt12 = CSlideText(SldPR50ms.States(SldPR50ms.ActiveState).
Objects("txt12"))
        Set theTxt12.text=Mid(tmpStr,12,1)
        '**************************************************
```

采用 Slide 控件 SldSelectRow50ms 设计提示符号的界面，其中 SldPRp1 表示上行提示，SldPRp2 表示中间行提示，SldPRp3 表示下行提示。在 General 属性页的【ActiveState】中设置"[SldTap]"属性变量，表示从表单控件中提取属性变量"SldTap"中的数值，来激活 SldSelectRow50ms 控件中的哪一个状态页（SlideState），即 SldPRp1、SldPRp2 或 SldPRp3，如图 14-9 所示。

在 InLine 语句控件 InICount50ms 输入以下代码，用于计算每个试次的准确率。

```
        '**************************************************
        dim InputStr as string              '暂存输入的字母
        dim RowsTmp as integer
        dim nCount as integer               '计分
        dim i as integer
        dim j as integer
```

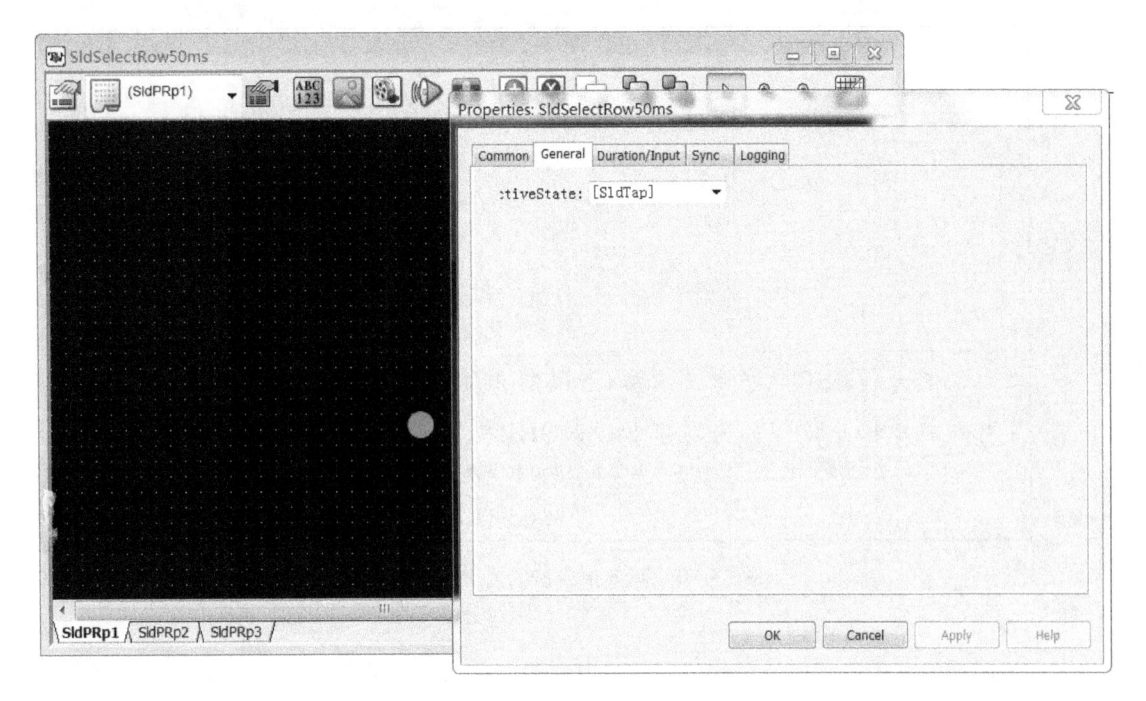

图 14-9 提示符号的设计界面

```
InputStr=inputbox("",,,4000,0)

for i=1 to 4
   for j=1 to 4
     if mid(InputStr,i,1)=mid(c.getAttrib("RowAnswer"),j,1) then
        nCount=nCount+1
     end if
   next j
next i

c.setAttrib "thePartOrALL",1        '1 表示存储部分报告法
c.setAttrib "theIntervalTime",1     '存储 1=0ms, 2=50ms, 3=100ms, 4=200ms
c.setAttrib "thePercent",nCount/4   '存储准确率
c.setAttrib "theInputStr",InputStr  '存储输入的字母
nCount=0                            '清零
'*********************************************
```

这里采用 Inputbox 语句，弹出对话框来接收键盘输入的信息。其格式为："InputBox(<输入提示>[,[标题][,[xpos],[ypos]]])"。采用 Mid 函数，其格式为："Mid(<字符串表达式>),m,n)"，表示提取字符串中自第 m 个字符开始向右取 n 个字符组成的字符串。

最后，部分报告法的实验指导语如图 14-10 所示。

此外，全部报告法的 InLCountAR 控件的代码如下，用于计算每个试次的准确率。

```
'*********************************************
   dim nCount as integer                '计分
```

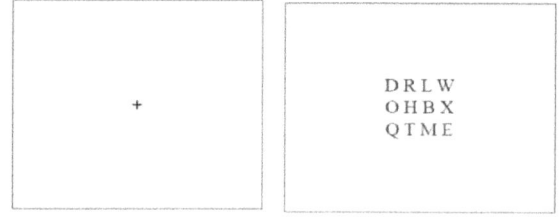

图 14-10　部分报告法的实验指导语

```
dim i as integer
dim j as integer

InputStr=inputbox("",,,4000,0)
nCount=0

for i=1 to 12
   for j=1 to 12
     if mid(InputStr,i,1)=mid(c.getAttrib("Capitals"),j,1) then
        nCount=nCount+1
     end if
   next j
next i

c.setAttrib "thePartOrALL",2           '2 表示存储全部报告法
c.setAttrib "theIntervalTime",1        '注释词部分报告法
c.setAttrib "thePercent",nCount/12     '存储准确率
c.setAttrib "theInputStr",InputStr     '存储输入的字母
'****************************************************
```

其余的设计过程，请读者自行理解。

14.3.2　短时记忆的研究

短时记忆是信息的保持约为一分钟的记忆，是信息从感觉记忆通往长时记忆的一个中间环节或过渡。短时记忆对信息的储存具有暂时性、动态性和可操作性特点。

14.3.2.1　短时记忆的编码

在记忆结构中的信息必须以某种编码的形式存储着，这好比在电话系统中，你的声音首先被转换成电磁波在空中传播,电话的另一端再把接收到的电磁波转换成声音。相似地,人的记忆必须把信号变换成某种编码,然后在回忆时再把这种编码转化为原来的信息形式(朱滢,2000)。

研究表明,短时记忆使用声音编码(phonological coding)。Conrad(1964)呈现给被试两种不同的字母串:其一为声音混淆字母串,如 CTVG;其二为声音不混淆字母串,如 XVSL。他发现回忆时,声音混淆的字母串错误率更高,如把 B 写成 P,把 C 写成 T,把 F 写成 M 等。

Baddeley(1966)扩展了 Conrad 的发现,他呈现给被试一连串的 5 个单词:
一类单词有类似的发音(如 man,mad,cap,can,map);
二类单词发音差别较大(如 pen,rig,day,bar,sup);
三类单词意义相近(如 huge,big,broad,long,tall);
四类单词意义不同(如 old,late,thin,wet,hot)。

结果表明,发音类似的单词,正确回忆率最低,而意义相近的单词正确回忆率远高于发音类似的单词,这说明短时存储是以声音编码的。Posner,Boies,Eichelman 和 Taylor(1969)以视觉的方式呈现 AA 对和 Aa 对时,也证实了短时记忆的编码是先进行视觉编码再过渡到听觉编码,读者可参考第 11 章中"短时记忆的编码"内容。

14.3.2.2 短时记忆的容量

短时记忆的容量可以通过记忆广度(memory span)的测量来确定。以数字材料为例,向被试朗读或视觉呈现一系列数字,呈现速度为每秒一个数字。呈现完毕后,让被试立刻按原来呈现的顺序把数字写下来。被试所能正确写下来的最长系列称为记忆广度。

记忆广度的计算方法如下:同一长度的数字系列连续呈现,每种长度各呈现 3 个系列。正确再现一个系列得 1/3 分,正确再现全部 3 个系列得 1 分。以得 1 分的最长系列的长度为基础,再加上从其他长度系列所得的分数就是所求的记忆广度。以某位被试在一次数字短时记忆容量测试为例,如表 14-4 所示,其短时记忆容量为:7+⅓×2+⅓=8。

表 14-4 某位被试在一次短时记忆容量测试中的表现

长度	6 位			7 位			8 位			9 位			10 位			11 位		
系列	⅓	⅓	⅓	⅓	⅓	⅓	⅓	⅓	⅓	⅓	⅓	⅓	⅓	⅓	⅓	⅓	⅓	⅓
	√	×	√	√	√	√	√	√	×	√	×	×	×	×	×	×	×	×
得分	1			1			⅓+⅓			⅓			0			0		

记忆广度测验还可以用单字、双字词等来测量,使用的测验材料不同,其记忆广度也不一样,如数字的记忆广度为 7~10,单词的记忆广度为 5~7。

记忆广度是以组块(chunk)为计量单位的。Simon(1974)指出,以组块为单位的短时记忆容量并不恒定。Baddeley(1990)提出了语音回路(phonological loop)的概念,认为短时记忆容量取决于背诵的速率,即大约 2s 内能发出声音的项目数。Zhang 和 Simon(1985)把语音回路结合到短时记忆容量,提出了短时记忆容量的新解释。

假定 2s 时间限定不仅是为了发出音节,同时也是为了让发音机制去提取每个新的组块。Zhang 和 Simon 提出了一个公式来估计提取每个组块的时间(a ms),发出每个音节的时间(b ms),公式如下:

$$T = C[a + b(S-1)]$$

其中，C 是组块数，S 是每个组块中的音节数，T 是发出容量中所有音节所花的时间，即存储信息的发音时程。在多组实验中，可获得 C 和 S，联立，最终求出 a、b 和 T。

14.3.2.3 短时记忆信息的提取

关于短时记忆信息的提取的内容，读者可以参考第 11 章中的"Sternberg 的短时记忆信息提取阶段模型"内容。

14.3.2.4 短时记忆的遗忘

Atkinson 和 Shiffrin 的记忆多重存储模型，以及相关研究已证实，短时记忆的遗忘进程是很快的。是什么造成短时记忆的遗忘呢？学术界一直争论不休。有一种观点认为，遗忘是记忆痕迹自然消退的结果（Monsell，1978），即痕迹消退说（decay theory）。另一种观点认为，遗忘是短时记忆中的信息被其他信息干扰导致的（Peterson & Peterson，1959），此为干扰说（interference theory）。那么，遗忘究竟是痕迹消退还是由于干扰导致存储的信息无法提取呢？痕迹消退需要时间，插入干扰也是需要时间的，这两个因素比较难以分离。

Waugh 和 Norman（1965）设计出了一个非常巧妙的实验，很好地解决了短时记忆的遗忘是因为痕迹消退还是干扰的问题。根据痕迹消退说，正确再现的百分数应随时间的延长而减少；根据干扰说，正确再现的百分数应随间隔数字的增加而降低。

Waugh 和 Norman 让被试听若干个数字组成的数字序列，在数字序列逐个呈现完毕后，伴随着一个声音信号将呈现一个探测数字，这个探测数字曾经在前面出现过一次。

要求被试回忆在探测数字后边是什么数字。从回忆数字到探测数字之间是间隔数字，呈现这些间隔数字所需的时间为间隔时间。比如：3，9，1，7，4，6，5，2，1，8，7，3，6，5，2，8。探测数字是 8。

将数字呈现速度（presentation rate）设置为，快速呈现每秒 4 个数字（4/s），慢速呈现每秒 1 个（1/s）。这样就可以在保持间隔数字（干扰个数，number of interfering items）恒定的情况下改变间隔时间。实验结果如图 14-11 所示。

从图 14-11 可以看出，以干扰个数 1 为基准，假设间隔 1s 后，对于呈现速度 1/s，它的准确率将由约 0.96 降为 0.93；而对于呈现速度 4/s，它的准确率将由约 0.94 降为 0.35。也就是说，间隔相等时间后，如果根据痕迹消退说，此时的准确率应该相同，但是实际上出现了不同的准确率，这里的不同是由干扰个数的不同导致的。因此，该实验证实了短时记忆的遗忘是干扰导致的，而不是痕迹消退。

14.3.3 短时存储与长时存储的区分

14.3.3.1 自由回忆任务与系列位置曲线

自由回忆任务（free recall task）是指，以一定的速度呈现给被试一系列的项目（如 2s 一个单词），要求被试在所有项目呈现完毕后立即进行回忆，回忆无须按照项目的原有呈现顺序展示。以项目所在系列的位置为横坐标，以对应项目的回忆准确率为纵坐标，可以得到一条曲线，我们称之为系列位置曲线（serial position curve），如图 14-12 所示。

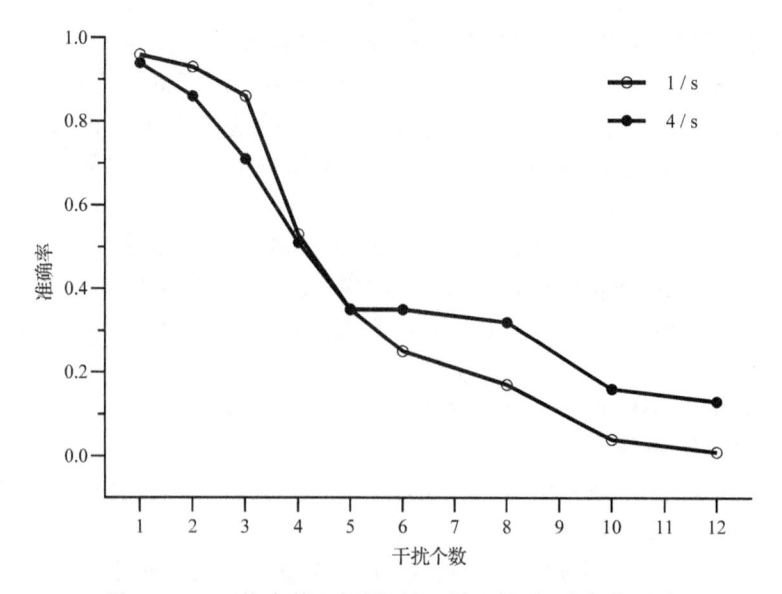

图 14-11　干扰个数和间隔时间对短时记忆遗忘的影响

资料来源：WAUGH N C, NORMAN D A. Primary memory. Psychological Review, 1965-72(2)：89-104.

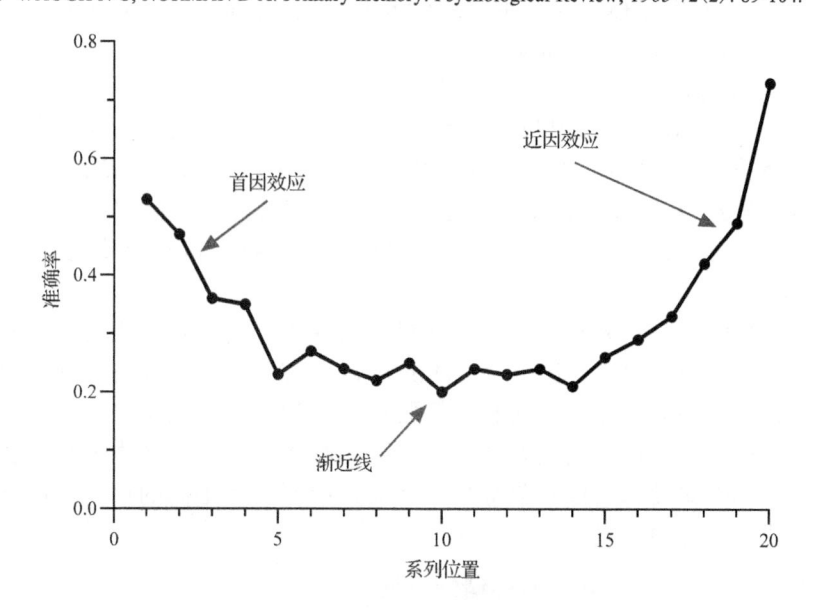

图 14-12　自由回忆任务中的系列位置曲线

资料来源：朱滢. 实验心理学. 北京：北京大学出版社，2000: 346.
PARKIN A J. Memory: Phenomena, experiment and theory. Cambridge: Blackwell, 1993.

以回忆成绩的好坏为标准，将系列位置曲线分成三个部分：①系列后段的几个项目回忆成绩最好的，称为近因效应(recency effect)；②系列前段的几个项目回忆较好，称为首因效应(primary effect)；③系列中段的几个项目回忆成绩最差，称为渐近线(asymptote)(朱滢，2000)。那如何解释这三部分的差异呢？我们可以采用双重分离逻辑来解释。

14.3.3.2　双重分离逻辑

最早由 Teuber 提出的双重分离(double dissociation)也称实验性分离(experimental

dissociation)，用于区分两种认知机能(Teuber，1955；杨治良，钟毅平，1996；杨治良，郭力平，王沛，陈宁，1999)。其原则是：假如有一项心理活动需要两种认知机能参与，如机能 A 和机能 B，当且仅当机能 A 在机能 B 缺失的情况下可以正常运行，机能 B 在机能 A 缺失的情况下可以正常运行，那么机能 A 和机能 B 是两种可以独立运行的机能单元。

其操作原理是：如果两个测验(如 T_A 和 T_B)所包含的加工过程(认知机能，与测验相对应的机能 A 和机能 B)是相同的，或者是高度相关的，那么操纵自变量对这两个测验的影响就不应该出现分离；如果出现了分离，那么这两个测验就有可能包含不同性质的加工过程。

Dunn 和 Kirsner(1988)进一步将该操作原理区分成两类双重分离。

(1) 非交叉的双重分离

非交叉的双重分离(uncrossed double dissociation)是指，如果自变量 1 只影响机能 A 而不影响机能 B，自变量 2 只影响机能 B 而不影响机能 A，那么操纵自变量分析它们对 T_A 和 T_B 的影响：如果自变量 1 只影响 T_A 而不影响 T_B，自变量 2 只影响 T_B 而不影响 T_A，那么说明机能 A 和机能 B 是两种不同的加工过程(Dunn & Kirsner，1988；杨治良，郭力平，王沛，陈宁，1999)，该类分离也称机能双重分离(functional double dissociation)。相加因素法本质上是建立在非交叉的双重分离基础上的。

(2) 交叉的双重分离

交叉的双重分离(crossed double dissociation)是指在同一自变量影响下两种测验(如 T_A 和 T_B)产生相反结果的情形。比如，自变量 X，有两个水平 X_1 和 X_2，在 T_A 和 T_B 中，$T_A(X_1) > T_A(X_2)$，而 $T_B(X_1) < T_B(X_2)$，我们就说机能 A 和机能 B 是两种不同的加工过程(Dunn & Kirsner，1988；杨治良，郭力平，王沛，陈宁，1999)，该类分离也称任务分离(task dissociation)。

尽管 Dunn 和 Kirsner(1988)提出的认知机能的双重分离原则为我们的实验设计提供了很好的逻辑基础，但仍有学者提出质疑。Himtzman(1990)认为，任何两种测验任务总是有一定差异的，否则就不能称之为"两种"测验任务。如果我们总是以为不同测验任务涉及不同的心理加工过程，而以不同的心理加工过程在测验任务间能产生分离为证据，那么，任何两种测验任务的比较都可能产生分离。然而，即便存在不同的声音，仍无法掩饰双重分离原则在心理学研究中的光芒。

14.3.3.3 区分短时存储与长时存储的证据

记忆多重存储模型中对于短时存储和长时存储的区分，可以在自由回忆任务中得以体现。在自由回忆任务中，由于采用立即测试，所以系列位置处于后面部分的信息还处于短时记忆的作用范围，而处于系列位置前面部分的信息则可能已经进入长时记忆的作用范围。因此，有不少研究者提出，近因效应来自短时存储的功能，首因效应来自长时存储的功能(朱滢，2000；Parkin，1993)。

要证实该观点，我们需要采用非交叉的双重分离逻辑：找出一些影响长时存储但不影响短时存储的自变量和一些影响短时存储但不影响长时存储的自变量。操纵这些自变量，查看它们是否影响首因效应与渐近线，但不影响近因效应，以及是否影响近因效应，但不影响首因效应与渐近线，从而判断系列位置曲线中长时存储和短时存储机能的分离。

在系列位置曲线中,由于单词在系列中的位置会极大地影响自由回忆的成绩,因此要尽量保证各位置上的单词的词频、意义等额外变量保持一致。具体的操作方式有三种:其一,选取词频字典上词频接近的单词,并尽量考虑所有单词的意义特征,然后随机将其分配到各个系列位置上;其二,采用随机化方法随机呈现每个位置的单词;其三,用拉丁方的方式进行分组平衡分配。假设要学习的系列有16个单词,编号为A到P。我们可以采取4个单词为一小组,采用拉丁方的方式进行顺序平衡,共四个词单(1)~(4),每个被试随机选用一个词单,这样也可尽可能地规避单词的字频、意义等额外变量的影响,如表14-5所示。

表14-5 系列位置曲线研究中平衡字频、意义等额外变量的方法

词单	一	二	三	四
(1)	A,B,C,D	E,F,G,H	I,J,K,L	M,N,O,P
(2)	E,F,G,H	I,J,K,L	M,N,O,P	A,B,C,D
(3)	I,J,K,L	M,N,O,P	A,B,C,D	E,F,G,H
(4)	M,N,O,P	A,B,C,D	E,F,G,H	I,J,K,L

资料来源:朱滢. 实验心理学. 北京:北京大学出版社,2000: 347.

在《记忆:现象、实验和理论》(Parkin,1993)一书中,介绍了以下几个实验用于证明系列位置效应中首因效应来自长时存储,近因效应来自短时存储。

根据非交叉的双重分离,我们必须要先搞清楚影响短时存储和长时存储的因素。Waugh和Norman(1965)的研究已表明,导致短时存储发生遗忘的是干扰,但干扰一般来说不会影响长时存储。比如,你对苏轼的《赠刘景文》已经倒背如流,那么无论是在课堂上,还是在集市里,你都可以完整无误地背诵出"荷尽已无擎雨盖,菊残犹有傲霜枝。一年好景君须记,最是橙黄橘绿时。"现有研究表明,词频、呈现速度、系列长度和心理状态都会影响长时存储,但不会影响短时存储(朱滢,2000)。

于是,我们操纵影响长时存储但不影响短时存储的因素,看其是否会影响首因效应,而不影响近因效应。此处可把自由回忆任务的前面部分的测验当作测验A,后面部分当作测验B。

如图14-13所示,实验操纵了单词的呈现速度3s和9s,呈现的时间越长越容易使信息进入长时记忆。图中结果表明,与3s相比,9s条件组的系列曲线中的前面部分成绩更好,而后面部分基本没有差异,即呈现时间影响首因效应但不影响近因效应。

遗忘症病人的长时存储受到破坏,短时存储仍然完好。你可以与其交谈,但今天认识之后,明天再见面时他已经忘记你的名字。实验结果表明,遗忘症病人在系列位置的中前面部分的成绩与正常人差异很大,但后面部分基本没有差异,如图14-14所示。这表明,长时记忆受损影响首因效应和渐进线,但不影响近因效应。

在图14-15中,记录被试在学习词单时,每个单词被复述的次数。从实验结果可以看出,系列位置前面的单词随着复述次数的增加,记忆效果也越好;但是系列位置后面的单词即便是仅进行两三次的复述,记忆效果却远好于系列前面的单词。这表明复述的次数影响首因效应,但不影响近因效应。

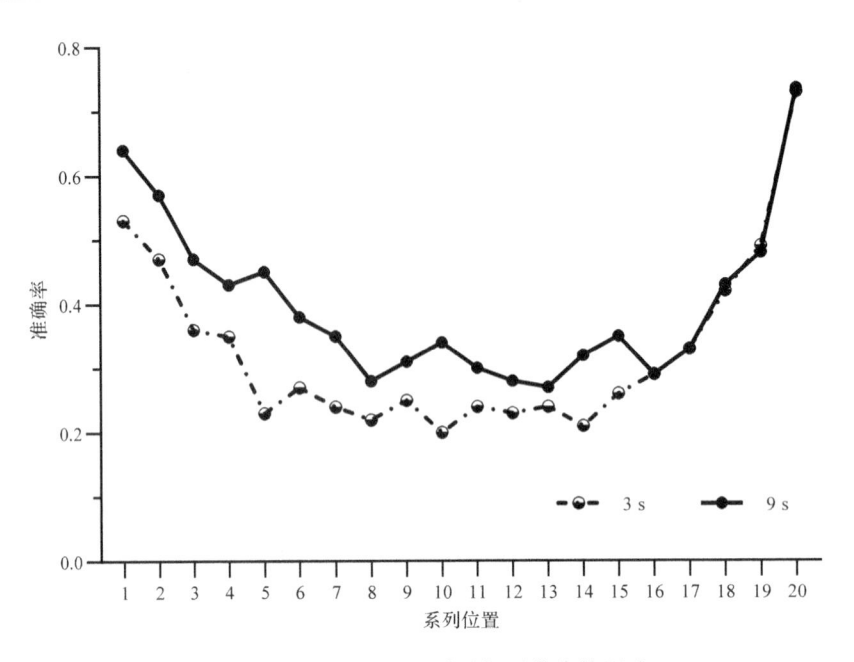

图 14-13　呈现时长对系列位置曲线的影响

资料来源：朱滢. 实验心理学. 北京：北京大学出版社, 2000: 348. 有改动.
PARKIN A J. Memory: Phenomena, experiment and theory. Cambridge: Blackwell, 1993.

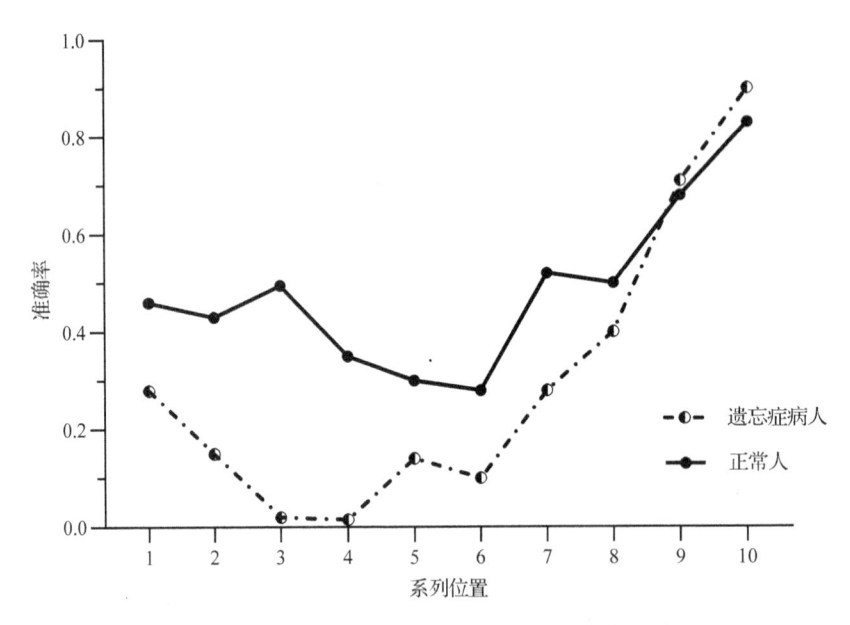

图 14-14　长时记忆受损对系列位置曲线的影响

资料来源：朱滢. 实验心理学.（第一版, p.348）. 北京：北京大学出版社, 2000. 有改动.
PARKIN A J. Memory: Phenomena, experiment and theory. Cambridge: Blackwell, 1993.

同理，操纵影响短时存储但不影响长时存储的因素，看其是否会影响近因效应，而不影响首因效应。

在图 14-16 中，在学习完词单之后，一组进行 30s 的干扰任务，另一组无分心任务。

实验结果表明，在进行 30s 的干扰任务后系列后面的单词记忆效果远差于没有干扰组的成绩，而系列中前面位置的成绩差异不明显。这表明，干扰影响近因效应，但对首因效应和渐进性的影响不明显。

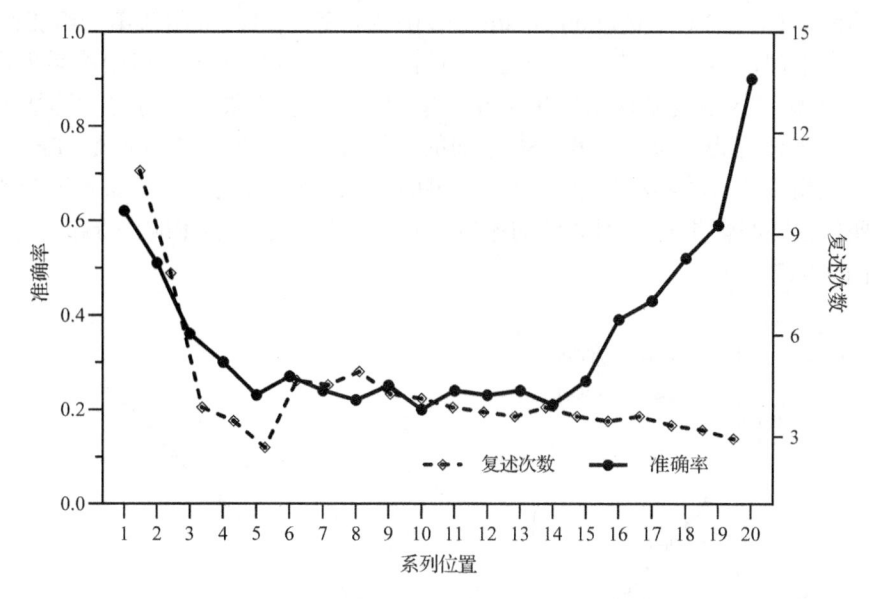

图 14-15　单词复述次数对系列位置曲线的影响

资料来源：朱滢. 实验心理学.（第一版, p.348）. 北京：北京大学出版社，2000. 有改动.
PARKIN A J. Memory: Phenomena, experiment and theory. Cambridge: Blackwell, 1993.

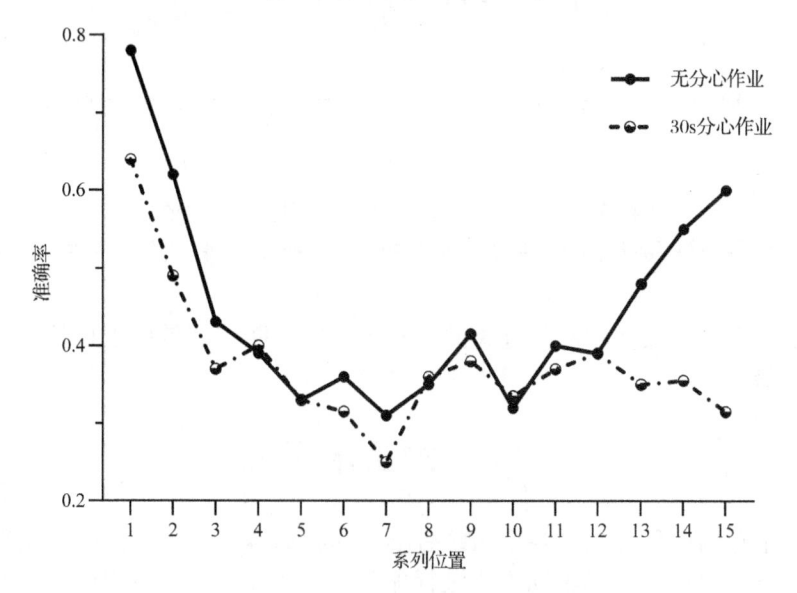

图 14-16　干扰对系列位置曲线的影响

资料来源：朱滢. 实验心理学.（第一版, p.348）. 北京：北京大学出版社，2000. 有改动.
PARKIN A J. Memory: Phenomena, experiment and theory. Cambridge: Blackwell, 1993.
GLANZER M, CUNITZ A R. Two stage mechanisms in free recall. Journal of Verbal Learning and Verbal Behavior, 1966-5(4): 351-360.

Craik(1970)在一项研究中将被试分成两组。第一组，15 个单词为一个词单，共有 10 个词单，以 2s 一个单词的速度按顺序将词单的每个单词呈现给被试，每个词单呈现完毕后立即进行自由回忆测试。最后计算 10 个词单中每个位置的准确率，制成一个 15 个系列的系列位置曲线，此为立即回忆(immediate recall)组。第二组，采用与第一组相同的实验材料，共 150 个单词，其中每 15 个单词为一小组，这样区分出每个小组中的系列位置为 1~15。以 2s 一个单词的速度呈现给被试 150 个单词，之后要求被试进行自由回忆测试。最后以小组中的系列位置为单位，计算 150 单词的回忆准确率。此为合并回忆(final recall)组。对于合并回忆组来说，其实相当于在每个小组的第 15 个位置之后，又加入了新的干扰。实验结果表明，合并回忆组对近因效应的影响，大于立即回忆组的影响，Craik 称其为负近因效应，如图 14-17 所示。

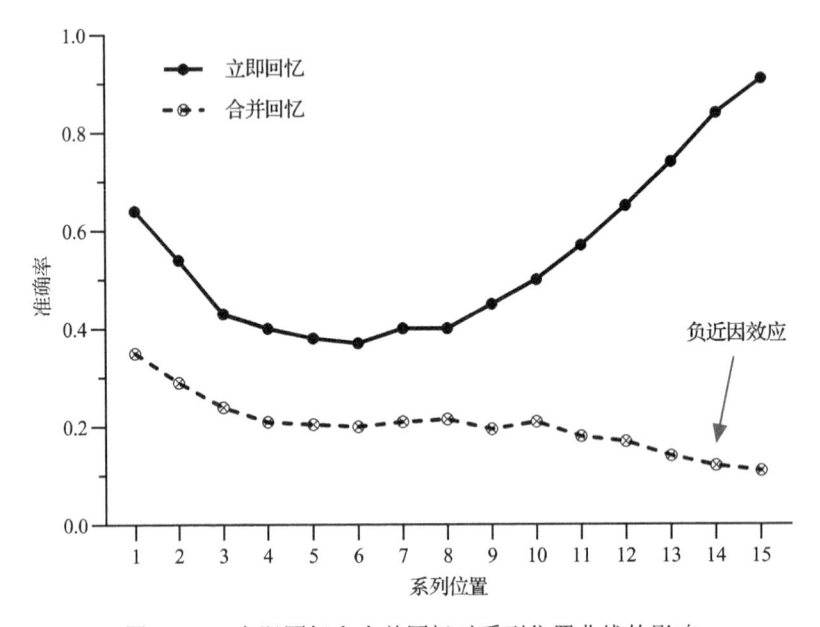

图 14-17　立即回忆和合并回忆对系列位置曲线的影响

资料来源：CRAIK F I M. The fate of primary memory items in free recall. Journal of Verbal Learning and Verbal Behavior, 1970-9(2)：143-148.

综上所述，根据非交叉的双重分离的逻辑，可以推断首因效应来自长时存储，近因效应来自短时存储。

14.4　加工水平说

记忆的多重存储模型是根据各个系统有不同的存储容量、编码方式和遗忘速度进行区分的。这种区分突显刺激是以不同方式进行加工的。比如，一个单词的视觉的、听觉的或意义方面的信息在感觉存储、短时存储和长时存储中的加工是不同的(Craik & Lockhart, 1972)。

Craik 和 Lockhart 认为记忆的多重存储模型在方法论上是有缺陷的。首先，用于区分不同存储的一个主要标准是保持特征的不同，但它却扮演了双重角色。比如，在各存储器上保持时间的长度本身是一个有待解释的现象，但多重存储模型却根据它来划分三种记忆结构，再应用这些结构来解释各种记忆现象，有循环论证之嫌。其次，容量有限到底属于加工能力有限还是储存能量有限，抑或两者的相互作用，一直是模糊不清的(朱滢，2000)。

Craik 和 Lockhart(1972)重新从信息加工的操作来看待记忆系统，提出了加工水平说。

14.4.1 加工水平

加工水平说(levels of processing)认为，作用于人的刺激要经过一系列不同水平的分析，从浅层的感觉分析开始，到较深层的、较复杂的、抽象的和语义的分析。感觉分析涉及刺激的物理特性，如进行特征抽取，较深的分析涉及模式识别和意义提取。这种加工体现出不同的加工深度。加工的深度越深，认知加工和语义加工越多。一个单词得到识别之后还可以与其他单词建立联想，与有关的表象或故事建立联系(王甦，汪安圣，1992)。

一个刺激的加工深度依赖于刺激的性质、可用于加工的时间和加工的任务等因素。比如：言语刺激比其他感觉刺激更易得到深层的加工；加工时间越长刺激的加工程度越深；语义的任务比语音的任务能使加工达到更深的水平。

加工水平说认为，记忆痕迹是信息加工的副产品，痕迹的持久性是加工深度的函数。那些受到深入分析、参与精细的联想和表象的信息会产生较强的记忆痕迹，并可持续较长的时间；而那些只受到浅层分析的信息则只能产生较弱的记忆痕迹，并持续较短的时间。

Craik 和 Tulving(1975)设计了一个实验(实验 2)来验证他们的理论。在实验中，每次给被试呈现一个单词，同时给出一个问题，要求被试做出是否判断。这个问题涉及字词结构(structural)、语音(phonemic)和语义(semantic)三种由低到高的不同加工水平。

字词结构：这个单词是大写的吗？

字词语音：这个单词与 WEIGHT 押韵吗？

字词语义：这个单词是否能填入下述句子："他在街上碰到_____。"

记录被试的反应时，之后出其不意地进行再认测验，实验结果如图 14-18 和图 14-19 所示。结果表明：①加工越深，所需的加工时间越多，语义加工所需的时间最多；②加工越深，再认的成绩越好，语义加工的成绩最好。由此证实了加工深度影响到记忆痕迹的持久性，即支持加工水平说。

在操纵加工水平上，除了采用 Craik 和 Tulving(1975)实验 2 中字词的结构、语音和语义三种操纵外，Rogers, Kuiper 和 Kirker(1977)还采用自我参照(self-reference)的方式询问被试所呈现的形容词是否能描述他本人，如表 14-6 所示；Bower 和 Karlin(1974)采用照片进行再认，并操纵被试判断照片的性别(或其特征，如诚实、魅力)。以上实验结果均支持加工水平说。

表 14-6　形容词的加工水平的操纵方法举例

任务	问题	实验操纵
结构	它是大字母吗	将该形容词的字号操纵为：与问题的字号相同，或是它的 2 倍大
语音	它与 X 词押韵吗	X 词与该形容词有押韵或者没有押韵
语义	它的同义词是 Y 吗	Y 词是该形容词的同义词或非同义词
自我参照	它能描述你的特征吗	被试只需简单地判断该形容词是否能描述自己的特征即可

资料来源：ROGERS T, KUIPER N, KIRKER W S. Self-reference and the encoding of personal information. Journal of personality and social psychology, 1977-359(9): 677-688.

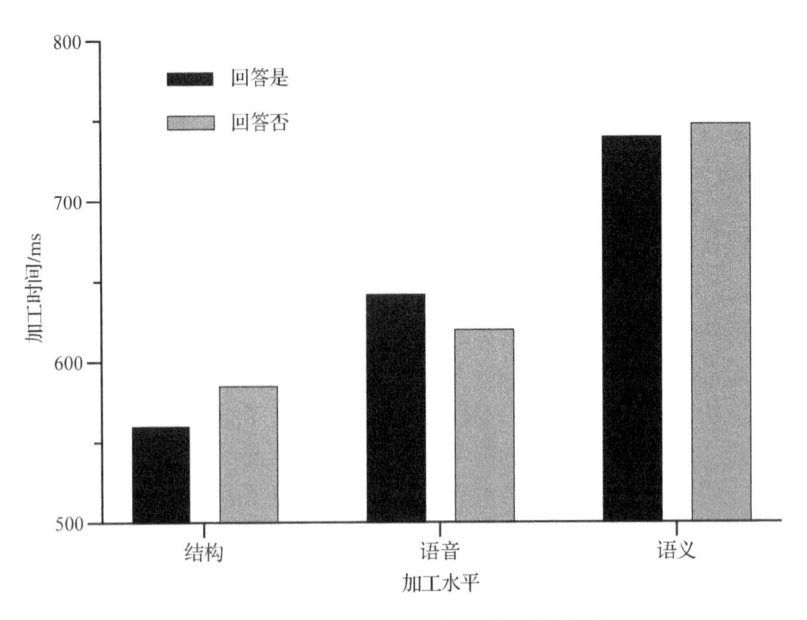

图 14-18　加工水平与加工时间的关系

资料来源：CRAIK F I M, TULVING E. Depth of processing and the retention of words in episodic memory. Journal of Experimental Psychology: General, 1975-104(3)：268-294.

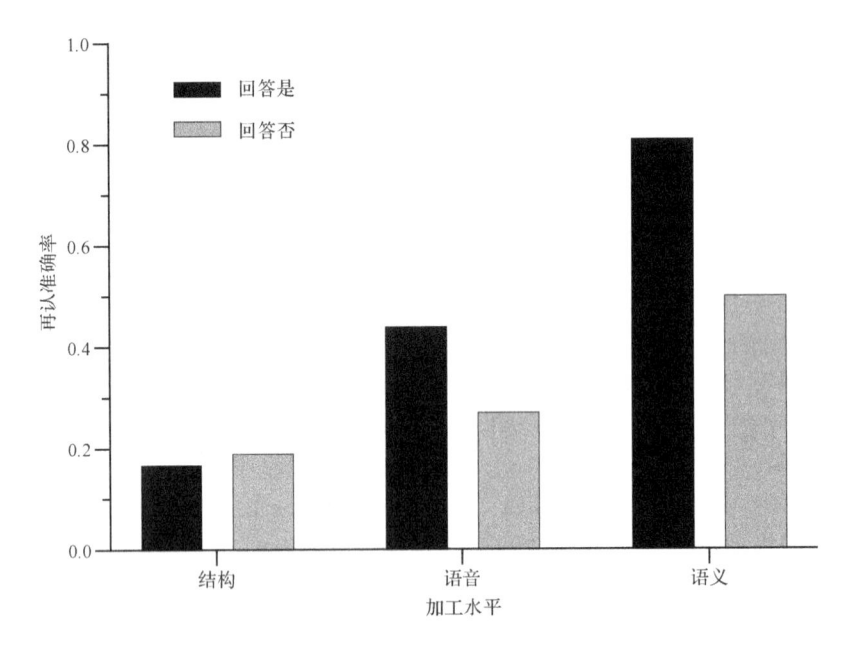

图 14-19　加工水平与再认准确率的关系

资料来源：CRAIK F I M, TULVING E. Depth of processing and the retention of words in episodic memory. Journal of Experimental Psychology: General, 1975-104(3)：268-294.

14.4.2　关于复述

加工水平说认为记忆效果依赖于加工深度，不同意多重存储模型中简单的复述是使信息从短时存储转入长时存储的重要机制的说法。

  Craik 和 Watkins(1973)设计了一个精巧的实验进行检验。在实验中，他们给被试呈现一系列单词串，要求他们记住词表中最后一个以某个字母开头的单词。比如，daughter, oil, rifle, garden, grain, table, football, anchor, giraffe, …，要求被试记住以 g 开头的最后一个单词。在这个词表中，有几个以 g 开头的单词，其数量和位置被试事先并不知道。

  在实验中，被试遇到第一个以 g 开头的单词 garden，紧接着又遇到 grain，这时前面的单词 garden 立即被后面的单词 grain 取代。但是，单词 grain 之后连续出现了三个非 g 开头的单词 table, football 和 anchor，这时每当出现一个非 g 开头的单词，被试总要去复述一次单词 grain，因为他不知道后面是否还有以 g 开头的单词，所以总共要复述 3 次，直到 giraffe 出现。

  在这样安排的词表中，在前后两个以相同字母(g)开头的单词之间插入一定数目的其他单词，就可以得到前一个以 g 开头的单词的复述次数。在本例中，单词 garden 的复述次数为 0，而 grain 的复述次数为 3。这个插入的单词数量或复述次数是一个重要的自变量，可进行系统变化。

  词表呈现完毕，要求被试进行自由回忆测试，实验结果如图 14-20 所示。出乎意料的是，复述次数并没有对记忆效果产生显著的积极影响。这说明，信息并不能通过这样机械的复述而转入长时记忆。这个结论与记忆的多重存储模型相矛盾。加工水平说从加工深度出发，将复述分为简单的保持性复述和精细复述，后者是对项目的深层加工，可使信息转入长时存储(王甦，汪安圣，1992)。

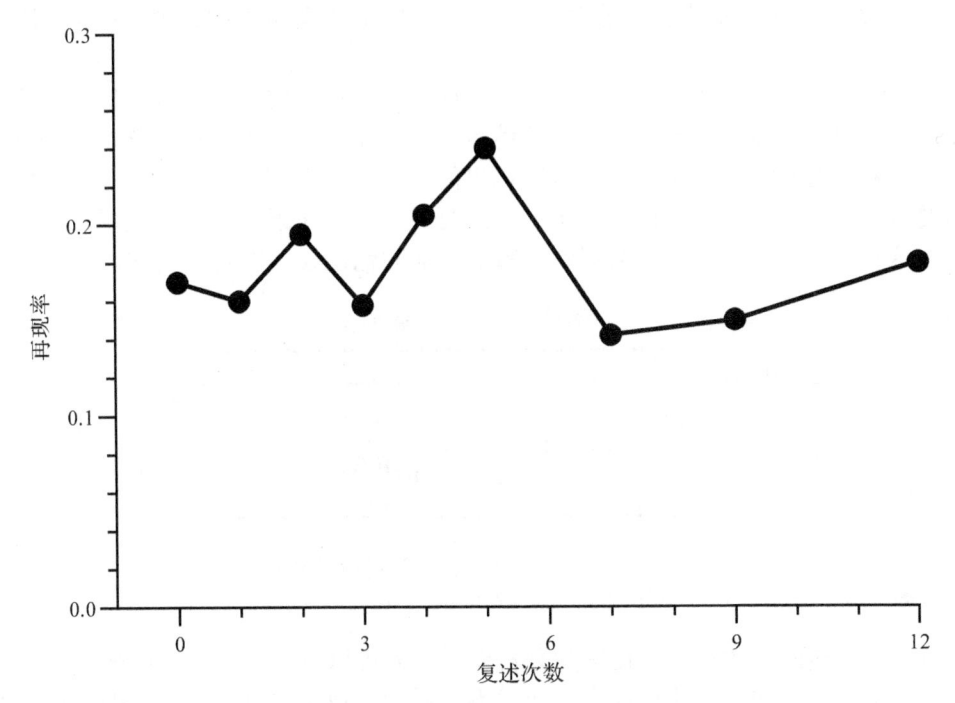

图 14-20 简单的机械复述并未提高单词的再现率

资料来源：王甦，汪安圣. 认知心理学. 北京：北京大学出版社，1992: 133. 有改动.

14.4.3 加工一致性

Craik 和 Tulving(1975)认为，记忆的结果不仅依赖于对项目本身的加工，而且也依赖于对项目上下文(context)的加工。加工一致性实际上涉及信息表征和储存的方式，它是记忆研究的重要内容。后来还发现即使有语义加工，记忆效果也未必提高。在 Craik 和 Tulving 的另一个研究(实验 4)中，采用与实验 2 相似的实验程序，但是需要先告诉被试要进行测验，这样可促使被试进行深入的分析加工。实验结果表明在完成关于字词的结构和语音评定作业后，记忆效果并没有明显的改善。Craik 和 Tulving 认为，这是由于没有适宜的上下文(问题)的缘故。上下文越丰富，对项目的加工就越精细，也越不容易与其他项目混淆。如果没有这样的上下文，即使涉及项目的意义，记忆效果也不会提高。他们进一步提出了加工的精细性和区分性概念(王甦，汪安圣，1992)。

14.4.4 加工序列

加工水平说以加工深度概念为核心，强调不同深度和水平的加工对记忆的决定性作用，而与多重存储模型对立。但是就加工水平而言，由浅到深的不同水平的加工是否也是一系列加工呢？Craik 和 Lockhart(1972)原先认为，加工深度包含着必然的、不可避免的一系列的加工阶段。这样，尽管他们强调不同深度的加工，像记忆的多重存储模型也是可以兼容加工水平说的，但是后来，Craik 和 Watkins(1973)放弃了原先的观点，他们认为虽然感觉分析必然要在语义分析之前，但是其他的加工并不是按照上下级组成一系列水平的，而是一种编码的侧向扩散(lateral spread)。所谓编码的侧向扩散是指，在某一水平上，要么在较浅的水平要么在较深的水平，加工在横向上的扩散(王甦，汪安圣，1992)。

图 14-21 描述了采用校对阅读和要点阅读同一个材料时的加工特点。校对阅读只需看字母或字词，包含大量的表层加工或保持性复述，如左边的灰色菱形部分，较少有语义加工参与。校对员对材料理解少，事后能回忆出的材料内容也少。要点阅读是为了掌握材料的内容要点，需要大量精心的语义加工或精细复述。加工在语义水平的扩展，较少有表层的加工。这种阅读对材料有较好的理解，事后也能回忆出较多的材料内容。

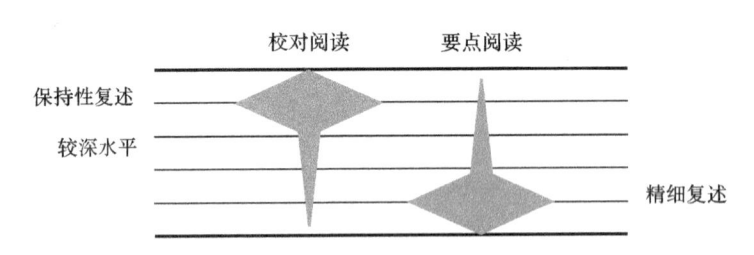

图 14-21 两种阅读方式的记忆激活特征

资料来源：王甦，汪安圣. 认知心理学. 北京：北京大学出版社，1992：135. 有改动。

然而，这种横向扩散提示，在感觉分析以后，人可以进行较深水平的分析，似乎无须事先进行较浅水平的加工。这种观点引起学界的质疑，观点本身也缺乏证据支持。如果将这些不同水平的分析看作是不固守一定顺序的加工类型，如两种复述那样，那么究竟能区分出多少水平或类型的加工，又按照什么标准来区分这些水平，它们的关系又是如何(王甦，汪安圣，1992)。也就是说加工水平的系列组织问题是加工水平说的硬伤。其实，加工水平说也存在循环论证的问题。因为它认为受到深度加工的内容就可以记得好，反过来又把记得好的归结为受到深度加工的结果。

多重存储模型主张记忆是由几个独立的结构组成的，加工水平说认为只有一个记忆结构侧重于研究记忆的加工过程。它们从不同角度来理解记忆，目前占主导地位的依然是多重存储模型。

14.5 内隐记忆

内隐记忆(implicit memory)从记忆的意识觉知的角度来探讨记忆的结果，它源自启动效应(prime effects)的研究。Graf 和 Schacter(1985)首次将这类记忆称为内隐记忆，而把传统的记忆称为外显记忆(explicit memory)。

14.5.1 概念界定

昨天你和好友一起出去逛街，期间你在一家店里看到一件衣服很漂亮，你很高兴地买了回来。可是不幸的是，当你穿上它准备去上课的时候，却发现撞衫了隔壁楼里的一个女生，很明显你之前就看过她穿过这件衣服。这让追求个性的你感觉有点郁闷。其实，这就是内隐记忆所起的作用。之前，你无意中瞥见了这个女生穿着这件衣服，你觉得款式很漂亮，但也仅是觉得很漂亮而已，没有更多其他的想法。昨天在逛街的时候，无意中看到了这件衣服，你发现这就是"你要的款"，你爽快地买了单，可当时你并没有意识到与她的衣服相似。也就是说，之前的"一瞥"影响了你后面无意识的购买行为。

Roediger(1990)将内隐记忆的陈述性定义表述为，不能够有意识回忆却能够在行为中表现出来的经验。Graf 和 Schacter(1985)进一步将其操作性定义表述为，在不需要对特定的过去经验进行有意识的或外显的回忆的测验中表现出来的对先前获得信息的无意识提取。

尽管研究者对内隐记忆中的不少问题仍争论不休，但它揭示了无意识加工在人类认知活动中的作用。其中，内隐记忆的理论研究和方法探索，也为研究认知过程中的无意识成分提供了借鉴。内隐记忆主要有两种研究范式：任务分离范式和加工分离范式。

14.5.2 任务分离范式

14.5.2.1 原理

任务分离范式，是指通过改变测验指导语来产生直接测验和间接测验的两种记忆任务(郭秀艳，2004)，再根据交叉的双重分离的实验逻辑，通过操纵某一自变量来考察其对两种测验的影响方向是否相同，来判断这两种测验是否具有不同的认知加工过程。

我们先来介绍直接测验(direct tests)和间接测验(indirect tests)。在直接测验中，要求被试有意识地努力去提取学习过的信息，测验项目和学习项目是相同。在间接测验中，不要求被试有意识地努力去提取信息，只要求他们专注于当前的作业，测验项目与学习项目有关、但不相同。在操作形式上，两类测验是相同的，唯一的不同是测验的指导语。一般来说，直接测验的指导语为"请用刚才学过的单词，完成下面的任务"，间接测验的指导语为

"请用心中首先想到的单词,完成下面的任务"。直接测验主要有自由回忆、线索回忆、再认等传统记忆测验。间接测验主要有两类:知觉辨认和词干补笔。

其一,知觉辨认(perceptual identification)。首先以一定的速度呈现一系列单词,然后快速呈现一个单词 30ms,要求被试辨认该单词是什么,因变量为反应时。知觉辨认还有一种形式是呈现一个模糊字(fragmented words),如图 14-22 所示,要求被试尽快地进行辨认,因变量为辨认的准确率(Warrington & Weiskrantz, 1970)。知觉辨认的实验流程如图 14-23 所示。

图 14-22 知觉辨认中的模糊字举例
资料来源:WARRINGTON E K, WEISKRANTZ L. Amnesic syndrome: Consolidation or retrieval?. Nature, 1970-228(5272):628–630.

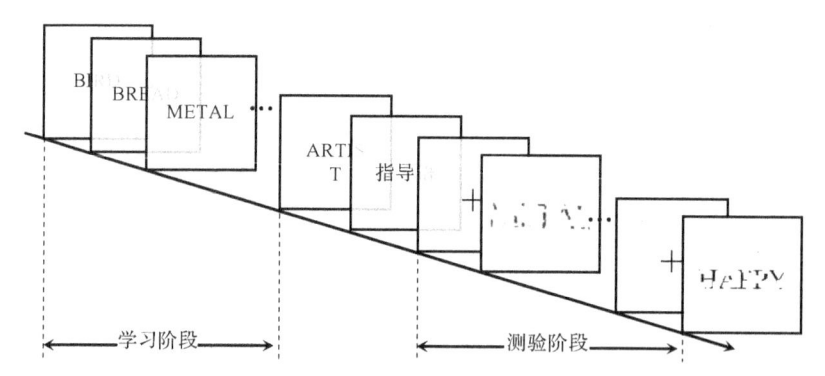

注:当指导语为"请用刚才所学的单词进行词汇辨认"是线索回忆,为直接测验;当指导语为"请凭第一感觉说出该单词"是间接测验。

图 14-23 知觉辨认的实验流程

其二,词干补笔(word stem completion)。以英文为例,如表 14-7 所示。

表 14-7 两组被试学习词单与词干补笔测验词单

学习词单		测验词单	
第 1 被试组	第 2 被试组	第 1 被试组	第 2 被试组
shade	chair	sha____ (target)	cha____ (target)
print	trade	pri____ (target)	tra____ (target)
		cha____ (baseline for)	sha____ (baseline for)
		tra____ (baseline for)	pri____ (baseline for)

资料来源:朱滢. 实验心理学. 北京:北京大学出版社, 2000: 372.

词干补笔的实验流程与图 14-23 类似,也是分成学习阶段和测验阶段。被试学习一系列词单之后,主试给第 1 组被试提供单词的开头三个字母,要求被试凭第一印象完成单词补全。从表 14-7 可以发现,被试填成 shade 和 print 就算对;当然,第 2 组被试虽然没有学过 shade 和 print，但也给他们提供 sha____和 pri____，有时他们碰巧也填成 shade 和 print，这种填对的概率，被称为"机遇概率"，并被作为测量内隐记忆成绩的基线值。总体来说，第 1 组被试填对 sha____和 pri____的概率高于第 2 组被试，第 2 组被试填对 cha____和 tra____的概率高于第 1 组被试。将学过的单词填对的概率减去没学过的单词填对的概率作为内隐学习的成绩或称启动成绩(朱滢，2000)。

在中文的词干补笔中，经常采用保留部首让被试去填词的方式。比如，学习"位、海、语、过、猎、打、怀"等，在测验时采用其偏旁部首，如"亻、氵、讠、辶、犭、扌、忄"等(朱滢，黎天骋，周治金，肖莉，1989)。

这两种词干补笔的最重要特点是根据留下的前三个字母或部首，可填写的字词具有多种可能性，这样的实验材料效果最佳。

14.5.2.2 内隐记忆存在的证据

(1) 来自遗忘症病人的证据

遗忘症病人由于某种形式的脑损伤而丧失记忆，不过，这些病人的知觉能力、语言和智力基本保持完好(朱滢，2000)。我们在系列位置曲线的研究中，就利用遗忘症病人无法把短时记忆中的信息转入长时记忆的特征，研究了短时存储和长时存储在其中的作用。也就是说，从内隐记忆和外显记忆的视角来看，遗忘症病人的外显记忆已受到破坏，那内隐记忆呢？

Warrington 和 Weiskrantz(1970)以 4 位遗忘症病人和 16 位控制组病人(无脑损伤)为被试，首先进行字单学习，之后以抵消平衡的方式分别进行自由回忆、再认、模糊字辨认和词干补笔，每个测验之间休息 5min。实验结果如表 14-8 所示。

表 14-8 遗忘症病人与控制组病人在直接测验和间接测验上的差异

组别 \ 任务	直接测验		间接测验	
	自由回忆	再认	模糊字辨认	词干补笔
控制组病人	13.0	18.7	11.1	16
遗忘症病人	8.0	10.5	11.5	14.5

资料来源：WARRINGTON E K, WEISKRANTZ L. Amnesic syndrome: Consolidation or retrieval?. Nature, 1970-228(5272): 628-630.

本实验采用任务分离范式，通过操纵外显记忆是否受到破坏(组别)，来检验被试在直接测验和间接测验上的表现。结果发现，组别与测验类型交互作用显著，$p<0.05$。在自由回忆的测验上，遗忘症病人显著差于控制组病人，$p<0.02$，在再认测验上两者的差异也显著，$p<0.01$；两者合并起来差异也显著，$p<0.02$。遗忘症病人和控制组病人在模糊字辨认测验和词干补笔测验上差异均不显著。也就是说自变量组别影响直接测验，但不影响间接测验。直接测验等价于外显记忆，间接测验等价于内隐记忆，遗忘症病人在外显记忆上差于控制组病人，但在内隐记忆上两者差异不显著。由此推断，遗忘症病人的外显记忆系统受到破坏，但内隐记忆系统完好，内隐记忆和外显记忆属于两个不同的记忆系统。

(2) 内隐记忆的抗遗忘研究

Tulving，Schacter 和 Stark(1982)以正常人为被试，学习 96 个低频单词，在间隔 1h 后进行补笔和再认测验，且 7 天之后再测一遍。实验结果如图 14-24 所示。

本实验采用任务分离范式，通过操纵学习和测验之间的间隔时间，来检验被试在再认和补笔测验上的表现。结果发现，间隔时间和测验类型交互作用显著。对于再认，7天之后的测验成绩（正确反应率）显著小于1h后的测验成绩，而对于补笔测验，两者的测验成绩没有显著差异。也就是说自变量间隔时间影响直接测验，但不影响间接测验。直接测验等价于外显记忆，间接测验等价于内隐记忆。由此推断，外显记忆会出现遗忘，但内隐记忆具有抗遗忘特征，内隐记忆和外显记忆属于两个不同的记忆系统。

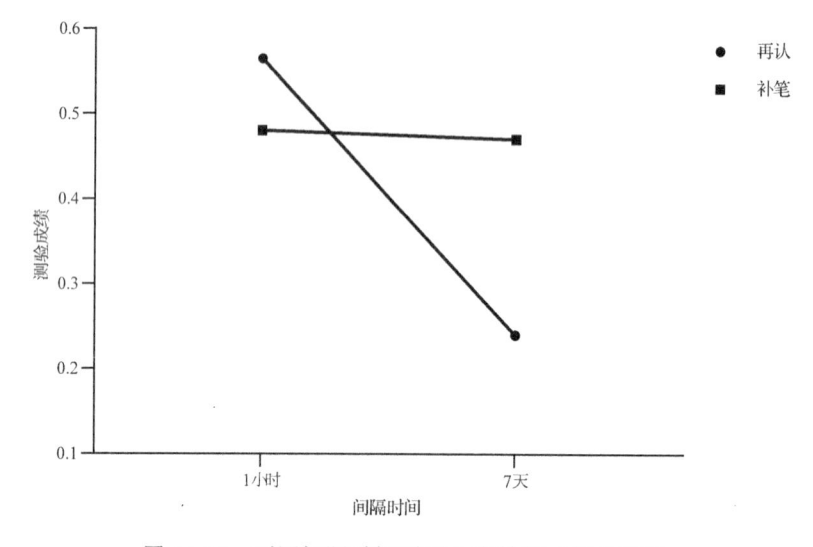

图 14-24　不同间隔时间后再认和补笔成绩的差异

资料来源：TULVING E, SCHACTER D L, STARK H A. Priming effects in word-fragment completion are independent of recognition memory. Journal of Experimental Psychology: Learning, Memory, and Cognition, 1982-8(4): 336-342.

(3) 感知加工与意义加工在两种记忆系统中的作用

Jacoby(1983)设计了一个实验也证实了内隐记忆和外显记忆的功能性分离。在实验中，他改变了被试学习单词的方式，要求被试在三种条件下大声读出一系列视觉呈现的单词或心里想到的单词。在"无上下关系"的条件下，先呈现"××××"，再呈现单词，在这种条件下被试无法事先获得该单词的任何信息；在"有上下关系"的条件下，在呈现学习单词之前，先呈现其反义词，这样被试可以事先得到关于该单词的一些信息，从而可以进行预测；在"想出"条件下，先呈现反义词，但是用"？？？"替代目标学习的单词，而不呈现该目标单词，如表 14-9 所示（朱滢，2000）。

表 14-9　加工水平对外显学习和内隐学习的影响

测验类型	实验条件		
	无上下关系	有上下关系	想出
	××××	热的	热的
	冷的	冷的	？？？
再认	0.56	0.72	0.78
知觉辨认	0.82	0.76	0.67

资料来源：朱滢. 实验心理学. 北京：北京大学出版社，2000: 383.

Jacoby 通过这种程序，巧妙地改变被试在学习这些单词时的加工水平。"无上下关系"要求看清字形，有较多的感知加工，因为被试事先无法预料该单词，但同时进行的意义加工也较少；"有上下关系"因为先呈现反义词，所以被试可事先获取该单词的信息，之后呈现视觉刺激，进行确认，此时被试需要较多的意义加工和较少的感知加工；"想出"条件基本不涉及感觉加工，所有的信息都是依靠意义加工来获取的。学习结束后，分别进行再认测验或知觉辨认测验。实验结果如表 14-9 所示，再认成绩从"无上下关系"到"想出"呈现出递增的趋势，而知觉辨认成绩则呈现递减的趋势。实验条件从"无上下关系"到"想出"意义加工逐渐增加，感觉加工逐渐减少。也就是根据任务分离范式，操纵意义加工和感知加工的变化，发现再认测验和知觉辨认出现了分离，又由于再认等价于检测外显记忆系统，知觉辨认等价于检测内隐记忆系统，由此，证实了内隐记忆和外显记忆是两个不同的记忆系统，出现了实验性分离。同时也说明，外显记忆更依赖于意义加工，内隐记忆更依赖于感知加工。

14.5.2.3 任务分离范式的评价

任务分离范式是建立在直接测验等价于外显记忆，间接测验等价于内隐记忆的前提下的。直接测验以经典的记忆测验，如再认、再现等为评价方式，测验需要以过去的学习经验为基础。间接测验则应保证被试觉察不到测验阶段与学习阶段之间存在的联系，同时测验还要求被试不会或者无法在测验阶段有意识地利用学习阶段所学的单词来完成测验任务。这是间接测验的特点，也是关键所在。

后来，研究者提出任务分离范式中的分离现象，可能只是两个任务之间外部形式上的差异所产生的结果。Schacter, Bowers 和 Booker(1989)提出了提取的意识性标准(Retrieval Intentionality Criterion，RIC)，对此加以改进。提取的意识性标准的实验逻辑是，在比较间接测验和直接测验的操作成绩时，如果这两种测验的外部条件，除了指导语之外的其他方面都一致(它控制了测验外部形式上的其他潜在变量的影响，如图 14-23 所示)，在这种情况下出现了实验性分离，那么我们就能较肯定地说，两种测验引发了两种不同记忆的提取，进而也证实了内隐记忆的存在及其与外显记忆之间的差异。

然而，随着研究的深入，研究者发现记忆任务无法提供对内部加工过程的纯粹测量，内部加工过程与测验任务并非一一对应的关系。比如，在再认测验中，我们可能会无意识地、自动地运用猜测策略蒙对选项，这无疑增加了对外显记忆成绩的估计。而在间接测验中，其实很难保证被试没有觉察到学习阶段与测验阶段的关系，这样外显记忆就会促进间接测验的成绩。

20 世纪 90 年代后，研究者逐渐形成共识：大多数记忆任务均包含了不同程度的意识和无意识加工。通过测验间的比较，将对意识与无意识加工成分分离(process dissociation)的方法论的探讨，逐步演化成如何分离在一个记忆任务中可直接测量的意识与无意识成分的贡献(杨治良，郭力平，王沛，陈宁，1999；杨海波，董良，周婉茹，2022)。

14.5.3 加工分离范式

14.5.3.1 原理

Jacoby 等人(Jacoby，1991；Jacoby，Toth，& Yonelinas，1993)提出的加工分离范式(Process Dissociation Procedure，PDP)是最富有创见和影响最大的一种方法，它成功地在一个简单的记忆任务中分离出意识和无意识的加工成分。

加工分离范式的思想是建立在再认的双加工模型框架(Mandler，1980)基础上的。Mandler 认为，再认是以熟悉性侦察(detection of familiarity)和有意的提取(utilization of retrieval)为心理机制。前者以刺激表征的感觉和知觉整合为基础，这种整合能提高个体对客体的熟悉感进而把刺激知觉为"旧的"，后者以精细加工为基础。

Jacoby(1991)结合 Mandler 的观点，认为基于熟悉性的加工依赖于刺激的知觉特征，反映了自动地和无意识地利用记忆，它基本不需要注意，所以被称为自动提取(Automaticity，A)成分；而意识性提取(Recollection，R)则是一种有意识的回忆，需要分配注意资源的控制加工，一般认为该加工过程对于概念加工的编码操纵较敏感，概念加工的程度越深，意识性提取的效果越好(杨治良等，1998；郭秀艳，2004)。Jacoby 提出的加工分离范式，巧妙地将记忆中基于熟悉性的自动提取加工成分和基于精细加工的意识性提取加工成分的分离。Jacoby，Toth 和 Yonelinas(1993)进一步指出，其他的记忆测验均可能包含自动提取和意识性提取两种加工成分。Jacoby 将内隐记忆和自动提取看成是同一概念，认为凡是自动完成的加工都可认为是内隐的或无意识的，而意识性提取则是外显记忆(杨治良等，1998)。

为了考察基于自动提取和基于意识性提取的两种加工的效应，需要提供两种测试条件：在第一种条件下，意识性提取和自动提取共同促进作业成绩，此测验条件称为包含条件(inclusion condition)；在第二种条件下，意识性提取和自动提取对作业成绩的影响正好相反，此测验条件称为排除条件(exclusion condition)。

14.5.3.2 实验论证

我们以 Jacoby(1991)的研究(实验 3)为例来介绍加工分离范式中意识性提取和自动提取的分离计算方法。

实验包括两个学习阶段和一个测验阶段。学习阶段 I 包含两种学习材料，其一，重组变位字。变位字是指单词的第二和第四个字母顺序是正确的，其余字母的位置随机，要求被试将其重组成一个正确的单词，每个变位字对应唯一答案，总共有 40 个变位字。其二，阅读单词。以视觉的方式逐个呈现单词，要求被试大声阅读，此类单词共有 40 个。在学习阶段 II 要求记忆单词，即以听觉的方式逐个播放单词，要求被试跟读并努力去识记。在测验阶段进行再认测试，根据测验指导语共设计了两类测验。其一为包含测验(inclusion test)，要求被试将新加词判断为新词，将变位字和视、听觉词判断为旧词；其二为排除测验(exclusion test)，要求将新加词、变位字、视觉词判断为新词，只能把听觉词判断为旧词，也就是将变位字和视觉词作为没有学习的项目加以排除。包含测验和排除测验出现的顺序随机，如图 14-25 所示。

以变位字为例，在包含测验中，测验的指导语是要求将其判断为旧词，被试如果意识到所呈现的词是变位字，必然会将其归类为旧词，此时意识性提取将促进包含测验的成绩。自动提取暂且不表，我们先看排除测验。排除测验包含着这样一种测验逻辑：测试指导语对自动提取是不起作用的。在排除测验中，被试要将变位字判断为新词，但是很有可能将变位字"错误地"判断成旧词。但凡被试意识到（意识性提取）所呈现的词是变位字，必然会将其归类为新词，而现在将其归为旧词，说明被试的归类判断是无意识的（自动提取）。也就是说，意识性提取将变位字归为新词，自动提取将变位字归为旧词，两种加工对排除测验的作用是相互对立的。既然在排除测验中存在自动提取的记忆机制，那么同理在包含测验中也应该存在自动提取的记忆机制。也就是说无论是意识性提取还是自动提取，它们都将变位字归为旧词，两者共同促进包含测验的成绩。

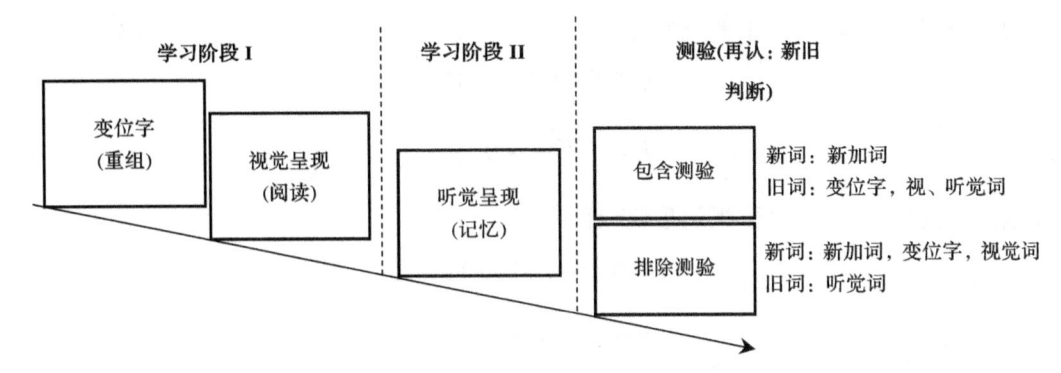

图 14-25　Jacoby(1991)实验步骤简易图

那么如何分离意识性提取和自动提取的贡献呢？Jacoby 认为，意识性提取和自动提取是相互独立的加工过程，因而记忆任务的操作既可以是独立地基于意识性提取或自动提取，其贡献分别为 $R(1-A)$，$A(1-R)$，也可以是意识性提取和自动提取共同作用，其贡献为 RA，如图 14-26 所示。

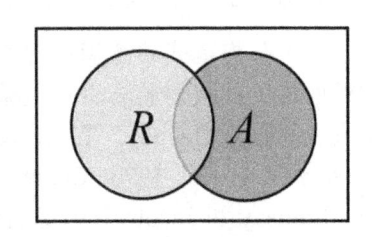

图 14-26　独立模型中意识性提取与自动提取的关系

根据上述推导，在包含测验中意识性提取和自动提取共同促进作业成绩，因而将变位字判断为旧词的概率等价于意识和无意识共同作用的结果：

$$p(\text{"旧词"}|\text{包含})=R+A(1-R) \tag{1}$$

在排除测验中，将变位字错误地判断为旧词的概率等价于纯无意识作用的结果：

$$p(\text{"旧词"}|\text{排除})=A(1-R) \tag{2}$$

联立公式(1)和(2)，可得：

$$R=p(\text{"旧词"}|\text{包含})-p(\text{"旧词"}|\text{排除}) \tag{3}$$

$$A=\frac{p(\text{"旧词"}|\text{排除})}{(1-R)} \tag{4}$$

我们可以用同样的逻辑来分离视觉呈现词的意识性提取和自动提取的贡献大小。Jacoby(1991)实验三的结果如表 14-10 所示。

表 14-10　包含测验和排除测验中四种实验材料的学习结果

测验条件	项目类型			
	变位字	视觉词	新词	听觉词
包含	0.80	0.48	0.18	0.69
排除	0.29	0.37	0.22	0.67

资料来源：JACOBY L L. A process dissociation framework: Separating automatic from intentional uses of memory. Journal of Memory and Language, 1991-30(5): 513-541.

根据公式(3)和(4)，对于变位字而言：

$$R=0.80-0.29=0.51$$

$$R=\frac{0.29}{1-0.51}\approx 0.59$$

根据公式(3)和(4)，对于视觉呈现词而言：

$$R=0.48-0.37=0.11$$

$$R=\frac{0.37}{1-0.11}\approx 0.42$$

14.5.3.3　加工分离范式的运用

加工分离范式将意识性提取和自动提取看作两种独立的加工过程，摆脱了任务分离范式所面临的间接测验和直接测验存在的内部心理加工不纯净的问题。其一提出就受到很多研究者的推崇(Jacoby, Toth, & Yonelinas, 1993；Lindsay & Jacoby, 1994；Reingold & Goshen-Gottstein, 1996；Caldwell & Masson, 2001；McCabe, Roediger, & Karpicke, 2011)。

Lindsay 和 Jacoby(1994)将加工分离范式引入 Stroop 色词实验。他们假设说出字的颜色(color-naming process)和字的意义(word-reading process)是两个相互独立的加工过程。他们创设了两种实验条件：色词不一致测验和色词一致测验，以颜色命名准确率作为参考指标。

$$p_{(\text{correct}|\text{congruent})} = \text{word} + \text{color}\,(1-\text{word})$$

$$p_{(\text{correct}|\text{incongruent})} = \text{color}\,(1-\text{word})$$

由此，计算出颜色加工(color)和意义加工(word)在 Stroop 色词任务中的作用。

14.5.3.4　加工分离范式的评价

加工分离范式是建立在以下三个基本假设前提下的。①意识性提取和自动提取是彼此独立的加工过程，这一假设是加工分离范式的核心，也正是如此，加工分离范式的心理模型被称为独立模型(independence model)。②意识性提取在包含测验和排除测验中的作用是相同的，同理自动提取也是相同的。③意识性提取的工作模式为全或无的方式(要么能再认，要么不能再认，不会出错)，而自动提取则有对错。也就是说，那些被意识性提取获得的信息不仅能被主动地报告出来而且也能被主动地排除掉(杨治良等，1998)。

然而，Joordens 和 Merikle(1993)对加工分离范式的独立性假设提出质疑。他们认为大部分心理活动是无意识的，只有一小部分能够达到意识状态，就记忆而言自动提取可以不依赖于意识性提取,但意识性提取总是伴随着与之相应的自动提取,意识性提取和自动提取之间是包容而非独立关系(杨治良等,1998)。根据这一假设,他们对加工分离范式加以修正,提出了冗余模型(redundancy model)。Gandiner 和 Java(1993)则认为,意识和无意识是相互排除的。决定被试做出判断的心理机制或是意识性提取,或是自动提取,不可能两者同时起作用(杨治良等,1998),他们据此提出了排除模型(exclusivity model)。不过目前看来,研究者似乎更认可独立模型(Caldwell & Masson,2001;McCabe,Roediger,& Karpicke,2011)。

14.6 错误记忆

错误记忆(False Memory,FM),也称虚假记忆,是指人们回忆出先前从未发生过的事件,或者所回忆的事件与真实情况完全不同的记忆现象(Roediger & McDermott,1995)。错误记忆常出现在长时记忆中,近年来研究者在短时记忆中也会发现过(Abadie & Camos,2019)。错误记忆最早可追溯至 Bartlett(1967)的研究,随着研究的深入,研究者发现错误记忆中包含着许多人类记忆本质的重要信息,于是开始试图通过量的实证手段去研究(周楚,杨治良,2004),发展出了多种实验范式,下面简要介绍 DRM 范式和误导信息干扰范式。

14.6.1 DRM 范式

Roediger 和 McDermott(1995)引申和扩展了 Deese(1959)的词表学习范式。在实验中,他们随机呈现给被试若干个单词组成的词表(称为相关项),词表中的所有项目(如雪花、温暖、天气、结冰等词汇)均与关键诱饵(critical lure)(如寒冷)有关,但关键诱饵在学习阶段并不呈现。之后,在测验阶段给被试呈现一些相关项、关键诱饵和一些新加的无关项(与相关项均无语义联系),要求被试判断所呈现的词在学习阶段是否出现过。实验结果表明,被试对关键诱饵的虚报率显著高于无关项,甚至接近相关项的击中率,而且被试还报告称他们记得这些单词呈现时的细节。此研究程序被称为 Deese-Roediger-McDermott 研究范式,简称 DRM 范式。

经典的 DRM 范式共包括 36 个词表,每个词表由一个关键诱饵和 15 个相关项组成,如表 14-11 所示。由于词表中每个项目均与一个未呈现过的关键诱饵产生联想,因此 DRM 范式也被称为集中联想研究范式(converging associate paradigm)。DRM 范式的基本观点是:人类的记忆是有关联的,如果两个事件有语义相关,那么加工一个事件的同时就会激活另一个事件(周楚,杨治良,2004)。

表 14-11 Roediger 和 McDermott(1995)研究(实验二)中的关键诱饵和相关项

Anger	Black	Bread	Chair	Cold	Doctor	Foot	Fruit
mad	white	butter	table	hot	nurse	shoe	apple
fear	dark	food	sit	snow	sick	hand	vegetable
hate	cat	eat	legs	warm	lawyer	toe	orange
rage	charred	sandwich	seat	winter	medicine	kick	kiwi
temper	night	Rye	couch	ice	health	sandals	citrus

Anger	Black	Bread	Chair	Cold	Doctor	Foot	Fruit
fury	funeral	jam	desk	wet	hospital	soccer	ripe
ire	color	milk	recliner	frigid	dentist	yard	pear
wrath	grief	flour	sofa	chilly	physician	walk	banana
happy	blue	jelly	wood	heat	ill	ankle	berry
fight	death	dough	cushion	weather	patient	arm	cherry
hatred	ink	crust	swivel	freeze	office	boot	basket
mean	bottom	slice	stool	air	stethoscope	inch	juice
calm	coal	wine	sitting	shiver	surgeon	sock	salad
emotion	brown	loaf	rocking	arctic	clinic	smell	bowl
enrage	gray	toast	bench	frost	cure	mouth	cocktail
Girl	High	King	Man	Mountain	Music	Needle	River
boy	low	queen	woman	hill	note	thread	water
dolls	clouds	England	husband	valley	sound	pin	stream
female	up	crown	uncle	climb	piano	eye	lake
young	tall	prince	lady	summit	sing	sewing	Mississippi
dress	tower	George	mouse	top	radio	sharp	boat
pretty	jump	dictator	male	molehill	band	point	tide
hair	above	palace	father	peak	melody	prick	swim
niece	building	throne	strong	plain	horn	thimble	flow
dance	noon	chess	friend	glacier	concert	haystack	run
beautiful	cliff	rule	beard	goat	instrument	thorn	barge
cute	sky	subjects	person	bike	symphony	hurt	creek
date	over	monarch	handsome	climber	jazz	injection	brook
aunt	airplane	royal	muscle	ranger	orchestra	syringe	fish
daughter	dive	leader	suit	steep	art	cloth	bridge
sister	elevate	reign	old	ski	rhythm	knitting	winding
Rough	Sleep	Slow	Soft	Spider	Sweet	Thief	Window
smooth	bed	fast	hard	web	sour	steal	door
bumpy	rest	lethargic	light	insect	candy	robber	glass
road	awake	stop	pillow	bug	sugar	crook	pane
tough	tired	listless	plush	fright	bitter	burglar	shade
sandpaper	dream	snail	loud	fly	good	money	ledge
jagged	wake	cautious	cotton	arachnid	taste	cop	sill
ready	snooze	delay	fur	crawl	tooth	bad	house
coarse	blanket	traffic	touch	tarantula	nice	rob	open
uneven	doze	turtle	fluffy	poison	honey	jail	curtain
riders	slumber	hesitant	feather	bite	soda	gun	frame
rugged	snore	speed	furry	creepy	chocolate	villain	view
sand	nap	quick	downy	animal	heart	crime	breeze
boards	peace	sluggish	kitten	ugly	cake	bank	sash

续表

Rough	Sleep	Slow	Soft	Spider	Sweet	Thief	Window
ground	yawn	wait	skin	feelers	Tart	bandit	screen
gravel	drowsy	molasses	tender	small	pie	criminal	shutter

注：下画线单词为关键诱饵，对应列的单词为相关项。

资料来源：ROEDIGER H L, MCDERMOTT K B. Creating false memories: Remembering words not presented in lists. Journal of Experimental Psychology: Learning, Memory, and Cognition, 1995-21(4): 803-814.

14.6.2 误导信息干扰范式

误导信息干扰范式（misinformation effect paradigm）是针对事件的错误记忆的一种实验范式（Loftus & Palmer，1974）。其一般程序为：先让被试观看关于某个事件的录像或幻灯片，然后向其提供含有误导信息的关于该事件的其他描述或问题，一段时间间隔后，要求被试根据记忆回答一些问题，最后对被试回答的准确性和自信水平进行分析（周楚，杨治良，2004）。

DRM 范式引发的是对单词的错误记忆，而误导信息干扰范式引发的是对持续事件的错误记忆。单词通常不具有情感和社会背景，而事件却包含了社会依从等因素在内，这使许多研究者认为两类范式中错误记忆的机制是不同的（周楚，杨治良，2004）。

14.7　前 瞻 记 忆

前面所介绍的记忆都是针对过去信息的提取，但是，在现实生活中，我们还得记住未来准备去做的事情，这就是前瞻记忆，它也是考察一个人记忆好坏的一个指标。

14.7.1　概念界定

前瞻记忆（Prospective Memory，PM）是指对预定事件或行为的记忆（赵晋全，杨治良，秦金亮，郭力平，2003；袁宏，2011；Ellis & Kvavilashvili，2010）。前瞻记忆关注什么时候该做什么事情，与我们日常活动制定的计划或目标有关（Meier & Rey-Mermet，2012）。Einstein 和 McDaniel（1990）把前瞻记忆分成基于时间的前瞻记忆（Time-Based Prospective Memory，TBPM）和基于事件的前瞻记忆（Event-Based Prospective Memory，EBPM）。前者是指先前形成的意向需要在一段时间后的某个特定时间里执行，如记得明天中午 12:30 在学生活动中心参加学生会的工作总结暨表彰大会。后者是指先前形成的意向在某个适当的线索出现时的执行（Walser，Plessow，Goschke & Fischer，2014），如记得碰到某同学时把《心理与教育统计》一书归还给他。主要包括以下几种实验范式。

14.7.2　实验范式

14.7.2.1　现场实验法

现场实验法是指在日常生活中完成当下任务和前瞻记忆任务，如让被试在某个特定时间邮寄明信片或打电话给实验者（潘玲，2010）。Meacham 和 Singer（1977）要求被试在规定的时间寄出明信片，考察被试在不同激励条件下的前瞻记忆成绩，结果发现，即使是中等强度的激励也会产生较强的动机来提高前瞻记忆成绩。

14.7.2.2 双任务范式

Einstein 和 McDaniel(1990)发展的双任务范式是目前应用最为广泛的实验范式。在双任务实验情境下，要求被试在执行主任务(ongoing task)的过程中，当某个目标线索出现时执行前瞻记忆任务，此为次任务。双任务范式的实验程序如下。

(1) 分别呈现主任务指导语和次任务指导语，并要求进行识记。

实验开始时呈现给被试主任务的指导语。主任务为双字词的真假判断，如果是真词按F键，如果是假词按J键。被试反应之后，下一个词将自动出现，两个词的间隔时间为3000ms，如果在3000ms内不做反应，下一个词自动出现。

次任务为，如果所呈现的词是"苹果、杧果、菠萝、荔枝"则按空格键，此时无须考虑该词是真词还是假词。

(2) 进行2min的干扰任务，避免前瞻记忆任务保存在工作记忆中，并产生一定程度的遗忘。

(3) 进行前瞻记忆测试。测试分为两部分，分别为含有次任务的主任务和无次任务的主任务。为平衡两类任务的顺序效应，一半被试先执行含有次任务的主任务共42个试次，再执行试次相同的无次任务的主任务，另一半被试先执行无次任务的主任务再执行含有次任务的主任务。两类任务之间休息2min。

(4) 进行回溯记忆测试。要求被试在答题纸上写出次任务的所有目标词。

14.7.2.3 其他范式

此外，还有情境模拟法(Rendell & Craik，2001)和问卷法，后者如 Smith, Del Sala, Logie 和 Maylor(2000)编制的前瞻记忆和回溯性记忆问卷(Prospective and Retrospective Memory Questionnaire，PRMQ)。

参 考 文 献

[1] 白学军. 实验心理学. 北京：中国人民大学出版社, 2012: 30-36, 113-220.
[2] 蔡华俭. Greenwald 提出的内隐联想测验介绍. 心理科学进展, 2003-11(3)：339-344.
[3] 崔芳, 杨佳苗, 古若雷, 刘洁. 右侧颞顶联合区及道德加工脑网络的功能连接预测社会性框架效应：来自静息态功能磁共振的证据. 心理学报, 2021-53(1)：55-66.
[4] 丁国盛, 李涛. SPSS 统计教程——从研究设计到数据分析. 北京：机械工业出版社, 2006: 78-81, 139, 166-169, 200.
[5] 葛枭语. 孝的多维心理结构：取向之异与古今之变. 心理学报, 2021-53(3)：306-321.
[6] 郭秀艳. 实验心理学. 北京：人民教育出版社. 2004: 60-61, 65-70, 80-85, 92-100, 331-336.
[7] 哈里斯(HARRIS P). 心理学实验的设计与报告(第二版). 吴艳红, 等译. 北京：人民邮电出版社, 2009: 1-25, 64-75, 121.
[8] 黄一宁. 实验心理学——原理、设计与数据处理. 西安：陕西人民教育出版社, 1998: 44-56, 59-60, 76-78, 85, 132-134, 260.
[9] 金志成, 何艳茹. 心理实验设计及其数据处理(第二版). 广州：广东高等教育出版社, 2005: 114-123, 126-128, 267.
[10] 坎特威茨(KANTOWIZ B H), 罗迪格(ROEDIGER III H L), 埃尔姆斯(ELMES D G). 实验心理学(第六版). 郭秀艳, 等译. 上海：华东师范大学出版社, 2001: 4-7, 185-186.
[11] 格里格(GERRIG R J), 津巴多(ZIMBARDO P G). 心理学与生活(16 版). 王磊, 王甦, 等译. 北京：人民邮电出版社, 2003: 20, 127, 172-173.
[12] 彭聃龄. 普通心理学(第三版). 北京：北京师范大学出版社, 2004: 87, 129-141, 215.
[13] 潘玲. 基于任务特性的前瞻记忆发展研究, 天津师范大学, 2010.
[14] 马特林(MATLIN M W). 认知心理学：理论、研究和应用. (第 8 版). 李永娜, 译. 北京：机械工业出版社, 2016: 32-36.
[15] 苗晓燕, 孙欣, 匡仪, 汪祚军. 共患难, 更同盟：共同经历相同负性情绪事件促进合作行为. 心理学报, 2021-53(1)：81-94.
[16] 孟庆茂, 常建华. 实验心理学. 北京：北京师范大学出版社, 1999: 46-88, 89-104, 137-142.
[17] 莫雷. 关于短时记忆编码方式的实验研究. 心理学报, 1986-2: 166-173.
[18] 沈德立, 李洪玉, 庄素芳, 杜辉, 胡建俊, 张维. 中小学生的智力、学习态度与其数学学业成就的相关性研究. 天津师范大学学报：基础教育版, 2000-2: 1-5.
[19] 宋仕婕, 佐斌, 温芳芳, 谭潇. 群体认同对群际敏感效应及其行为表现的影响. 心理学报, 2020-52(8)：993-1003.
[20] 史密斯, 戴维斯. 实验心理学教程：勘破心理世界的侦探(第三版). 北京：中国轻工业出版社. 2006: 41.
[21] 舒华. 心理与教育研究中的多因素实验设计. 北京：北京师范大学出版社, 1994: 19, 28-34.

[22] 唐晓雨, 吴英楠, 彭姓, 王爱君, 李奇. 内源性空间线索有效性对视听觉整合的影响. 心理学报, 2020-52(7): 835-846.

[23] 辛昕, 兰天一, 张清芳. 英汉双语者二语口语产生中音韵编码过程的同化机制. 心理学报, 2020-52(12): 1377-1392.

[24] 中国标准出版社. 作者编辑常用标准及规范(第4版). 北京: 中国标准出版社, 2019.

[25] 杨海波. 地方高校"实验心理学"课程体系的构建. 宁波大学学报(教育科学版), 2013-2: 1-4.

[26] 杨海波. 国内《实验心理学》教材中实验设计的比较. 宁波大学学报(教育科学版), 2018-2: 106-110.

[27] 杨海波, 陈小艺. 直觉和深思下积极互惠行为的信任水平差异: 基于收益框架视角. 心理科学, 2020-43(6): 1470-1476.

[28] 杨海波, 董良, 周婉茹. 人工语法学习中习得知识的分离: 基于信号检测论和结构知识的视角. 心理发展与教育, 2022-38(1): 10-16.

[29] 杨帆, 隋雪, 李雨桐. 中文阅读中长距离回视引导机制的眼动研究. 心理学报, 2020-52(8): 921-932.

[30] 于梦央. 不同决策框架下心理模拟和选择集大小对消费决策中信息加工过程的影响. 闽南师范大学, 2021.

[31] 杨治良, 郭力平, 王沛, 陈宁. 记忆心理学. 上海: 华东师范大学出版社, 1999: 47-61, 257-321.

[32] 杨治良, 钟毅平. 现代实验心理学三种新方法评述. 心理科学, 1996-19(1): 44-48.

[33] 袁宏. 时间性前瞻记忆的认知机制研究. 西南大学, 2011.

[34] 曾祥炎. E-Prime实验设计技术. 北京: 北京师范大学出版社, 2014.

[35] 朱滢. 实验心理学. 北京: 北京大学出版社, 2000: 2, 14-57, 58-78, 86, 126-131, 140, 145-160, 276-384.

[36] 朱滢. 心理实验研究基础. 北京: 北京大学出版社, 2006: 49-52, 86-87, 102-118.

[37] 朱滢. 实验心理学(第三版). 北京: 北京大学出版社, 2014: 377-378, 382-388, 404-426.

[38] 朱滢, 伍锡洪. 《科学》和《自然》杂志2015年的两篇心理学文章. 心理科学, 2016-39(2): 474-478.

[39] 朱滢, 黎天骋, 周治金, 肖莉. 词干补笔与速示器辨认的启动效应保持过程的比较. 心理学报, 1989-21(2): 122-129.

[40] 张清芳, 钱宗愉, 朱雪冰. 汉语口语词汇产生中的多重音韵激活: 单词翻译任务的ERP研究. 心理学报, 2021-52(1): 1-14.

[41] 张清芳, 杨玉芳. 影响图画命名时间的因素. 心理学报, 2003-35(4): 447-454.

[42] 张学民. 实验心理学(第三版). 北京: 北京师范大学出版社, 2011: 177-181.

[43] 赵黎明, 杨玉芳. 汉语口语句子产生的语法编码计划单元. 心理学报, 2013-45(6): 5-19.

[44] 郑昊敏, 温忠麟, 吴艳. 心理学常用效应量的选用与分析. 心理科学进展, 2011-19(12): 1868-1878.

[45] 周晨琛, 姬鸣, 周圆, 徐泉, 游旭群. 不同注意状态下前瞻记忆意图后效的抑制效应. 心理科学, 2020-43(4): 777-784.

[46] 周楚, 杨治良. 错误记忆研究范式评介. 心理科学, 2004-27(4): 909-912.

[47] 周谦. 心理科学方法学. 北京: 中国科学技术出版社, 1994: 62, 67-68, 138-162, 221, 341-349.

[48] 周仁来. 阈下知觉研究中觉知状态测量方法的发展与启示. 心理科学进展, 2004-12(3): 321-329.

[49] 王冬琳. 不同启动方式下情绪和道德规则对道德判断的影响. 闽南师范大学, 2021.

[50] 王重鸣. 心理学研究方法(第二版). 北京: 人民教育出版社, 2001: 26-30, 92, 107-109.

[51] 王乃怡. 听力正常人与聋人短时记忆的比较研究. 心理学报, 1993-25(1): 9-16.

[52] 王甦, 汪安圣. 认知心理学. 北京: 北京大学出版社, 1992: 6-14, 30-78, 79-102, 129-136, 283.

[53] 赵晋全, 杨治良, 秦金亮, 郭力平. 前瞻记忆的自评和延时特点. 心理学报, 2003-35(4): 455-460.

[54] ABADIE M, CAMOS V. False memory at short and long term. Journal of experimental psychology: General, 2019-148(8): 1312-1334.

[55] ALLUM P H, WHEELDON L. Scope of lexical access in spoken sentence production: implications for the conceptual-syntactic interface. Journal of Experimental Psychology: Learning Memory and Cognition, 2009-35(5): 1240-1255.

[56] AMERICAN PSYCHOLOGICAL ASSOCIATION. Publication manual of the American Psychological Association (7th ed.). Washington, D. C.: American Psychological Association, 2020.

[57] ATKINSON R C, SHIFFRIN R M, Human memory: a proposed system and its control processes. Psychology of Learning and Motivation, 1968-2: 89-195.

[58] ATKINSON R C, SHIFFRIN R M. The control of short-term memory. Scientific American, 1971-225(2): 82-90.

[59] AWH E, VOGEL E K, OH, S H. Interactions between attention and working memory. Neuroscience, 2006-139(1): 201-208.

[60] BADDELEY A. Human memory: theory and practice. Boston Massachusetts: Allyn & Bacon, 1990: 67-96.

[61] BADDELEY A D. The influence of acoustic and semantic similarity on long-term memory for word sequences. The Quarterly journal of experimental psychology, 1966-18(4): 302-309.

[62] BARTLETT F C S. Remembering: a study in experimental and social psychology. Cambridge: Cambridge University Press, 1967: 187-192.

[63] BARTOSHUK L M, SCHIFFMAN H R. Sensation and perception: an integrated approach. The American Journal of Psychology, 1977-90(4): 718-720.

[64] BORING E G, LANGFELD H S, WELD H P. Foundation of psychology. New York: Wiley, 1948: 632.

[65] BOWER G, KARLIN M B. Depth of processing pictures of faces and recognition memory. Journal of Experimental Psychology, 1974-103: 751-757.

[66] BROADBENT D E. A mechanical model for human attention and immediate memory. Psychological Review, 1957-64(3): 205-215.

[67] BROADBENT D E. Perception and communication. Oxford: Pergamon Press, 1958: 11-35.

[68] BROEDERS R, van den BOS K, MÜLLER P A, HAM J. Should I save or should I not kill? How people solve moral dilemmas depends on which rule is most accessible. Journal of Experimental Social Psychology, 2011-47(5): 923-934.

[69] BRUNER J S. On perceptual readiness. Psychological Review, 1957-64(2): 123-152.

[70] CAMPBELL D T, STANLEY J. Experimental and quasi-experimental designs for research. Chicago: Rand McNally, 1963: 37-42.

[71] CALDWELL J I, MASSON M E J. Conscious and unconscious influences of memory for object location. Memory and Cognition, 2001-29(2): 285-295.

[72] CARBON C C, ALBRECHT S. Bartlett's schema theory: The unreplicated "portrait d´ homme" series from 1932. Quarterly Journal of Experimental Psychology, 2012-65(11): 2258-2270.

[73] CHERRY E C. Some experiments on the recognition of speech, with one and two ears., Journal of the

Acoustical Society of America, 1953-25: 975-979.

[74] CONRAD R. Acoustic confusions and memory span for words. Nature, 1963-197(4871): 1029-1030.

[75] CONRAD R. Acoustic confusion in immediate memory. British Journal of Psychology, 1964-55(1): 75-84.

[76] COOPER L A, SHEPARD R N. The time required to prepare for a rotated stimulus. Memory & Cognition 1973-1(3): 246-250.

[77] CLARK H H, CHASE W G. On the process of comparing sentences against pictures. Cognit Psychology, 1972-3: 472-517.

[78] CRAIK F I M. The fate of primary memory items in free recall. Journal of Verbal Learning and Verbal Behavior, 1970-9(2): 143-148.

[79] CRAIK F I M. Human memory. Annual Review of Psychology, 1979-30: 63-102.

[80] CRAIK F I M, LOCKHART R S. Levels of processing: a framework for memory research. Journal of Verbal Learning & Verbal Behavior, 1972-11(6): 671-684.

[81] CRAIK F I M, TULVING E. Depth of processing and the retention of words in episodic memory. Journal of Experimental Psychology: General, 1975-104(3): 268-294.

[82] CRAIK F I M, WATKINS M J. The role of rehearsal in short-term memory. Journal of Verbal Learning and Verbal Behavior, 1973-12(6): 599-607.

[83] DEESE J. On the prediction of occurrence of particular verbal intrusions in immediate recall. Journal of Experimental Psychology, 1959-58(1): 17-22.

[84] DEUTSCH J A, DEUTSCH D. Attention: some theoretical considerations. Psychological Review 1963-70: 80-90.

[85] DEUTSCH J A, DEUTSCH D, LINDSAY P H, TREISMAN A M. Comments on "selective attention: perception or response?" reply. Quarterly Journal of Experimental Psychology. 1967-19(4): 362-367.

[86] DUNN J C, KIRSNER K. Discovering functionally independent mental processes: the principle of reversed association. Psychological Review, 1988-95(1): 91-101.

[87] EARHARD B. The line-in-object superiority effect in perception: it depends on where you fix your eyes and what is located at the point of fixation. Perception & psychophysics, 1980-28(1): 9-18.

[88] ELLIS J, KVAVILASHVILI L. Prospective memory in 2000: past, present, and future directions. Applied Cognitive Psychology, 2010-14(7): S1-S9.

[89] EINSTEIN G O, MCDANIEL M A. Normal aging and prospective memory. Journal of Experimental Psychology. Learning, Memory & Cognition, 1990-16(4): 717-726.

[90] ERIKSEN C W. The flankers task and response competition: A useful tool for investigating a variety of cognitive problems. Visual Cognition, 1995-2(2-3): 101-118.

[91] EYSENCK M W. A Handbook of Cognitive Psychology. London: Psych Press UK, 1984.

[92] EYSENCK M W, KEANE M T. Cognitive Psychology: A Student's Handbook (6th ed.). KY: Psychology Press, 2010: 25-68.

[93] FOX E. Negative priming from ignored distractors in visual selection: A review. Psychonomic Bulletin & Review, 1995-2(2): 145-173.

[94] FELDMAN R S. Essentials of understanding psychology (7th ed.). New York: McGraw-Hill Education,

2007: 140.

[95] GILBERT D T, KING G, PETTIGREW S, WILSON T D. Comment on "estimating the reproducibility of psychological science". Science, 2016-351(6277): 1037.

[96] GLANZER M, CUNITZ A R. Two stage mechanisms in free recall. Journal of Verbal Learning and Verbal Behavior, 1966-5(4): 351-360.

[97] GRAF P, SCHACTER D L. Implicit and explicit memory for new associations in normal and amnesic subjects. Journal of Experimental Psychology: Learning Memory & Cognition, 1985-11(3): 501-518.

[98] GREENWALD A, DRAINE S, ABRAMS R. Three cognitive markers of unconscious semantic activation. Science, 1996-273(5282): 1699-1702.

[99] GREENWALD A G, FARNHAM S D. Using the implicit association test to measure self-esteem and self-concept. Journal of Personality and Social Psychology, 2000-79(6): 1022-1038.

[100] GREENWALD A G, KLINGER M R, LIU T J. Unconscious processing of dichoptically masked words. Memory & Cognition, 1989-17(1): 35-47.

[101] GREENWALD A G, MCGHEE D E, SCHWARTZ J L K. Measuring individual differences in implicit cognition: the implicit association test. Journal of Personality & Social Psychology. 1998-74(6): 1464-1480.

[102] GREENWALD A G, NOSEK B A. Health of the Implicit Association Test at age 3. Zeitschrift für experimentelle Psychologie: Organ der Deutschen Gesellschaft für Psychologie, 2001-48(2): 85-93.

[103] HEAVEN P C, CIARROCHI J. When IQ is not everything: Intelligence, personality and academic performance at school. Personality and Individual Differences, 2012-53(4): 518-522.

[104] HUESMANN L R, ERON L D, LEFKOWITZ M M, WALDER L O. Television violence and aggression: the causal effect remains. American Psychologist, 1973-28(7): 617-620.

[105] JACOBY L L. A process dissociation framework: Separating automatic from intentional uses of memory. Journal of Memory and Language, 1991-30(5): 513-541.

[106] JACOBY L L. Perceptual enhancement: persistent effects of an experience. Journal of experimental psychology: Learning, memory, and cognition, 1983-9(1): 21-38.

[107] JACOBY L L, TOTH J P, YONELINAS A P. Separating conscious and unconscious influences of memory: measuring recollection. Journal of Experimental Psychology, 1993-122(2): 139-154.

[108] JOHNSON W A, HEINZ S P. Depth of nontarget processing in an attention task. Journal of Experimental Psychology: Human Perception and Performance, 1979-5: 168-175.

[109] JOHNSTON J C, MCCLELLAND J L. Visual factors in word perception. Perception & Psychophysics, 1973-14(2): 365-370.

[110] JOHNSTON W, WILSON J. Perceptual processing of nontargets in an attention task. Memory and Cognition, 1980-8: 372-377.

[111] LOFTUS E F, PALMER J C. Reconstruction of automobile destruction: An example of the interaction between language and memory. Journal of Verbal Learning and Verbal Behavior, 1974-13(5): 585-589.

[112] LAVIE N. Visual feature integration and focused attention: Response competition from multiple distractor features. Perception and Psychophysics, 1997-59(4): 543-556.

[113] LAVIE N, TSAL Y. Perceptual load as a major determinant of the locus of selection in visual attention.

Perception & Psychophysics, 1994-56(2): 183-197.

[114] LINDSAY P H, NORMAN D A. Human Information Processing: An Introduction to Psychology (2nd ed.). New York: Academic Press, 1977: 347-349.

[115] LINDSAY D S, JACOBY L L. Stroop process dissociations: The relationship between facilitation and interference. Journal of Experimental Psychology: Human Perception and Performance, 1994-20(2): 219-234.

[116] LUCK S J, HILLYARD S A. Electrophysiological evidence for parallel and serial processing during visual search. Perception & Psychophysics, 1990-48(6): 603-617.

[117] LUCK S J, VECERA S P. Attention. // PASHLER H A L, YANTIS S. Stevens' Handbook of Experimental Psychology, 2002: 235-286.

[118] MÄDEBACH A, KIESELER M L, JESCHENIAK J D. Localizing semantic interference from distractor sounds in picture naming: A dual-task study. Psychonomic Bulletin and Review, 2018-25(5): 1909-1916.

[119] MACLEOD C M. The Stroop task in cognitive research. // WENZEL A, RUBIN D C. Cognitive methods and their application to clinical research. American Psychological Association. 2005: 17-40.

[120] MAK M H C, TWITCHELL H. Evidence for preferential attachment: Words that are more well connected in semantic networks are better at acquiring new links in paired-associate learning. Psychonomic Bulletin and Review, 2020-27(5): 1059-1069.

[121] MANDLER G. Recognizing: The judgment of previous occurrence. Psychological Review, 1980-87(3): 252-271.

[122] MASSARO D W. Experimental psychology and information processing. Chicago: Rand McNally, 1975: 283-336.

[123] MCCABE D P, ROEDIGER H L, KARPICKE J D. Automatic processing influences free recall: Converging evidence from the process dissociation procedure and remember-know judgments. Memory and Cognition, 2011-39(3): 389-402.

[124] MCCLELLAND J L. Perception and masking of wholes and parts. Journal of Experimental Psychology: Human Perception & Performance, 1978-4(2): 210-223.

[125] MEIER B, REY-MERMET A. Beyond monitoring: after-effects of responding to prospective memory targets. Consciousness & Cognition, 2012-21(4): 1644-1653.

[126] MEYER D E, IRWIN D E, OSMAN A M, KOUNOIS J. The dynamics of cognition and action: mental processes inferred from speed-accuracy decomposition. Psychological Review, 1988-95(2): 183-237.

[127] MILLER G A, ISARD S. Some perceptual consequences of linguistic rules. Journal of Verbal Learning and Verbal Behavior, 1963-2(3): 217-228.

[128] MILLER J, ULRICH R, ROLKE B. On the optimality of serial and parallel processing in the psychological refractory period paradigm: Effects of the distribution of stimulus onset asynchronies. Cognitive Psychology, 2009-58(3): 273-310.

[129] MONSELL S. Recency, immediate recognition memory, and reaction time. Cognitive Psychology, 1978-10(4): 465-501.

[130] MORAY N, O'BRIEN T. Signal detection theory applied to selective listening. Journal of the Acoustical Society of America, 1967-42: 765-772.

[131]MURPHY S T, ZAJONC R B. Affect, cognition, and awareness: affective priming with optimal and suboptimal stimulus exposures. Journal of Personality & Social Psychology, 1993-64(5): 723-39.

[132]NAVON D. Forest before trees-Precedence of global features in visual-perception. Cognitive Psychology, 1977-9: 353-383.

[133]NAVON D. The forest revisited: more on global precedence. Psychological Research, 1981-43: 1-32.

[134]NEISSER U. Cognitive psychology. New York: Prentice-Hall, 1967: 231-262.

[135]NORMAN D A. Toward a theory of memory and attention. Psychological Review, 1968-75: 522-536.

[136]NORMAN D A. Memory and attention: an introduction to human information processing. New York: John Wiley & Sons Inc, 1976: 145-167.

[137]NORMAN D A, BOBROW D G. On data-limited and resource-limited processes. Cognitive Psychology, 1975-7: 44-64.

[138]NUZZO R. How scientists fool themselves - And how they can stop. Nature, 2015-526(7572): 182-185.

[139]OPEN SCIENCE COLLABORATION. Estimating the reproducibility of psychological science. Science, 2015-349(6251): aac4716.

[140]PARKIN A J. Memory: phenomena, experiment and theory. Cambridge: Blackwell, 1993: 67-102.

[141]PASHLER H. Dual-task interference in simple tasks: data and theory. Psychological Bulletin, 1994-116(2): 220-244.

[142]PASHLER H, JOHNSTON J C. Chronometric evidence for central postponement in temporally overlapping tasks. Quarterly Journal of Experimental Psychology, 1989-41(1): 19-45.

[143]PASHLER H A L, YANTIS S. Stevens' handbook of experimental psychology. New York: John Wiley & Sons, 2002: 235-286.

[144]PETERSON L R, PETERSON M J. Short-term retention of individual verbal items. Journal of Experimental Psychology, 1959-58(3): 193-198.

[145]POSNER M I, BOIES S J, EICHELMAN W H, TAYLOR R L. Retention of visual and name codes of single letters. Journal of Experimental Psychology Monograph, 1969-79: 1-16.

[146]PRINGLE A, HARMER C J, COOPER M J. Biases in emotional processing are associated with vulnerability to eating disorders over time. Eating Behaviors, 2011-12(1): 56-59.

[147]RAYMOND J E, SHAPIRO K L, ARNELL K M. Temporary suppression of visual processing in an RSVP task: an attentional blink?. Journal of experimental psychology. Human perception and performance, 1992-18(3): 849-860.

[148]REICHER G M. Perceptual recognition as a function of meaningfulness of stimulus material. Journal of Experimental Psychology, 1969-81(2): 275-280.

[149]REINGOLD E M. GOSHEN-GOTTSTEIN Y. Separating consciously controlled and automatic influences in memory for new associations. Journal of Experimental Psychology: Learning, Memory, and Cognition, 1996-22: 397-406.

[150]RENDELL P G, CRAIK F I M. Virtual week and actual week: age-related differences in prospective memory. Applied Cognitive Psychology, 2001-4(7): S43-S62.

[151]ROEDIGER H. Implicit memory. retention without remembering. American Psychologist, 1990-45(9): 1043-1056.

[152] ROEDIGER H L, MCDERMOTT K B. Creating false memories: remembering words not presented in lists. Journal of Experimental Psychology: Learning, Memory, and Cognition, 1995-21(4): 803-814.

[153] ROGERS T, KUIPER N, KIRKER W S. Self-reference and the encoding of personal information. Journal of personality and social psychology, 1977-359(9): 677-88.

[154] SCHACTER D L, BOWERS J, BOOKER J. Intention, awareness, and implicit memory: the retrieval intentionality criterion. // LEWANDOWSKY S, KIRSNER K, DUNN J. Implicit memory: theoretical issues. Hillsdale N J: Erlbaum Associates, 1989: 47-65.

[155] SCHNEIDER W, SCHIFRIN R M. Controlled and automatic human information processing: I. Detection, search, and attention. Psychological Review, 1977-84(1): 1-66.

[156] SCHWARZ N. Feelings as information: Informational and motivational functions of affective states. // HIGGINS E T, SORRENTINO R M. Handbook of motivation and cognition: Foundations of social behavior. New York: The Guilford Press, 1990: 527-561.

[157] SHAFFER L H, HARDWICK J. Monitoring simultaneous auditory messages. Perception & Psychophysics, 1969-6(6): 401-404.

[158] SHAPIRO K L, RAYMOND J E, ARNELL K M. Attention to visual pattern information produces the attentional blink in rapid serial visual presentation. Journal of Experimental Psychology: Human Perception & Performance, 1994-20(2): 357-371.

[159] SHEPARD S, METZLER D. Mental rotation: effects of dimensionality of objects and type of task. Journal of Experimental Psychology: Human Perception and Performance, 1988-14(1): 3-11.

[160] SHIFFRIN R M, GRANTHAM D W. Can attention be allocated to sensory modalities?. Perception & Psychophysics, 1974-15(3): 460-474.

[161] SOLSO R L, MACLIN M K. 实验心理学——通过实例入门(第七版). 张奇等译. 北京: 中国轻工业出版社, 2004: 41-44, 95-96. 101-103.

[162] SMITH M C. The effect of varying information on the psychological refractory period. Acta Psychologica, 1969-30: 220-231.

[163] SMITH E E, & HAVILAND S E. Why words are perceived more accurately than nonwords: inference versus unitization. Journal of Experimental Psychology, 1972-92(1): 59-64.

[164] SMITH G, del SALA S, LOGIE R H, MAYLOR E A. Prospective and retrospective memory in normal ageing and dementia: a questionnaire study. Memory, 2000-8(5): 311-321.

[165] SPERLING G. The information available in brief visual presentations. Psychological monographs, 1960-74: 1-29.

[166] SIMON H A. How big is a chunk?. Science, 1974-183: 482-488.

[167] STERNBERG S. High-speed scanning in human memory. Science, 1966-153(3736): 652-654.

[168] STERNBERG S. Two operations in character recognition: some evidence from reaction-time measurements. Perception & Psychophysics, 1967-2(2): 45-53.

[169] STERNBERG S. Memory-scanning: mental processes revealed by reaction-time experiments. American Scientist, 1969a-57(4): 421-457.

[170] STERNBERG S. The discovery of processing stages: Extensions of Donders' method. Acta Psychologica, 1969b-30: 276-315.

[171]STERNBERG R J, STERNBERG K. Cognitive psychology (6th ed.). New York: Cengage Learning, 2012: 289-294.

[172]STROOP J R. Studies of interference in serial verbal reactions. Journal of Experimental Psychology, 1935-18(6): 643-662.

[173]TAMIR, M., SCHWARTZ, S. H., OISHI, S., & KIM, M. Y. (2017). The secret to happiness: Feeling good or feeling right? *Journal of Experimental Psychology: General, 146*(10), 1448–1459.

[174]TANNER W P, SWETS J A. A decision-making theory of visual detection. Psychological Review, 1954-61(6): 401-409.

[175]TEUBER H L. Physiological psychology. Annual Review of Psychology, 1955-6(1): 267-296.

[176]TREISMAN A M. Contextual cues in selective listening. Quarterly Journal of Experimental Psychology, 1960-12(4): 242-248.

[177]TREISMAN A M. Monitoring and storage of irrelevant messages in selective attention. Journal of Verbal Learning & Verbal Behavior, 1964-3(6): 449-459.

[178]TREISMAN A M, GEFFEN G. Selective attention: perception or response?. Quarterly Journal of Experimental Psychology, 1967-19(1): 1-17.

[179]TREISMAN A M, RILEY J G. Is selective attention selective perception or selective response? A further test. Journal of Experimental Psychology, 1969-79(1): 1-17.

[180]TULVING E, MANDLER G, BAUMAL R. Interaction of two sources of information in tachistoscopic word recognition. Canadian Journal of Psychology, 1964-18(1): 62-71.

[181]TULVING E, SCHACTER D L, STARK H A. Priming effects in word-fragment completion are independent of recognition memory. Journal of Experimental Psychology: Learning, Memory, and Cognition, 1982-8(4): 336-342.

[182]VOGEL E K. Selective storage in visual working memory: Distinguishing between perceptual-level and working memory-level mechanism(Unpublished doctorial dissertation). The University of Iowa, 2000.

[183]VOGEL E K, WOODMAN G F, LUCK S J. Storage of features, conjunctions and objects in visual working memory. Journal of experimental psychology: Human perception and performance, 2001-27(1): 92-114.

[184]WALSER M, PLESSOW F, GOSCHKE T, FISCHER R. The role of temporal delay and repeated prospective memory cue exposure on the deactivation of completed intentions. Psychological Research, 2014-78(4): 584-596.

[185]WALBERG H. J. Improving the productivity of America's schools. Educational leadership, 1984-41(8): 19-27.

[186]WARRINGTON E K, WEISKRANTZ L. Amnesic syndrome: consolidation or retrieval?. Nature, 1970-228(5272): 628-630.

[187]WAUGH N C, NORMAN D A. Primary memory. Psychological Review, 1965-72(2): 89-104.

[188]WEISSTEIN N, HARRIS C S. Visual Detection of Line Segments: An Object-Superiority Effect. Science, 1974-186(4165): 752-755.

[189]WHEELER D D. Processes in word recognition. Cognitive Psychology, 1970-1(1): 59-85.

[190]WICKELGREN W A. Short-term recognition memory for normal and whispered letters. Nature,

1965-206(4986): 851-852.

[191] WICKELGREN W A. Speed-accuracy tradeoff and information processing dynamics. Acta Psychologica, 1977-41(1): 67-85.

[192] WILLIAMS J M G, MATHEWS A, MACLEOD C. The emotional stroop task and psychopathology. Psychological Bulletin, 1996-122(1): 3-24.

[193] WOLF M, RISLEY T. Reinforcement: applied research. // GLASER R. The Nature of Reinforcement. Charles Merrill, 1971: 169-198.

[194] WOMERSLEY M. A contextual effect in feature detection with application of signal detection methodology. Perception & Psychophysics, 1977-21(1): 88-92.

[195] ZHANG G, SIMON H A. STM capacity for Chinese words and idioms: chunking and acoustical loop hypotheses. Memory & Cognition, 1985-13(3): 193-201.

[196] ZHAO L M, ALARIO F X, YANG Y F. Grammatical planning scope in sentence production: Further evidence for the functional phrase hypothesis. Applied Psycholinguistics, 2014-36(5): 1059-1075.

附录 A 文后参考文献的 APA 格式举例[①]

A.1 期 刊

A.1.1 一个著者

葛枭语. (2021). 孝的多维心理结构：取向之异与古今之变. *心理学报, 53*(3), 306-321. https://dx.doi.org/10.3724/SP.J.1041.2021.00306

Broadbent, D. (1957). A mechanical model for human attention and immediate memory, *Psychological Review, 64*(3), 205-215. https://doi.org/10.1037/h0047313

A.1.2 两个著者

赵黎明, 杨玉芳. (2013). 汉语口语句子产生的语法编码计划单元. *心理学报, 45*(6), 5-19. https://doi.org/CNKI:SUN:XLXB.0.2013-06-002

Abadie, M., & Camos, V. (2019). False memory at short and long term. *Journal of experimental psychology: General, 148*(8), 1312-1334. https://doi.org/10.1037/xge0000526

■ 英文书写的两个著者之间用"&"连接。

A.1.3 三至七个著者

周晨琛, 姬鸣, 周圆, 徐泉, 游旭群. (2020). 不同注意状态下前瞻记忆意图后效的抑制效应. *心理科学, 43*(4), 777-784. https://doi.org/10.16719/j.cnki.1671-6981.20200402

Deutsch, J. A., Deutsch, D., Lindsay, P. H., & Treisman, A.M. (1967). Comments on "Selective attention: perception or response?" Reply. *Quarterly Journal of Experimental Psychology. 19*(4), 362-367. https://doi.org/10.1080/14640746708400117

■ 英文书写的最后两个著者之间用"&"连接。中文著者之间不需要用"&"。

A.1.4 八个以上著者

赵一, 钱二, 孙三, 李四, 周五, 吴六, … 王八. (2008). 中国的发展心理学的过去与未来. *心理发展与教育, 35*(5), 210-215.

Wolchik, S. A., West, S. G., Sandler, I. N., Tein, J., Coatsworth, D., Lengua, L., … Woods, P. (2002). An experimental evaluation of theory-based mother and mother-child programs for children of divorce. *Journal of Consulting and Clinical Psychology, 68*, 843-856.

■ 第六位和最后一位著者之间用省略号（英文的 3 个点号）。

[①] 参考自《心理学报》和《心理发展与教育》之"参考文献著录要求"。

A.1.5 提前上线有 DOI 的预出版论文

Huestegge, S. M., Raettig, T., & Huestegge, L. (2019). Are faceincongruent voices harder to process? Effects of face-voice gender incongruency on basic cognitive information processing. *Experimental Psychology. Advance online publication*. https://doi.org/10.1027/1618-3169/a000440

A.1.6 只有论文编号而无页码的电子刊论文

Open Science Collaboration. (2015). Estimating the reproducibility of psychological science. *Science, 349*(6251), aac4716. https://doi.org/10.1126/science.aac4716

A.1.7 二手文献

- 尽可能地避免使用二手文献。
- 如果实在找不到原始文献，则在文献列表中给出二手文献。正文引用中，提及原始文献的，在括号中标注二手文献作为文献引用标志。比如，张三的研究被李四引用，而你并没有读张三的研究，但引用了张三的研究，则应在正文中提及两个研究，在文献列表中只写李四的研究作为文献。

  正文引用写：张三的研究（引自 李四，1998）。
  文献列表写：李四. (1998). ……

A.2 书 籍 类

A.2.1 著作类

舒华. (1994). *心理与教育研究中的多因素实验设计*. (p.19, pp.28-34). 北京师范大学出版社.

A.2.2 编著类

朱滢. (主编). (2000). *实验心理学* (p.2, pp.14-78). 北京大学出版社.

Gibbs, J. T., & Huang, L. N. (Eds.). (1991). *Children of color: Psychological interventions with minority youth*. Jossey-Bass.

- 需在编者姓名后的括号中加"编"或"主编"。
- 英文中，一个著者加"Ed."两个著者或以上加"Eds."。

A.2.3 翻译类

格里格, 津巴多. (编). (2003). *心理学与生活*. (16 版, 王磊、王甦等译, p.20, p.127-132). 人民邮电出版社.

A.2.4 论文集中的论文或书的章节

Schacter, D.L., Bowers, J., & Booker, J. (1989). *Intention, awareness, and implicit mem*

ory: The retrieval intentionality criterion. In S. Lewandowsky, J. C. Dunn, & K. Kirsner(Eds.), *Implicit memory: Theoretical issues.* (pp. 47-65). Lawrence Erlbaum Associates, Inc.
- 为区分著者和编者，著者姓前名后，编者姓后名前。中文的编者仍是姓前名后。
- 需在书名后给出论文的或章节的页码范围。

A.2.5 不同版本，名字中含"Jr."（用于区分父子同名的情况）

Mitchell, T. R., & Larson, J. R., Jr. (1987). *People in organizations: An introduction to organizational behavior* (3rd ed.). McGraw-Hill.
- 第1版不写
- 修订版中文写"修订版"，英文写"Rev. ed."
- 版本字体为正体

A.2.6 精神疾病诊断和统计手册(DSM)

正文引用中，首次出现需给出协会名称和手册名称的全拼，随后引用的简写需用斜体。比如：*DSM-IV-TR*(2000)。

A.2.7 学位论文

Yu, L. (2000). *Phonological representation and processing in Chinese spoken language production* (Unpublished doctorial dissertation). Beijing Normal University.
余林. (2000). *汉语语言产生中的语音表征与加工*(博士学位论文). 北京师范大学.
邱颖文. (2009). *遗传与语言学习*(博士学位论文). 华东师范大学, 上海.
- 若学位论文单位中已包括城市名，则不需要列出。

A.2.8 报纸（日报）

张三, 李四. (2008-08-08). 中国心理学与奥林匹克. 新华日报, p2, 5-7.

A.3 电子图书

Lees, L., Bang Shin, H., & Lopez-Morales, E. (2016). *Planetary gentrification. Polity Press.* https:// books.google.ca/books

A.4 网页新闻

Francis, J. (2020, June 7). 'We need to be here for each other,' say Indigenous supporters of Black Lives Matter. CBC News. https://www.cbc.ca/news/canada/saskatchewan/large-crowd-turnout-for-third-blm-rally-in-regina-1.5602575

附录 B 采用 E-prime 编写心理旋转实验的全过程

B.1 实验设计分析

Cooper 和 Shepard(1973)的心理旋转实验以字母 R 作为实验材料来证实表象旋转的存在，其实验设计采用 2(正反面：正面，反面)×7(旋转角度：0°，60°，120°，180°，240°，300°，360°)被试内设计。在附录 B 中，以此实验为例详细介绍 E-prime2.0 实验的设计过程。

B.1.1 刺激材料和核心实验流程的构思

刺激材料 R 和 Я 以不同旋转角度随机呈现，要求被试按键判断所出现的刺激是正 R 还是反 R。由于需要旋转不同的角度，因此要把不同角度的 R 和 Я 制成图片，所以采用 E-prime 中的图片控件 进行呈现，并收集被试的反应时和准确率的数据。

一个试次的实验流程如图 B-1 所示。首先呈现一个注视点"+"，其呈现时间一般设置成在 1000ms、1250ms、1500ms、1750ms 或 2000ms，在这五个时长里进行有放回的随机选取。接下来，以随机的方式呈现刺激材料——不同角度的 R 和 Я，此时将呈现时间设置成无限，直至被试按键进行反应，如出现 R 按 f 键，出现 Я 按 j 键。因为键盘默认状态下为小写的，所以在 E-prime 中习惯地将其设置成对小写字母进行反应，但是在指导语中为了保持美观，一般写成大写的，如下：

"下面屏幕要呈现的是一系列不同角度的字母 R 和 Я。如果是 R，请按 F 键，如果是 Я，请按 J 键。要求你在保证正确选择的前提下，反应越快越好。实验分成两个阶段，首先进行练习，熟练后再正式进入实验。"

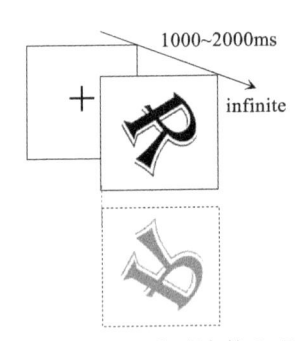

图 B-1 一个试次的心理旋转流程图

B.1.2 依据实验设计类型来安排实验材料

由于心理旋转的实验设计类型为 2(正反面：正面，反面)×7(旋转角度：0°，60°，120°，180°，240°，300°，360°)被试内设计，如果以自变量的一种组合条件需要完成 30 个试次为标准[①]，且 R 和 Я 的出现次数也需相同，每种旋转角度的次数也需一样，那么，

[①] 此处实验处理(或处理组合)中的实验试次(或者说是样本量)参照小样本量(30 个)来设计，或者可以参考相关主题研究中所用的实验试次。在本书中，由于教材的设定是要求读者自己设计实验，并以自己为被试，最后以自己完成的实验进行数据分析，所以在实验处理当中一个试次相当于一个被试的数据(被试间设计)。这样有利于《实验心理学》课程教师锻炼学生的数据分析能力，当然读者也可以按照 B.2.3 的方式去收集数据。

总的实验试次应为：30×2×7=420 试次。并且在实验设计过程中，需要收集正反面和旋转角度这两个自变量的实验处理水平值，反应时和反应的正误这两个因变量。

我们需要根据实验设计类型来创建主表单控件 中的属性变量（包括自变量等）及其实验条件（或组合条件）的值。

B.1.3 E-prime 总体设计框架

整体实验结构示意图如图 B-2 所示。

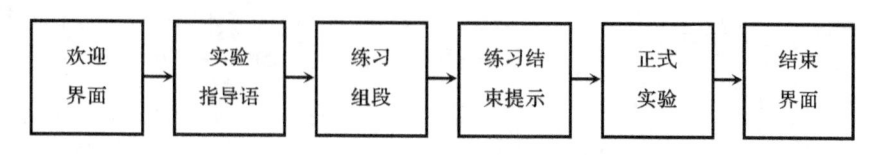

欢迎界面 → 实验指导语 → 练习组段 → 练习结束提示 → 正式实验 → 结束界面

图 B-2 整体实验结构示意图

B.2 E-prime 程序的制作过程

B.2.1 工程文件夹和工程文件的建立

（1）在 E 盘建立一个文件夹 ，名字为"Mental rotation"[①]，用于存放心理旋转的工程文件[②]。

（2）打开 E-Studio，新建一个工程，将其命名为"MentalRotation.es2"，并保存在文件夹"Mental rotation"当中，如图 B-3 所示。命名原则是名字中间不能有空格之类的特殊符号且可读性要高，可采用 pascal 命名法或驼峰命名法[③]。

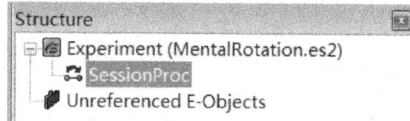

图 B-3 新建工程时的结构界面（structure）

B.2.2 核心实验过程的建立

实验设计的原则是，先建立呈现刺激界面的核心实验过程，再依此进行扩展并美化实验流程和实验界面。

（1）双击时间轴控件【SessionProc】，拖曳一个表单控件 到时间轴上，并将表单控件命名为"lstMentalRotation"[④]。将运行心理旋转的实验过程集成在该控件的时间轴上，这样整个实验结构会显得比较清楚而有规律。单击 lstMentalRotation 中的属性变量

[①] 非常建议读者在设计实验之前，先建立一个文件夹用于存储工程文件（如"Mental rotation"）和一个用于放置相关的实验素材的文件夹（如"Mental rotation/epSys"），否则在实施实验过程将会生成很多数据文件，不便后期的文件管理。
[②] 工程文件是指所设计的实验程序，在编程语言中一般称为工程。
[③] pascal 命名法是首字母大写，如 UserName，常用在类的变量命名中；驼峰命名法与 pascal 命名法的差别是首字母小写，如 userName。
[④] 控件的命名原则为，控件的缩写+用途。如 lstMentalRotation，lst 是表单控件的缩写，MentalRotation 表示这个表单控件用于运行心理旋转实验。在本书中，控件的缩写规则如下：表单控件 缩写成 lst，图片控件 缩写成 img，文本控件 缩写成 txt，Inline 控件 缩写成 Inl，标签控件 缩写成 lb，Slide 控件 缩写成 sld，时间轴控件 缩写成 pro，反馈控件 缩写成 fb。

"Procedure"下的单元格，输入"proMentalRotation"并连续按两次 Enter 键，以创建时间轴 proMentalRotation，如图 B-4 所示。

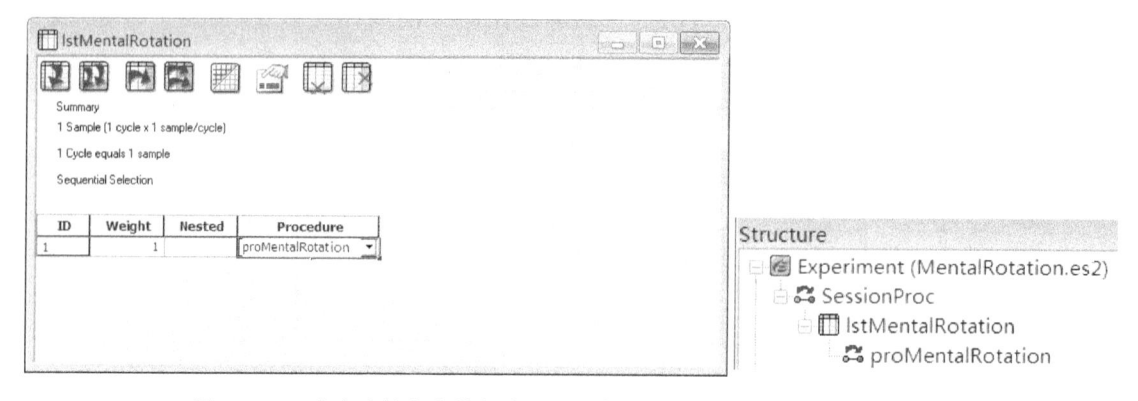

图 B-4　正式实验的主表单与生成时间轴 proMentalRotation 后的结构图

（2）创建主表单控件 lstMentalRotation 中的属性变量（Attribute）的结构，这是依据"B.1.2 依据实验设计类型来安排实验材料"进行设计的。

需要建立自变量角度"JD"、正反 R"pORn"和存储实验材料的路径"picRoad"。具体操作是，单击添加表单控件的属性变量——自变量角度"JD"，如图 B-5 所示，然后单击【Add】，确认添加属性变量"JD"，依次类推增加"pORn"和"picRoad"。

并根据 2（正反面：正面，反面）×7（旋转角度：0°，60°，120°，180°，240°，300°，360°）被试内设计，需要设计 14 种实验处理水平。单击添加 13 个实验处理水平，如图 B-6 所示。

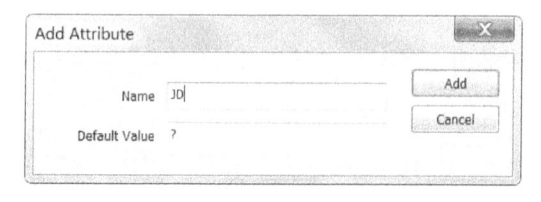

图 B-5　添加表单控件的属性变量 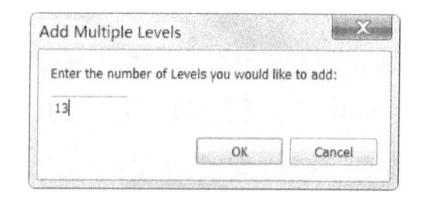　　　　图 B-6　添加表单控件的处理水平

设置自变量旋转角度（0°，60°，120°，180°，240°，300°，360°）对应的"JD"中的值为"1～7"，"pORn"中的值为"f"或"j"，"f"表示当图片是正 R 时按 f 键，"j"表示当图片是反 R 时按 j 键，如图 B-7 所示。

在"Mental rotation"文件夹里面建立子文件夹"epSys"[①]用于放置不同角度的正 R 和反 R 的图片："epSys/R0.png""epSys/R60.png""epSys/R120.png""epSys/R180.png""epSys/R240.png""epSys/R300.png""epSys/R360.png""epSys/FR0.png""epSys/FR60.png""epSys/FR120.png""epSys/FR180.png""epSys/FR240.png""epSys/FR300.png""epSys/FR360.png"。前七种为正 R，后七种为反 R。

（3）设置核心实验过程中的时间轴 proMentalRotation 上的刺激界面。拖曳一个图片控

[①] 一般在实验程序所在文件夹里建立一个子文件夹"epSys"用于放置实验材料和实验指导语等图片，以免在实施实验时与生成的一系列结果数据文件（如".edat2"的文件）相互混淆。

件到时间轴 proMentalRotation 上,并将其更名为"imgStimulus"。打开 imgStimulus 控件的属性页,在 General 属性页设置 Filename 为"[picRoad]",如图 B-8 所示,意思是到表单控件 lstMentalRotation 中的属性变量"picRoad",去提取其下的图片路径名。

ID	Weight	Nested	Procedure	JD	pORn	picRoad
1	1		proMentalRotation	1	f	epSys/R0.png
2	1		proMentalRotation	2	f	epSys/R60.png
3	1		proMentalRotation	3	f	epSys/R120.png
4	1		proMentalRotation	4	f	epSys/R180.png
5	1		proMentalRotation	5	f	epSys/R240.png
6	1		proMentalRotation	6	f	epSys/R300.png
7	1		proMentalRotation	7	f	epSys/R360.png
8	1		proMentalRotation	1	j	epSys/FR0.png
9	1		proMentalRotation	2	j	epSys/FR60.png
10	1		proMentalRotation	3	j	epSys/FR120.png
11	1		proMentalRotation	4	j	epSys/FR180.png
12	1		proMentalRotation	5	j	epSys/FR240.png
13	1		proMentalRotation	6	j	epSys/FR300.png
14	1		proMentalRotation	7	j	epSys/FR360.png

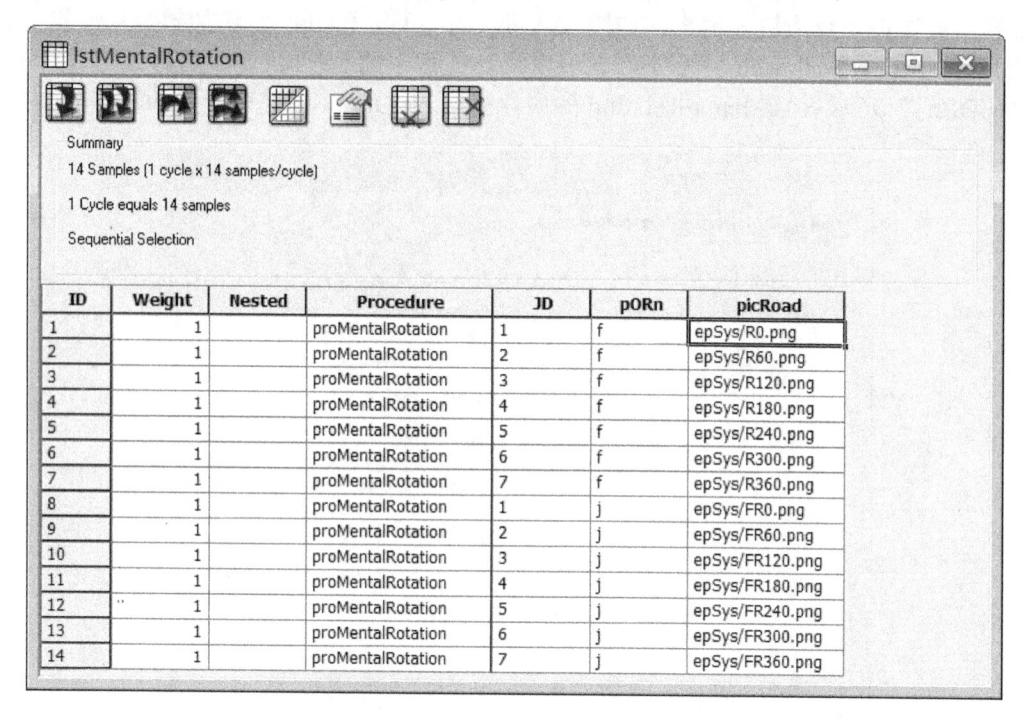

图 B-7　添加自变量旋转角度、正反 R 和实验材料后的主表单控件

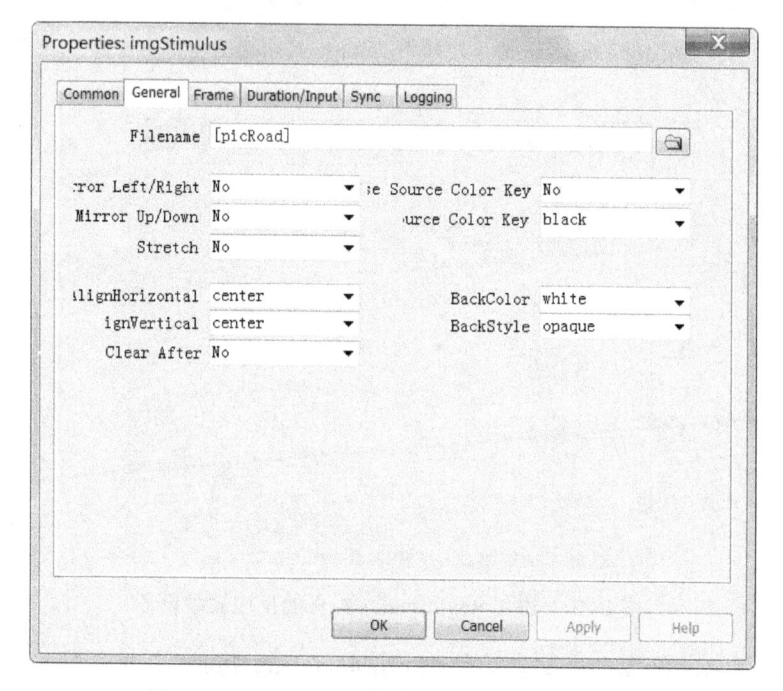

图 B-8　imgStimulus 控件提取刺激图片的设置

打开 Duration/Input 属性页，设置 imgStimulus 控件的刺激呈现时长、被试的响应方式、数据收集内容等信息。

具体操作如下：将【Duration】设置为"(infinite)"，表示刺激界面 imgStimulus 一直呈现直至被试按下反应键才消失，如图 B-9 所示；单击【Add...】添加键盘反应键，如图 B-10 所示。并设置【Allowable】为"fj"，表示仅允许键盘中的 f 键和 j 键能进行反应，【Correct】为"[pORn]"表示从 lstMentalRotation 的属性变量"pORn"中提取反应的正确答案。

图 B-9　imgStimulus 控件中 Duration/Input 属性页的设置

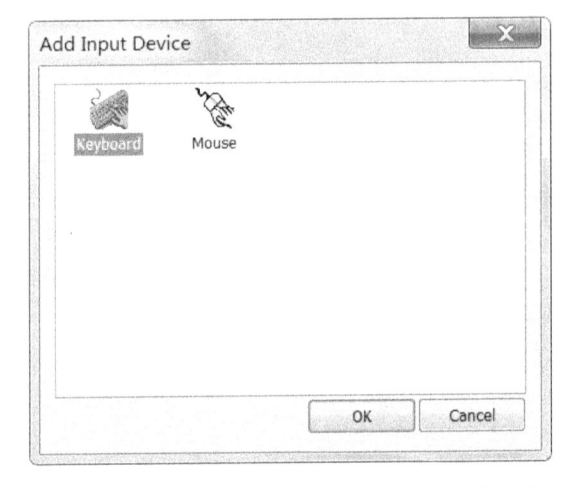

图 B-10　添加 imgStimulus 控件的反应键盘设备

(4)设置注视点。拖曳一个文本控件到 proMentalRotation，并将其命名为"txtFocus"。在 txtFocus 控件的【Text】中输入"+"，设置其字号为 48，设置呈现时长"[rndTime]"。

其中为了使注视点的呈现时长随机,我们需要在主表单控件 lstMentalRotation 中嵌套一个表单控件 lstRndTime。具体操作是,在属性变量"Nested"中输入"lstRndTime"并按 Enter 键,将询问你是否要建立表单,确认后将属性变量"Nested"的值都粘贴为"lstRndTime"。此时表示表单控件 lstRndTime 成功嵌套在主表单控件 lstMentalRotation 中,其结构由图 B-11 的左图变成图 B-11 的右图。其中表单控件 lstRndTime 的设置如图 B-12 所示,设置随机提取的时长为 1000ms～2000ms,并且每次选择的顺序是有放回的随机取样(Random with Replacement Selection)。在主表单控件 lstMentalRotation 中增加属性变量"rndTime",如图 B-13 所示。

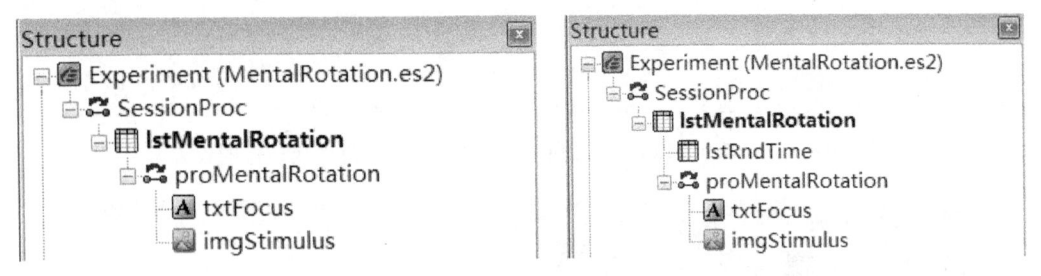

图 B-11　lstRndTime 嵌套到 lstMentalRotation 后结构图的前后对比

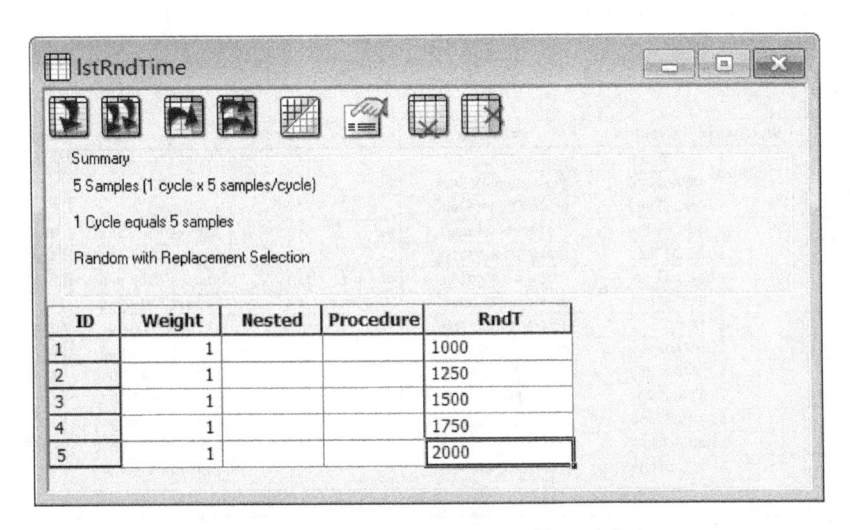

图 B-12　表单控件 lstRndTime 的设置内容

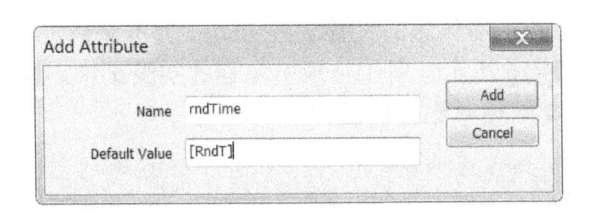

图 B-13　主表单控件 lstMentalRotation 中增加属性变量"rndTime"

(5)设置取样顺序和实验试次。设置 lstMentalRotation 的取样顺序为 Random,每个实验处理组合重复呈现 30 个试次,其设置如图 B-14 所示,最后的结果如图 B-15 所示。

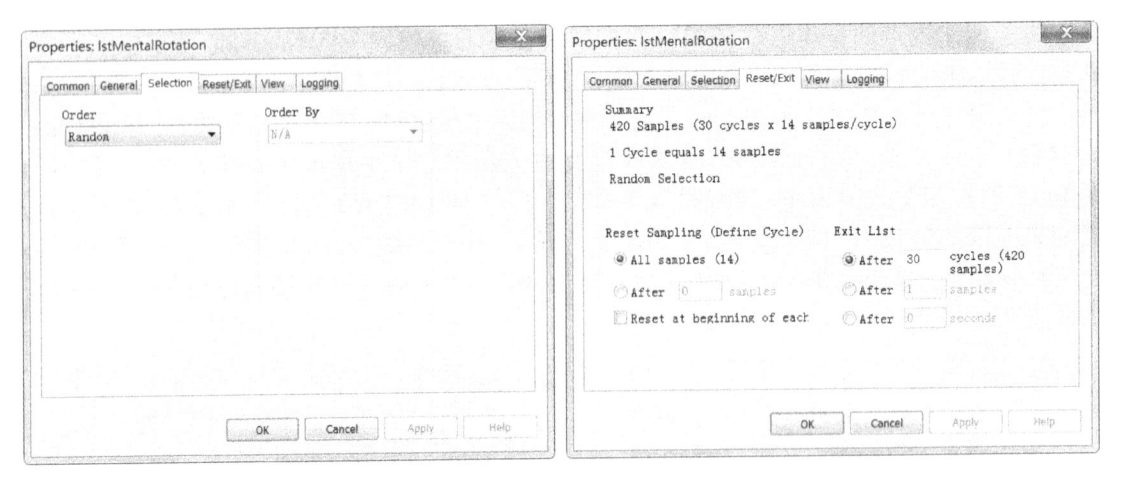

图 B-14　lstMentalRotation 的取样顺序(左)和实验试次(右)的设置

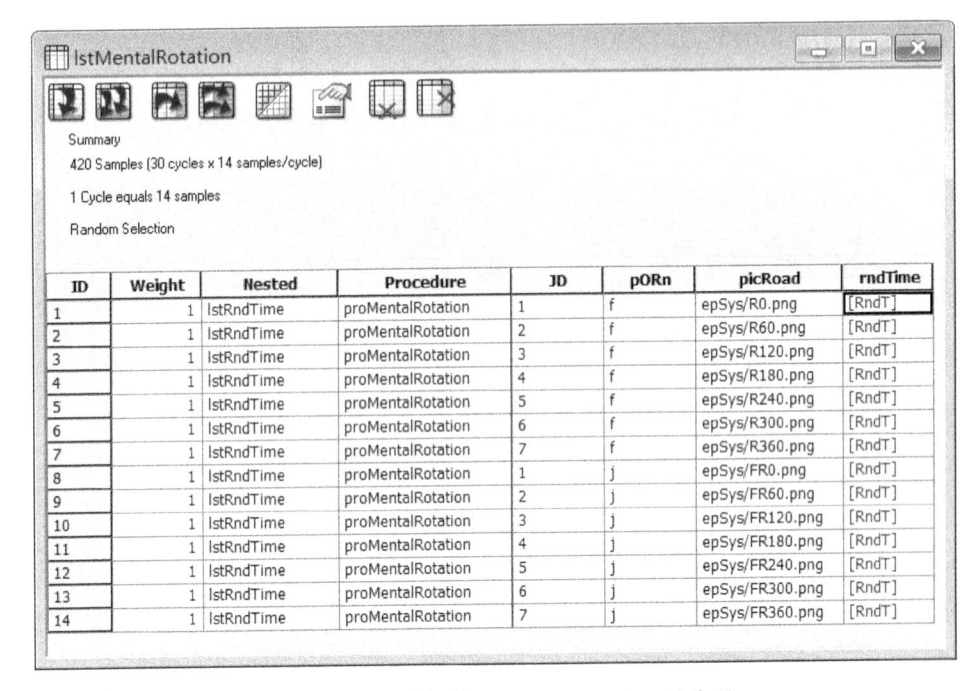

图 B-15　主表单控件 lstMentalRotation 的全貌

(6) 实验数据的记录和中途休息的设置。在 Script 脚本窗口定义全局变量"nnn"为整型数据(integer)，如图 B-16 所示，用于记录所运行的实验试次。以便根据实验的总试次，设置在运行 120 试次的整数倍时进行休息。

图 B-16　设置全局变量

附录 B　采用 E-prime 编写心理旋转实验的全过程

在进入休息之前，如图 B-17 所示，如果被试的反应时小于 300ms，则警告被试"您反应过快，请一定要在刺激出现时才做出判断反应"，并删除该试次的反应时；只有在被试做出正确反应时，才用语句(c.setAttrib)记录此时的自变量(正反 R：thePNR，旋转角度：theAngle[①])和因变量(theRT)的值。

```
InLSaved

nnn=nnn+1                    '记录实验运行的试次
if imgStimulus.rt<300 then              '如果被试抢步，即反应时小于300ms，则不计成绩
    msgbox "警告：您反应过快，请一定要在刺激出现时才做出判断反应。"   '呈现警告信息
    else
    if imgStimulus.ACC=1 then           '只记录反应正确且不抢步的实验试次的数据
        if c.getAttrib("pORn")="f" then
            c.setAttrib "thePNR",1      '采用变量thePNR记录，该试次是正R还是反R，1=正R
        elseif c.getAttrib("pORn")="j" then
            c.setAttrib "thePNR",2      '采用变量thePNR记录，该试次是正R还是反R，2=反R
        end if
        c.setAttrib "theAngle",c.getAttrib("JD")   '采用变量theAngle记录，该试次中R的角度
        c.setAttrib "theRT",imgStimulus.rt         '采用变量theRT记录该试次的反应时
    end if
end if

if nnn=120 or nnn=240 or nnn=360 then    '设置当试次为第120、240和360时进入中途休息
    goto lbRelax1
else
    goto lbRelax2
end if
```

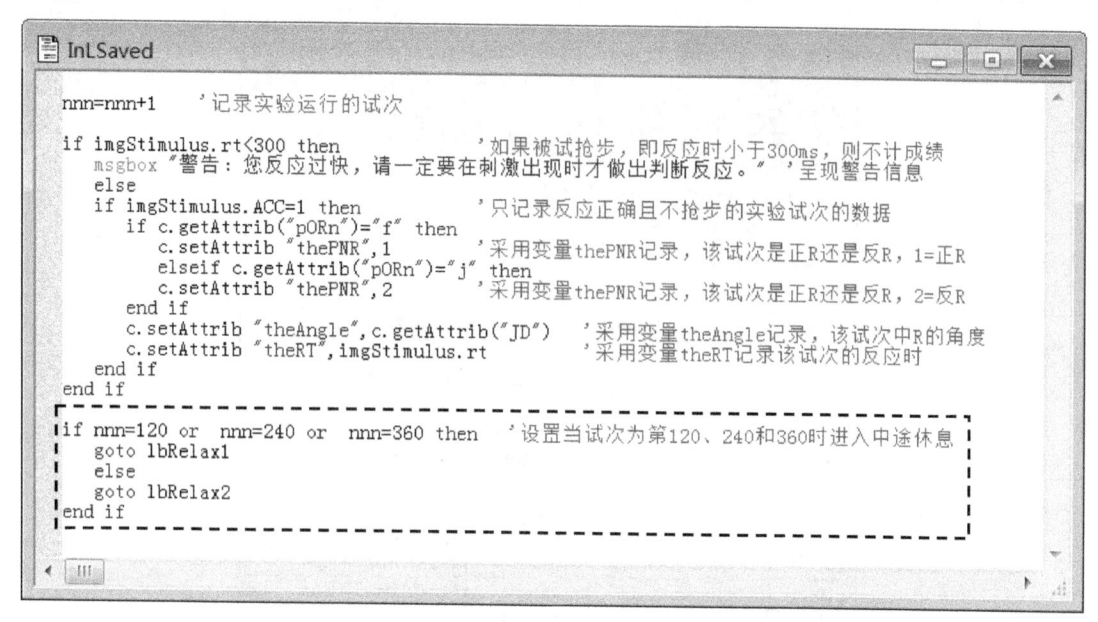

图 B-17　语句控件 InLSaved 控件的实验数据的记录和进入休息的设置

在 InLSaved 语句控件之后，根据程序运行的实验试次进入休息(限制条件如图 B-18 虚框部分所示)。进入休息时，首先要呈现 imgRelaxStart 提示被试进行休息(进入表单控件 lstRelax，其设置如图 B-19 和 B-20 所示。需要强调的是 lstRelax 中的时间轴 proRelax 需设置成不要收集数据，如图 B-21 所示)，休息结束之后，也要呈现 imgRelaxEnd 提示休息结束，如图 B-22 所示。

proMentalRotation

txtFocus　imgStimulus　InLSaved　lbRelax1　imgRelaxStart　lstRelax　imgRelaxEnd　lbRelax2

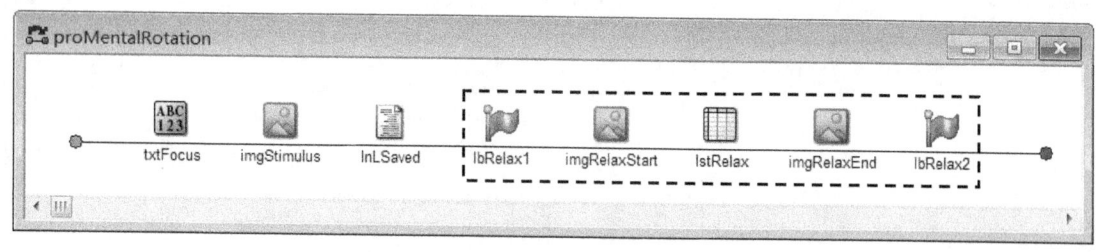

图 B-18　时间轴控件 proMentalRotation 中休息控件的放置顺序

在休息时，须如图 B-21 这样设置，否则程序在输出结果数据时会出错。imgRelax 可设置 5s 呈现一张，最终的一个完整的实验试次的结构图如图 B-23 所示。

(7)练习组段的设置。将 lstMentalRotation 复制一份并重命名为 lstMentalRotationLX 作

[①] 建议读者采用"the+变量名"来命名所要存储的数据，这样在打开 edat2 文件时方便按字母排序去找出并只显示我们所要的变量。

为练习组段。

具体操作如下：鼠标右键单击如图 B-23 所示的表单控件 lstMentalRotation，并按"Ctrl+C"键；双击时间轴 SessionProc 将弹出其时间轴窗口，并按"Ctrl+V"键复制出一份正式实验的实验流程，如图 B-24 所示。

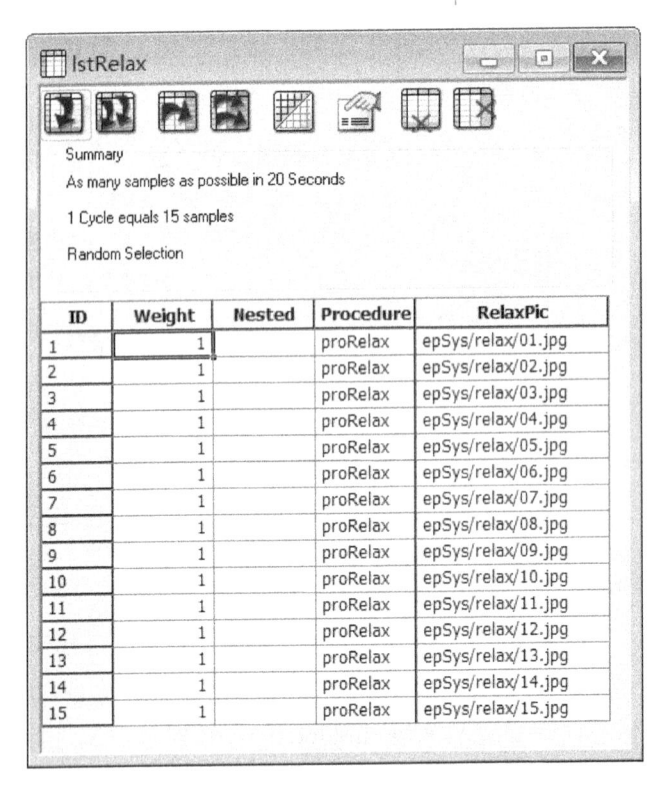

图 B-19　表单控件 lstRelax 的内容设置

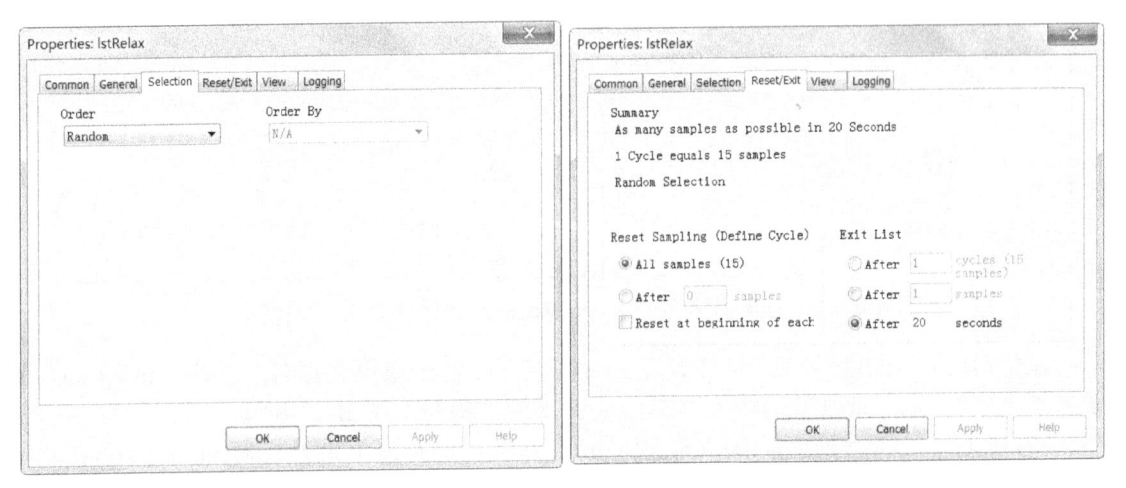

图 B-20　表单控件 lstRelax 中选择图片和退出表单时的属性设置

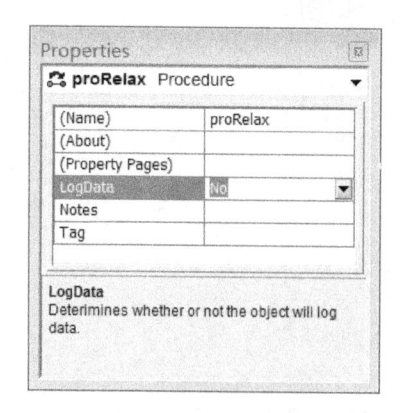

图 B-21　时间轴 proRelax 不收集数据的设置　　图 B-22　imgRelaxStart 和 imgRelaxEnd 的界面示例

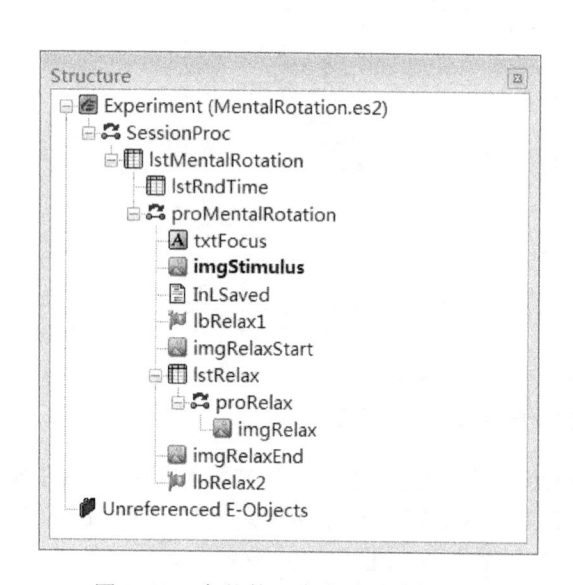

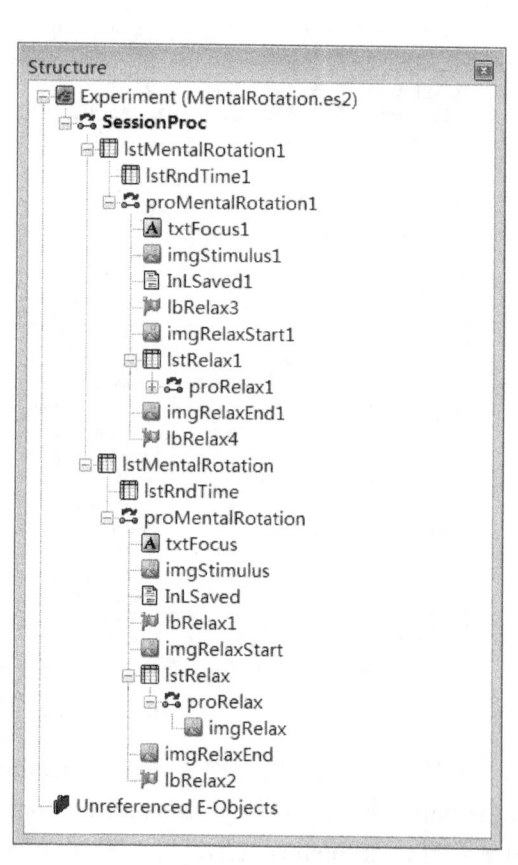

图 B-23　完整的一个实验试次的结构图　　图 B-24　复制出 lstMentalRotation1 后的实验结构图

　　将 lstMentalRotation1 更名为 lstMentalRotationLX，在时间轴控件 proMentalRotation1 的属性页，将其更名为"proMentalRotationLX"，如图 B-25 所示，此时表单控件 lstMentalRotationLX 中的属性变量"Procedure"中的值将自动由"lstMentalRotation1"变成"lstMentalRotationLX"。将相嵌表单也更改成与正式实验一致，最后再设置只随机选取 10 个试次进行练习，经过这一系列设置后的练习表单控件 lstMentalRotationLX 的内容如图 B-26 所示。

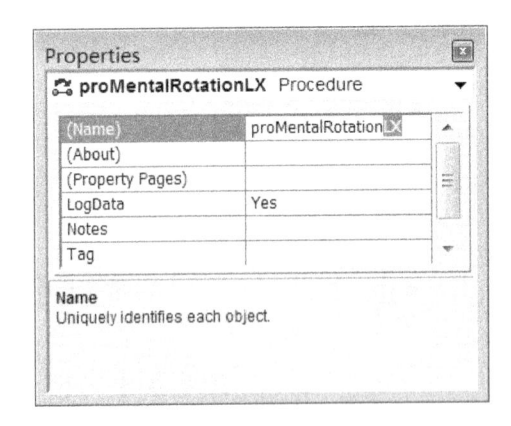

图 B-25　时间轴控件 proMentalRotation1 更名为 proMentalRotationLX 的界面

图 B-26　练习表单控件更改后的内容样式

接着，逐个删掉时间轴控件 proMentalRotationLX 中的所有控件，并将 txtFocus 控件和 imgStimulus 控制复制到 proMentalRotationLX 上，以保持万一后续更改注视点 txtFocus 和刺激界面 imgStimulus 的属性时，能保证正式实验和练习实验自动同步更改。

然后，设置刺激的反馈界面。拖曳一个反馈控件到刺激控件 imgStimulus 之后，并更名为"fbStimulus"。在 fbStimulus 的 General 属性页设置【Input Object Name：】为"imgStimulus"，表示该反馈界面是针对 imgStimulus 的反应进行反馈的，如图 B-27 所示。并参照图 B-28，将反馈界面的正确反应（Correct）、错误反应（Incorrect）和无反应（NoResponse）的信息设置成中文信息。

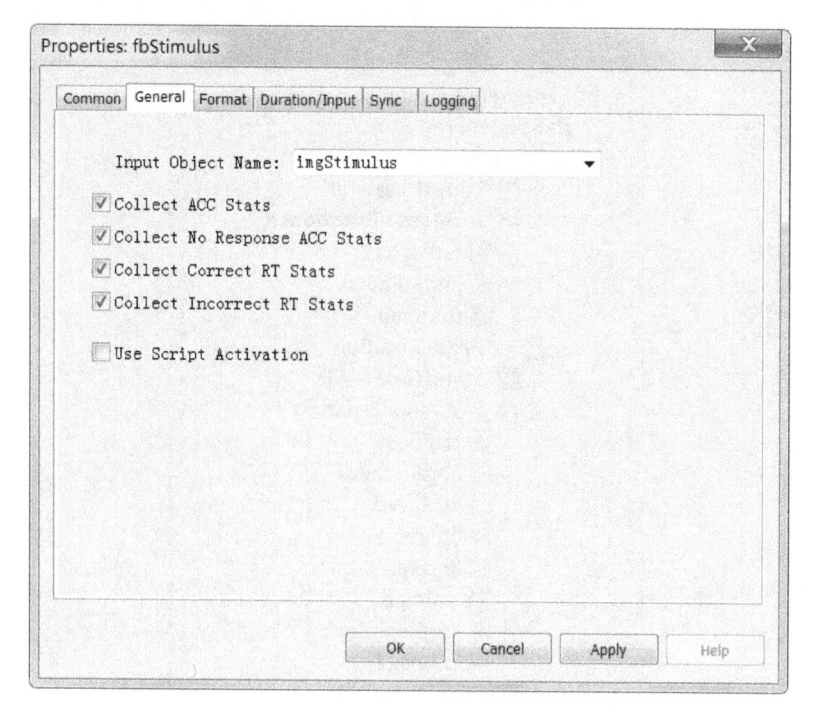

图 B-27 反馈界面的 General 属性设置

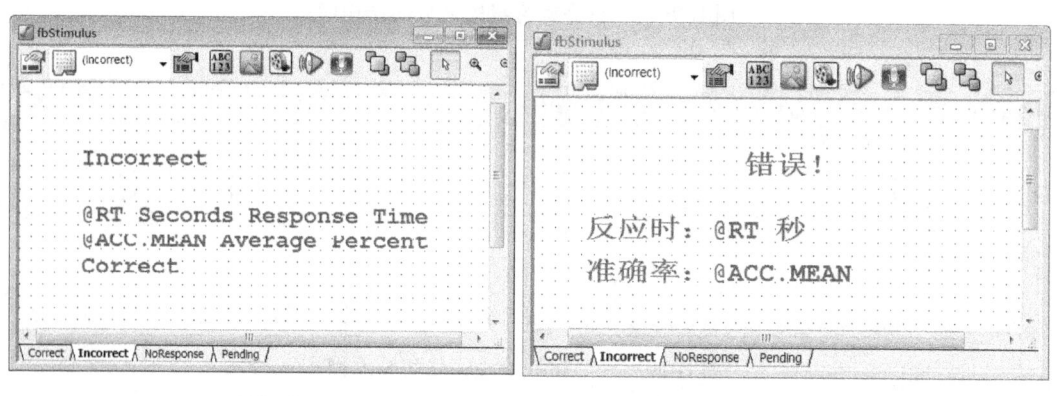

(a) 原始界面   (b) 中文界面

图 B-28 反馈界面中显示信息的设置

最后，得到的结构图如图 B-29 所示。

(8) 补充指导语等美化实验流程。

在时间轴 SessionProc 增加 imgZDY 控件放置心理旋转的实验指导语；按照图 B-30 中的顺序安排，分别放置标签控件 lbLX1、练习结束提示的图片控件 imgLxEnd、InlLx、标签控件 lbLX2 和实验结束语的图片控件 imgEND。图 B-31 和图 B-32 是相关指导语的示例。图 B-33 是询问是否再次练习的 inline 语句，与标签控件 lbLX1 和 lbLX2 结合来控制是否需要再次练习。此时一个完整的心理旋转实验已经制作完成。

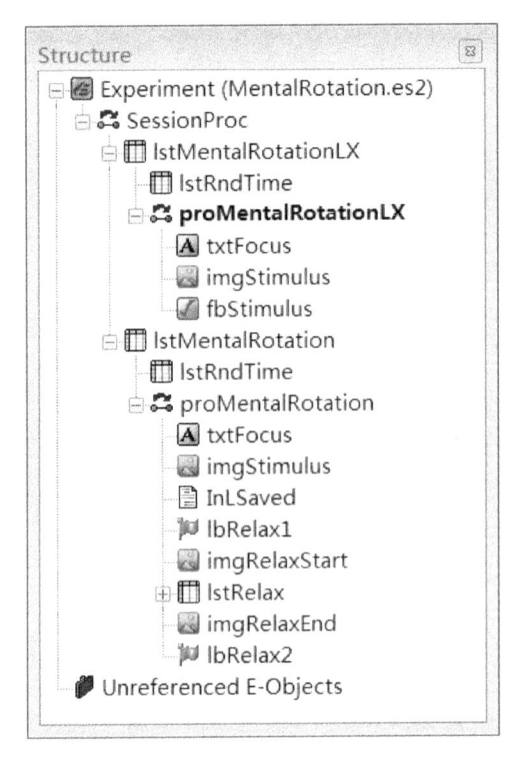

图 B-29　设置完练习组段之后的结构图

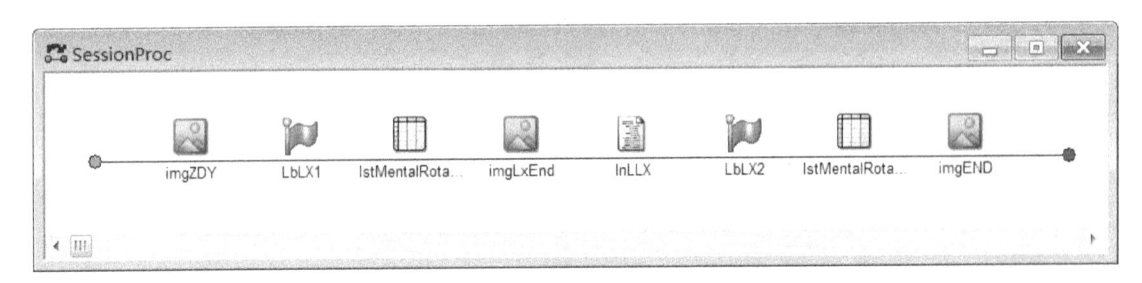

图 B-30　补充指导语等美化实验流程

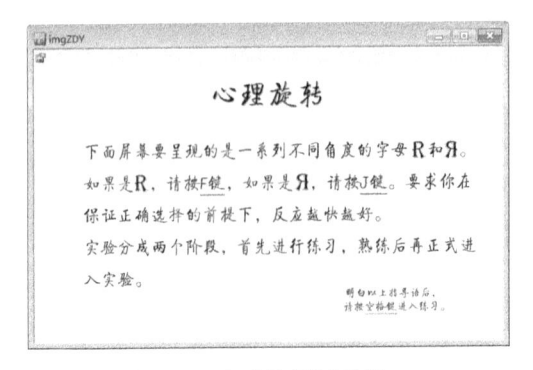

图 B-31　实验指导语示例

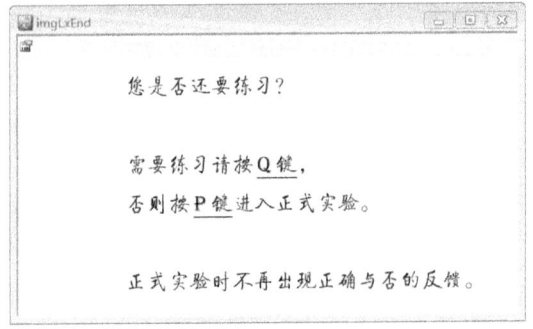

图 B-32　询问是否再次练习的指导语

```
if imgLxEnd.resp="q" then
    goto lbLx1
elseif imgLxEnd.resp="p" then
    goto lbLx2
end if
```

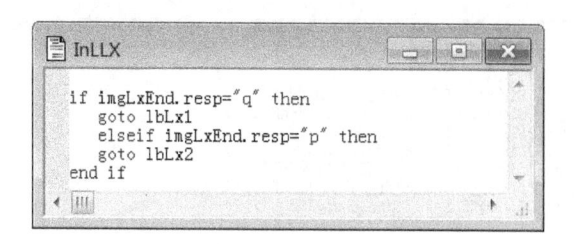

图 B-33　询问是否再次练习的语句

B.2.3　数据收集的常用方法

在图 B-16 和图 B-17 中，所收集的数据是将每个试次当作一个被试来处理的方式。但是，在通常的实验中应以被试多次试验（多个试次）的均值，作为各个处理组合的结果，此时收集数据的方法有所不同。

可将图 B-34 和图 B-35 分别替换图 B-16 和图 B-17，并在 imgEND 之前增加控件 InLSavedWithin，内容如图 B-36 所示。

```
dim nnn as integer   '定义休息的时候
dim rtJDSideOfPnR(1 to 2,1 to 7) as double  '定义数组用于累计存储14种条件下的正确反应时
dim nJDSideOfPnR(1 to 2,1 to 7) as double   '定义数组用于累计存储14种条件下的正确反应次数
```

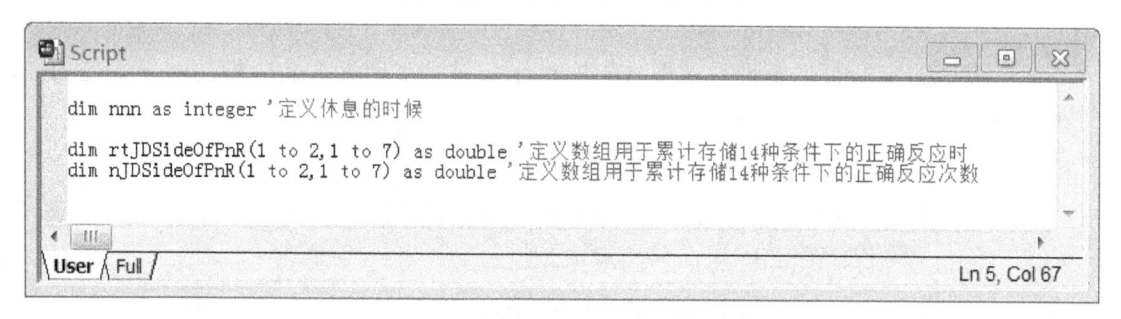

图 B-34　设置全局变量

```
dim nJD, nPnR as integer   '定义这两个变量用于暂存角度和正反面的情况
nnn=nnn+1
if imgStimulus.rt<300 then                '如果被试抢步，即反应时小于300ms，则不计成绩
    msgbox "警告：您反应过快，请一定要在刺激出现时才做出判断反应。"   '呈现警告信息
else
    if imgStimulus.ACC=1 then    '只记录被试反应正确且不抢步的实验试次的数据
        if c.getAttrib("pORn")="f" then
            nPnR=1       '采用变量nPnR暂存，1=正R
        elseif c.getAttrib("pORn")="j" then
            nPnR=2       '采用变量nPNR暂存，2=反R
        end if
        nJD=c.getAttrib("JD")   '采用变量nJD暂存，该试次中R的角度

        rtJDSideOfPnR(nPnR,nJD)=rtJDSideOfPnR(nPnR,nJD)+imgStimulus.rt  '用数组累计存储14种条件下的正确反应时
        nJDSideOfPnR(nPnR,nJD)=nJDSideOfPnR(nPnR,nJD)+1                 '用数组累计存储14种条件下的正确次数
    end if
end if

if nnn=120 or nnn=240 or nnn=360 then
    goto lbRelax1
    else
    goto lbRelax2
end if
```

图 B-35　InLSaved 控件中数据的收集和中途休息的设置

```
InLSavedWithin

c.setAttrib "theRT11",rtJDSideOfPnR(1,1)/nJDSideOfPnR(1,1)  '存储正R，0度的的平均反应时，以下依此类推
c.setAttrib "theRT12",rtJDSideOfPnR(1,2)/nJDSideOfPnR(1,2)
c.setAttrib "theRT13",rtJDSideOfPnR(1,3)/nJDSideOfPnR(1,3)
c.setAttrib "theRT14",rtJDSideOfPnR(1,4)/nJDSideOfPnR(1,4)
c.setAttrib "theRT15",rtJDSideOfPnR(1,5)/nJDSideOfPnR(1,5)
c.setAttrib "theRT16",rtJDSideOfPnR(1,6)/nJDSideOfPnR(1,6)
c.setAttrib "theRT17",rtJDSideOfPnR(1,7)/nJDSideOfPnR(1,7)


c.setAttrib "theRT21",rtJDSideOfPnR(2,1)/nJDSideOfPnR(2,1)  '存储反R，0度的的平均反应时，以下依此类推
c.setAttrib "theRT22",rtJDSideOfPnR(2,2)/nJDSideOfPnR(2,2)
c.setAttrib "theRT23",rtJDSideOfPnR(2,3)/nJDSideOfPnR(2,3)
c.setAttrib "theRT24",rtJDSideOfPnR(2,4)/nJDSideOfPnR(2,4)
c.setAttrib "theRT25",rtJDSideOfPnR(2,5)/nJDSideOfPnR(2,5)
c.setAttrib "theRT26",rtJDSideOfPnR(2,6)/nJDSideOfPnR(2,6)
c.setAttrib "theRT27",rtJDSideOfPnR(2,7)/nJDSideOfPnR(2,7)
```

图 B-36　被试内设计时数据的存储方法

B.3 实验结果

某一被试的实验数据整理后如图 B-37 所示，进行多因素方差分析的结果如图 B-38 所示。

心理旋转_样例.sav [DataSet1] - IBM SPSS Statistics Data Editor

File Edit View Data Transform Analyze Direct Marketing Graphs Utilities Add-ons Window Help

Visible: 4 of 4 Variables

	theAngle	thePNR	theRT	imgStimulus.ACC	var	var	var
1	60度	反R	1165	1			
2	0度	反R	688	1			
3	300度	反R	527	1			
4	180度	正R	782	1			
5	0度	正R	518	1			
6	120度	反R	789	1			
7	300度	正R	433	1			
8	240度	正R	549	1			
9	120度	正R	636	1			
10	240度	反R	605	1			
11	360度	反R	475	1			
12	180度	反R	710	1			
13	360度	正R	514	1			
14	60度	正R	544	1			
15	240度	反R	494	1			
16	360度	反R	405	1			
17	180度	正R	481	0			
18	60度	反R	765	1			
19	360度	正R	395	1			

Data View　Variable View

IBM SPSS Statistics Processor is ready　Cases: 100 Unicode:ON

图 B-37　心理旋转数据的格式示例

Descriptive Statistics

Dependent Variable: theRT

theAngle	thePNR	Mean	Std. Deviation	N
0度	正R	467.10	72.071	30
	反R	482.37	101.383	30
	Total	474.73	87.547	60
60度	正R	463.50	61.195	30
	反R	561.77	168.462	30
	Total	512.63	135.074	60
120度	正R	570.60	62.663	30
	反R	662.70	161.611	30
	Total	616.65	130.093	60
180度	正R	940.00	345.620	30
	反R	847.03	206.346	30
	Total	893.52	286.077	60
240度	正R	612.97	98.243	30
	反R	569.57	88.038	30
	Total	591.27	95.040	60
300度	正R	483.00	73.865	30
	反R	500.40	72.019	30
	Total	491.70	72.857	60
360度	正R	463.17	66.548	30
	反R	487.73	96.753	30
	Total	475.45	83.256	60
Total	正R	571.48	216.465	210
	反R	587.37	180.875	210
	Total	579.42	199.386	420

Tests of Between-Subjects Effects

Dependent Variable: theRT

Source	Type III Sum of Squares	df	Mean Square	F	Sig.	Partial Eta Squared	Noncent. Parameter	Observed Power
Corrected Model	8493513.84[a]	13	653347.218	32.492	.000	.510	422.400	1.000
Intercept	141006260.6	1	141006260.6	7012.540	.000	.945	7012.540	1.000
theAngle	8046446.924	6	1341074.487	66.694	.000	.496	400.167	1.000
thePNR	26513.260	1	26513.260	1.319	.252	.003	1.319	.209
theAngle * thePNR	420553.657	6	70092.276	3.486	.002	.049	20.915	.947
Error	8163738.567	406	20107.730					
Total	157663513.0	420						
Corrected Total	16657252.41	419						

a. R Squared = .510 (Adjusted R Squared = .494)
b. Computed using alpha = .05

图 B-38　心理旋转的数据处理的部分主要结果

Pairwise Comparisons

Dependent Variable: theRT

theAngle	(I) thePNR	(J) thePNR	Mean Difference (I-J)	Std. Error	Sig.[b]	95% Confidence Interval for Difference[b] Lower Bound	Upper Bound
0度	正R	反R	-15.267	36.613	.677	-87.241	56.708
	反R	正R	15.267	36.613	.677	-56.708	87.241
60度	正R	反R	-98.267*	36.613	.008	-170.241	-26.292
	反R	正R	98.267*	36.613	.008	26.292	170.241
120度	正R	反R	-92.100*	36.613	.012	-164.075	-20.125
	反R	正R	92.100*	36.613	.012	20.125	164.075
180度	正R	反R	92.967*	36.613	.011	20.992	164.941
	反R	正R	-92.967*	36.613	.011	-164.941	-20.992
240度	正R	反R	43.400	36.613	.237	-28.575	115.375
	反R	正R	-43.400	36.613	.237	-115.375	28.575
300度	正R	反R	-17.400	36.613	.635	-89.375	54.575
	反R	正R	17.400	36.613	.635	-54.575	89.375
360度	正R	反R	-24.567	36.613	.503	-96.541	47.408
	反R	正R	24.567	36.613	.503	-47.408	96.541

Based on estimated marginal means

*. The mean difference is significant at the .05 level.

b. Adjustment for multiple comparisons: Least Significant Difference (equivalent to no adjustments).

Univariate Tests

Dependent Variable: theRT

theAngle		Sum of Squares	df	Mean Square	F	Sig.	Partial Eta Squared	Noncent. Parameter	Observed Power[a]
0度	Contrast	3496.067	1	3496.067	.174	.677	.000	.174	.070
	Error	8163738.567	406	20107.730					
60度	Contrast	144845.067	1	144845.067	7.203	.008	.017	7.203	.764
	Error	8163738.567	406	20107.730					
120度	Contrast	127236.150	1	127236.150	6.328	.012	.015	6.328	.709
	Error	8163738.567	406	20107.730					
180度	Contrast	129642.017	1	129642.017	6.447	.011	.016	6.447	.717
	Error	8163738.567	406	20107.730					
240度	Contrast	28253.400	1	28253.400	1.405	.237	.003	1.405	.219
	Error	8163738.567	406	20107.730					
300度	Contrast	4541.400	1	4541.400	.226	.635	.001	.226	.076
	Error	8163738.567	406	20107.730					
360度	Contrast	9052.817	1	9052.817	.450	.503	.001	.450	.103
	Error	8163738.567	406	20107.730					

Each F tests the simple effects of thePNR within each level combination of the other effects shown. These tests are based on the linearly independent pairwise comparisons among the estimated marginal means.

a. Computed using alpha = .05

图 B-38 心理旋转的数据处理的部分主要结果（续）

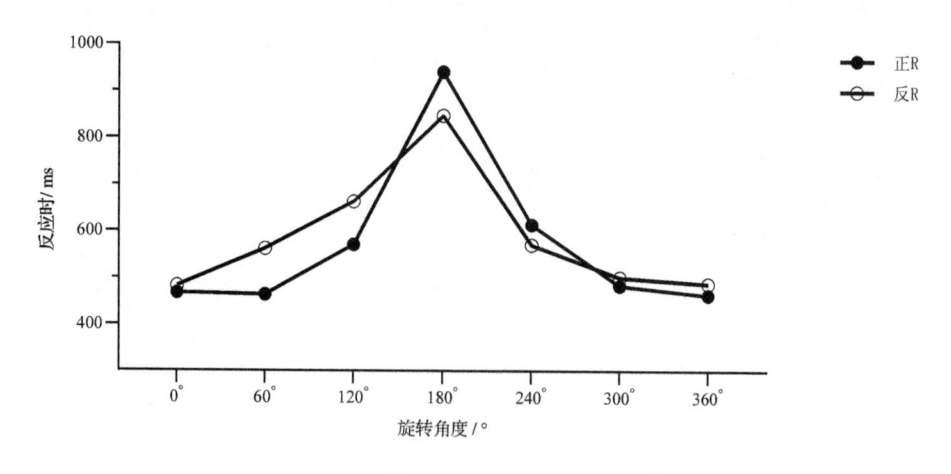

图 B-39　旋转角度与反应时的关系